21世纪高等职业教育信息技术类规划教材
21 Shiji Gaodeng Zhiye Jiaoyu Xinxi Jishulei Guihua Jiaocai

多媒体制作技术

DUOMEITI ZHIZUO JISHU

周德富 主编　戴雯惠 田凤秋 副主编

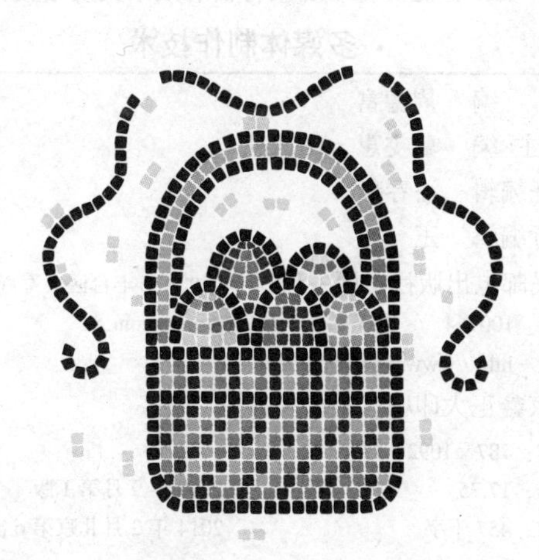

人 民 邮 电 出 版 社

北 京

图书在版编目（CIP）数据

多媒体制作技术 / 周德富主编. —北京：人民邮电出版社，2009.9 (2014.2 重印)
21世纪高等职业教育信息技术类规划教材
ISBN 978-7-115-19904-1

I. 多… II. 周… III. 多媒体技术－高等学校：技术学校－教材 IV. TP37

中国版本图书馆CIP数据核字（2009）第130550号

内 容 提 要

本书主要介绍多媒体制作的实用技术，包括文本、图形、图像、声音、动画和视频等多媒体的实际处理与制作技术。全书共分 9 章，第 1 章介绍多媒体制作的知识准备；第 2 章以 Photoshop CS3 为制作工具介绍图形图像素材的获取与制作；第 3 章以 Cool Edit 为制作工具介绍声音素材的采集与制作；第 4 章以 Flash CS3 为制作工具介绍动画素材的采集与制作；第 5 章以 Premiere CS3 为制作工具介绍视频素材的采集与制作；第 6 章介绍流媒体素材的采集与制作；第 7 章介绍多媒体制作工具 Director 11；第 8 章介绍多媒体在网页中的实现；第 9 章介绍多媒体制作项目实训。

本书以任务驱动为主线，通过“分析思路”、“操作实现”和“技术要点”这 3 个模块学习案例，通过“阅读材料”模块来开阔视野。各部分在内容上相互关联，在结构上相互独立，便于读者学习。

本书符合高职教育强调实践能力的教学特点，具有很强的实用性，可以作为高职高专院校“多媒体技术与应用”课程的教材，同时也可作为多媒体制作技术人员和爱好者的自学教材或参考书。

21 世纪高等职业教育信息技术类规划教材

多媒体制作技术

◆ 主　　编　周德富
　副 主 编　戴雯惠　田凤秋
　责任编辑　潘春燕
　执行编辑　王　威

◆ 人民邮电出版社出版发行　　北京市丰台区成寿寺路 11 号
　邮编　100164　　电子邮件　315@ptpress.com.cn
　网址　http://www.ptpress.com.cn
　北京鑫正大印刷有限公司印刷

◆ 开本：787 × 1092　1/16
　印张：17.75　　　　2009 年 9 月第 1 版
　字数：457 千字　　　2014 年 2 月北京第 6 次印刷

ISBN 978-7-115-19904-1

定价：34.00 元（附光盘）

读者服务热线：(010)81055256　印装质量热线：(010)81055316

反盗版热线：(010)81055315

前 言

本书是一本讲授多媒体制作技术的综合性实用教材，旨在培养读者对图、文、声、像、视频、动画及编辑合成等多媒体制作技术的综合应用能力。

本书根据作者长期从事多媒体教学工作的经验和多媒体应用程序开发的实践编写而成。全书内容丰富，语言通俗，实例新颖，融合了大量作者亲历开发的经验与体会，穿插了许多综合应用技术和技巧。同时，还注重将知识的系统性与实用性相结合，素材的采集制作技术与多媒体的编辑合成技术相结合，实例教学与综合实训项目相结合。语言简洁，重点突出，结构模块化，力求带给读者一种全新的视觉感受。

本书有 3 大特点。

1. 在宏观上采取任务驱动式教学方式，借用一个简单的操作任务来“从做中学”，用一个任务的完成实现多个知识点的详细讲解；微观上采取案例教学方式，跳出传统的工具书编写思路，以案例为中心，发散式讲解多个知识点，形成知识的立体性和跳跃性，并“点到为止”，给学生以亲自操作试验的空间，不操控学生的思维，可以真正培养学生的操作能力和探索创新能力。

2. 利用“提示”模块对涉及到的新的理论知识加以解释和分析，并对难点进行细化讲解，预见性地为学生解决可能遇到的疑难问题，加深学生理解，起到“支架式学习”中支架的作用。

3. 配套光盘，包含多媒体处理与制作的源文件和效果文件，并配有 PPT 便于教师的教学和学生的理解与学习。

全书共分 9 章，第 1 章介绍多媒体制作的知识准备，为后续的制作打基础；第 2 章以 Photoshop CS3 为制作工具介绍图形图像素材的获取与制作；第 3 章以 Cool Edit 为制作工具介绍声音素材的采集与制作；第 4 章以 Flash CS3 为制作工具介绍动画素材的采集与制作；第 5 章以 Premiere CS3 为制作工具介绍视频素材的采集与制作；第 6 章介绍几种类型的流媒体素材的采集与制作；第 7 章介绍多媒体制作工具 Director 11 及其应用；第 8 章介绍多媒体在网页中的实现；第 9 章介绍多媒体制作项目实训。

本书由周德富任主编，戴雯惠、田凤秋任副主编。参与本书编写工作的还有姜真杰、李亚琴、戴敏利、李宏丽、魏娜等。

由于作者水平有限，加之时间仓促，书中难免有错误和不妥之处，敬请广大读者批评指正！

编　者

2009 年 7 月

目录

第1章 多媒体制作的知识准备

【学习导航】

本章主要介绍多媒体的概念、特性和关键技术等。通过学习了解多媒体的定义和特性以及关键技术；熟悉多媒体素材在计算机中的表示；掌握电子出版物的相关信息；熟悉多媒体教学软件的制作过程和注意事项。本章的主要学习内容及在多媒体制作技术中的位置如图 1-1 所示。

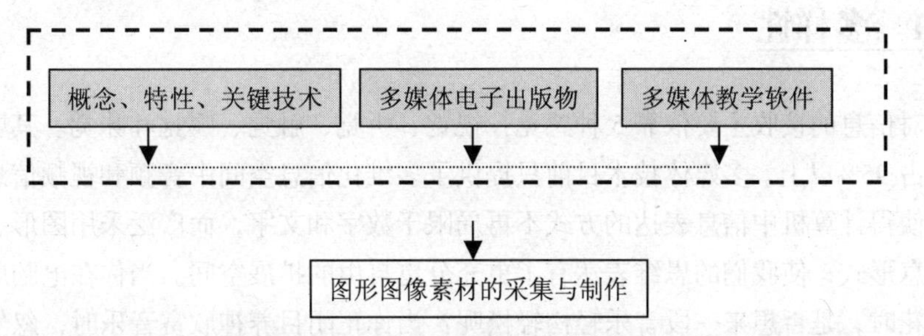

图 1-1　本章的主要学习内容及在多媒体制作技术中的位置

神秘的多媒体世界就从这里开始了。读者可能早就听说过多媒体，但到底什么是多媒体呢？它有哪些特性？在计算机中如何来表示？关于多媒体的相关信息，通过本章的学习即可完全掌握。

从今天开始，我们将一起进入多姿多彩、生动活泼的多媒体世界。在亲手制作多媒体作品之前，先了解一些多媒体的基础知识是十分必要的。

1.1 多媒体的定义和主要特性

在信息化时代，人们将用于存储和传递信息的载体称为“媒体”。媒体有多种类型。

（1）在计算机中，文字、声音、图像等都称为“媒体”，它们被归入“感觉媒体”类。

（2）在计算机中以二进制编码的形式存在和传输信息，可把它们归入“表示媒体”类。

（3）通过输入和输出设备的转换将信息呈现在我们的面前，可把它们归入“显示媒体”类。

（4）通过磁盘、纸张、磁带等载体存储信息，可把它们归为“存储媒体”类。

（5）通过电话线、电缆、光线等设备与他人共享信息，可把它们归入“传输媒体”类。

我们常说的“多媒体”是指能够同时获取、处理、编辑、存储和展示两个以上不同类型信息的媒体技术。

由于现在的多媒体信息一般都是由计算机进行处理，因此，这里所指的“多媒体”常常不是指“多媒体”本身，而主要是处理和应用它的一整套的技术。所以，“多媒体”实际上是“多媒体技术”的简称。

提示

“多媒体”的核心词是媒体（Media），媒体在计算机领域有两种含义：一是指存储信息的实体，如磁盘、光盘、磁带、半导体存储器等，中文常译为存储介质或媒质；二是指传递信息的载体，如数字、文字、声音、图形和图像等，中文译作媒介。计算机多媒体技术中的媒体是指后者。

所以，我们说多媒体技术是利用计算机技术综合处理文字、声音、图形、图像、动画、视频等多种媒体信息的新技术。它可以将这些不同类型的媒体信息有机地组合在一起，并赋予人机交互的功能，从而创造出集多种表现形式为一体的新型信息处理系统。它有以下几种特性。

1.1.1 多样性

人类对信息的接收主要依靠5种感觉：视觉、听觉、触觉、嗅觉和味觉。其中前三者所获取的信息量占95%以上。多媒体技术目前只提供了多维化信息空间中音频和视频信息的获得和表示方法，它使得计算机中信息表达的方式不再局限于数字和文字，而广泛采用图形、图像、视频、音频等信息形式，使我们的思维表达有了更充分更自由的扩展空间。当你在电脑屏幕前写文章写得头昏眼花时，是否想来一段音乐轻松轻松呢？当你正闭目养神欣赏音乐时，忽然想到今天还有一场精彩的 NBA 篮球比赛，没关系，打开视频接收软件，边工作边关注比赛进程吧。而在展览会上经常见到的触摸屏也是多媒体技术的一种应用。

1.1.2 集成性

集成性包括两方面，一方面是把不同的设备集成在一起，形成多媒体系统；另一方面是多媒体技术能将各种不同的媒体信息有机地同步组合成为完整的多媒体信息。从硬件角度来说，应具备能够处理多媒体信息的高速并行处理机系统，大容量的存储设备，以及具备多媒体、多通道的输入输出能力的主机及外设和宽带的通信网络接口。从软件角度来说，应具有集成化的多媒体操作系统，适合于多媒体信息管理和使用的软件系统等。在网络的支持下，集成构造出支持广泛应用的信息系统。

1.1.3　交互性

所谓交互性，通俗地讲就是使用者能控制多媒体信息和设备的运行。试想一下，假如你买了一套学习软件，从它开始运行起，就无法再控制它，只能由它滔滔不绝地讲解下去，假如没看懂也无法重复，那是多么的乏味呀！所以说，没有交互性的多媒体作品是没有生命力的，正是有了交互，使用者才能更快和更有效地获取信息。

1.2　多媒体计算机的关键技术

1.2.1　多媒体数据压缩技术

数字化的视频和音频的信息量非常大，其中数据量最大的是数字视频数据。一幅具有中等分辨率的彩色数字视频图像的数据量约为 7.37MB/f（每帧兆字节），对活动影视画面来说，若帧传递速率为 25f/s（每秒帧数），如果存放在 100MB 的光盘中只能播放 4s，而且彩色运动视频图像要求的数据传输率为 28MB/s（PC/AT 中 ISA 总线的传输率为 8MB/s）。以计算机的 150kbit/s 传输率，在没有压缩的前提下，是无法处理大数据量的。由此可见，如果不经过数据压缩，数字化音频和视频信息所需的存储容量、传输率等都是目前的计算机难以承担的，因此，必须对数据进行压缩处理，减少存储容量和降低数据传输率。

如果采用 MPEG-1 标准的压缩比 50：1，则 700MB 的 VCD 光盘，在同时存放视频和音频信号的情况下，其最大可播放时间能达到 96 分钟。

衡量一种压缩技术的好坏有 3 个指标：一是压缩比要大；二是算法要简单，压缩/解压缩速度快，能够满足实时性要求；三是压缩损失要少，即解压缩的效果要好。当三者不能兼顾时，就要综合考虑 3 方面的需求。

1.2.2　多媒体数据存储技术

数字化的媒体信息虽然经过压缩处理，仍然包含了大量的数据，而且硬磁盘存储器的存储介质是不可交换的，不能用于多媒体信息和软件的发行。大容量只读光盘存储器（CD-ROM）的出现，正好适应了这样的需要，每张 CD-ROM 的外径为 5 英寸（120mm），可以存储约 750MB 的数据，并像软磁盘片那样可用于信息交换。VCD 和 DVD 都是光学存储媒体，但 DVD 的存储容量明显高于 VCD。DVD 盘的尺寸与 VCD 相同，但其存储容量比 VCD 大得多，最高可达到 500GB。

1.2.3　多媒体网络和通信技术

多媒体通信技术包含语音压缩、图像压缩及多媒体的混合传输技术。为了只用一根电话线同时传输语音、图像、文件等信号，必须要用复杂的多路混合传输技术，而且要采用特殊的约定来完成。

要充分发挥多媒体技术对多媒体信息的处理能力，还必须与网络技术相结合。特别是在电视

会议、医疗会诊等某些特殊情况下，要求许多人共同对多媒体数据进行操作时，如不借助网络就无法实施。

1.2.4　超文本和超媒体技术

多媒体系统中的媒体种类繁多而且数据量巨大，各种媒体之间既有差别又有信息上的关联。处理大量多媒体信息主要有两种途径：一是利用多媒体数据库系统，来存储和检索特定的多媒体信息；二是使用超文本和超媒体，它一般采用面向对象的信息组织和管理形式，是管理多媒体信息的一种有效方法。

超文本和超媒体允许以事物的自然联系组织信息，实现多媒体信息之间的连接，从而构造出能真正表达客观世界的多媒体应用系统。超文本和超媒体由节点、链、网络 3 要素构成，节点表达信息的单位，链将节点连接起来，网络是由节点和链构成的有向图。

1.2.5　多媒体软件技术

多媒体系统软件技术主要包括多媒体操作系统、多媒体数据库管理技术、多媒体素材采集和制作技术、多媒体编辑与创作工具、多媒体应用开发技术等。现在的操作系统都包含了对多媒体的支持，可以方便地利用媒体控制接口（MCI，Media Control Interface）和底层应用程序接口（API，Application Program Interface）进行应用开发，而不必关心物理设备的驱动程序。

1.2.6　流媒体技术

流媒体就是数字音频、数字视频在网络上传输的方式，目前主要有下载和流式传输两种方式。在下载方式中，用户必须等媒体文件从网上下载完成后，才能通过播放器欣赏节目；在流式传输方式中，在播放前并不下载整个文件，而是先在客户端的计算机上创造一个缓冲区，在播放媒体之前预先下载一段资料作为缓冲，然后边播放边下载。关于流媒体技术的详细介绍见本书第 6 章。

1.2.7　虚拟现实技术

虚拟现实（Virtual Reality，VR）又称人工现实或灵境技术，它是在许多相关技术（如仿真技术、计算机图形学、多媒体技术等）的基础上发展起来的一门综合技术，是多媒体技术发展的更高境界。虚拟现实技术提供了一种完全沉浸式的人机交互界面，用户处在计算机产生的虚拟世界中，无论看到的、听到的，还是感觉到的，都和在真实的世界里一样。通过输入和输出设备还可以同虚拟现实环境进行交互。

1.3　多媒体素材的计算机表示

1.3.1　素材的分类

多媒体素材是构成多媒体系统的基础。根据媒体的不同性质，一般把媒体素材分成文字、声

音、图形、图像、动画、视频、程序等类型。在不同的开发平台和应用环境下，即使是同种类型的媒体，也有不同的文件格式。不同的文件格式，一般是通过不同的文件扩展名加以区分的，熟悉这些文件格式和扩展名，对后面的学习将大有帮助。表 1-1 列举了一些常用媒体类型的文件扩展名。

表 1–1　　多媒体文件扩展名

媒体类型	扩展名	说　　明	媒体类型	扩展名	说　　明
文字	txt	纯文本文件	动画	gif	图形交换格式文件
	doc	Word 文件		flc	Autodesk 的 Animator 文件
	wps	WPS 文件		fli	Autodesk 的 Animator 文件
	wri	写字板文件		swf	Flash 动画文件
	rtf	Rich Text Format 格式文件		mmm	Microsoft Multimedia movie 文件
	hlp	帮助信息文件		avi	Windows 视频文件
声音	wav	标准的 Windows 声音文件	图形图像	bmp	Windows 位图文件
	mid	乐器数字接口的音乐文件		png	网络图像格式
	mp3	MPEG Layer III 声音文件		gif	图形交换格式文件
	au(snd)	Sun 平台的声音文件		jpg	JPEG 压缩的位图文件
	aif	Macintosh 平台的声音文件		tif	标记图像格式文件
	vqf	NTT 开发的声音文件，比 mp3 压缩比还高		psd	Photoshop 的专用格式
视频	avi	Windows 视频文件	其他	exe	可执行程序文件
	mov	Quick Time 视频文件		wrl	VRML 的虚拟现实对象文件
	mpg	MPEG 视频文件		Ram(ra,rm)	RealAudio 和 RealVideo 的流媒体文件
	dat	VCD 中的视频文件			

1.3.2　素材的准备

1. 文字素材的准备

文字素材是各种媒体素材中最基本的素材。文字素材的处理离不开文字的输入和编辑。文字在计算机中的输入方法很多，除了最常用的键盘输入法以外，还可以用语音识别输入、扫描识别输入及手写识别输入等方法。

目前，多媒体集成软件多以 Windows 为系统平台，因此准备文字素材时应尽可能采用 Windows 平台上的文字处理软件，如写字板、Word 等。选用文字素材文件格式时要考虑多媒体集成软件是否能识别这些格式，以避免准备的文字素材无法插入到多媒体集成软件中。尽量使用 TXT 和 TRF 格式，因为大部分的多媒体集成软件都支持这两种格式。

有些多媒体集成软件中自带文字编辑功能，但功能毕竟有限，因此对于大量的文字信息一般不在集成时输入，而是在前期就准备好所需的文字素材。

文字素材有时也以图像的形式出现在多媒体作品中，如通过排版后产生的特殊效果，可用图像方式保存下来。这种图像化的文字保留了原始的风格（字体、颜色、形状等），并且可以很方便地调整尺寸。

2. 图形图像素材的准备

生动的图形图像比文字更能吸引他人的注意。数字图像可以分成以下两种形式：矢量图和位图。

矢量图是以数字方式来记录图像，由软件制作而成。矢量图的优点一是信息存储量小；二是可以无限放大而不失真。矢量图的缺点是用数学方式来描述图像，运算比较复杂，而且所制作出的图像色彩显示比较单调，图像看上去比较生硬，不够柔和逼真。

位图是以点或像素的方式来记录图像，因此图像是由许许多多的小点组成的。位图图像的优点是色彩显示自然、柔和、逼真。其缺点是图像在放大或缩小的转换过程中会产生失真，且随着图像精度的提高或尺寸的增大，所占用的磁盘空间也会增大。

图像的采集途径：

（1）素材光盘和网络下载；

（2）扫描仪扫描；

（3）数码相机拍摄；

（4）用软件创作；

（5）从屏幕、动画、视频中捕捉；

（6）数字化仪输入。

3. 声音素材的准备

多媒体作品中声音素材的采集和制作可以有以下几种方式。

（1）利用一些软件光盘中提供的声音文件，特别是一些素材光盘。在一些声卡产品的配套光盘中往往也提供许多 WAV、MIDI 或 VOL 格式的声音文件。

（2）通过计算机中的声卡，从麦克风中采集语音生成 WAV 文件，如制作多媒体作品中的解说词就可采用这种方法。

（3）可以从网络上下载各种格式的声音文件。

（4）利用专门的软件抓取 CD 或 VCD 光盘中的声音，再利用声音编辑软件对声源素材进行剪辑和合成，最终生成所需的声音文件。

（5）通过计算机中声卡的 MIDI 接口，从带 MIDI 输出的乐器中采集音乐，形成 MIDI 文件；或用连接在计算机上的 MIDI 键盘创作音乐，形成 MIDI 文件。

声音文件除 WAV 和 MIDI 格式外，还有如 MP3 等其他高压缩比的格式。如果所使用的多媒体集成软件不支持此类格式，可以用软件对各种声音文件进行格式的转换。

4. 动画素材的准备

不论是二维还是三维动画，所创造的结果都能更直观、更详实地表现事物变化的过程。动画制作软件常用的有 Animator（二维动画）、Flash（二维动画）和 3DS Max（三维动画）。在网页制

作中，使用更多的是 Gif 动画和 Flash 动画，他们最大的优点是文件的存储量很小，特别适合网络传输。

在动画制作软件中，还有一些是专门用于某一方面的特技工具。如专门制作文字动画的软件 Cool 3D；专门制作物体变形的动画软件 Photomorph；专门用来连接静态图片成为动画的软件 Ulead GIF Animator 等。

5．视频素材的准备

视频信息是由一连串连续变化的画面组成，每一幅画面叫做一“帧”，这样一帧接一帧在屏幕上快速呈现，形成了连续变化的影像。视频信息的主要特征是声音与动态画面同步。数字化的视频信息是表现力最强的媒体素材。但由于视频信息在处理时对计算机的运行速度要求较高，且存储量过大，所以在一定程度上限制了它的使用。

视频素材可通过视频压缩卡采集，把模拟信号转换成数字信号，然后通过专门用于视频创作和编辑的软件把图像、动画和声音有机地结合成为视频文件。

台湾友立资讯（Ulead System）推出的 MediaStudio 是一个优秀的视频制作软件。Adobe 公司的 Premiere 则是功能强大的专业级视频处理软件，颇受多媒体创作者的喜爱。

视频素材也可以从 VCD 中直接截取，或用屏幕抓图软件录制。

1.4　多媒体电子出版物

电子出版物是指以数字代码方式将图、文、声、像等信息存储在磁、光、电介质上，通过计算机或者具有类似功能的设备阅读使用，用来表达思想、普及知识和积累文化，并可复制发行的大众传播媒体。

1.4.1　电子出版物的分类

多媒体电子出版物包括电子图书、电子期刊、电子新闻报纸、电子手册与说明书、电子公文或文献、电子图画、广告、电子声像制品等。

电子出版物有以下 3 种形式。

（1）联机数据库：它是目前发展最成熟的电子出版物之一。它主要通过主机和联机网络以及检索终端提供信息。

（2）电子报刊：它是网络出版的一种重要形式。传统的电子报刊是指印刷版报刊的电子版，现在已逐渐向纯粹的电子报刊演变，其生产、出版和发行都在网络化环境中进行。所有的审稿、编辑、排版以及检索和阅读都是通过计算机，读者也可以用电子邮件的方式投递稿件。

（3）电子图书：它是目前电子出版物的主要类型，电子图书中存储的信息与印刷型图书类似，但其结构和功能比印刷型图书要复杂得多。光盘图书开始逐渐占领传统出版物的一部分领地。光盘有容量大、存放携带方便、保存时间长等优点，且可以反复使用，费用较低，适合大众使用。

电子出版物的内容可分为 3 大类。

（1）教育类，主要是 CAI 课件。

（2）娱乐类。

（3）工具类（含数据库），包括各种百科全书、字典、手册、地图集、电话号码本、年鉴、产品说明书、技术资料、零件图纸、培训维护手册等。

1.4.2 电子出版物的特点

电子出版物能较好地满足信息时代对信息获取、积累以及使用的要求，代表了出版业的发展方向。

（1）从信息载体看，电子出版物具有容量大、体积小、成本低、易于复制和保存以及消耗资源少和环境污染较小等特点。

（2）从信息结构看，电子出版物能用超媒体技术将不同的信息表现方式进行有机的立体组合，并能把音频和视频信息集成进来。

（3）从交互性看，多媒体技术的应用，教育、娱乐题材的电子出版物能建立起良好的交互环境。

（4）从检索手段看，电子出版物是利用计算机的处理能力，提供科学和快速的检索、查找和追踪功能。帮助读者在信息的海洋中迅速查找需要的内容。

（5）从发行方式看，电子出版物的出现和迅速发展，不仅将改变传统图书的出版、阅读、收藏、发行和管理方式，甚至对人们传统的文化观念也将产生巨大的影响。

1.4.3 电子出版物的制作

多媒体电子出版物一般要经过选题、编写脚本、准备媒体素材、系统制作、调试、测试、优化、产品生产和发行等几个阶段。

电子出版物实质上属于多媒体应用软件，具有软件系统的所有特性，但电子出版物更侧重于表现。

制作电子出版物应在制作人员组成、制作工具和技术支持方面作好准备。

（1）制作人员组成：总体设计、视频编辑、音频编辑、文本编辑、图形图像编辑、动画制作、程序设计、语言文字翻译、美工等。

（2）准备制作工具：运用各种媒体数据的准备工具，并通过多媒体创作工具进行集成。如可以分别运用文字制作工具、音频制作工具、视频制作工具、动画制作工具和图像制作工具制作各种媒体素材，并在多媒体制作工具中集成。

（3）技术支持：主要的支持技术包括多媒体技术、超媒体技术和全文检索技术等。

1.4.4 电子出版物的硬件环境

多媒体电子出版物的开发环境包括单机制作环境和网络制作环境两大类。

扫描仪主要用于图形图像的录入。数码相机是一种图像信息输入设备。附加设备有光盘驱动器、视频卡、声卡、网卡、打印机、扫描仪、录音机、MIDI 设备、录像机、数码相机、摄像机和刻录机等。

1.5 多媒体计算机辅助教学

多媒体计算机辅助教学 MCAI（Multimedia Computer Assisted Instruction）是多媒体计算机应用的热点之一，利用多媒体的集成性和交互性，把数值、文字、声音、图像和动画有机地集成在一起，并把结果综合地表现出来，使得人机关系不再是单一的文字、图像和声音处理，而是产生一种和谐的整体效果。交互性是指学习者与计算机之间的信息进行实时交换。

随着多媒体技术的日益成熟，多媒体技术在教育中的应用也越来越普遍。多媒体计算机辅助教学是当前国内外教育技术发展的新趋势。多媒体技术在教学中的应用，关键是要设计并编制出符合教学需要的多媒体教学软件。

1.5.1 多媒体教学软件的特点

（1）具有丰富的教学表现形式，MCAI 课件不仅可以利用文字和图形，而且可以通过动画、声音等手段加强表现效果、体现教学内容，使得教学内容在表现手法上丰富、生动。

（2）具有灵活的交互功能，MCAI 课件的人机对话功能，克服了传统线性结构的缺陷，学生能调整自己的学习次序、学习内容、学习进度。计算机能及时地反馈有关学习信息和相关的评价、指导。

（3）趣味性强，MCAI 课件有丰富的图形动画功能，美丽的图像画面，美妙的音乐与配音，多种多样的表现手段可以使学生在轻松活泼的环境中学习。

MCAI 比传统的 CAI 在表现形式和教学形式方面更具有形象、直观、生动活泼的优点。随着多媒体产品的大众化，MCAI 的应用范围会更加普及，多媒体教学系统的商品化、社会化将进一步提高教学质量。

1.5.2 多媒体教学软件的基本模式

1. 课堂演示模式

这种模式的多媒体教学软件是为了解决某一学科的教学重点与教学难点而开发的。应用多媒体计算机的功能，将教学内容以多媒体的形式，形象、生动地呈现出来，既有形象逼真的图像、动画，又有悦耳的音乐，其景象可与电影电视媲美，而且可以控制自如，能与学生交互。运用计算机可以演示那些用语言难以表达的、变化过程复杂的或者肉眼看不到的教学内容。另外还可结合优秀教师的教学经验，用形象直观的动画，配以清晰的讲解，有效地让学生思考和理解。这样的讲解演示课件有利于学生理解概念。这种模式注重对学生的启发、提示并反映问题解决的全过程，主要用于课堂演示教学。这种类型的教学软件要求画面要直观，尺寸比例较大，能按教学思路逐步深入地呈现。

2. 个别化交互模式

这种模式是让计算机扮演教师的角色，进行个别化教学活动，使其教学效果最佳。个别化交互模式的多媒体教学软件具有完整的知识结构，能反映一定的教学过程和教学策略，在教学过程中，计算机要分析、得知学生什么地方不明白，设法讲得更透。可以将教学内容分解成许多教学单元，将知识分解成许多相关的知识片段，通过计算机形象生动化逐步讲解演示，边讲边练，逐步展开，逐步深入，此外还提供相应的练习供学生进行学习和评价，并设计许多友好的界面让学生进行人机交互活动，利用个别化交互型多媒体教学软件，可以让学生在个别化的教学环境下自主地进行学习。

这种模式要求把一个完整的概念，从具体实例入手，从正反两方面，从具体到抽象，逐步展开。在对话过程中讲透，关键是要有交互，与学生对话，根据学生理解情况，对不明白的地方讲得更详细一些，多举一些例子。

3. 训练复习模式

对于某种技能的掌握，需要较长的时间、较大的训练量。由于教学教授时间有限，以计算机代替人工进行这样的训练较为经济、方便，并能取得较好的效果。要让学生通过大量的反复操作与练习，较好地掌握所学的知识。这种模式的多媒体教学软件主要是通过问题的形式来训练和强化学生某方面的知识和能力的。

这种教学模式一般是由计算机提出问题，让学生回答，然后计算机判断学生的回答是否正确。用计算机进行训练，可以方便地收集数据、记录训练的过程。收集和分析这些数据，可用于完善训练和改进教学。它有 3 种方式：即提问方式、应答方式和反馈方式。提问方式用于是非题、选择题或填空题；应答方式要求一题一答，适当给予提示，使得学生答题有较多的成功机会，对应答结果判断应与评分结合；反馈方式是对学生的应答给予反馈评价，根据不同的情况分别作出“指出错误”、“要求重答”、“给出答案”和“辅导提示”等不同形式的反馈，按这样的方法，通过让学生回答一组难度渐增的问题，以达到巩固所学知识和掌握基本技能的目的。

训练复习模式根据教学目标和教学内容设计一些练习题，对学生进行考核，从而了解学生对内容的掌握程度，起到强化和矫正的作用。这种模式涉及题目的编排，学生回答信息输入，判断回答以及反馈信息组织，记录学生成绩等。应有比较完善的操练系统，题库在设计时要保证具有一定比例的知识点覆盖面，以便全面地训练和考核学生的能力和水平。应能按学生情况组卷，让学生回答、判题，并能统计分析学生的学习情况，利于教师了解学生的学习情况。

另外，考核目标要分为不同等级，逐渐上升，并根据每级目标设计题目的难易程度。利用计算机，实现训练的自动化。

4. 资料查询模式

这种模式的多媒体教学软件是提供某类教学资料或某种教学功能，并不反映具体的教学过程。它包括各种用于工具书、电子字典以及各类语音库、图形库和动画库等方式。这种类型的多媒体教学软件可供学生在课外进行资料查阅使用，也可根据教学需要事先选定有关片段，配合教师讲解，在课堂上进行辅助教学。

5. 教学游戏模式

教学游戏程序的设计常常用来产生一种竞争性的学习环境，游戏的内容和过程都与教学目的联系起来。这种模式的多媒体教学软件是把科学性、趣味性和知识性融为一体，寓教于乐，通过游戏的形式，教会学生掌握学科的知识和能力，并引发学生对学习的兴趣。对这种模式的教学软件进行设计时，应该做到趣味性强、游戏规则简单等。

1.5.3　MCAI 课件的设计与制作

MCAI 课件的设计与制作包括需求分析、编写脚本和制作课件 3 个过程。

1. 需求分析

进行课件设计，首先要进行需求分析，确定课件要达到的目标、测试指标、课件的使用对象、运行的环境、开发所需的时间、人力和经费等。

2. 编写脚本

编写脚本是多媒体教学软件开发的一项重要内容。规范的多媒体教学软件脚本，对保证软件质量、提高软件开发效率都能起到积极的作用。

3. 制作课件

（1）合理选择与设计媒体信息。由于多媒体技术可以将文本、图形、图像、动画、视频和音频等多媒体信息进行综合处理，因此在设计多媒体教学软件时，应根据对教学内容和教学目标分析的结果以及各种媒体信息的特性，选择合适的媒体信息把它们作为要素分别安排在不同的信息单元中。

（2）多媒体素材的准备。根据设计要求，需要收集、采集、编排和制作教学软件所需的多媒体素材。利用多媒体软件开发工具包中的各种工具软件，可以处理各种媒体素材。

（3）集成制作。选择合适的多媒体制作工具，集成制作、调试、测试多媒体教学软件。

1.5.4　开发 MCAI 系统应注意的问题

为了提高计算机辅助教学活动的水平，帮助学生提高创造性地解决问题的能力，在研制开发 MCAI 软件时应注意以下几点。

（1）重视软件脚本的设计。

（2）选择适合的多媒体制作工具。

（3）发挥多媒体的优势。

（4）强调交互性。

（5）使用超文本结构。

（6）开发友好的人机界面。

本章习题

1. 多媒体有哪些特性？
2. 多媒体计算机的关键技术有哪些？
3. 电子出版物有什么特点？
4. 多媒体素材包括哪些？

第2章 图形图像素材的制作

【学习导航】

在第 1 章中我们介绍了多媒体素材的准备，其中一个重要工作就是图形图像素材的处理与制作。本章主要介绍对已有图形图像素材的处理和图形图像素材的设计与制作。通过本章学习，可以使学生了解图像的类型及常见的图像格式；熟悉图形图像素材的一般获取方法；掌握图形图像的一般处理方法和技巧；能制作符合设计要求的图形图像素材。本章的主要学习内容及在多媒体制作技术中的位置如图 2-1 所示。

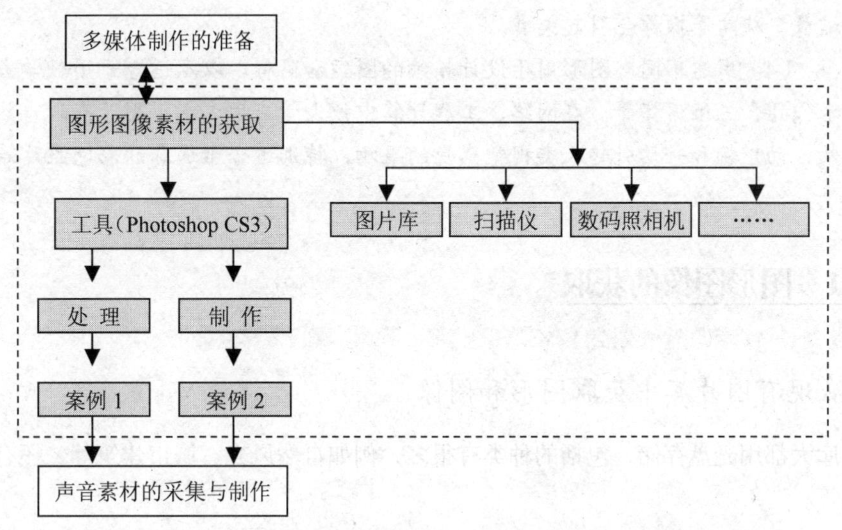

图 2-1 本章的主要学习内容及在多媒体制作技术中的位置

丰富的图形图像素材是多媒体制作不可或缺的元素，可以美化多媒体作品，给人以视觉美感，具有文本和声音无法比拟的优点。加工处理已有的图形图像素材或依据需要设计制作图形图像素材是制作高质量多媒体作品的必要条件。

2.1 知识准备

在加工、处理图形图像之前，首先要清楚什么是图形，什么是图像。

计算机中的图可以分为图形和图像两种。

图形一般指用计算机绘制的画面，如直线、曲线、圆、图表等。图形的格式是一组描述点、线、面等几何图形的大小、形状及其位置的指令集合。图形的最大优点是可以分别控制处理图中的各个部分，如在屏幕上移动、旋转、放大、缩小、扭曲而不失真，且图形占用的磁盘空间较小，但图形表现的色彩不够丰富。

图像是指由输入设备（如数码照相机、扫描仪等）捕捉的实际场景画面，或以数字化形式存储的任意画面。静止的图像是一个矩阵，由一些排列成行列的点组成，这些点称为像素点，对图像进行放大、旋转、移动等操作时会失真，图像占用的磁盘空间也较大，但图像能够表现出丰富的色彩。

2-1：图形与图像的区别？

（1）数据来源不同。图形来源于主观世界，较难表示自然景物；图像来源于客观世界，易于表示自然景物。

（2）获取方式不同。图形利用 AutoCAD、Freehand、3DMax、CorelDraw 等绘图工具绘制；图像通过扫描仪、数码照相机等数字化采集设备、网上下载等方式获得，利用 Photoshop 等软件绘制。

（3）可操作度不同。图形可任意缩放、旋转、修改对象属性，不引起失真；图像缩放、旋转等操作会引起失真。

（4）用途不同。图形用于设计精细的图案和商标，以及适合于用数学去表示的美术作品、三维建模等，在网络、工程计算中被大量应用；图像用于表现自然景物、人物、动植物和一切引起人类视觉感受的事物，特别适合于逼真的彩色照片等。

2.1.1 图形图像的获取

1. 从现有图片库中获取图形和图像

图片库大都用光盘存储，包括的种类有很多，例如自然风光、城市建筑等，还有材质素材、边框花边等。

2. 利用扫描仪扫描输入图形和图像

照片、画报、杂志等印刷品上的彩色图形和图像，可以通过扫描仪方便地输入到计算机中。扫描仪通过光电转换原理将图像数字化，分解成像素，形成图像文件进行存储。

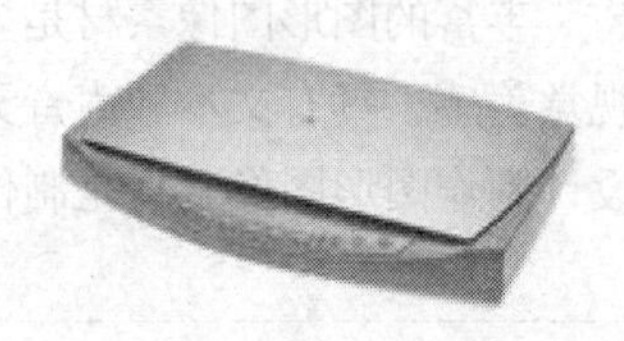

3. 利用绘图软件产生图形和图像

我们可以通过绘图软件创建数字图像，这样可以更好地表达出自己内心想要的东西。目前 Windows 环境下的大部分图像编辑软件都具有一定的绘图功能，可以利用鼠标、画笔及数字画板来绘制各种图形，并进行色彩、纹理、图案等的填充和加工处理。用计算机产生图形和图像的软件和产品很多，例如，可以用 Unlead-Cool3D 制作三维字体，用 Kais Power Goo 变形软件人为地将一幅图像任意变形，还可以用三维动画软件 3D Max，3D FX 制作静止的帧图像。

4. 利用数码照相机拍摄实物图像

数码照相机是一种与计算机配套使用的数字影像设备，用数码照相机获取的图像是一种数字化的图像，通过串行接口（USB 或 IEEE1394 接口）或 SCSI 接口输入到计算机中。

5. 利用数码摄像机获取图像

数码摄像机是指摄像机的图像处理及信号的记录全部使用数字信号完成的摄像机。数码摄像机用于捕捉事物的连续活动，主要生成数码视频影像，也具备照相功能，获取静止图像。

知识点

2-1：图像的数字化

在处理利用扫描仪等设备获取的图像之前，首先要将图像进行数字化，即将模拟图像转化成数字图像。

多媒体计算机处理图像，首先必须把连续的图像函数 f（x,y）进行空间和幅值的离散化处理，空间连续坐标（x,y）的离散化，叫做采样；f（x,y）颜色的离散化，称之为量化。两种离散化结合在一起，叫做数字化，数字化的结果称为数字图像。

6. 利用抓图工具获取图像

我们可以利用抓图软件从屏幕上抓取图像素材，即利用键盘上的【Print Screen】【Sys Rq】键从屏幕上截取我们所需要的精彩画面，将其作为备用素材保存起来。常见的抓图软件有 HprSnap6.13 、MyCatchScreen、HyperSnap-DX 等。

此外，Microsoft Office 软件中自带的“..\Program Files\Microsoft Office\CLIPART”剪辑库也可以获得许多图像。

2.1.2 图形图像的处理

图形图像的处理指的是对图形图像的移动、裁剪、变形、叠加、翻转、变色、平滑、添加文字等。用于图形图像处理的软件很多，流行的处理软件有 Adobe System 公司的 Photoshop、Corel Systems 公司的 CorelDRAW，以及 Aldus 公司的 PhotoStyler，Microtek 公司的 Picture Publisher 等。这些软件大都支持多种格式的图像文件处理，具备接收扫描输入图像、编辑图像、变换优化处理、

打印输出等基本功能。

2.1.3 Photoshop CS3 界面简介

Photoshop CS3 全称 Adobe Photoshop CS3 Extended，也称为 Photoshop 10，是目前 Photoshop 较新版本（中文版于 2007 年 7 月 17 日在上海国际会议中心发布）。

Adobe Photoshop 是公认的最好的通用平面美术设计软件，由 Adobe 公司开发设计。其用户界面易懂，功能完善，性能稳定，所以，在几乎所有的广告、出版、软件公司，Photoshop 都是首选的平面工具。

Photoshop CS3 的工作界面如图 2-2 所示。

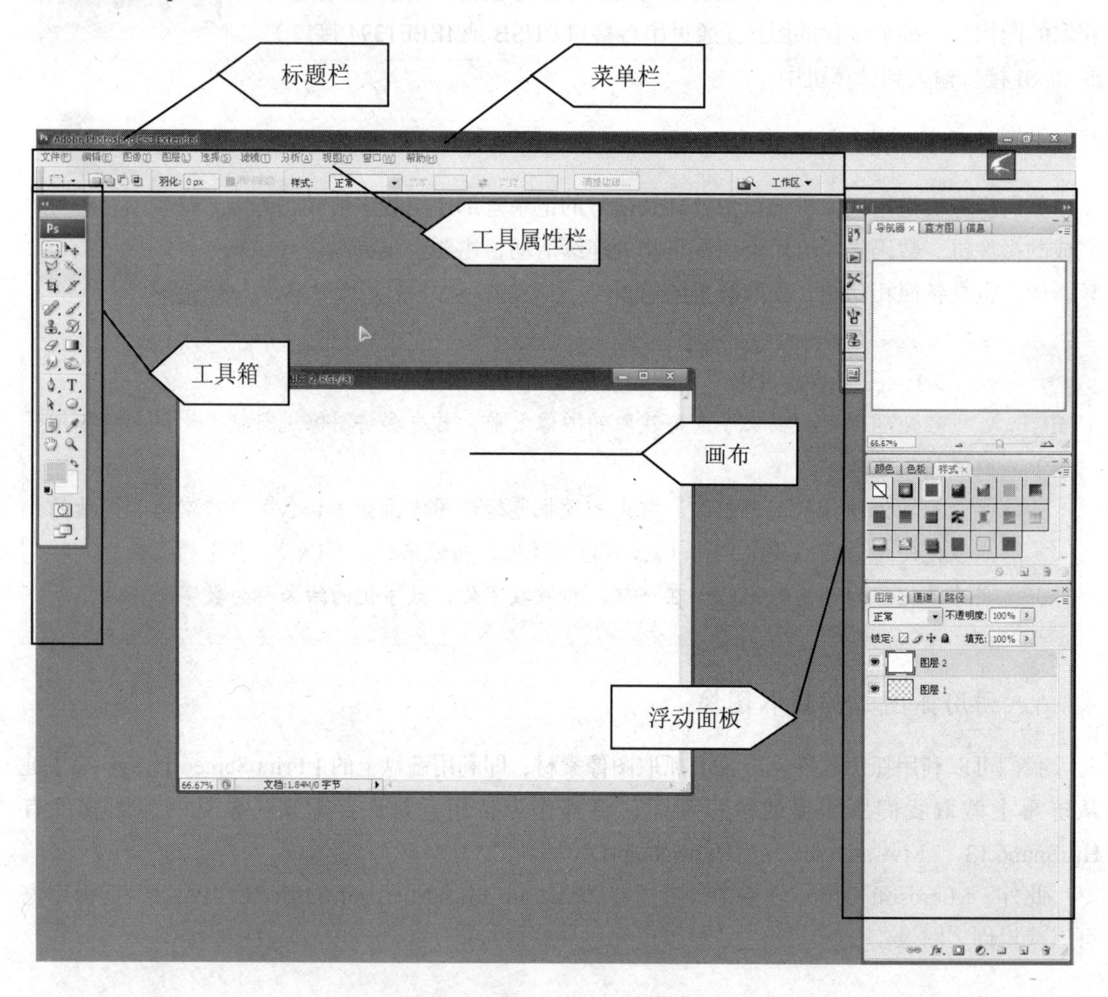

图 2-2　Photoshop CS3 工作界面

Photoshop CS3 的界面主要由标题栏、菜单栏、工具属性栏、工具箱、活动面板和工作区（即画布）组成。其中，Photoshop CS3 的工具箱与 Photoshop CS2 之前所有版本不同，变成可伸缩的，可变为长单条和短双条，工具箱中各工具如图 2-3 所示。此外，Photoshop CS3 中，调板可以缩为精美的图标，如图 2-4 所示。

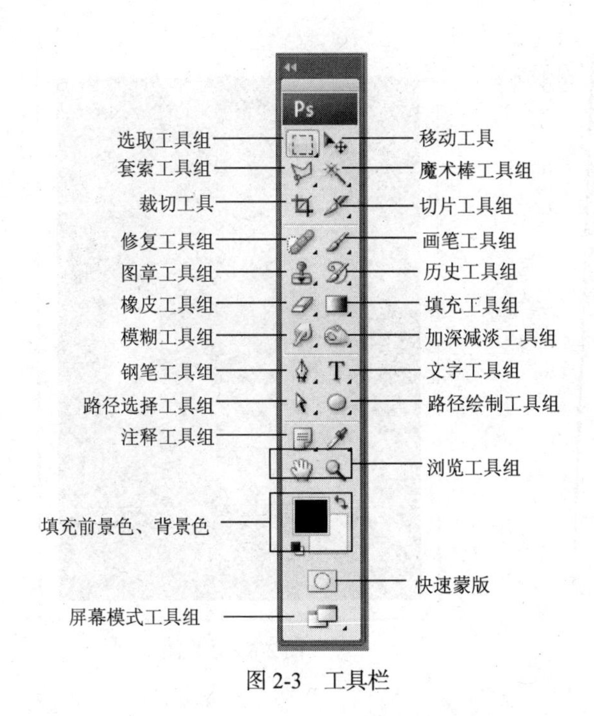

图 2-3　工具栏

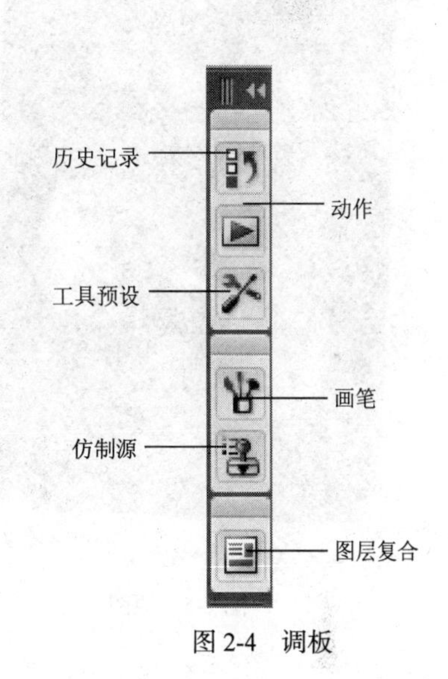

图 2-4　调板

Photoshop CS3 能完美兼容 Vista，拥有几十个全新特性，诸如支持宽屏显示器的新式版面；集 20 多个窗口于一身的 dock；占用面积更小的工具栏；多张照片自动生成全景；灵活的黑白转换；更易调节的选择工具；智能的滤镜；改进的消失点特性；更好的 32 位 HDR 图像支持等。

2.2 案例 1　黑白图像变彩色图像

2-2：图像的颜色

颜色：也称彩色，是可见光的基本特征。习惯上，用亮度、色调和饱和度来描述。

色调：是指当人眼看一种或多种波长的光时所产生的彩色感觉，它反映颜色的种类，是决定颜色的基本属性。

亮度：是光作用于人眼时所引起的明亮程度的感觉，它与被观察物体、光源及人的视觉特性有关。

饱和度：是指颜色的纯度即掺入白光的程度，或者说是指颜色的深浅程度。对于同一色调的彩色光，饱和度越深，颜色越鲜艳，或者说颜色越纯。

打开光盘中的素材文件（位置：光盘\第 2 章\素材\素材 2-1）。

图 2-5 为利用数码相机获取的黑白图像，图 2-6 为处理后的效果图（位置：光盘\第 2 章\效果\效果 2-1）。从图 2-5 中可以看出，这是一张黑白老照片，在这张照片中有很多瑕疵、划痕和损坏之处。如何将这样的老照片还原为较鲜亮的彩色照片以重温曾经的岁月呢？

图 2-5　原图

图 2-6　效果图

（1）旋转照片以水平放置。

（2）去瑕疵、划痕，修复损坏之处。

（3）上色。

（1）旋转画布。执行菜单命令【图像】-【旋转画布】-【任意角度】，弹出如图 2-7 所示对话框，通过尝试，设置顺时针旋转角度为 3 度，单击【确定】按钮，效果如图 2-8 所示。

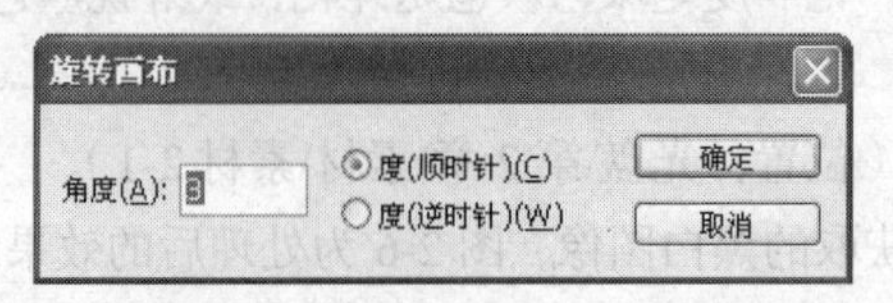

图 2-7　“旋转画布”对话框

图 2-8 旋转画布后

（2）改变色彩模式。若获取的黑白图像的色彩模式为灰度，则必须首先将其转换为 RGB 模式才能对其进行各种操作。

执行菜单命令【图像】-【模式】-【RGB 模式】，将黑白图像转换为 RGB 模式。

知识点

2-3：色彩模式

在数字图像中，将图像中各种不同的颜色组织起来的方式，称之为色彩模式。色彩模式决定着图像以何种方式显示和打印。常见的色彩模式有位图模式、灰度模式、RGB 色彩模式、CMYK 模式、索引模式、HSB 模式、Lab 模式、双色调、多通道等模式。

（具体内容详见阅读材料）

（3）裁切画布。利用【裁切工具】可以将图像中的某一部分剪切出来。单击工具箱中的【裁切工具】，在画布上拖曳鼠标左键，拖出要裁切的区域，被裁切的区域将灰色显示，如图 2-9 所示。双击鼠标左键或按【Enter】键，完成裁切，效果如图 2-10 所示。

图 2-9 裁切画布

图 2-10 裁切画布后

2-2：裁切工具属性设置及裁切区域的自由变形

◆ 裁切工具属性设置：选中裁切工具后，在工具属性栏中可按需要设置裁切区域的宽、高、分辨率等属性，还可将宽、高及分辨率设为当前图像的值(【前面的图像】)。

◆ 裁切区域的自由变形：选中裁切工具属性栏中的【透视】复选框后，可以对裁切范围进行任意的透视变形和扭曲操作。

请自主探究自由裁切操作效果。

（4）修复划痕。在原图像中，有很多划痕，若要修复这些划痕需用到【污点修复画笔工具】和【修复画笔工具】,【修复画笔工具】的特点在于不需要选取选区或者定义源点。

① 选中工具箱中的【污点修复画笔工具】，在照片中有划痕的部位单击或拖曳，同时可配合使用【修复画笔工具】。【修复画笔工具】可以用来校正瑕疵，使瑕疵融于周围的图像中。

2-3：修复画笔工具属性设置

◆ 画笔：可以设置画笔的直径、硬度和角度等参数。

◆ 模式：用于选择一种颜色混合模式，不同的混合模式修复效果不尽相同。

◆ 类型：近似匹配：修复后的图像近似于源图像；创建纹理类型：修复后的图像会产生纹理效果。

② 选中【修复画笔工具】，按住 Alt 键点按鼠标左键（鼠标形状变为⊕）以定义用来修复图像的源点，在需要修复的地方不按【Alt】键并多次单击鼠标左键直到满意为止。

部分瑕疵、划痕修复后的效果见图 2-11，但有些划痕采用【修复画笔工具组】的工具并不能完全去除，这时可配合使用【仿制图章工具】。

【仿制图章工具】的功能是以指定的像素点为复制基准点，将该基准点周围的图像复制到任何地方。

③ 选中【仿制图章工具】，按住【Alt】键点按鼠标左键以定义复制基准点（鼠标形状变为⊕），在需要去掉划痕的地方不按【Alt】键并单击鼠标左键（鼠标形状变为 ）以复制源，直到满意为止。

综合运用修复工具组和图章工具组对照片进行修复，效果如图 2-12 所示。

图 2-11　使用修复画笔工具

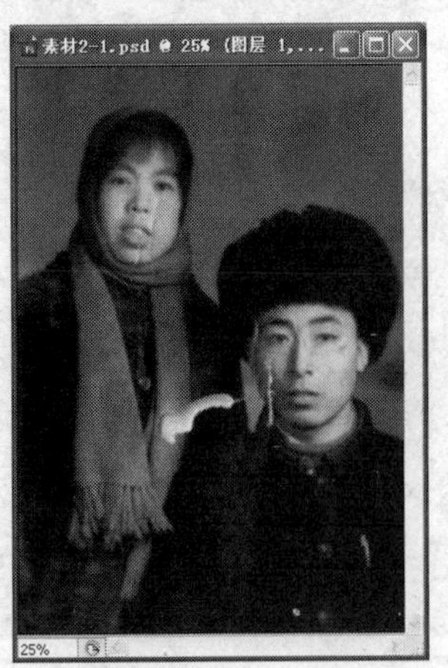

图 2-12　使用修复画笔工具和图章工具

④ 再次使用【仿制图章工具】将照片中缺损的部分还原出来，并结合【修复画笔工具组】去掉照片中脸部的污点和瑕疵，最终结果如图 2-13 所示。

图 2-13　图像修复后

2-4：图章工具属性设置

在使用仿制图章工具时，可对工具属性进行相关设置，比如模式、不透明度和流量。学习者自主探究不同设置时工具使用的效果差异。

（5）上色。在图像修复好之后，即可对其上色。

① 添加背景颜色。

a. 按住工具箱中【套索工具组】右下角三角块不放，在弹出的工具组中选中【磁性套索工具】（【磁性套索工具】可以自动捕捉图像中对比度比较大的两部分的边界，可以准确、快速地选择复杂图像的区域），在背景边缘处单击鼠标以设置第一个紧固点，沿着背景轮廓的边缘移动鼠标，当选取终点回到起点时鼠标形状变为，此时单击鼠标完成选取，结果如图 2-14 所示，在磁性套索工具属性栏中选中"增加选区"按钮，此时鼠标形状变为，以加选背景区域，如图 2-15 所示。

图 2-14　选取背景

图 2-15　加选背景选区

知识点

2-4：选择类工具

在 Photoshop 中，对图片的编辑、修改等操作都是在特定的选区范围内进行的，工具箱提供的选择类工具有：

◆ 选框工具组：包括矩形选框工具、椭圆选框工具、单行选框工具和单列选框工具；

◆ 套索工具组：包括套索工具、多边形套索工具和磁性套索工具；

◆ 魔棒工具组：包括快速选择工具和魔棒工具。其中，快速选择工具为 Photoshop CS3 版本新增工具。

联想记忆：

◆ 钢笔工具组：利用钢笔工具绘制路径，再将路径变为选区，可精确选取目标区域。

提示

2-5：多选区快捷操作

按住【Shift】键不放，增加选区；

按住【Alt】键不放，减少选区；

按住【Shift】+【Alt】组合键不放，交叉选区。

b. 执行菜单命令【图像】-【调整】-【色彩平衡】，在弹出的对话框中设置各参数值如图 2-16 所示，单击【确定】按钮。按【Ctrl】+【D】组合键取消选择，结果如图 2-17 所示。

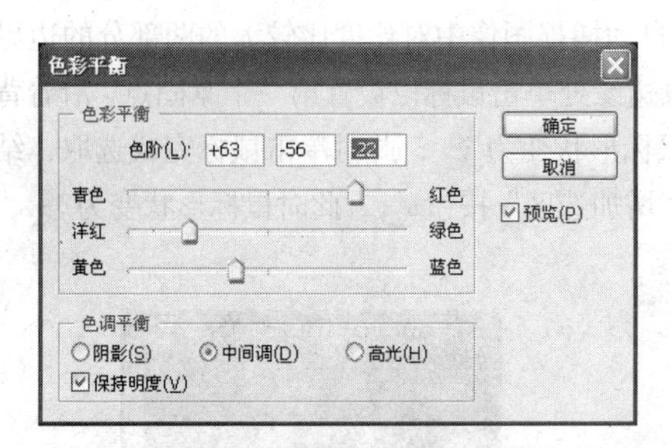

图 2-16 “色彩平衡”对话框

图 2-17 背景上色

② 添加皮肤颜色。

a. 利用【磁性套索工具】将人物的皮肤选取出来；

b. 单击【前景色拾色器】按钮，将参数设置为如图 2-18 所示；

c. 在图层面板，单击面板底部【新建图层按钮】，新建图层 1；双击图层 1，将图层重命名为“肤色”；

d. 选中“肤色”图层，按【Alt】+【Del】组合键用前景色填充；

e. 在图层面板中，更改图层混合模式为“叠加”，不透明度为“61%”，填充为“75%”，如图 2-19 所示；

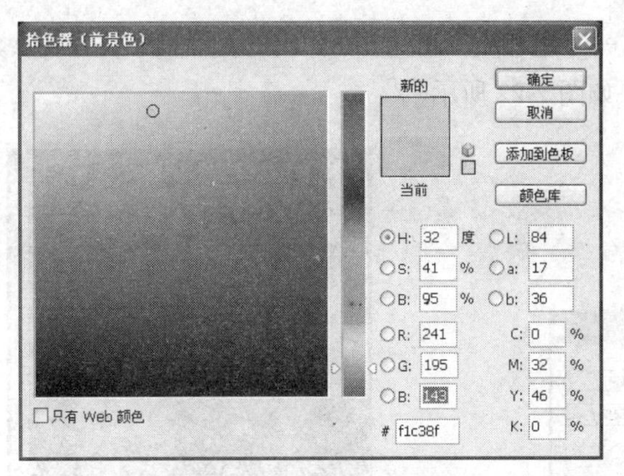

图 2-18　前景色拾色器

图 2-19　图层面板

f. 按【Ctrl】+【D】组合键取消选择，结果如图 2-20 所示。

图 2-20　皮肤上色

③ 面部细节上色。

a. 选中背景图层，选择【磁性套索工具】，属性设置为增加选区，将人物的唇部选取出来。

b. 将前景色设置为适当的红色。

c. 选择【画笔工具组】中的【颜色替换工具】在选区内拖曳鼠标，将唇色替换为红色。

d. 按【Ctrl】+【D】组合键取消选择。

知识点

2-5: 颜色替换工具

颜色替换工具是一个修复图像颜色的工具，它用前景色改变图像的颜色，并且保留图像原有的材质和明暗度，一般用于修复照片中的红眼瑕疵。

依据此方法，对眼睛等面部细节上色。

④ 添加服饰颜色。

a. 利用【磁性套索工具】将人物的围巾选取出来。

b. 设置前景色为适当的蓝色（可根据自己的设计自主定义颜色）。

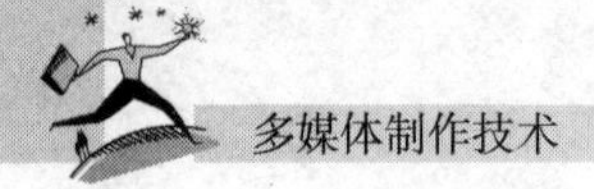

c. 执行菜单命令【图像】—【调整】—【色相/饱和度】，在弹出的对话框中设置各参数值如图 2-21 所示，选中“着色”复选框，结果如图 2-22 所示。

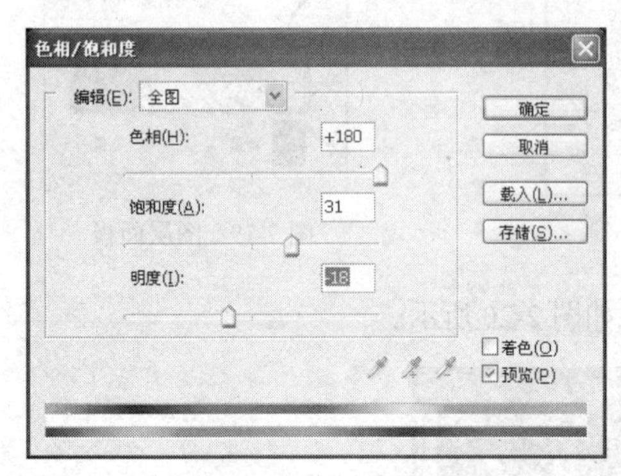

图 2-21 “色相/饱和度”对话框

图 2-22 围巾上色后效果

综合采用上述几种上色方法，对照片其余部分上色，效果如图 2-23 所示。

图 2-23 服饰上色后效果

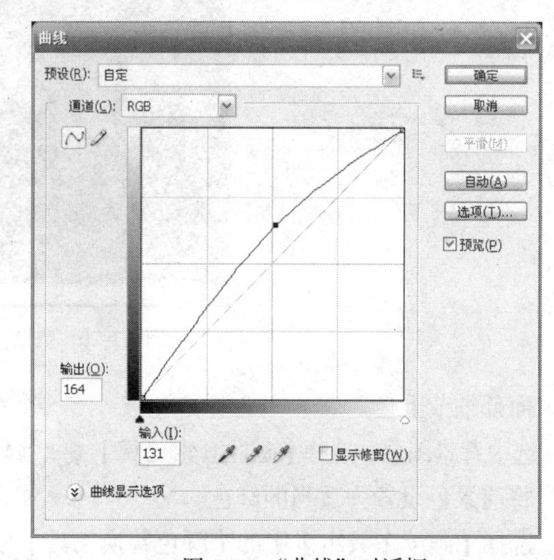

图 2-24 “曲线”对话框

（6）综合调整。

a. 执行菜单命令【图像】—【调整】—【曲线】，在弹出的“曲线”对话框（见图 2-24）中拖曳鼠标综合调整图像的亮度、对比度，设置好后单击【确定】按钮。

b. 执行菜单命令【图像】—【画布大小】，将画布的宽、高各增加 0.5 厘米，设置好后单击【确定】按钮。

c. 执行菜单命令【图像】—【存储为】，在弹出的【存储为】对话框中输入文件名“老照片上色”，图像格式为 JPG，单击【确定】按钮。

图像上色后的最终效果如图 2-25 所示。

图 2-25 最终效果

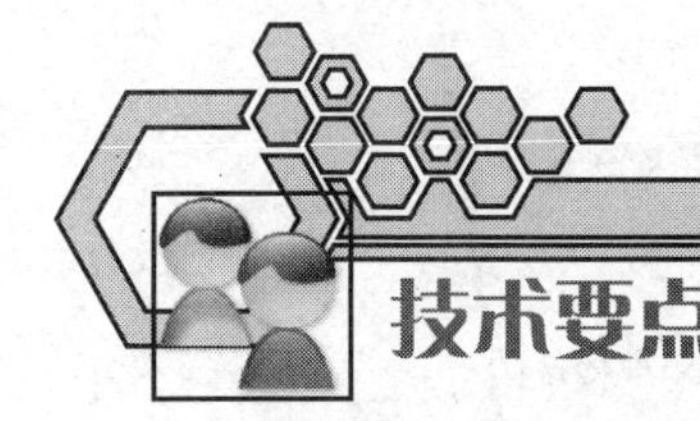

技术要点

1. 选取图像的工具及使用方法

① 选框工具组。

② 套索工具组。

③ 魔棒工具组。

④ 钢笔工具组。

这几种选取工具通常要配合使用，使用哪种工具依选择对象特点的不同而不同。

2. 污点修复画笔工具

污点修复画笔一般用于修复瑕疵，特点是自动进行像素取样，不需要设置来源。

3. 修复画笔工具

修复画笔工具用于修复划痕等，技术要点是需按【Alt】键手动设置来源。

4. 仿制图章工具

仿制图章工具多用于修复图像中有损坏的地方或制作特殊效果之用，技术要点是需按【Alt】键手动设置来源。

5. 黑白图像变彩色图像的方法

①【图像】—【调整】—【色彩平衡】。

②【图像】—【调整】—【色相/饱和度】，技术要点是先设置前景色为目标颜色，在【色相/饱和度】对话框中勾选【着色】复选框。

③ 填充图层。技术要点是：在新建图层中用前景色填充目标区域，设置与原图像图层的混合模式为【叠加】，依需要调整图层不透明度和填充百分比。

④ 颜色替换工具。技术要点为设置前景色为目标颜色后在目标区域涂抹，一般用于改变范围较小的选区颜色。

2.3 案例 2 个人主页效果图制作

网络的普及是促使更多人需要掌握 Photoshop 的一个重要原因。因为在制作网页时，Photoshop 是必不可少的网页图像处理软件。本案例效果如图 2-26 所示。

图 2-26 "个人主页"效果图

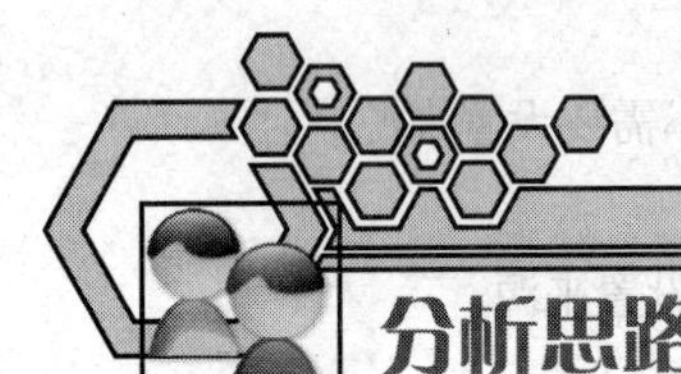

分析思路

（1）背景布局构思。

（2）素材处理。

（3）模块设计与制作。

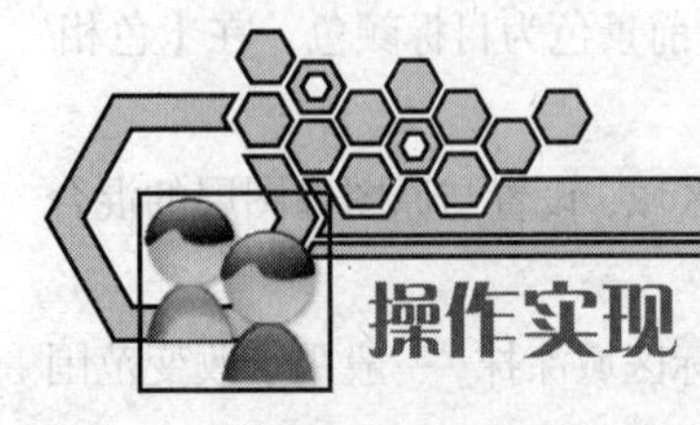

操作实现

1. 制作网页头

（1）执行菜单命令【文件】-【新建】命令或按下【Ctrl】+【N】组合键，新建一个名称为“网页头”的文件，设置如图 2-27 所示。

（2）选中工具箱中的【渐变工具】，双击【渐变工具】属性栏的渐变编辑器按钮，弹出渐变编辑器对话框，设置参数如图 2-28 所示，单击【确定】按钮。

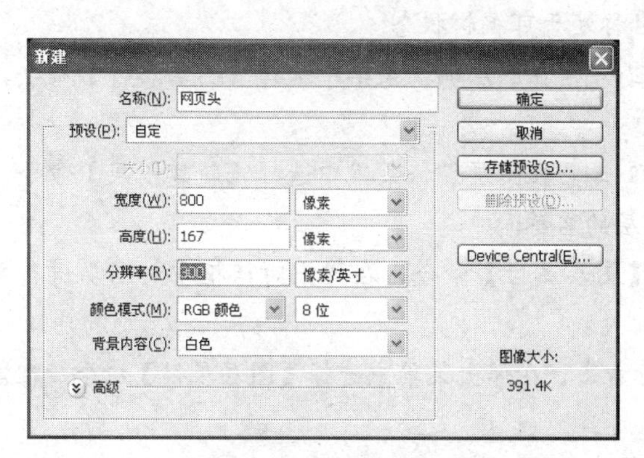

图 2-27　设置“新建”文件

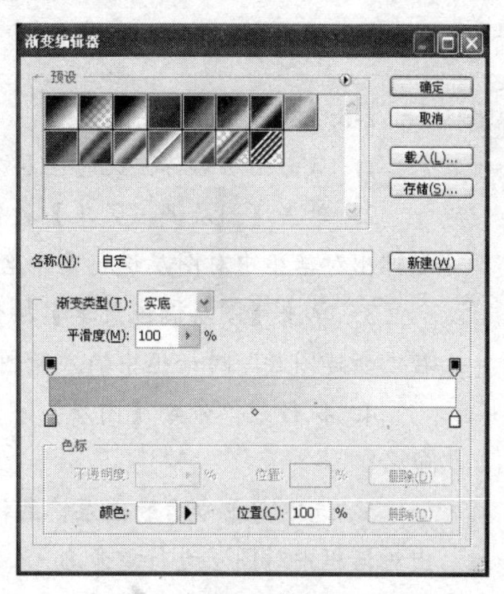

图 2-28　“渐变编辑器”对话框

在【渐变工具】属性栏中单击【线性渐变】按钮，在画布上当鼠标变为 + 时，拖曳鼠标为画布填充渐变色，效果如图 2-29 所示。

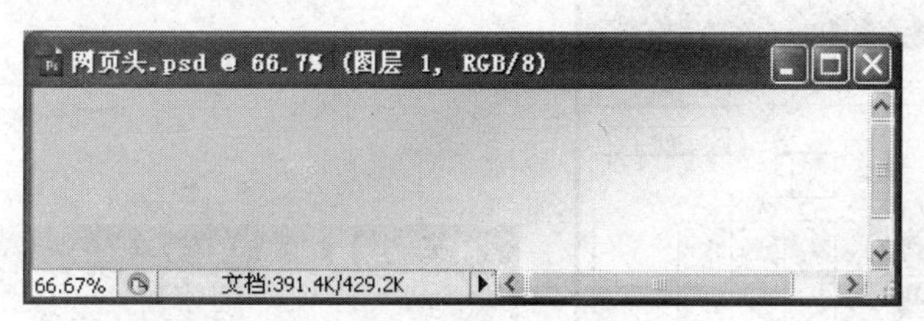

图 2-29　为画布填充线性渐变

（3）定义图案。

① 执行菜单命令【文件】-【新建】命令或按下【Ctrl】+【N】组合键，新建一个宽度、高度均为 4 像素的文件。

② 设置前景色如图 2-30 所示。用矩形选取工具选取一个 1 像素大小色块，并填充前景色。

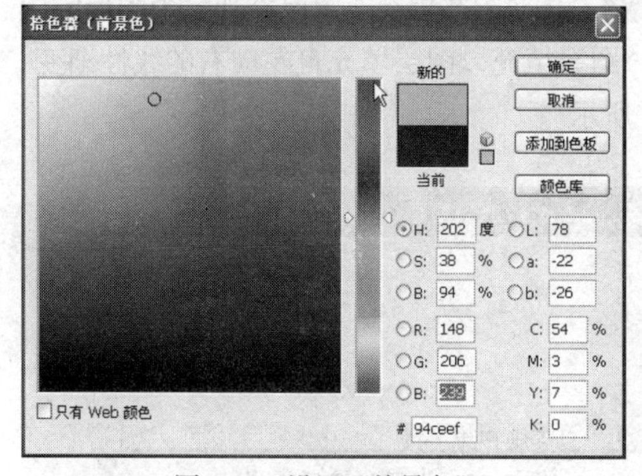

图 2-30　设置“前景色”

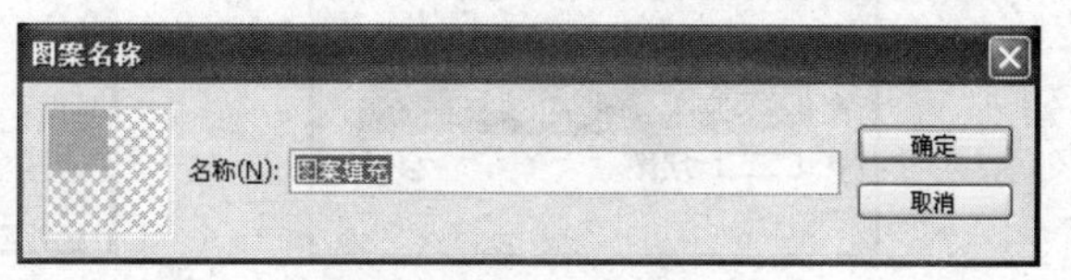

图 2-31　定义图案对话框

③ 执行菜单命令【编辑】-【定义图案】命令，在弹出的“图案名称”对话框中，为定义的图案命名为“图案填充”（如图 2-31），单击【确定】按钮。

（4）填充图案。

① 在“网页头.psd”文件的图层面板中，新建一个图层，双击图层名称，将图层重命名为“图案填充”。

2-6：为图层重命名的方法

1. 双击图层名称，此时图层名称处于可编辑状态；

2. 单击【图层调板菜单】按钮，在图层调板菜单中选择【图层属性】命令，在弹出对话框中对图层进行重命名；

3. 单击【图层调板菜单】按钮，在图层调板菜单中选择【新建图层】命令，在“新建图层”对话框中输入新图层的名称；

4. 执行菜单命令【图层】-【图层属性】命令，在弹出对话框中对图层进行重命名；

5. 选中需重命名的图层，鼠标右击，在弹出菜单中选择【图层属性】命令，在弹出对话框中对图层进行重命名。

② 执行菜单命令【编辑】-【填充】命令，弹出“填充”对话框（图 2-32），在自定图案的下拉菜单中选择第 3 步中定义的图案“图案填充”，单击【确定】按钮，结果如图 2-33 所示。

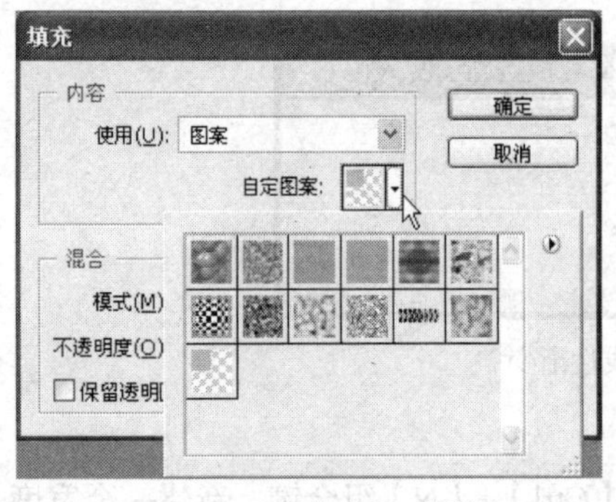

图 2-32 “填充”对话框

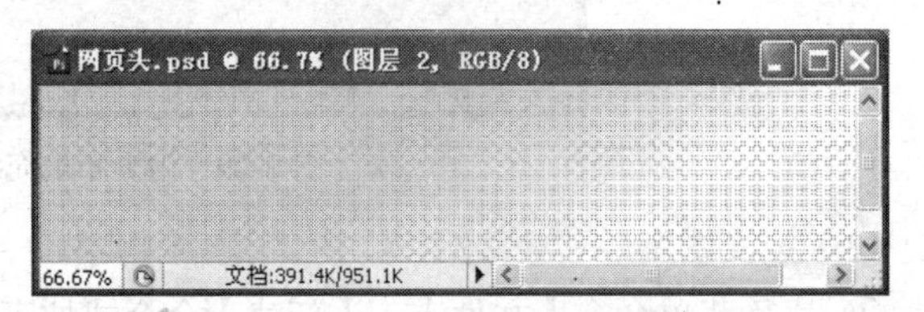

图 2-33 填充图案后效果

（5）设置过渡效果。

① 单击图层面板底部的“添加图层蒙版”按钮，为“图案填充”图层添加一个图层蒙版。

② 选中工具箱中的“渐变工具”按钮，为“图案填充”图层填充自左向右的线性渐变，填充后图层面板如图 2-34 所示，填充效果如图 2-35 所示。

图 2-34 图层面板

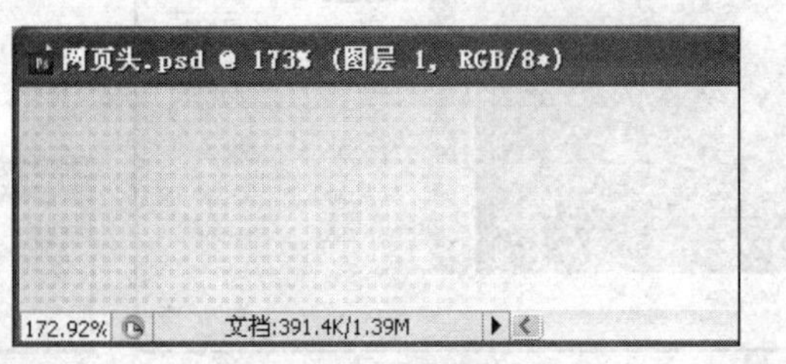

图 2-35 设置过渡后效果

2-6：图层蒙版

图层蒙版实际上就是对某一图层起遮盖效果的在实际中并不显示的一个遮罩，它在Photoshop中表示为一个通道，用来控制图层的显示区域与不显示区域及透明区域，图层蒙版是灰度图像，因此用黑色绘制的内容将会隐藏，用白色绘制的内容将会显示，而用灰色色调绘制的内容将以各级透明度显示。

（6）设计网页头。

① 打开光盘中的素材文件（位置：光盘\第2章\素材\素材2-2），如图2-36所示。

② 选中工具箱中的“移动工具”按钮，将素材拖曳到“网页头”文件中的适当位置。此时，在图层面板自动新建了一个图层，将其重命名为“素材”。

图2-36　素材文件

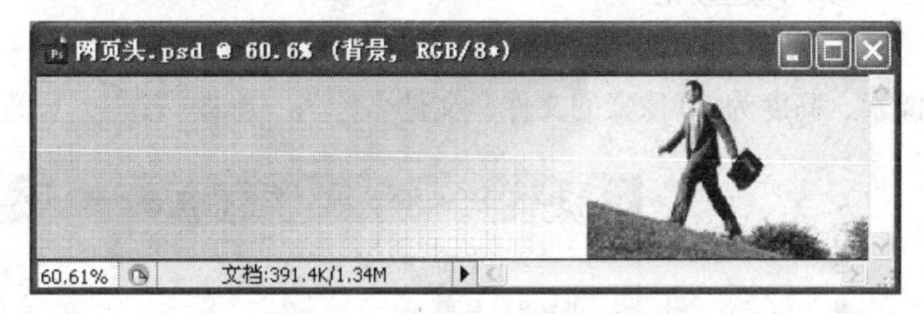

图2-37　将素材拖至目标文件

③ 执行菜单命令【编辑】-【自由变换】命令，或快捷键【Ctrl】+【T】组合键，对图像进行自由变换，调整图像大小如图2-37所示，双击鼠标左键或【Enter】键结束自由变换。

2-7：自由变换

快捷键：【Ctrl】+【T】组合键。

菜单命令：【编辑】-【自由变换】。

功能键：【Ctrl】、【Shift】、【Alt】、【Ctrl】键控制自由变化；【Shift】控制方向、角度和等比例放大缩小；【Alt】键控制中心对称。

自由变换可实现缩放、旋转、斜切、扭曲、透视、变形、翻转等变换状态。

④ 依照“步骤5”的方法，为“素材”图层添加一个图层蒙版，并添加一个径向渐变，图层面板如图2-38所示，效果如图2-39所示。

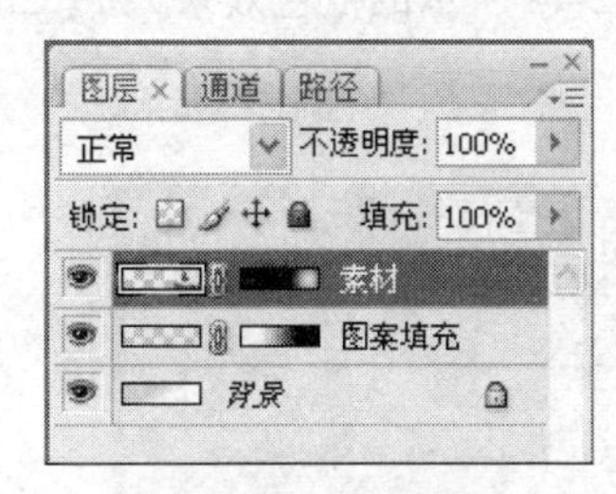

图2-38　图层面板

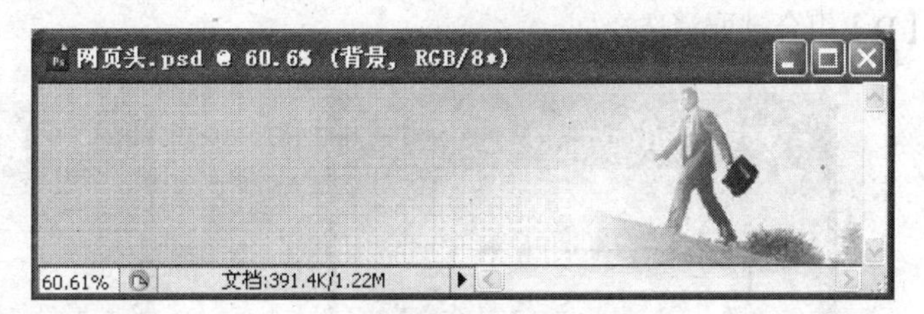

图2-39　网页头

⑤ 打开光盘中的素材文件（位置：光盘\第2章\素材\素材2-3），如图2-40所示，参考“步骤6”，将素材拖曳到“网页头”文件中并调整其位置和大小，在图层面板中，设置该图层的不透

明度为 50%。“网页头”图像的最终效果如图 2-41 所示。

⑥ 保存“网页头”文件，格式为 JPG。

图 2-40　素材文件

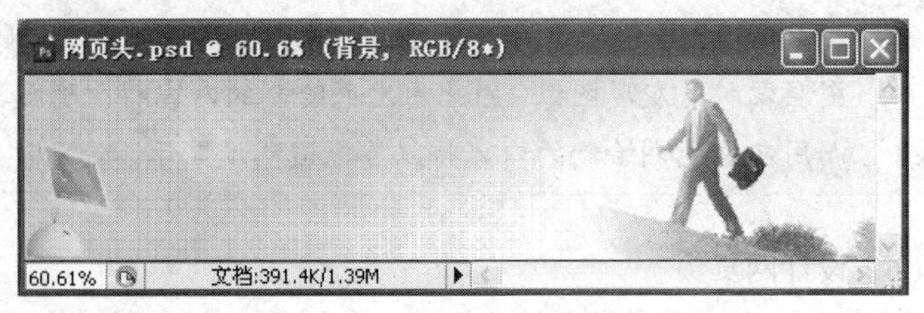

图 2-41　“网页头”最终效果

2. 制作导航按钮

（1）标题按钮。

① 执行菜单命令【文件】-【新建】命令或按下【Ctrl】+【N】组合键，新建一个宽度为 120 像素、高度为 30 像素的文件，文件名称为“标题按钮”，设置如图 2-42 所示。

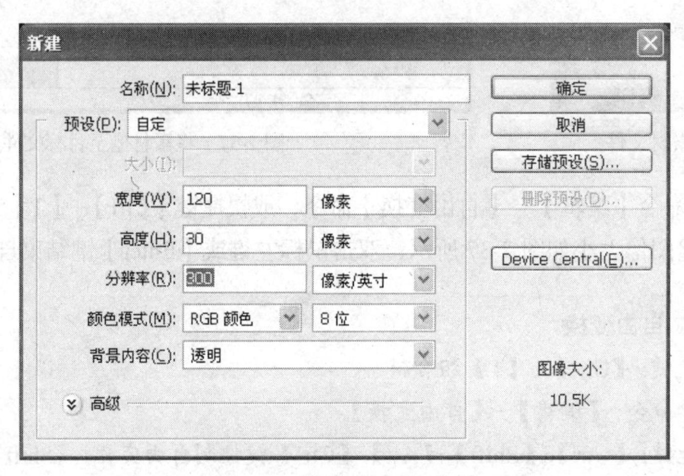

图 2-42　设置“新建”文件

② 选中工具箱中的“矩形工具”按钮工具组中的“圆角矩形工具”按钮 矩形工具 U 圆角矩形工具 U，在画布中绘制一圆角矩形路径，如图 2-43 所示。

③ 按【Ctrl】+【Enter】组合键，将路径转化为选区，填充如图 2-44 所示的橙色效果，按【Ctrl】+【D】组合键取消选择。

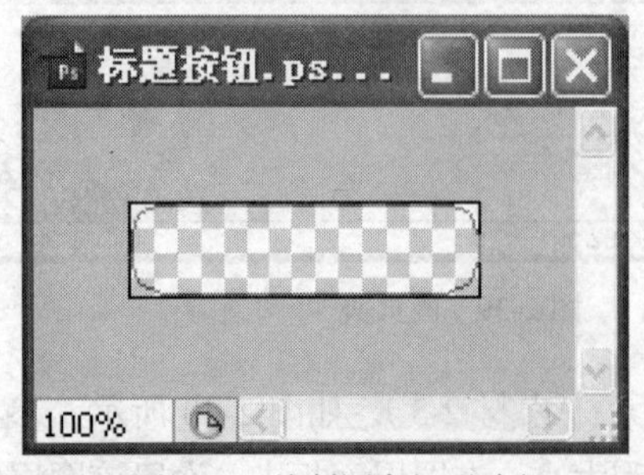

图 2-43　绘制圆角矩形路径

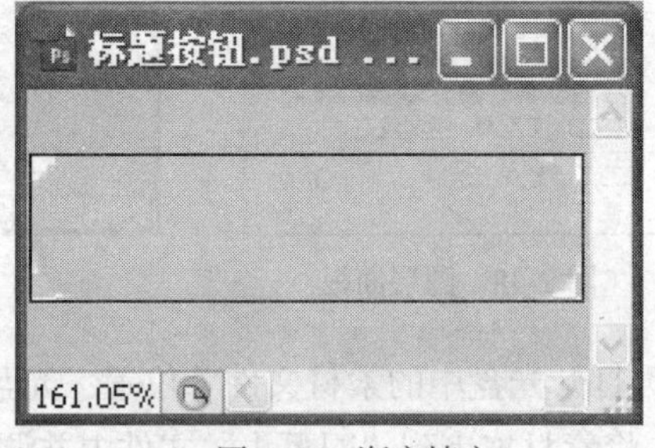

图 2-44　渐变填充

2-8：路径与选区

利用“矩形工具”按钮绘制出来的图形为矢量路径，在 Photoshop 中，用路径定义轮廓。路径是用户绘制出来的一系列点连接起来的曲线或线段。通过绘制路径可以获得较为精确的选区。

④ 选中工具箱中的“矩形选框工具”按钮 ，在工具属性栏设置羽化值为 5 像素。拖选出如图 2-45 所示的矩形选区，并为选区填充白色，效果如图 2-46 所示。

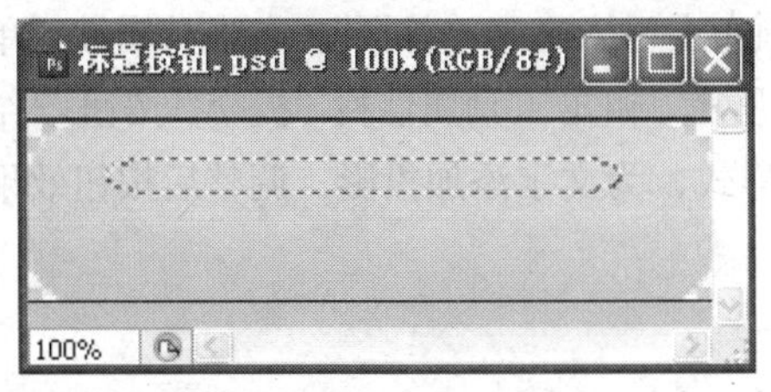

图 2-45　创建选区

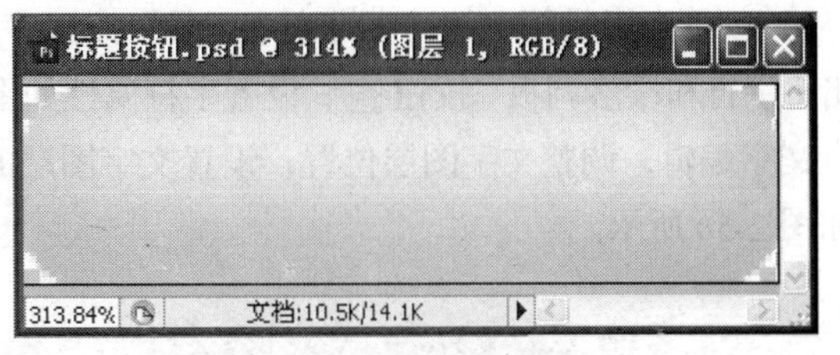

图 2-46　填充选区

2-7：羽化

羽化作用是通过设置不同的羽化值，来设定选取范围的柔化效果。羽化后将在选框的边缘部分产生渐变的柔和效果，羽化的范围在 0 ~ 250 之间。

⑤ 选中图层面板中的“添加图层样式”按钮 *fx*，在弹出选项中选择“投影”选项，在弹出的“图层样式”对话框中设置相应的投影属性如图 2-47 所示，单击【确定】按钮，效果如图 2-48 所示。

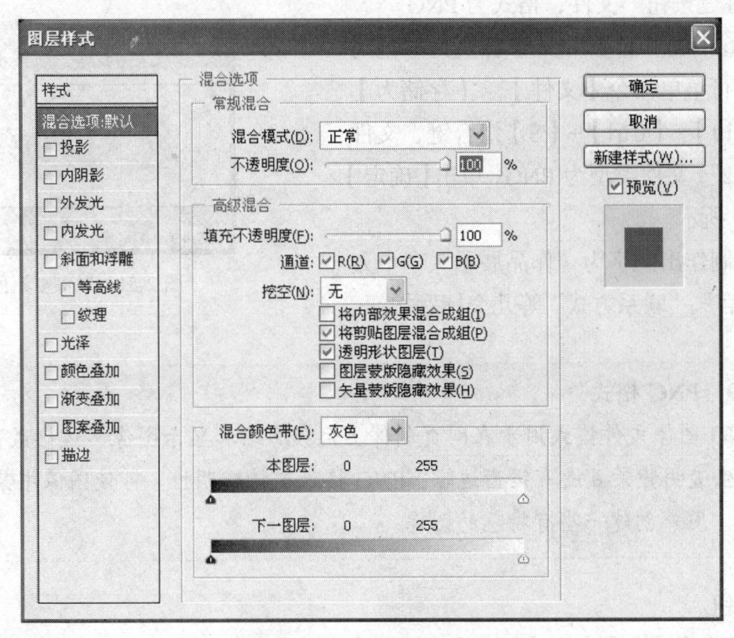

图 2-47　“图层样式”对话框

图 2-48 “按钮”最终效果

⑥ 选中工具箱中的“横排文字工具”按钮T，在画布上输入文字“首页”，在工具属性栏单击“字符和段落调板”按钮，设置字符属性如图 2-49 所示，单击工具属性栏“提交”按钮✔结束文字编辑，调整文字图层位置，设置文字图层的图层样式，为文字添加投影，调整后按钮效果如图 2-50 所示。

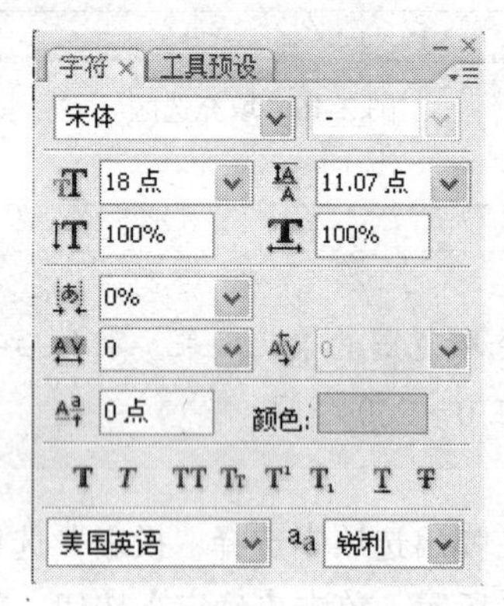

图 2-49 “字符”调板

图 2-50 “按钮”效果

⑦ 保存“标题按钮”文件，格式为 PNG。

⑧ 将步骤⑥中的“首页”文字替换为“绝对档案”文字，执行菜单命令【文件】-【存储为】命令或按下【Shift】+【Ctrl】+【S】组合键，文件名为“标题按钮 2”，文件类型为 PNG，单击【确定】按钮，如图 2-51 所示。

图 2-51 “标题按钮 2”

依此类推，制作出文字为“作品展示”、“个人风采”、“签写留言”、“联系方式”等几个标题按钮。

2-9：PNG 格式

PNG 图像文件格式用于在网页制作上无损压缩和显示图像，该格式支持 24 位图像，产生透明背景且没有锯齿边缘。PNG 格式支持透明性，可使图像中某些部分不显示出来，用来创建一些有特色的图像。

（2）图案按钮。

① 执行菜单命令【文件】-【新建】命令或按下【Ctrl】+【N】键，新建一个宽度为 120 像

素、高度为 120 像素，背景内容为透明的文件，文件名称为“图案按钮 1”。

② 选中工具箱中的“椭圆选框工具”按钮，按【Shift】键在画布上绘制一个正圆选区。执行菜单命令【编辑】-【描边】命令，在“描边”对话框中设置相关参数如图 2-52 所示，单击【确定】按钮，效果如图 2-53 所示。

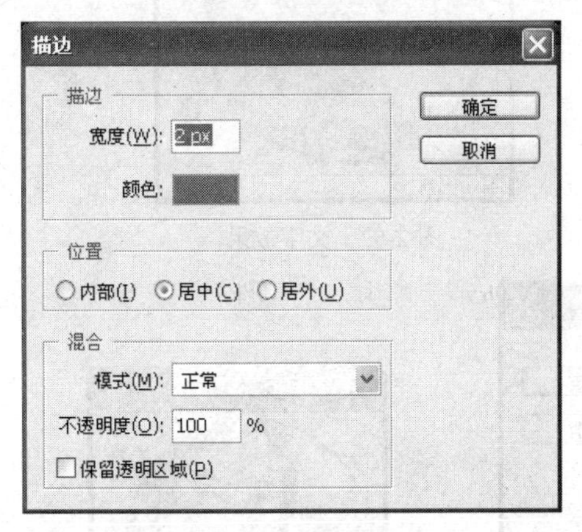

图 2-52　“描边”对话框

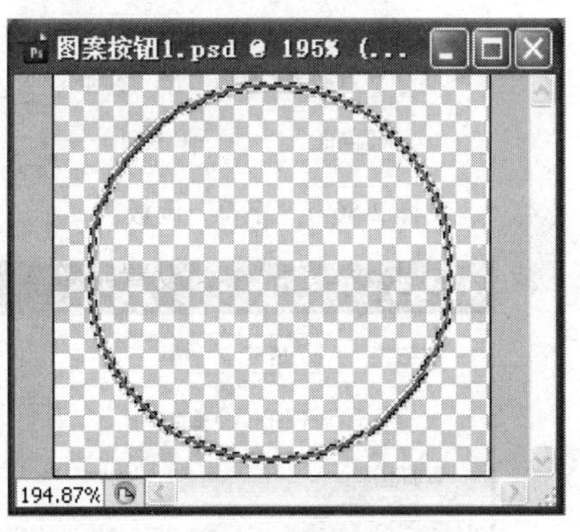

图 2-53　“描边”效果

③ 打开光盘中的素材文件（位置：光盘\第 2 章\素材\素材 2-4），如图 2-54 所示。

④ 执行菜单命令【选择】-【全部】命令或按下【Ctrl】+【A】组合键，执行菜单命令【编辑】-【拷贝】命令或按下【Ctrl】+【C】组合键复制图像。

选中“图案按钮 1”文件，执行菜单命令【编辑】-【贴入】命令，按【Ctrl】+【T】组合键进行自由变换，调整图像大小，调整后的效果如图 2-55 所示。

图 2-54　素材文件

图 2-55　贴入效果

⑤ 选中工具箱中的“横排文字工具”按钮 T，在图像中输入文字“个人风采”，在工具属性栏单击“字符和段落调板”按钮，设置字符属性如图 2-56 所示，调整后的文字效果如图 2-57 所示。

⑥ 选中文字，单击工具属性栏中的“创建文字变形”按钮，在“变形文字”对话框设置相关参数如图 2-58 所示，单击【确定】按钮，效果如图 2-59 所示。

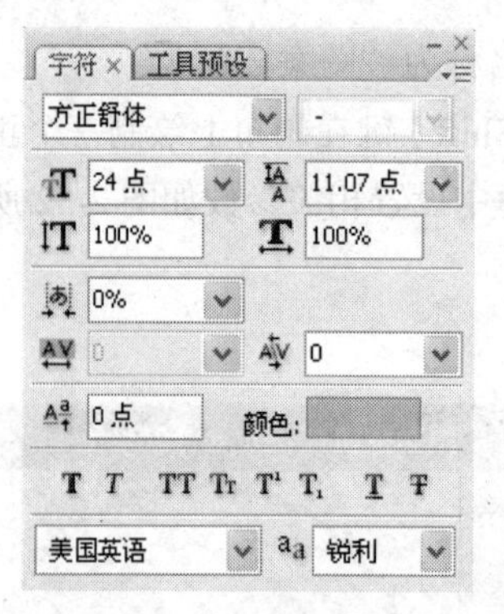

图 2-56 “字符”调板

图 2-57 文字效果

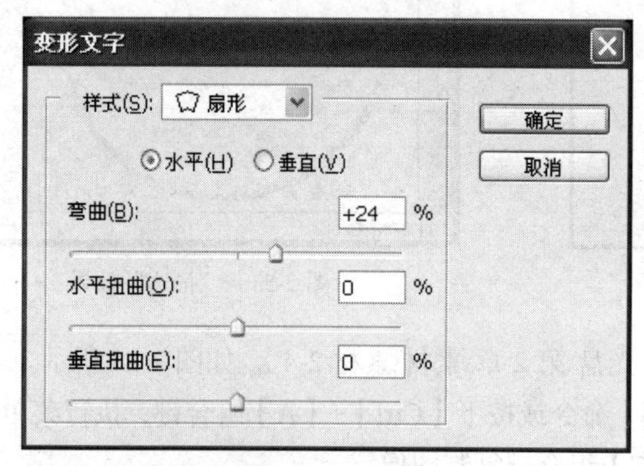

图 2-58 “变形文字”对话框

图 2-59 变形文字效果

⑦ 为文字图层添加投影图层样式，最终效果如图 2-60 所示。

⑧ 保存“图案按钮 1”文件，格式为 PNG。

图 2-60 标题按钮 1

图 2-61 标题按钮 2

利用提供的素材文件，依据“图案按钮 1”的制作方法，依次制作“图案按钮 2”、“图案按钮 3”、“图案按钮 4”，效果如图 2-61、图 2-62 和图 2-63 所示。

图 2-62 标题按钮 3

图 2-63 标题按钮 4

（3）页面布局。

① 执行菜单命令【文件】–【新建】命令或按下【Ctrl】+【N】组合键，新建一个宽度为 800 像素、高度为 600 像素的文件，文件名称为“个人主页”，设置如图 2-64 所示。

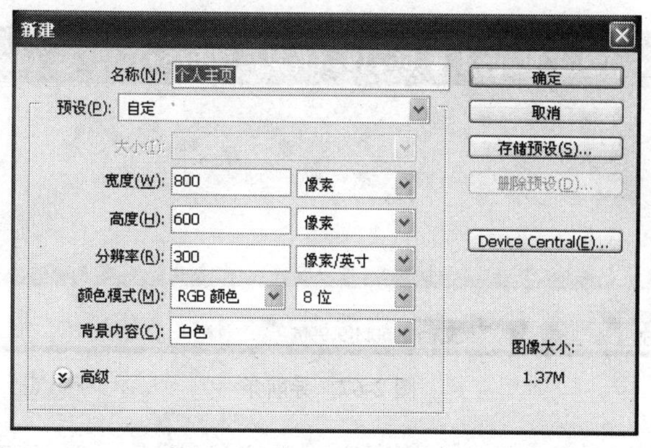

图 2-64　设置“新建”文件

② 打开“网页头.jpg”文件，将图像拖到“个人主页”文件中顶部位置，将图层重命名为“网页头”。

③ 单击“新建图层”按钮，新建图层 1，将图层重命名为“导航条”。

在工具属性栏选中“矩形选框工具”按钮，设置样式为“固定大小”：宽度为“800 像素”，高度为“30 像素”，在画布上绘制固定大小矩形，并填充与“标题按钮”颜色相一致的对称渐变，填充渐变效果如图 2-65 所示。

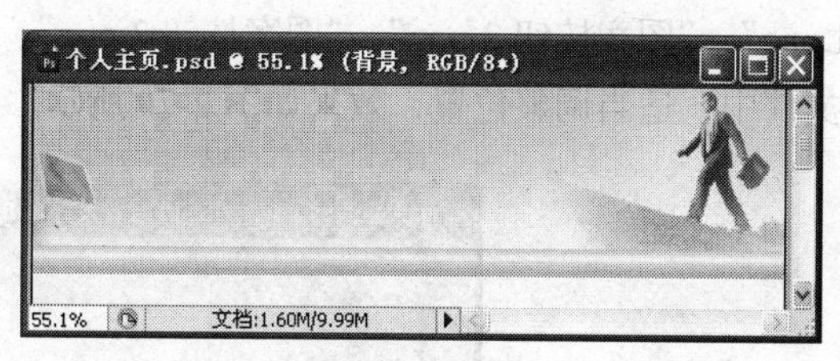

图 2-65　导航条

依据相同方法，为“个人主页”底部制作如图 2-66 所示效果。

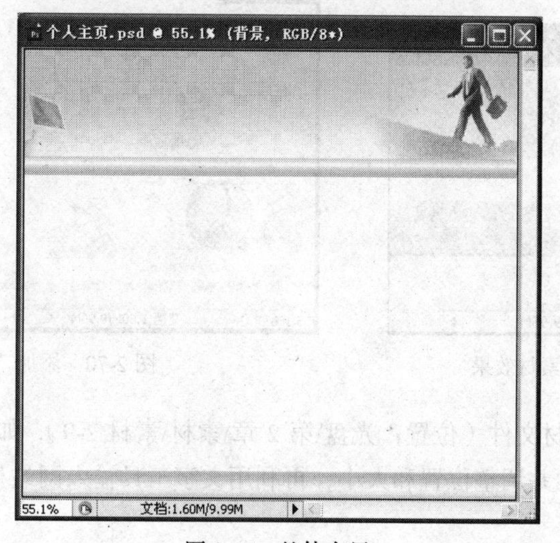

图 2-66　整体布局

④ 打开“标题按钮.png”文件，将图像拖到“个人主页”文件中，调整位置于“导航条”上的适当位置，将图层重命名为“首页”。

依次将其他标题按钮拖到画布中并调整位置，效果如图 2-67 所示。

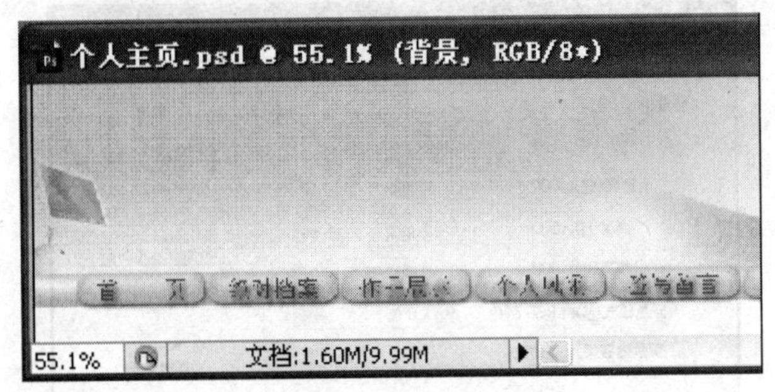

图 2-67　导航条

⑤ 打开光盘中的素材文件（位置：光盘\第 2 章\素材\素材 2-8），如图 2-68 所示，将素材拖曳到“个人主页”文件中，调整位置和大小，并为素材添加图层样式 *fx*，设置“斜面和浮雕”样式为“内斜面”，最终效果如图 2-69 所示。

图 2-68　素材文件

⑥ 打开“图案按钮 1.png”、“图案按钮 2.png”、“图案按钮 3.png”、“图案按钮 4.png”文件，将图像拖到“个人主页”文件中，适当调整位置，效果如图 2-70 所示。

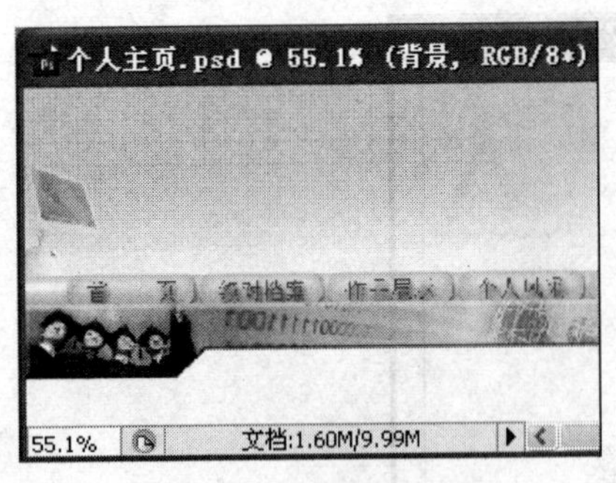

图 2-69　设置素材效果

图 2-70　添加“图案按钮”

⑦ 打开光盘中的素材文件（位置：光盘\第 2 章\素材\素材 2-9），如图 2-71 所示，将素材拖曳到“个人主页”文件中并调整位置和大小，再利用文字工具输入网站相关文字信息，最终效果如图 2-72 所示。

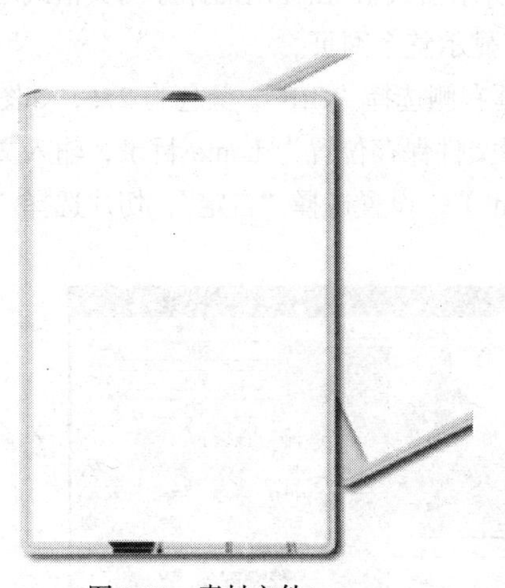

图 2-71　素材文件

图 2-72　添加素材文件

⑧ 保存“个人主页”文件，类型为 PSD，“个人主页”最终效果如图 2-26 所示。

（4）图片输出。

网页设计中，一般会把图片填充到表格来进行排版，将图片按表格走向进行裁切，可大大方便网页的编辑。切图的数量不宜过多，但动画和按钮的部分都应切成小图。

① 执行菜单命令【视图】–【标尺】命令或按下【Ctrl】+【R】组合键打开标尺，再按【V】键切换至“移动”工具，分别从左标尺和上标尺拖出垂直和水平参考线，如图 2-73 所示。

② 选中工具箱中的“切片工具”按钮，紧贴参考线，拉出矩形框，一个切片就画好了，用同样的方法，画出所有切片，如图 2-74 所示。

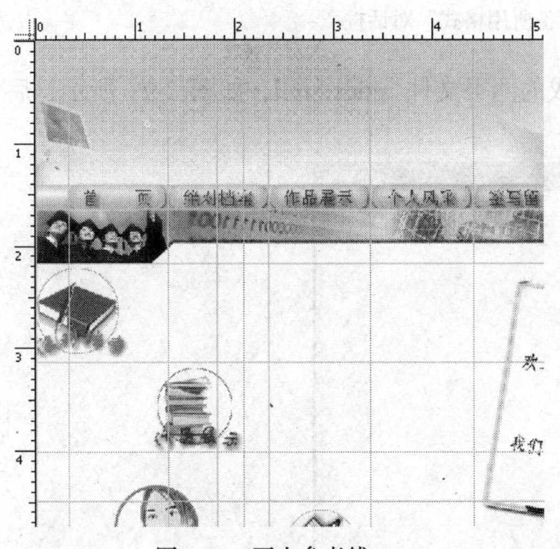

图 2-73　画出参考线

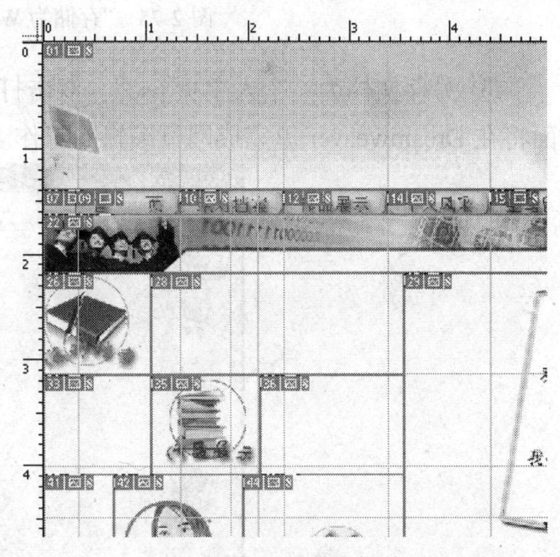

图 2-74　画出切片

提示

2-10：画切片

画切片时一定要对准参考线，否则切片大小会与理想的尺寸不符，或者两相邻切片出现重叠现象，解决方法是放大显示比例查看，若切片未对齐，按【Shift】+【K】组合键切换至“切片选择”工具，单击相应切片，然后拖曳边线，对准参考线。

③ 执行菜单命令【文件】-【存储为 Web 和设备所用格式】，在弹出的保存网页格式对话框中，选择左下角下拉菜单的“按屏幕大小缩放”选项，显示整个网页。

④ 按【Shift】键逐个单击要输出的切片，在对话框右侧选择“GIF”，颜色为 256，如图 2-75 所示，单击【存储】，弹出如图 2-76 所示对话框。选择文件保存位置为 home 目录，输入文件名为“index.html”，保存类型选择“HTML 和图像（*.html）”，设置选择“自定”，切片选择“选中的切片”，单击【保存】，生成网页文件。

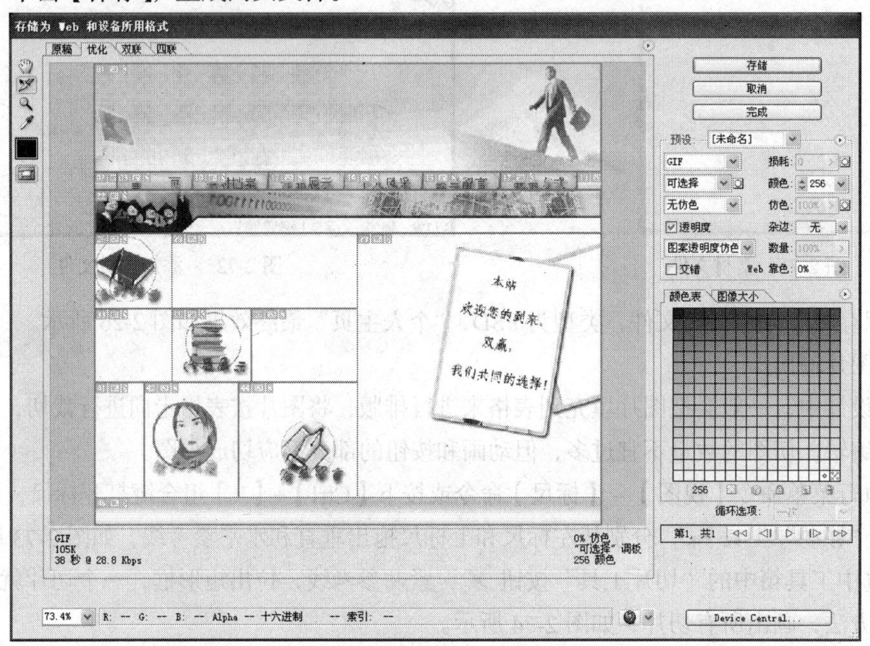

图 2-75 “存储为 Web 和设备所用格式”对话框

⑤ 另存文档为“个人主页.psd”。双击打开生成的网页文件 index.html，如图 2-77 所示，后面将在 Dreamweaver 里完成网页编辑的工作。

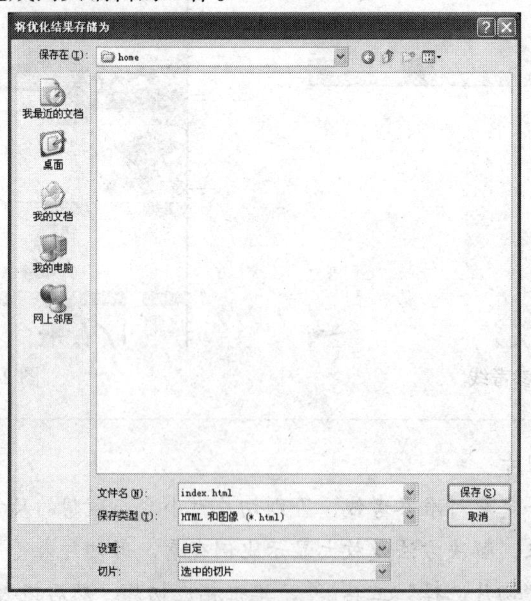

图 2-76 “将优化结果存储为”对话框

图 2-77　打开网页“index.html”

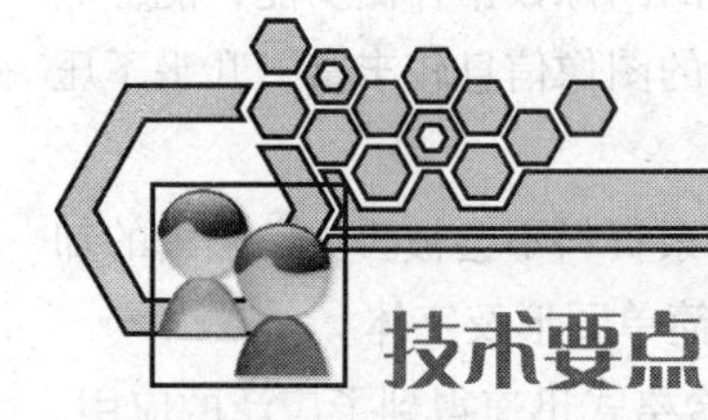

技术要点

1. 渐变填充

Photoshop 为用户提供了渐变工具组，通过渐变工具组（包括渐变工具和油漆桶工具）可以为图像填充各种渐变颜色，渐变工具提供了线性渐变、径向渐变、角度渐变、对称渐变、菱形渐变等多种渐变效果，使图像的填充效果更加丰富多彩。

2. 图案填充

在填充选区时，不仅可以用颜色进行填充，还可以用图案填充，制作出更加美观的图像。填充图案时可以使用系统已有的图案，也可以预先根据自己的需要和设计定义图案，再进行填充。

3. 使用图层蒙版

使用图层蒙版可以为特定的图层创建蒙版，常常用于制作图层与图层之间的特殊混合效果。使用图层蒙版后，图层蒙版对应的白色区域不透明，黑色区域完全透明，中间的灰色过渡区域呈半透明。

4. 立体按钮制作

在 Photoshop 中，用户可以根据需要自主设计制作按钮，通过羽化和投影等效果的应用便可制作出逼真的立体按钮；用户也可以利用系统自带的样式来制作立体按钮，简化制作过程。在样式面板选项中，系统提供了“按钮”、“玻璃按钮”、“web 样式”等样式，使用方法是先建立一个要填充的选区，再单击相应的样式，即可生成美观的立体按钮。

5. 图层样式的使用

针对每一个图层，用户可以为该图层内的图像设置各种特殊的效果，如投影、内阴影、外发光、内发光、斜面和浮雕等，使图像表现出特殊的艺术效果。

6. 文字工具的使用

在 Photoshop 中，可以依据需要输入横排和竖排两种方向的文字，输入文字时自动生成一个矢量图层，可以对输入的文字和段落进行各种调整，且可以设置文字的变形效果，使处理后的文字具有艺术效果。需要注意的是，文字图层中的像素在未进行栅格化之前不能进行修改。

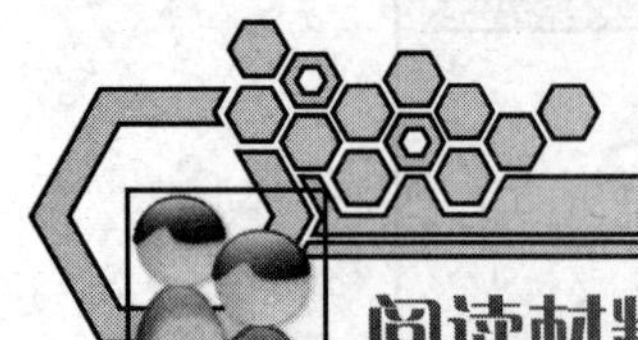

阅读材料

1. 图形图像的格式

常见的图形图像格式如下所述。

（1）TIFF 图像格式：扩展名是 tif，全名是 Tagged Image File Format。它是一种非失真的压缩格式（最高也只能做到 2 倍—3 倍的压缩比），能保持原有图像的颜色及层次，但占用空间很大。

（2）BMP 图像格式：BMP 图像格式非常简单，仅具有最基本的图像数据存储功能，能存储每个像素 1 位、4 位、8 位和 24 位的位图。这种格式的特点是包含的图像信息较丰富，几乎不压缩，但占用磁盘空间过大。

（3）GIF 图像格式：扩展名是 gif。它在压缩过程中，图像的像素资料不会被丢失，丢失的却是图像的色彩。GIF 格式最多只能储存 256 色，所以通常用来显示简单图形及字体。

GIF 格式的特点是压缩比高，磁盘空间占用较少，所以这种图像格式迅速得到了广泛的应用。

（4）PDF 图像格式：这种格式是由 ADOBE 公司推出的专为线上出版而制定的，可以覆盖矢量式图像和点阵式图像，并且支持超链接，是网络经常使用的文件格式。

（5）PNG 图像格式：是一种可携式网络图像格式。PNG 格式不仅能储存 256 色以下的 index color 图像，还能储存 24 位真彩图像，甚至能最高可储存至 48 位超强色彩图像。PNG 能把图像文件压缩到极限以利于网络传输，但又能保留所有与图像品质有关的信息。

（6）PSD 图像格式：是 ADOBE 公司的图像处理软件 Photoshop 的专用格式。

（7）JPG 图像格式：扩展名是 jpg，其全称为 Joint Photograhic Experts Group。它利用一种失真式的图像压缩方式将图像压缩在很小的储存空间中，其压缩比率通常在 10:1 ~ 40:1 之间。这样可以使图像占用较小的空间，所以很适合应用在网页的图像中。JPEG 格式的图像主要压缩的是高频信息，对色彩的信息保留较好，因此也普遍应用于需要连续色调的图像中。

2. 色彩模式

在数字图像中，将图像中各种不同的颜色组织起来的方法，称之为色彩模式。色彩模式决定着图像以何种方式显示和打印。制作各种精美的图像、或者用于各种输出的稿件，选择正确的色彩模式是至关重要的。各种色彩模式之间存在一定的通性，可以很方便地相互转换；它们之间又存在各自的特性，不同的色彩模式对颜色的组织方式有各自的特点。色彩模式除了决定图像中可以显示的颜色数目外，还会直接决定图像的通道数量和图像的大小。

（1）位图模式。

位图模式用两种颜色（黑和白）来表示图像中的像素。位图模式的图像也叫黑白图像。由于位图模式只用黑白色来表示图像的像素，在将图像转换为位图模式时会丢失大量细节。

（2）灰度模式。

在灰度模式的图像上，每个像素能负载 256 种灰度级别，范围值从 0（黑色）至 255（白色）。其表现方式用油墨的覆盖浓度来表示，0%为白色，100%为黑色。当彩色图像转换成灰度模式后，图像会去掉颜色信息，以灰度显示图像，类似黑白照片的效果。图像的单色通道实际上也可以看作是一张灰度图片，灰度模式的图像只有一个灰色通道。

（3）RGB 色彩模式。

RGB 是彩色光的色彩模式。R 代表红色，G 代表绿色，B 代表蓝色，3 种色彩叠加形成了其他的色彩。因为 3 种颜色都有 256 个亮度水平级，所以 3 种色彩叠加就形成 1670 万种颜色了，也就是真彩色，通过它们足以再现绚丽的世界。

在 RGB 模式中，由红、绿、蓝相叠加可以产生其他颜色，因此该模式也叫加色模式。所有显示器、投影设备以及电视机等许多设备都是依赖于这种加色模式来实现的。

（4）CMYK 模式。

CMYK 颜色模式是一种印刷模式。其中 4 个字母分别指青（Cyan）、洋红（Magenta）、黄（Yellow）、黑（Black），在印刷中代表 4 种颜色的油墨。CMYK 模式在本质上与 RGB 模式没有什么区别，只是产生色彩的原理不同，在 RGB 模式中由光源发出的色光混合生成颜色，而在 CMYK 模式中由光线照到有不同比例 C、M、Y、K 油墨的纸上，部分光谱被吸收后，反射到人眼的光产生颜色。由于 C、M、Y、K 在混合成色时，随着 C、M、Y、K 4 种成分的增多，反射到人眼的光会越来越少，光线的亮度会越来越低，所以 CMYK 模式产生颜色的方法又被称为色光减色法。

（5）索引模式。

索引颜色模式是网上和动画中常用的图像模式，当彩色图像转换为索引颜色的图像后包含近 256 种颜色。索引颜色图像包含一个颜色表。如果原图像中颜色不能用 256 色表现，则 Photoshop 会从可使用的颜色中选出最相近颜色来模拟这些颜色，这样可以减小图像文件的尺寸。颜色表用来存放图像中的颜色并为这些颜色建立颜色索引，颜色表可在转换的过程中定义或在生成索引图像后修改。

（6）HSB 模式

HSB 模式只在色彩汲取窗口中出现。H 表示色相，即纯色，是组成可见光谱的单色，红色在 0 度，绿色在 120 度，蓝色在 240 度，它基本上是 RGB 模式全色度的饼状图。S 表示饱和度，指色彩的纯度。白色，黑色和灰色都没有饱和度。每一色相的饱和度最大时，具有最纯的色光。B 表示亮度，指色彩的明亮度，黑色的亮度为 0，亮度最大时的色彩最鲜明。

（7）Lab 模式

Lab 模式是唯一不依赖外界设备而存在的一种色彩模式。它由亮度（L）通道、a 通道和 b 通道组成，其中亮度的范围从 0 – 100；a 代表从绿色到红色，b 代表从蓝色到黄色，a 和 b 的颜色值范围都是从-120 – 120。这 3 种通道包括了所有的颜色信息。

（8）双色调

双色调相当于用不同的颜色来表示灰度级别，其深浅由颜色的浓淡来实现。只有灰度模式能直接转换为双色调模式。当它用双色、三色、四色来混合形成图像时，其表现原理就像“套印”。双色调模式支持多个图层，但它只有一个通道。

（9）多通道

多通道模式对有特殊打印要求的图像非常有用。例如，如果图像中只使用了一两种或两三种颜色时，使用多通道模式可以减少印刷成本并保证图像颜色的正确输出。

3. 图层混合模式

在进行 Photoshop 的图层操作时，图层控制面板上有一个能影响图层叠加效果的选项——混合模式（Blending Mode），它决定了当前图层与下一图层颜色的合成方式。另外，在其他许多控制板（例如笔刷工具）中也有类似的混合模式，而此时混合模式决定了绘图工具的着色方式。灵活运用好 Photoshop 中的混合模式，不仅可以创作出丰富多彩的叠加及着色效果，还可以获得一些意想不到的特殊结果。

常见的图层混合模式有：正常模式、溶解模式、变暗模式、正片叠底模式、颜色加深模式、线性加深模式、深色模式、变亮模式、滤色模式、颜色减淡模式、线性减淡模式、浅色模式、叠加模式、柔光模式、强光模式、亮光模式、线性光模式、固定光模式、点光模式、实色混合模式、差值模式、排除模式、色相模式、饱和度模式、颜色模式、明度模式等。

4. 颜色深度

颜色深度指图像中的每个像素的颜色（或亮度）信息所占的二进制数位数，用“位/像素”表示，它决定了构成图像的每个像素可能出现的最大颜色数。颜色的深度值越高，显示的图像色彩越丰富。

本章习题

一、理论架构

（一）选择题

1. 图像分辨率是指：（ ）

A. 像素的颜色深度　　B. 图像的颜色数

C. 图像的像素密度　　D. 图像的扫描精度

2. 在 Photoshop 中，为选区填充背景色的快捷键是（ ）

A.【Alt】+【Del】组合键　　B.【Shift】+【Del】组合键

C.【Ctlr】+【Del】组合键　　D.【Ctlr】+【Enter】组合键

3. 在 Photoshop 中，将闭合路径变为选区的快捷键是（ ）

A.【Alt】+【Enter】组合键　　B.【Shift】+【Enter】组合键

C.【Ctlr】+【Alt】+【Del】组合键　　D.【Ctlr】+【Enter】组合键

（二）填空题

1. 对________图像，无论将其放大或缩小多少倍，其质量都不会改变。

2. 颜色具有三个特征：________、________、________。

3. 描述颜色深浅程度的物理量称为________。

4. Phototshop 的源文件格式是________。

二、实战练习

（一）基础篇

将原图（a）处理为效果图（b）。

（素材文件位置：光盘\第 2 章\素材\素材 2-10；效果图源文件：光盘\第 2 章\源文件\习题 1。）

要点提示:【图像】–【调整】–【可选颜色】。

（a）原图

（b）效果图

（c）海报

（二）提高篇

制作如上图（c）所示的海报。

（素材文件位置：光盘\第 2 章\素材\素材 2-12；

效果图源文件：光盘\第 2 章\源文件\习题 2。）

要点提示:【钢笔工具】的应用。

第3章
声音素材的采集与制作

【学习导航】

在第 1 章中我们介绍了多媒体素材的准备，其中一个重要工作就是声音素材的采集与制作，本章主要介绍这方面的内容。通过本章的学习学生可以了解声音文件的类型及常见的文件格式；掌握利用录音机录制声音素材的方法；掌握利用 Cool Edit Pro 采集和制作声音素材的方法。本章的主要学习内容及在多媒体制作技术中的位置如图 3-1 所示。

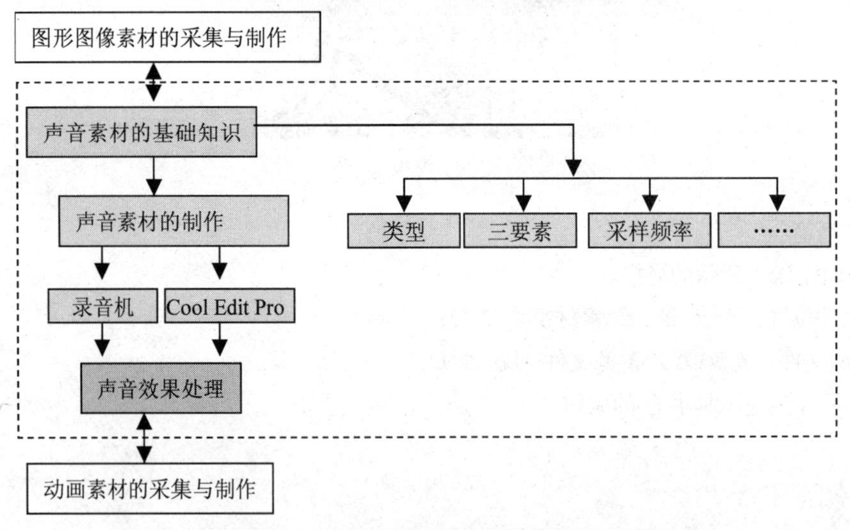

图 3-1　本章的主要学习内容及在多媒体制作技术中的位置

在多媒体制作中，适当地运用声音能起到文字、图像、动画等媒体形式无法替代的作用。通过语音的输入和输出，能直接而清晰地表达我们的语意；通过音乐，能调节环境气氛，引起使用者的注意。所以在多媒体的制作中，声音是不可缺少的。

3.1 知识准备

声音是携带信息的重要媒体，它与图像、视频、字幕等有机地结合在一起，共同承载着制作者所要表达的思想、感情，因此多媒体音频技术是多媒体技术的一个重要分支。在多媒体应用系统中可以通过声音直接表达或传递信息、制造某种效果和气氛以及演奏音乐等。只要为计算机装上“耳朵”（麦克风），就能让计算机听懂、理解人们的讲话，实现语音识别；为计算机安上“嘴巴”（扬声器），就能让计算机讲话和奏乐。

3.1.1　声音文件的类型

声音是由物体震动引发的一种物理现象。在多媒体技术中，人们通常将处理的声音媒体分为 3 类。

1. 背景音乐

广泛存在于录音带、录像带、光盘及各种计算机文件中，利用 Windows 系统自带录音机及各种录音程序即可录制成所需格式的音乐文件，如.wav。多媒体作品配上感情特点相一致的背景音乐，对于作品本身而言，视觉形象能暗示音乐的内涵，音乐又能解释视觉形象中难以言表的内容，所谓“言之不足，歌之”，视觉形象之外的思想内容很容易传递给学习者。对于学习者而言，视觉、听觉，甚至还有运动器官协同工作，共同作用于同一个目标，既符合认识规律，也适合人的情感需要，产生积极的学习愿望，从而达到较好的学习效果。

2. 解说词

可以通过语气、语速、语调携带着比文本更加丰富的信息。这些信息往往可以通过特殊的软件进行抽取，所以人们把它作为一种特殊的媒体单独研究。

3. 音效

是指为增进场面之真实感、气氛或戏剧信息，而加于声带上的杂音或声音。简单地说，音效就是指由声音所制造的效果，如马蹄声、手机铃声等。

3.1.2　声音文件的三要素

从听觉角度讲，声音文件具有 3 个要素，即音调、音强和音色。

1. 音调

又称为音高，与声音的频率有关，频率越高，音调就越高。所谓声音的频率是指每秒钟声音信号变化的次数，用 Hz（赫兹）表示。人的听觉范围最低可达 20Hz，最高可达 20kHz。

2. 音强

又称为响度，即声音的大小，它取决于声音的振幅。振幅越大，声音就越响亮。

3. 音色

是由混入基音的泛音所决定的，每个基音又都有其固有的频率和不同音强的泛音，从而使得每个声音具有特殊的音色效果。比如，钢琴、提琴、笛子等各种乐器发出的声音不同，是由它们的不同音色决定的。

3.1.3 采样频率、位数和声道数

数字音频质量的好坏主要取决于采样频率、位数和声道数等几个因素。

1. 采样频率

又称为取样频率，它是指将模拟声音波形转换为数字声音时，每秒钟所抽取声波幅度样本的次数。采样频率越高，则经过离散数字化的声波越接近于其原始的波形，也就意味着声音的保真度越高，声音的质量越好，但相应的数据量就越大。目前通用的标准采样频率有 11.025 kHz（一般称为“电话质量”）、22.05 kHz（一般称为“FM 质量”）和 44.1 kHz（一般称为“CD 音质”）。

2. 采样位数

采样位数是指每个采样点能够表示的数据范围，是记录每次采样值数值大小的位数。采样位数通常有 8 位和 16 位两种。采样位数越大，所能记录声音的变化程度就越细腻，相应的数据量就越大。实际使用中经常要在波形文件的大小和声音回放质量之间进行权衡。

3. 声道数

采样的声道数是指处理的声音是单声道还是立体声。单声道在声音的处理过程中只有单数据流，而立体声则需要左、右声道的两个数据流。显然，立体声的效果要好，但相应的数据量要比单声道的数据量加倍。表 3-1 列出了各种声音文件的数据量。

表 3–1　声音文件的数据量

采样频率/kHz	采样位数	声道数	数据量（MB/min）	采样频率/kHz	采样位数	声道数	数据量（MB/min）
11. 025	8	单	约 0.66	22. 05	8	单	约 1.32
	8	双	约 1.32		8	双	约 2.64
	16	单	约 1.32		16	单	约 2.64
	16	双	约 2.64		16	双	约 5.29
44. 1	16	单	约 5.29				
	16	双	约 10.58				

无论质量如何，声音的数据量都非常大。如果不经过压缩，声音的数据量可由下式推算：

数据量=（采样频率 × 每个采样位数 × 声道数）÷ 8（B/s）

3.1.4　主要的声音文件格式

1. 波形声音

对声音进行数字化处理所得到的结果就是数字化音频，又称为波形声音。当需要时，可以再将这些离散的数字量转变为连续的波形。不管是音乐还是声音，都能按波形声音采样、存储并且再现。

波形声音是最基本的一种声音格式，几乎所有的多媒体集成软件都支持这种格式的声音文件，这是它最大的优点。波形声音文件最大的缺点是数据量大。

波形声音文件的扩展名为 wav。

2. MIDI

MIDI 是指乐器数字接口（Musical Instrument Digital Interface），它规定了不同厂家的电子乐器和计算机连接的电缆和硬件及设备间数据传输的协议，MIDI 是数字音乐的国际标准。

MIDI 文件主要用于记录乐器的声音，它的制作方式类似于记谱，因此它最大的优点是数据量小，但它的缺点是不能处理除了乐器外的一般声音，如人的声音等。大多数多媒体集成软件都支持 MIDI 音乐。

MIDI 文件的扩展名为 mid。

3. MP3 音乐

随着互联网的普及，MP3 格式的音乐越来越受到人们的欢迎。这是一种压缩格式的声音文件，音质好、数据量小是它最大的优点。

MP3 是一种数据音频压缩标准方法，全称 MPEG-Layer 3，是 VCD 影像压缩标准 MPEG 的一个组成部分。用该压缩标准制作存储的音乐就称为 MP3 音乐。MP3 可以将高保真的 CD 声音以 12 倍的比率压缩，并可保持 CD 出众的音质。因此，MP3 音乐现在已成为传播音乐的一种重要形式。

因为 MP3 是经过压缩产生的文件，因此需要一套 MP3 播放软件进行还原，比较出色的如 Winamp。另外，许多硬件生产厂商也生产了许多小巧玲珑的数字 MP3 播放机，可供用户下载及播放 MP3 音乐。

MP3 文件的扩展名是 mp3。

4. ASF/ASX/WAX/WMA 格式文件

ASF/ASX/WAX/WMA 格式文件都是 Microsoft 公司开发的同时兼顾保真度和网络算术传输的新一代网上流式数字音频压缩技术。以 WMA 格式为例，它采用的压缩算法使声音文件比 MP3 文件小，而音质上却毫不逊色，更远胜于 RA 格式的音质。它的压缩率一般都可以达到 1:18 左右，现有的 Windows 操作系统中的媒体播放器或 Winamp 都支持 WMA 格式，Windows Media Playe 7.0 还增加了直接把 CD 格式的音频数据转换为 WMA 格式的功能。

3.2 案例 1 利用录音机采集和制作声音素材

许多场合，需要对多媒体对象进行语音解说，这一类素材一般只能自己创建。最简便的方法是利用 Windows 自带的“录音机”创建与编辑。

3.2.1 利用“录音机”录制声音

分析思路

（1）准备好麦克风和解说文字稿。

（2）录音。

（3）编辑声音。

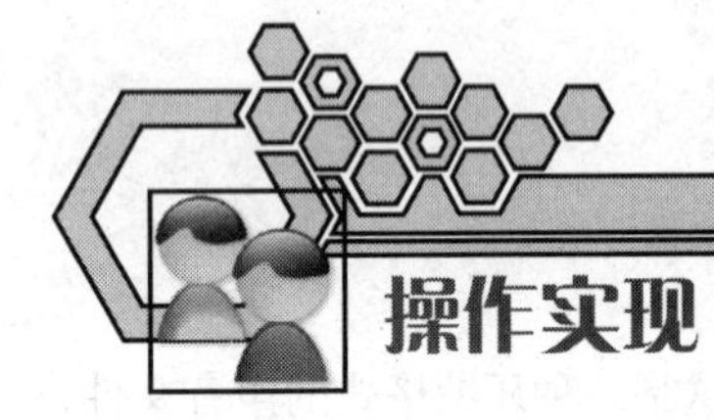

操作实现

下面介绍以麦克风作为输入源，利用 Windows 提供的“录音机”录制声音的方法，其操作步骤如下。

（1）将麦克风插头插入声卡提供的标有“MIC”或话筒图形的插口，并确定已连接好。

（2）选择 Windows 的【开始】—【程序】—【附件】—【娱乐】—【录音机】命令，弹出“录音机”窗口，如图 3-2 所示。

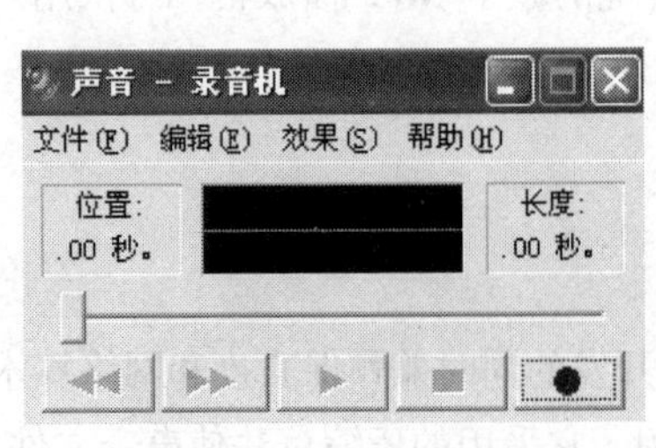

图 3-2 “录音机”窗口

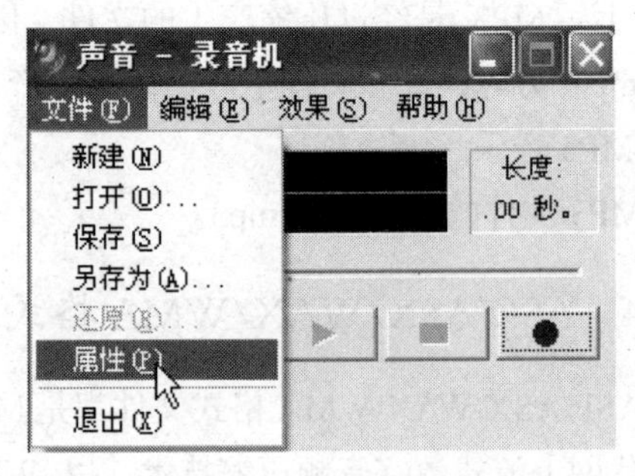

图 3-3 文件菜单

（3）在“录音机”窗口中执行菜单命令【文件】—【属性】（如图 3-3 所示），在“详细信息”选项卡中，选择“立即转换”按钮（如图 3-4 所示），弹出图 3-5 所示对话框。从中能调整 WAV

文件的采样频率、量化字长、声道数和编码方法。编码方法一般取默认值 PCM 即可；“名称”下拉菜单中能选择系统预定义的三种属性：电话质量、收音机质量和 CD 质量；“属性”下拉菜单中有更多的自定义选择。在这里取“收音机质量”作为录音的属性。

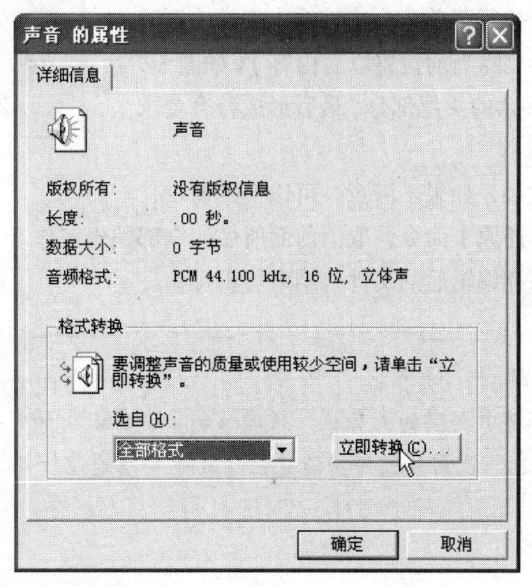

图 3-4　“详细信息”选项卡

（4）在“录音机”窗口中，执行菜单命令【文件】—【新建】。

（5）现在选择红色的录音键就开始录音了。录制一段话后，选择黑色的停止按钮停止录音，如图 3-6 所示。

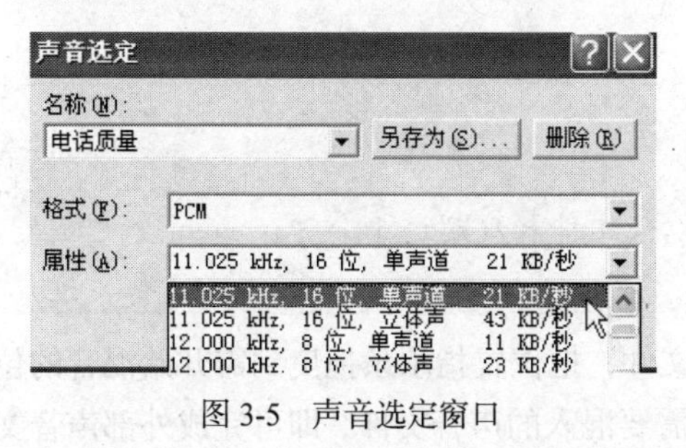

图 3-5　声音选定窗口

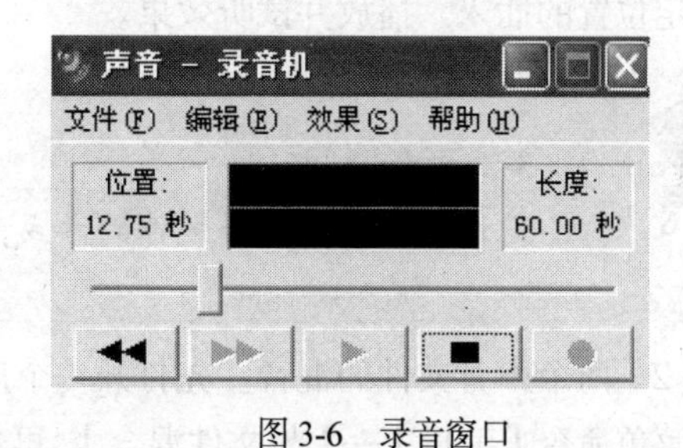

图 3-6　录音窗口

（6）执行菜单命令【文件】—【另存为】，将刚刚录制好的声音保存为一个声音文件。

3.2.2　利用“录音机”编辑声音

通过录音得到 WAV 文件后，往往不能直接使用，还需要对声音素材进行编辑加工。如根据需要对声音进行剪辑，或进行特殊的效果处理，以确保达到最佳品质。下面介绍对 WAV 文件进行简单编辑的操作方法。通过本实例的练习，需掌握以下两点最常用的操作：剪辑文件和对文件做特效处理。

1. 剪辑文件

（1）在“录音机”应用程序中打开刚录制的声音文件。

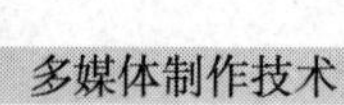

（2）单击播放键，试听声音文件，注意记录时间的标度。由于播放时速度较快，只能了解整个声音文件的概貌，因此可改用拖曳位置指示条来定位时间标度。

（3）根据定位情况，执行菜单命令【编辑】下的【删除当前位置以前内容】或【删除当前位置以后内容】（如图3-7所示），去除声音文件中多余的头尾部分，最后形成符合要求的录音剪辑。

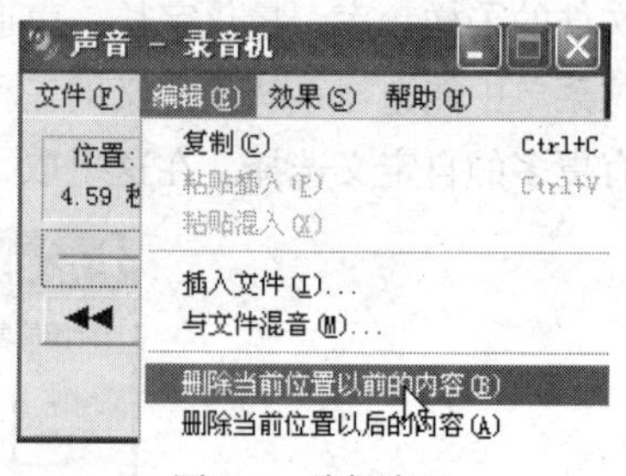

图 3-7　编辑窗口

（4）播放剪辑后的效果，如果不满意，可以继续剪辑，也可以选择【文件】—【还原】命令，取消前面所做的全部编辑工作。

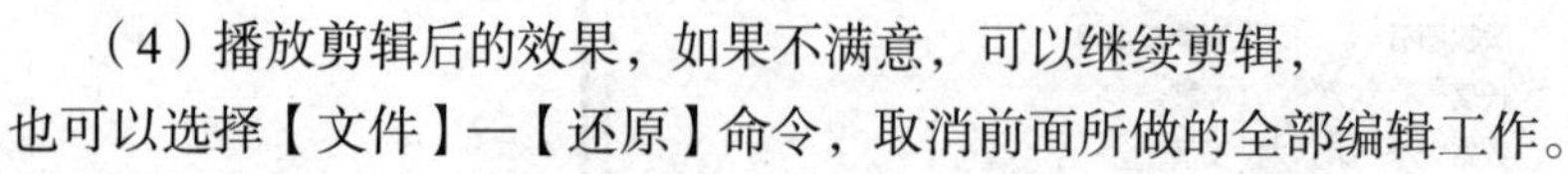
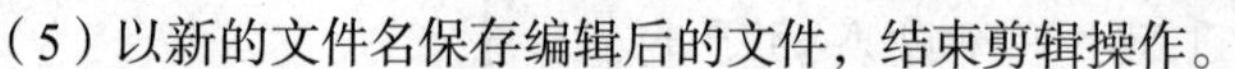

（5）以新的文件名保存编辑后的文件，结束剪辑操作。

提示

3-1　时间限制

Windows环境中提供的录音机，只能录制1分钟以内的声音，若要录制长度超过1分钟的声音信息，就需要选择功能更强的其他音频处理软件，如后面要介绍的Cool Edit等。

2. 对文件做特效处理

（1）连接两个声音文件。先打开一个声音文件，把位置指示条拖曳到需插入另一个声音的位置，执行菜单命令【编辑】—【插入文件】，再选择需要插入的声音文件，即可完成外部声音文件在指定位置的插入。播放并试听效果。

提示

3-2　延长时间

通过这种连接声音文件的方式，可以使文件长度超过1分钟。

（2）两个声音文件的混音。先打开一个声音文件，把位置指示条拖曳到需开始混音的位置，执行菜单命令【编辑】—【与文件混合】，再选择需要混入的声音文件，即可完成外部声音文件在指定位置的合成混音。播放并试听效果。

（3）调整音量。在【效果】菜单下选择【提高音量】或【降低音量】命令，可调整整个声音文件的音量，每次调整的幅度是25%。

（4）调整速度。在【效果】菜单下选择【加速】或【减速】命令，可改变声音的播放时长，每次调整的幅度是100%。

（5）添加回音。在【效果】菜单下选择【添加回音】命令，可使声音增加空间感。

（6）反向。在【效果】菜单下选择【反转】命令，可改变声音的起始方向。

知识点

"编辑菜单"中的【粘贴插入】和【粘贴混合】命令是从剪贴板中插入或混合声音。

3.3 案例 2 用 Cool Edit Pro 采集和制作声音素材

3.3.1 Cool Edit Pro 简介

Cool Edit Pro 是一个非常出色的数字音乐编辑器和 MP3 制作软件，不少人把 Cool Edit 形容为音频"绘画"程序。它可以用来"绘"制：音调、歌曲的一部分、声音、弦乐、颤音、噪音及静音，它还可以用来"制作"多种特效：放大、降低噪音、压缩、扩展、回声、失真、延迟等。使用它可以同时处理多个文件，并轻松地在几个文件中进行剪切、粘贴、合并、重叠等声音操作。使用它可以生成的声音有：噪音、低音、静音、电话信号等。该软件还包含有 CD 播放器。其他功能包括：支持可选的插件、崩溃恢复、支持多文件、自动静音检测和删除、自动节拍查找、录制等。

启动 Cool Edit Pro，按屏幕提示依次单击【OK】按钮将弹出编辑窗口界面，如图 3-8 所示，在界面的左下角有一组播放和录音的控制按钮，可用以录制声音。

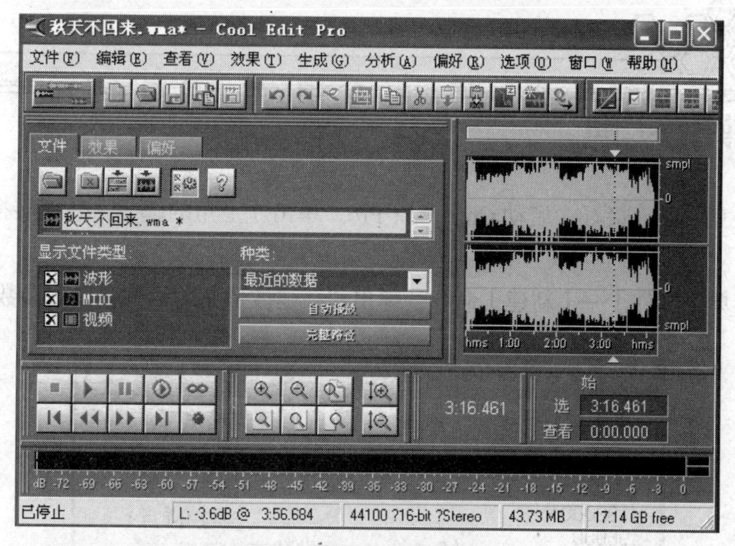

图 3-8　Cool Edit Pro 窗口

3.3.2 Cool Edit Pro 功能特色

（1）支持丰富的声音文件格式。

（2）提供了强大的数字信号处理能力。支持多达 64 轨的同步合成，支持录音、回放、混音等声音编辑。

（3）提供丰富的特殊效果。还有为满足特殊需要而准备的噪声发生器和产生特殊音调的特殊波形发生器。

（4）支持损坏式编辑和非损坏式编辑。损坏式编辑就是一边编辑一边改动原始文件，对原始文件的破坏可能是无法复原的。而非损坏式编辑不直接改动原始文件，它先一一记录对原始文件进行的操作命令，在最后确定时一次性执行这些命令。

（5）操作界面简洁方便，周到细致。窗口上工具栏按钮众多，入门后倍感方便。

3.3.3 用 Cool Edit Pro 录制一段解说词

（1）准备好麦克风和解说文字稿。

（2）熟悉软件的操作。

（3）音频后期处理。

（1）确认麦克风已连接好，启动 Cool Edit Pro，单击左上角的轨道转换按钮，进入单轨编辑模式。

（2）执行菜单【文件】—【新建】命令，弹出“新建波形”对话框，设置参数如图 3-9 所示。

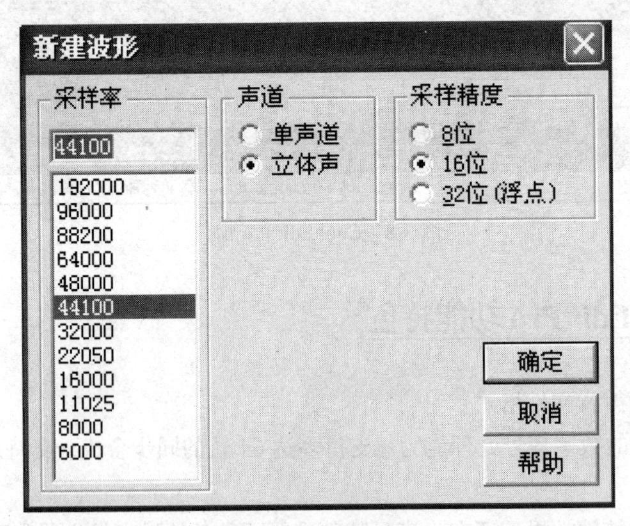

图 3-9 参数设置

（3）选择左下角的录音按钮，开始录音。对着麦克，朗读解说词。录音界面如图 3-10 所示。

（4）录音完成后选择左下角的停止按钮，结束录音。

图 3-10　录音界面

3.3.4　用 Cool Edit Pro 录制歌曲

（1）准备好伴奏。

（2）熟悉轨道操作。

（3）音频后期处理。

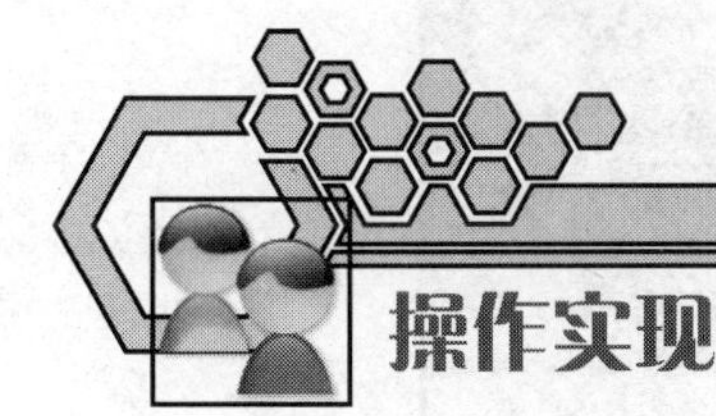

1. 加入伴奏

网上有很多 MP3 或 WMA 格式的伴奏音乐提供下载。我们可以从网站上下载 MP3 或 WMA 格式的伴奏音乐，打开 Cool Edit 软件，单击左上角的（轨道选择），进入多轨编辑模式。在音轨 2 处单击鼠标右键，如图 3-11 所示， 选择【插入】—【音频文件】，从硬盘上选择您所需的伴奏音乐。选中这段音乐，用鼠标将之拖到窗口的最左侧。有了伴奏音乐，我们就可以来录制人声了。

2. 录制原声

如图 3-12 所示，在音轨 1 处单击“R”按钮，在软件左下角的播放控制区中单击红色的录音按钮，这时候您就可以对着话筒跟着音乐将您的声音录下来了。在录制完人声后，我们应该先将这段人声保存下来，以便将来可以做不同的效果处理。选择软件左上角的轨道选择按钮，或双击音轨 1 切换至人声音轨，执行菜单栏中的【文件】—【另存为】命令，选择您所需的文件目录并输入文件名，保存类型选择无损压缩的 WAV 格式文件。

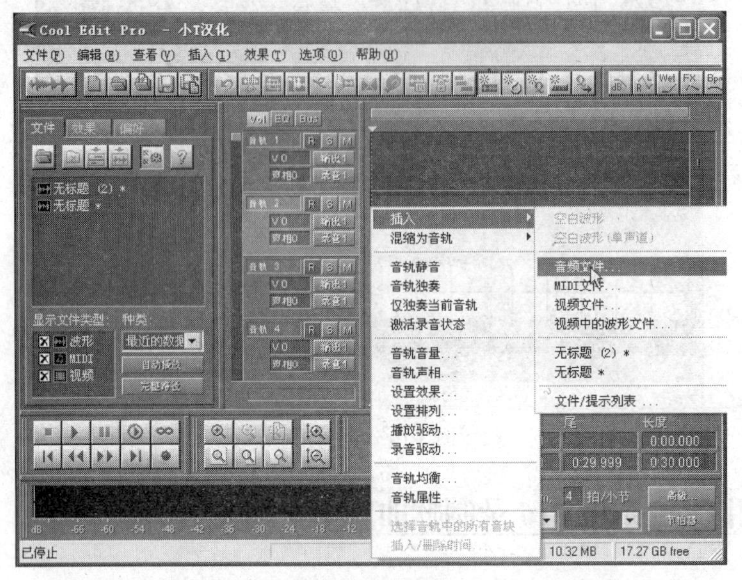

图 3-11 插入音频选项

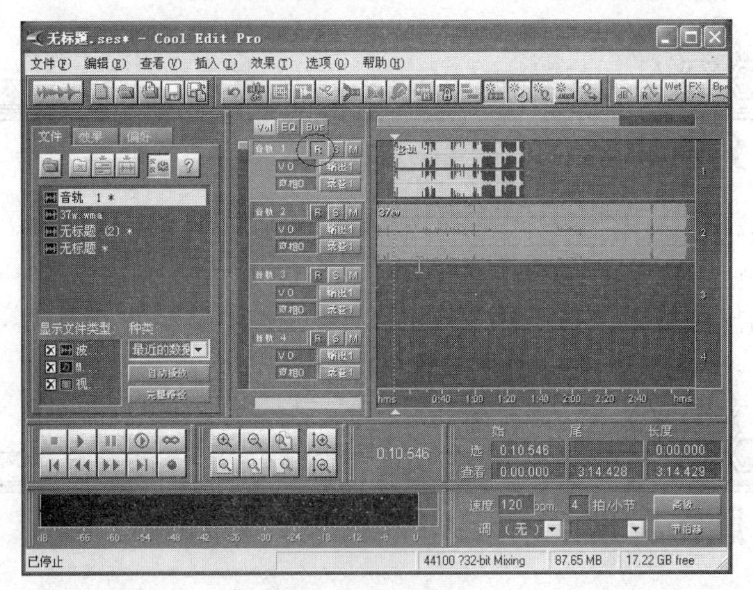

图 3-12 录制窗口

3.3.5 后期效果处理

1. 降噪

在我们录制声音的时候，周围的环境或话筒等都会产生一些噪音，因此录完声音后第一步要做的就是降噪，可以在单轨模式下，执行菜单栏的【效果】—【噪音消除】—【降噪器】命令来进行降噪处理。单击后弹出如图 3-13 所示的对话框，首先选择噪音级别，一般不要高于 80，级别过高会使人声失真，选择噪音级别后单击“噪音采样”，然后勾选对话框下端的“直通”选项，

单击下面的“预览/停止”按钮，这样就可以听到降噪后的声音了，如果效果不满意的话再调整降噪级别，不断重复以调至最令人满意的效果。对于歌曲头尾处没有人声的地方可能产生的噪音，可以用鼠标左键选中该段波形后单击鼠标右键，选择“静音”。

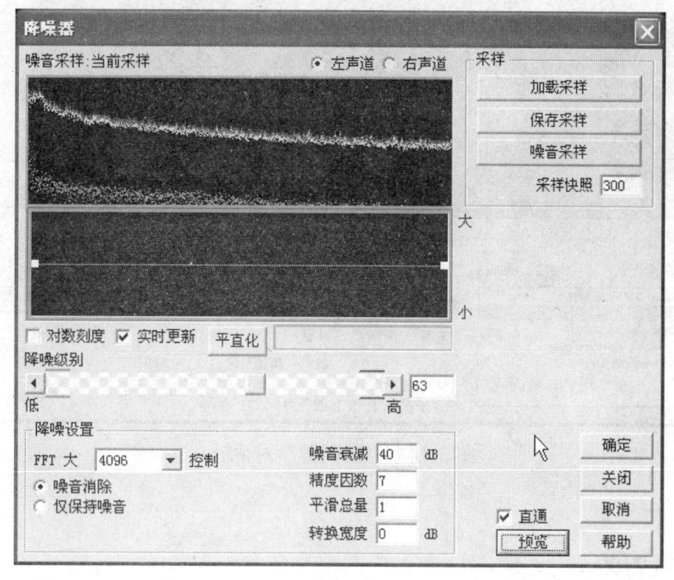

图 3-13　“降噪器”对话框

2. 高音激励

为了调节所录人声的高音和低音部分，使声音显得更加清晰明亮或是厚重，我们要对人声进行高音激励处理。在安装了 BBE 插件后，选择菜单栏【效果】-【DirectX】-【BBESonicMaximizer】，在软件预置里选择您需要的一种预设效果，通过对中央的 3 个按钮进行效果调节，单击右下角的“预览/停止”按钮预览效果，反复试听至满意的效果，单击【确定】按钮。

3. 压限

通过压限处理能够将您录制的声音从整体上调节得更均衡，不至于忽大忽小，忽高忽低。在安装完 wave 插件后，选择【效果】-【DirectX】-【Waves C4】命令，选择您所需的软件预设效果，并进行一些调节，单击“预览/停止”按钮，反复试听，直至调出最理想的效果后单击【确定】按钮。

4. 混响

混响处理可使您的声音不显得太干，变得更圆润些。在安装完 Ultrafunk 插件后，选择【效果】-【DirectX】-【Ultrafunkfx】-【Reverb R3】，在预置下拉菜单中选择您所需的软件预设效果，并调节各种选项，单击“预览/停止”按钮，试听至令人满意的混响效果，单击【确定】按钮。

5. 变调/变速

选择【效果】-【变速/变调】-【变速器】命令，弹出如图 3-14 所示对话框，在预置栏中选择您所需的软件预设效果，通过调节左边的滑动按钮即可以调节语调或语速。单击预览按钮进行试听。Cool Edit Pro 软件提供的这一效果功能比较完善，不仅可以在保持音调不变的情况下加快或减慢速度，也可以在保持速度不变的情况下升高或降低音调，并且可以设置变化速度的渐慢与渐快。

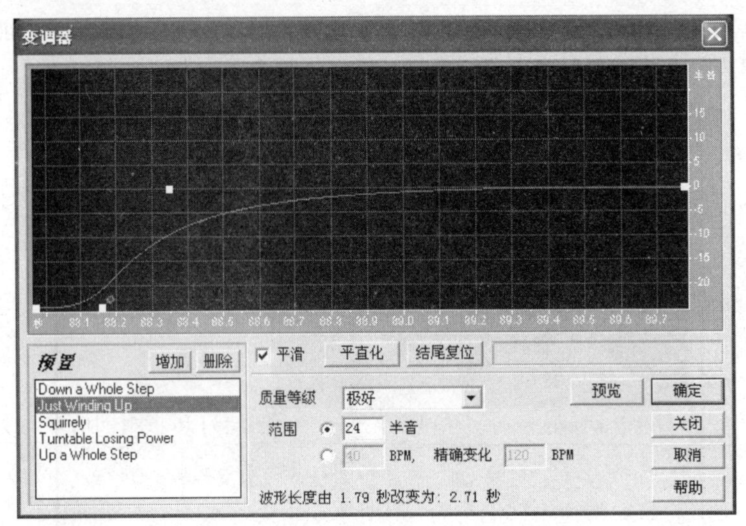

图 3-14　“变调器”对话框

3.3.6　混缩合成

完成了对人声的效果处理后，将人声与伴奏合成并输出成一个文件。切换至多轨模式，音轨 1 处为人声，音轨 2 处为伴奏音乐。鼠标右键单击音轨 3 处，选择【混缩为音轨】-【全部波形】。在混缩之前可以单击软件左下角的绿色播放按钮来听一下效果，如果觉得人声较轻的话可以通过音轨 1 处“R”。按钮下的 V 值来增大音量，选中“V0”向右拖曳鼠标，V 值就会增大，向左 V 值就会减小。V 值越大，音量也越大。通过混缩，音轨 3 中产生了如图 3-15 所示的一段既有人声又有伴奏音乐的音波。最后将混缩后的音乐保存至硬盘中。切换至音轨 3 的单音轨模式，执行【文件】-【另存为】命令，选择您想要保存文件的目录及文件名，保存类型可选 mp3 或 wma 文件，因为 mp3 和 wma 文件体积比较小，能够便于将您的音乐上传至互联网上和朋友们一起欣赏。

图 3-15　音波示意图

阅读材料

1. 声音的基本特点

声音媒体有其自己的特性，主要表现在以下几个方面。

（1）声音的连续时基性。声音是一种随时间变化的连续媒体，也称为连续时基性媒体。构成声音的数据前后之间具有强烈的相关性。另外，声音还具有实时性，对处理声音的硬件和软件提出比较高的要求。

（2）声音的频谱。在一定时间内，声音信号可以分为周期信号和非周期信号两类。具有周期性的单一频率声波称为线性频谱；具有非周期性的带有一定频带所有频率分量的声波称为连续频谱。纯粹的单一频率的声波的声音效果单调而乏味，非周期性声波具有广泛的频率分量，声音听起来饱满、多样且具有生气。

（3）声音有方向感。声音是以声波的形式进行传播的，由于人能够辨别声音到达左右耳的时差和强度，所以可以判断声音的来源方向。由于空间作用使声音来回发射而造成声音的特殊立体感和空间感效果。

（4）数字化声音。为了用计算机表示和处理声音，必须把声音进行数字化，即用数字表示声波。从人与计算机交互的角度看，音频信号的处理包括 3 点。

① 人与计算机通信，即计算机接收音频信号，包括音频获取、语音的识别和理解。

② 计算机与人通信，即计算机输出音频，包括音乐合成、语音合成、声音定位以及音频视频的同步。

③ 人—计算机—人通信，即人通过网络与异地的人进行语音通信。

2. 声卡技术指标

声卡的物理性能参数很重要，它体现着声卡的总体音响特征，直接影响着最终的播放效果，购买声卡之前，要对声卡的基本技术指标和功能有所了解。

（1）信噪比。信噪比是声卡抑制噪音的能力，单位是分贝（dB）；是指有用信号的功率和噪音信号功率的比值。信噪比的值越高说明声卡的滤波性能越好，一般的 PCI 声卡信噪比都在 90dB 以上，高档的甚至可以达到 120dB。更高的信噪比可以将噪音减少到最低限度，保证音色的纯正优美。

（2）频率响应。频率响应是对声卡 D/A 与 A/D 转换器频率响应能力的评价。人耳的听觉范围是在 20Hz ~ 20kHz 之间，声卡就应该对这个范围内的音频信号响应良好，最大限度的重现播放的声音信号。

（3）总谐波失真。总谐波失真是声卡的保真度，也就是声卡的输入信号和输出信号的波形吻合程度，完全吻合就是不失真，100%的重现了声音（理想状态）；但实际上输入的信号经过了 D/A（数、模转换）和非线性放大器之后，就会出现不同程度的失真，这主要是产生了谐波；总谐波失真就是代表失真的程度，并且把噪音计算在内，单位也是分贝，数值越低就说明声卡的失真越小，性能也就越高。

（4）复音数量。复音数量代表了声卡能够同时发出多少种声音。复音数越大，音色就越好，播放 MIDI 时可以听到的声部就越多、越细腻。目前声卡的硬件复音数不超过 128 位，但其软件

复音数量可以很大，有的甚至达到1024位，不过都是以牺牲部分系统性能和工作效率为代价的。

（5）采样位数。由于计算机中声音文件都是数字信息，也就是“0”与“1”的组合。而声卡的位数指的就是声卡在采集与播放声音文件所使用数字信号的二进制的位数，该值反映了数字声音信号对输入的模拟信号描述的准确程度。目前有8位、12位和16位3种，位数越多，采样就越精确，还原质量就越高。通常所讲的64位声卡、128位声卡并不是指其采样位数为64位或128位，而指的是复音数量。

（6）采样频率。计算机每秒采集声音样本的数量。标准的采样频率有3种：11.025kHz（语音）22.05kHz（音乐）、44.1kHz（高保真），有些高档次声卡能提供从5kHz-48kHz的连续采样频率。采样频率越高，记录声音的波形就越准确，保真度就越高，但采样产生的数据量也越大，要求的存储空间也就越多，因此要适可而止。44.1kHz是理论上的CD音质界限，但48kHz则更准确一些。

（7）波表合成方式及波表库容量。现在的PCI声卡大量采用更加先进的DLS波表合成方式，其波表库容量通常是2MB、4MB或8MB，而像SB Livel声卡甚至可以扩展到32MB。

（8）多声道输出。早期的声卡只有单声道输出，后来发展到左右声道分离的立体声输出。近来随着3D环绕声效技术的不断发展和成熟，又出现了多声道输出声卡，高档声卡如SB Live、低档声卡如SB PCI 64/128，典型的产品提供两对音箱接口、四声道输出，有的高档声卡甚至可以提供5.1声道数码同轴/光纤输出功能。

3. 数码录音笔

数码录音笔，数字录音器的一种，携带方便，同时拥有多种功能，如：MP3播放等。与传统录音机相比，数码录音笔是通过数字存储的方式来记录音频的。数码录音笔常见接口为USB接口。

（1）工作原理。数码录音笔通过对模拟信号的采样、编码将模拟信号通过数模转换器转换为数字信号，并进行一定的压缩后进行存储。而数字信号即使经过多次复制，声音信息也不会受到损失，保持原样不变。

（2）录音时间。因为是录音设备，录音时间的长短自然是数码录音笔最重要的技术指标。根据不同产品之间闪存容量、压缩算法的不同，录音时间的长短也有很大的差异。目前数码录音笔的录音时间都在20小时-1152小时，可以满足大多数人的需要。不过需注意的是，如果很长的录音时间是由于其通过使用了高压缩率获得的话，往往会影响录音的质量。

（3）音质效果。通常数码录音笔的音质效果要比传统的录音机要好一些。录音笔通常标明有HP/SP/LP等录音模式，HP的音质是最好的、SP表示短时间模式，这种方式压缩率不高，音质比较好，但录音时间短。而LP表示LongPlay，即长时间模式，压缩率高，音质会有一定的降低。不同产品之间肯定有一定的差异，所以在购买数码录音笔时最好现场录一段音，然后仔细听一下音质是否有噪音。

（4）显示类型。显示屏即数码录音笔显示信息的“设备”，通过它可以了解到当前数码录音笔的工作状态等。目前大部分的数码录音笔均带有一个液晶显示屏，一般液晶显示屏尺寸根据数码录音笔大小有所不同。液晶显示屏越大，可以显示的信息也就越多，但其价格也越贵。当然一些液晶显示屏较大的数码录音笔在产品的外观上则更加像传统的录音机。

好的显示屏显示的字体也比较精致好看，一些显示屏还带有背光，显得比较时尚。

（5）相关功能。声控录音和电话录音功能是比较重要的，声控录音可以在没有声音信号时停止录音，有声音信号时恢复工作，延长了录音时间，也更省电，相当有用。电话录音功能则为电话采访及记事提供了方便。除此之外还有分段录音以及录音标记功能，对录音数据的管理效率比较高，这也是相当重要的。另外，MP3、复读、移动存储等附加功能也会带来很大的方便，可根据需要选择。

（6）存储方式。随机即内置内存，数码录音笔都是采用模拟录音，用内置的闪存来存储录音信息的。闪存的特点是断电后，保存在上面的信息不会丢失，理论上可以经受上百万次的反复擦写，因此反复使用的成本是零。闪存可以说是数码录音笔中最贵的部件，当然容量越大，价格就越贵，但是录音时间也就越长。从现在的情况来看，内置的 512MB 闪存可以存储大约 136 小时录音信息，内置的 1GB 闪存可以存储大约 272 小时录音信息。

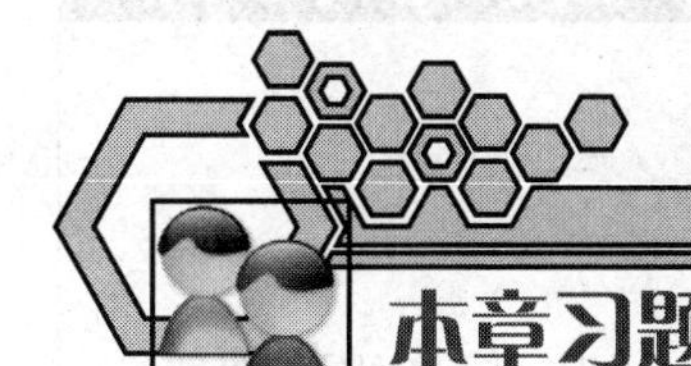

本章习题

一、理论架构

1. 在 Windows 自带的录音机中录制声音，其录音时间为多少？
2. 声音的三要素是什么？
3. 声音具有哪些特点？
4. 常用的音频文件格式有哪些？
5. 录制声音时，如果发生录不到声音的现象，应该如何解决？

二、实战练习

1. 使用 Windows 自带的录音机录制一段 CD 上的音乐并将其插入另外一个声音文件中。
2. 使用 Cool Edit Pro 实现配乐诗朗诵的效果。

第4章 动画素材的采集与制作

【学习导航】

通过前面章节对于图形图像和声音素材的采集与制作内容的介绍，了解对图形图像和声音素材的一般获取方法及制作流程，同时也了解了它们在表现多媒体内容方面存在的不同的优势。本章在前述章节的基础上主要对动画的形成原理和常见的动画种类进行介绍，并利用 Flash CS3 工具软件详细演示制作各类动画的方法。本章的主要学习内容及在多媒体制作技术中的位置如图 4-1 所示。

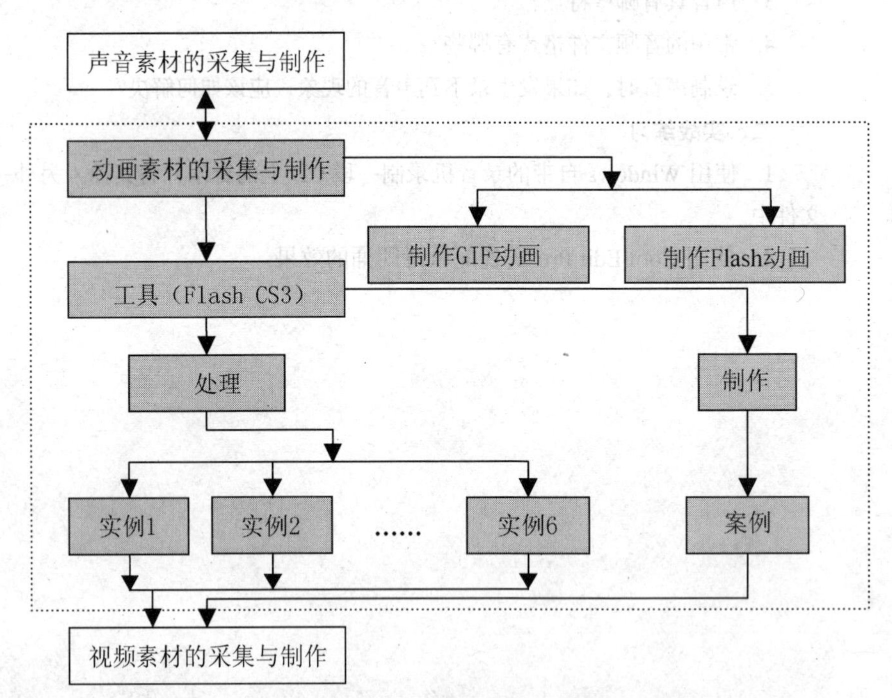

图 4-1　本章的主要学习内容及在多媒体制作技术中的位置

4.1 知识准备

4.1.1 动画的原理

动画利用了人类眼睛的"视觉滞留效应"，即人在看物体时，物体在大脑视觉神经中的停留时间约为 1/24s。如果每秒更替 24 个或更多的画面，那么，前一个画面在人脑中消失之前，下一个画面就进入人脑，从而形成连续的影像。它揭示了连续分解的动作在快速闪现时会产生活动的原理。人们根据这个原理，发明了我们在日常生活中随处可见的电影和动画片。目前世界上的主流动画片分为 3 种类型：二维传统手绘动画、二维电脑动画和三维电脑动画。

随着动画的发展，除了动作的变化，还发展出颜色的变化、材料质地的变化、光线强弱的变化，这些因素都赋予了动画新的品质。

通常制作动画是需要绘图软件与动画制作软件来互相搭配，其中绘图软件负责图形的绘制或图片的扫描，而动画制作软件则负责整合这些图片的动作。

4.1.2 二维动画制作软件

二维动画制作软件是根据具体制作格式的不同，有不同对应的制作软件。

对于 GIF 格式的动画目前存在多种工具，如 Photoshop、GIF Construction Set 或 Ulead GIF Animator 等。这些都是目前市面上制作动画功能最强、操作最简易、使用也最广泛的软件。有些动画制作软件还可以连接到绘图软件，来做图形的编辑修改，使用它来制作动画可说是相当的便利。此外这些动画制作软件不须要有任何图片的输入即可制作动画，如跑马灯的动画信息显示。另外只需输入一张图片，该软件即可自动将其分解成数张图片，而制作出该图片特殊显示效果的动画。

对于 SWF 格式的动画目前存在的工具最为常用的就是 Flash。利用 Flash 可以制作出后缀名为 swf（Shockwave Format）的动画，这种格式的动画图像能够用比较小的体积来表现丰富的多媒体形式。SWF 格式动画是基于矢量技术制作的，不管将画面放大多少倍，画面不会因此而有任何损害。可以说目前有很多二维动画都是运用 Flash 制作完成的。

4.1.3 制作 GIF 动画

GIF 是英文 Graphics Interchange Format 的缩写。这种格式是通过图片的切换来实现动画效果。上世纪 80 年代，美国一家著名的在线信息服务机构 CompuServe 针对当时网络传输带宽的限制，开发出了这种 GIF 图像格式。

GIF 格式的特点是压缩比高，磁盘空间占用较少，所以这种图像格式迅速得到了广泛的应用。最初的 GIF 只是简单地用来存储单幅静止图像（称为 GIF87a），后来随着技术的发展，可以同时存储若干幅静止图像进而形成连续的动画，使之成为当时支持 2D 动画为数不多的格式之一（称为 GIF89a），而在 GIF89a 图像中可指定透明区域，使图像具有了特殊的显示效果。目前 Internet

上大量采用的彩色动画文件多为这种格式的文件，也称为 GIF89a 格式文件。

目前，根据网络动画图像的需要，GIF 图像格式还增加了渐显方式，在图像传输过程中，用户可以先看到图像的大致轮廓，然后随着传输过程的继续而逐步看清图像中的细节部分，从而适应了用户的“从朦胧到清楚”的观赏心理。目前 Internet 上大量采用的彩色动画文件多为这种格式的文件。

制作 GIF 动画的软件目前有很多，例如 GIF Construction Set、Ulead GIF Animator 和 Photoshop CS3 等都可以设计出优质的 GIF 动画。下面主要以 Photoshop CS3 软件为工具，通过制作一个“猫与蝴蝶”的实例来介绍一下制作 GIF 动画的一般流程。

实验步骤如下所示。

1. 启动 Photoshop CS3 新建一个文档，设置文件大小为宽度“400 像素”、高度“342 像素”，其余设置为默认。

2. 分别打开图片素材 1、2、3，将其内容分别复制到“图层 1”，“图层 2”、“图层 3”，并删除“背景层”，隐藏“图层 2”和“图层 3”。

3. 执行【窗口】-【动画】菜单命令，打开【动画】调板，如图 4-2 所示。

图 4-2 动画调板

4. 单击新建帧按钮，插入下一个帧，在图层面板中显示“图层 2”，如图 4-3 所示，

图 4-3 新建帧 2 动画调板效果图

5. 参照步骤 4 新建帧 3，显示“图层 3”，并将动画调板上位于帧下面的弹出菜单增加或减少帧在屏幕上停留的时间分别设置为 1 秒，如图 4-4 所示。

图 4-4 最终动画调板效果图

6. 执行【文件】-【存储为 Web 和设备所用格式】命令，可以在对话框中选择优化选项以及预览优化的图稿，然后将其保存为仅限图像（gif）类型的文件格式，生成 GIF 动画图像。

GIF 动画存在如下两个缺陷。

（1）GIF 动画不能存储超过 256 色的图像。所以在色彩表现形式上存在一定的缺陷，对于色彩较为丰富的动画制作明显存在很大的不足。

（2）GIF 动画的动画效果没有 Flash 动画效果丰富，GIF 动画是通过固定的图像之间的切换来表现出动画形式，而 Flash 动画目前存在逐帧动画、形状补间动画、运动补间动画，运动引导层动画和遮罩动画等动画形式，另外 Flash 动画还具有一定的交互性能，所以目前运用 Flash 制作 SWF 动画受到了越来越多网页设计者的青睐，也越来越成为二维动画和网页动画设计制作的主流。

4.1.4　制作 Flash 动画

Flash 动画有 3 种基本类型：逐帧动画、运动模式渐变动画和形状渐变动画。在 Flash 软件中，制作动画主要是对帧进行处理。

Flash 就是利用动画片的原理，把每个画面分成帧，产生动画的最基本的元素就是这些帧，所以怎么生成帧就是制作动画的核心。在 Flash 中，时间轴上的每个小格其实就是一个帧。如果把每个帧都填满画面，通过帧的连续播放而产生动画，这种称为“逐帧动画”，如图 4-5 所示。“逐帧动画”可以制作一些真实的，专业的动画效果，传统的动画片的制作就是采用这种方式。另外一种称为“补间动画”。因为 Flash 软件可以根据前一个关键帧和后一个关键帧的内容，自动生成期间的帧而不用人为的制作，使用这种方法则可以轻松的创建平滑过渡的动画效果，而这一点也正是 Flash 动画与传统动画的显著区别，如图 4-6 所示。

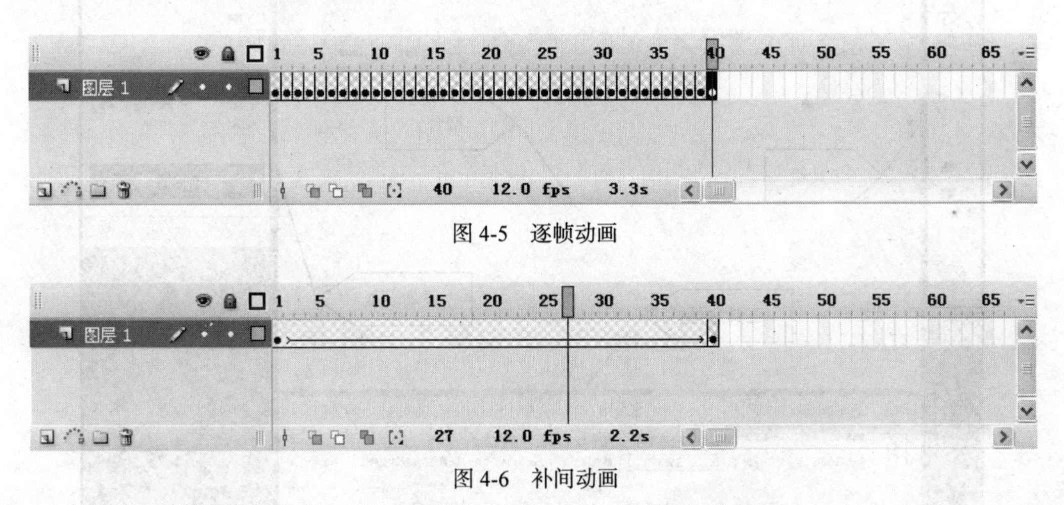

图 4-5　逐帧动画

图 4-6　补间动画

“补间动画”这一名称源自这种动画涉及动作的特点，以及动作创建的方式。术语补间（tween）是补足区间（in between）的简称。可以通过定义要为其制作动画的对象的起始位置，然后让 Flash 计算该对象的所有补足区间位置的方法来定义补间动画。使用这种方法，只需要设置要为其制作动画的对象的起始位置和结束位置，就可以创建平滑的动作动画。

在 Flash 中，运动补间动画、形状补间动画和逐帧动画作为 3 种最基本的动画表达方式。在 Flash 动画中，无论画面多么复杂，都是由这 3 种基本方式组合而成的，他们是 Flash 动画的精髓。本章通过实例，向大家详细讲述这几种动画表达方式的制作方法。

4.1.5 Flash CS3 界面简介

Adobe Flash CS3 是 Adobe 公司收购 Macromedia 公司后将享誉盛名的 Macromedia Flash 更名为 Adobe Flash 后的一款动画软件。Adobe Flash 软件可以实现多种动画特效，它以其便捷、完美、舒适的编辑环境，深受广大动画制作者的喜爱。

Adobe Flash CS3 Professional 软件是用于为数码、Web 和移动平台创建丰富的交互式内容的最高级创作环境。创建交互式网站、丰富媒体广告、指导性媒体、引人入胜的演示和游戏等等。依靠 Flash CS3 和 Adobe Flash Player 软件来确保创作内容可以触及尽可能最广泛的受众。

Flash CS3 是一款具有交互式动画制作功能的矢量图形绘制及网络动画编辑软件，不但能展示图形的动态效果，更能通过鼠标的操作、命令及函数的运用，与浏览者之间产生交互效应。利用矢量方式绘制的图形及制作的动画，具有文件小、图形无限放大无马赛克效应，播放流畅等特点。

Flash CS3 的工作界面如图 4-7 所示。

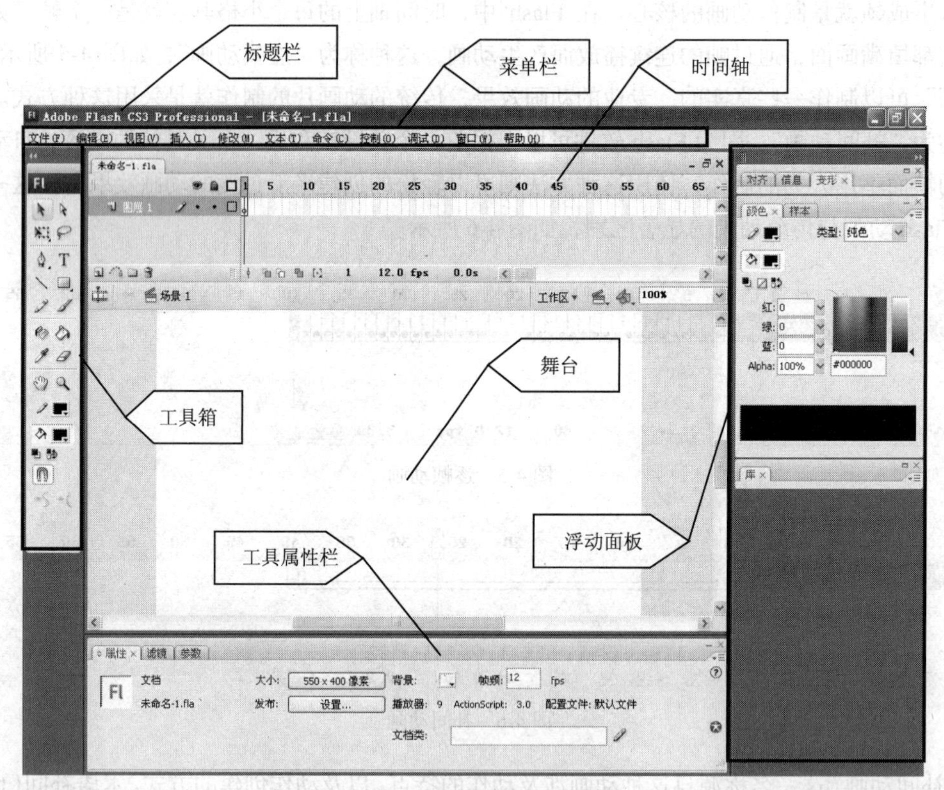

图 4-7 Flash CS3 工作界面

Flash CS3 的工作界面主要包括菜单栏、工具箱、时间轴、舞台、“属性”面板和浮动面板等。

Flash 是一个应用广泛的软件，在 Web 动画以及其他各个方面的应用中都随处可见。Flash 就是用来“创建互动网站、丰富媒体广告、教学媒体、独具魅力的幻灯片、在线小游戏或是移动设备的内容”，Adobe Flash CS3 Professional 是一款具有广泛功能的优秀程序。

Adobe Flash CS3 Professional 相较以前的 Flash 版本最大的改进就是其着力将其自身与

Photoshop 和 Illustrator 进行整合，使用者无论在处理 Photoshop 的文件还是 Illustrator 的文件，都能够获得最基本的、相同的导入窗口，并一层层地深入这个文件来解决问题。其次首次将 ActionScript 3 引入 Flash 中，该语言具有改进的性能、增强的灵活性及更加直观和结构化的开发，大大节省动画开发时间。最后 Flash CS3 具有即时将时间线动画转换为可由开发人员轻松编辑、再次使用和利用的 ActionScript 3.0 代码，从而大大优化和方便了动画的设计实现。

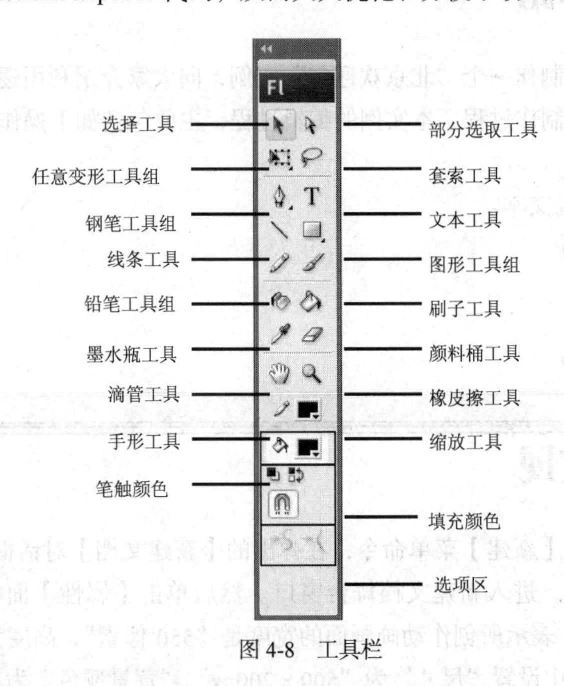

图 4-8　工具栏

4.2　案例 1　逐帧动画—北京欢迎您

4-1：逐帧动画

逐帧动画（Frame By Frame）是一种常见的动画手法，逐帧动画的原理就是在不同的关键帧上绘制或导入不同的图形或图像，并在这些关键帧中保持图形在大小、颜色、形状、位置等属性上的连贯变化，通过一定的速度连续播放这些关键帧内容后就可形成不停变化的动画。

逐帧动画是最基本、最常见的动画方式，但由于逐帧动画的帧序列内容不一样，不仅增加制作负担而且最终输出的文件量也很大。但它逐帧动作的描述方法对于表现很细腻的动画具有一定的优势。

在 Flash 中创建逐帧动画通常有以下几种方法。

（1）用导入的静态图片建立逐帧动画。

（2）绘制矢量逐帧动画。

（3）文字逐帧动画。用文字作帧中的元件，实现文字跳跃、旋转等特效。

（4）导入序列图像。例如可以通过导入.GIF 序列图像、.SWF 动画文件或利用第三方软件（如 Swish、Swift 3D）产生的动画序列。

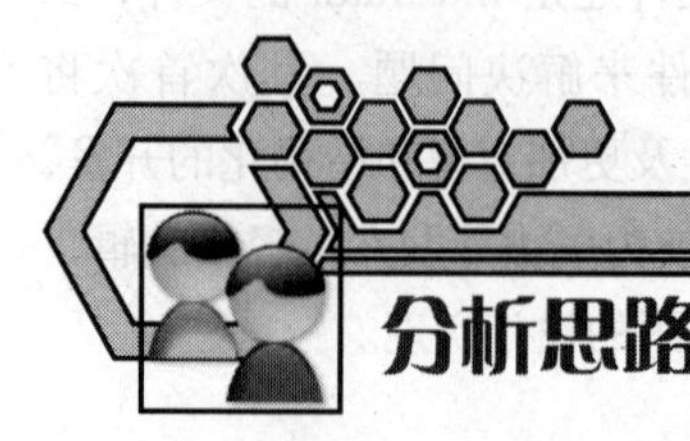

分析思路

在本实例中，将通过制作一个“北京欢迎您”实例，向大家介绍利用逐帧动画的制作方法来实现文本动态显示的一般制作过程。本实例的编辑过程，主要包括如下操作环节。

1. 创建动画文件。
2. 创建文本，并分离文本。
3. 各关键帧内容制作。

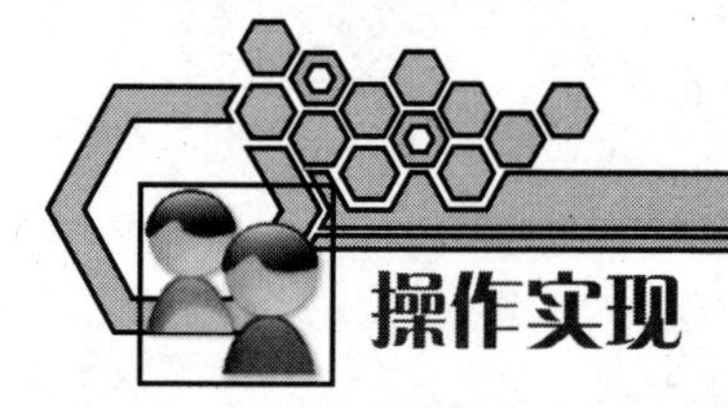

操作实现

（1）选择【文件】-【新建】菜单命令，在弹出的【新建文档】对话框中选择【Flash 文档（ActionScript 2.0）】选项，进入新建文档舞台窗口。然后单击【属性】面板中的“文档属性” 550 x 400 像素 按钮，表示所创作动画画面的宽度是“550 像素”，高度为“400 像素”。在弹出的“文档属性”对话框中设置“尺寸”为“500×200px”，“背景颜色”为“白色（#FFFFFF）”，“帧频”为“10 帧”，其他选项使用默认，参数设置如图 4-9 所示。

图 4-9　新建文档参数设置

提示

4-1：Flash 文件脚本语言

Flash CS3 将 ActionScrip 动作脚本编程语言已经升级到 3.0，可以使用新的命令及语法结构，快速完成各种互动功能的创建编辑。但 Flash CS3 为了方便以前用户使用旧的动作脚本语言，在软件中保存了 ActionScrip2.0 的编辑模式。本章所罗列的实例和案例中，均以创建 ActionScrip2.0 的 Flash 文档为例。

（2）选择【文本工具】T 按钮，在场景中心单击鼠标左键，输入文本“北京欢迎您”，如图 4-10 所示。

北京欢迎您

图 4-10　输入文本图示

（3）打开属性面板将字体设置为“黑体”，字号 85，颜色为“黑色（#000000）”，其他选项使用默认，参数设置如图 4-11 所示。

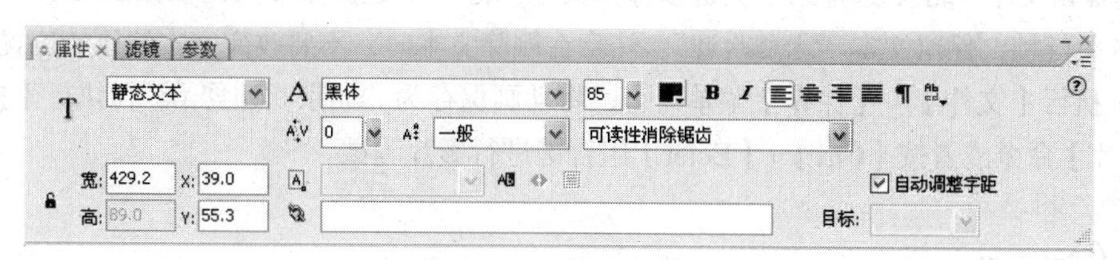

图 4-11　字体参数设置

（4）在场景中选择文本“北京欢迎您”，依次选择【修改】–【分离】菜单命令，或者按【Ctrl】+【B】组合键将“北京欢迎您”分离成 5 个单独的文字，如图 4-12 所示。

北京欢迎您

图 4-12　分离文本

（5）在时间轴中选中第 2 帧，依次选择【插入】–【时间轴】–【关键帧】菜单命令或者按【F6】创建和第一帧一样内容的关键帧，如图 4-13 所示。

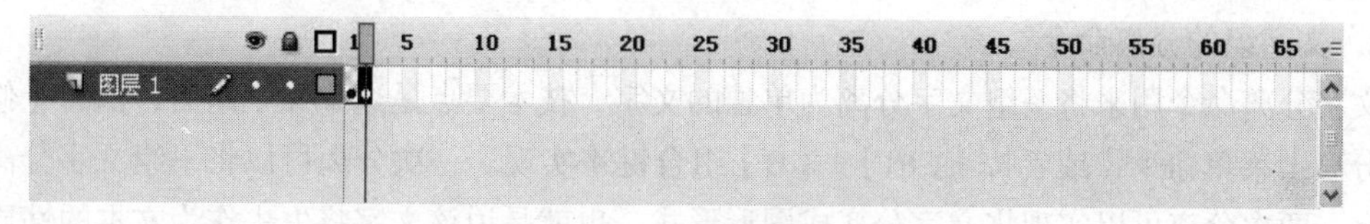

图 4-13　创建关键帧

提示

4-2：Flash 动画中帧的相关概念

◆　帧：就是影像动画中最小单位的单幅影像画面，相当于电影胶片上的每一格镜头。一帧就是一幅静止的画面，连续的帧就形成动画。

◆　关键帧：在 Flash 中，表示关键状态的帧叫做关键帧。关键帧是指时间轴中用以放置元件实体的帧。其中，实心圆表示已经有内容的关键帧，空心圆表示没有内容的关键帧，也叫做空白关键帧。关键帧中可以包含形状、剪辑、组等多种类型的元素或诸多元素。

◆　过渡帧：在两个关键帧之间，电脑自动完成过渡画面的帧叫做过渡帧。

关键帧和过渡帧的联系和区别：两个关键帧的中间可以没有过渡帧（如逐帧动画），但过渡帧前后肯定有关键帧，因为过渡帧附属于关键帧；关键帧可以修改该帧的内容，但过渡帧无法修改该帧内容。

（6）仿照步骤 5，依次选中第 3、4、5、6 帧建立与第 1 帧相同内容的关键帧，如图 4-14 所示。

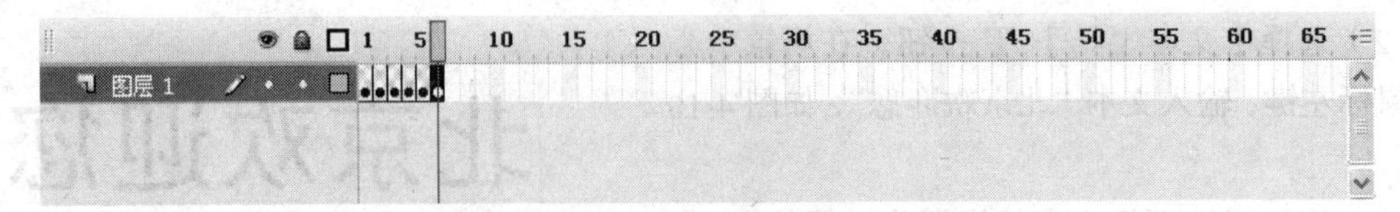

图 4-14　文本关键帧

（7）设置各关键帧内容：选择第 1 关键帧，按【Delete】键删除场景中的全部内容；选择第 2 关键帧，保留文字“北”；选择第 3 关键帧保留文本“北京”；选择第 4 关键帧保留文本“北京欢”；选择第 5 关键帧，保留文本“北京欢迎”。注意在删除文本时，不要改变文本的原始位置。

（8）执行【文件】–【保存】菜单命令，将动画保存为“北京欢迎您.fla”，执行【控制】–【测试影片】命令或者按【Ctrl】+【Enter】组合键进行影片测试。

技术要点

1. 文本工具使用及文字属性的设置

【文本工具】T 主要用于动画中文字的输入和文本样式的设置。本实例主要用文本工具创建与修改文字。技术要点是无论是创建还是修改文本，都必须先选取【文字工具】T，再进行必要的操作。

2. 文字组的分离命令

文字分离命令用来将一组文字分离为单独的文字，技术要点是选中文字组后，执行【修改】–【分离】菜单命令，或者按【Ctrl】+【B】组合键来实现。一次分离可以将一组文字分离成单个文字，两次分离可以实现将文字分离成图形形式，也就是说该文字将失去作为文本的性质。

3. 关键帧的创建及各关键帧内容的修改。

按照动画呈现内容的方式，分别修改相应关键帧的内容。主要通过【选取工具】和【Delete】键来完成。

4.3 案例 2 变形动画 —五角星变形

知识点

4-2：变形动画

变形动画也叫做“形状补间动画”，它是针对所选两个关键帧中的图形在形状、大小、色彩等方面发生变化而产生的动画效果。在形状补间动画中两个关键帧的图形内容必须是处于分离状态下的矢量图形，它们可以是不同的图形。

形状补间动画可以实现两个图形之间颜色、形状、大小、位置的相互变化，其变形的灵活性介于逐帧动画和动作补间动画之间，使用的元素多为用鼠标或压感笔绘制出的形状，如果使用图形元件、按钮、文字，则必须先“分离”再变形。

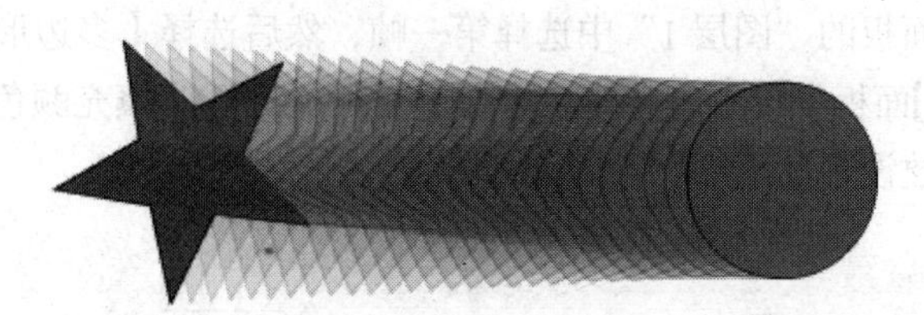

图 4-15　“五角星变形动画”作品预览效果

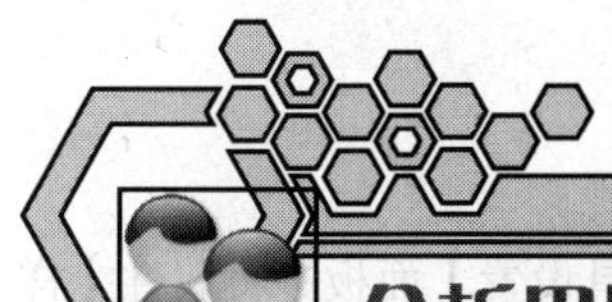

分析思路

在本实例中，将通过制作一个由五角星变形为圆形的动画实例，向大家介绍变形动画的一般制作过程。本实例的编辑过程，主要包括如下操作环节。

（1）绘制五角星。

（2）插入一个新的关键帧。

（3）在新的关键帧中创建圆的图形。

（4）创建形状补间动画。

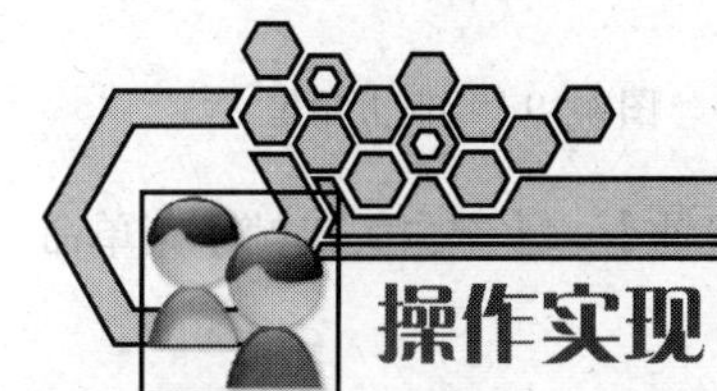

操作实现

（1）选择【文件】-【新建】菜单命令，在弹出的【新建文档】对话框中选择【Flash 文档(ActionScript 2.0)】选项，进入新建文档舞台窗口。然后单击【属性】面板中的“文档属性” 550 x 400 像素 按钮，在弹出的“文档属性”对话框中设置“尺寸”为“400 像素（宽）×150 像素（高）”，“背景颜色”为“白色（#FFFFFF）”，“帧频”为 20 帧，其他选项使用默认，参数设置如图 4-16 所示。

文档属性

标题(T):

描述(D):

尺寸(I): 400 像素 (宽) x 150 像素 (高)

匹配(A): 打印机(P) 内容(C) 默认(E)

背景颜色(B):

帧频(F): 20 fps

标尺单位(R): 像素

设为默认值(M) 确定 取消

图 4-16　文档属性对话框

（2）在【时间轴】面板的“图层 1”中选择第一帧，然后选择【多边形工具】组中的多角星形工具按钮，在【属性】面板中设置笔触颜色为“黑色（#000000）”，填充颜色为“红色（#FF0000）”，其他选项使用默认，参数设置如图 4-17 所示。

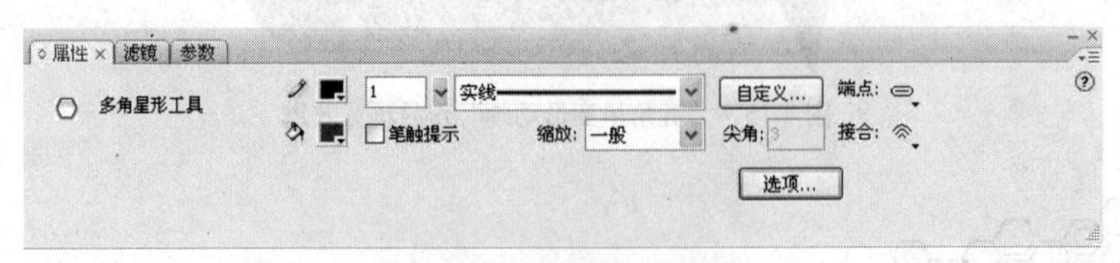

图 4-17　多边形参数设置

（3）在多边形【属性】面板中点击【选项】按钮，在弹出的【工具设置】面板中将属性【样式】设置为星形，属性【边数】设置为 5，其他默认，单击【确定】，如图 4-18 所示。

（4）在【时间轴】面板的“图层 1”中选中第 1 帧创建内容为五角星的关键帧，即在场景的左方绘制一个五角星，如图 4-19 所示。

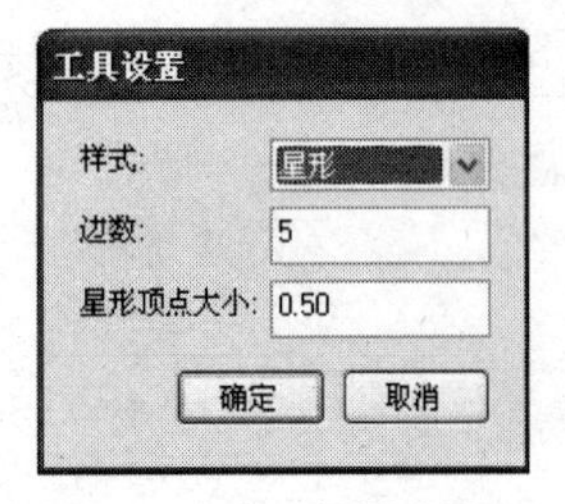

图 4-18　多边形样式设置

图 4-19　绘制五角星

（5）在“图层 1”中选择第 30 帧，依次选择【插入】-【时间轴】-【空白关键帧】菜单命令或者按【F7】键创建一个空白关键帧，如图 4-20 所示。

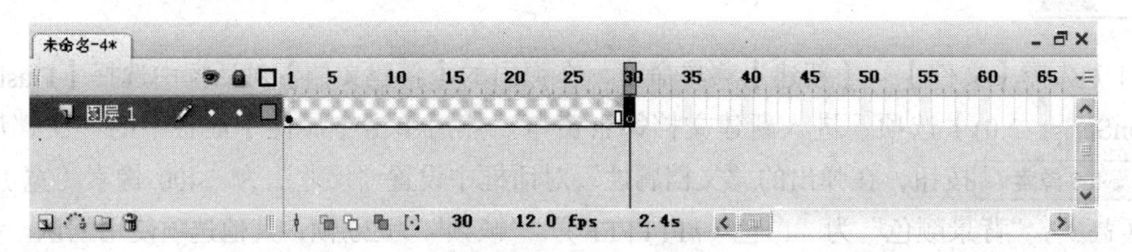

图 4-20　创建空白关键帧

（6）在“图层 1”中选择第 30 帧，然后选择【多边形工具】组中的椭圆工具按钮，在其下方【属性】面板中设置笔触颜色为“黑色（#000000）”，填充颜色为“红色（#FF0000）”，其他选项使用默认，参数设置如图 4-21 所示。

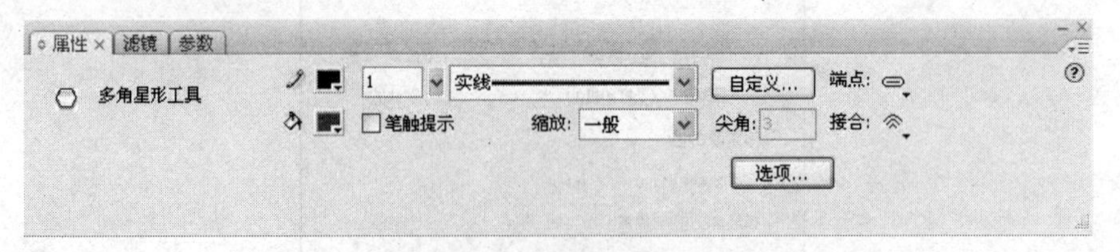

图 4-21　圆形参数设置

（7）按住【Shift】键的同时在场景右方绘制一个正圆，大小如图 4-22 所示。

图 4-22　绘制圆形

（8）在“图层 1”中选择第 1 帧，在其下方【属性】面板中将【补间】设置为“形状”，如图 4-23 和图 4-24 所示。

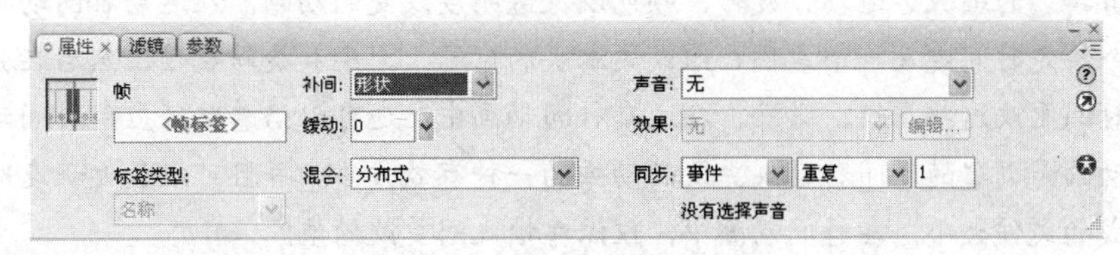

图 4-23　补间动画属性面板设置

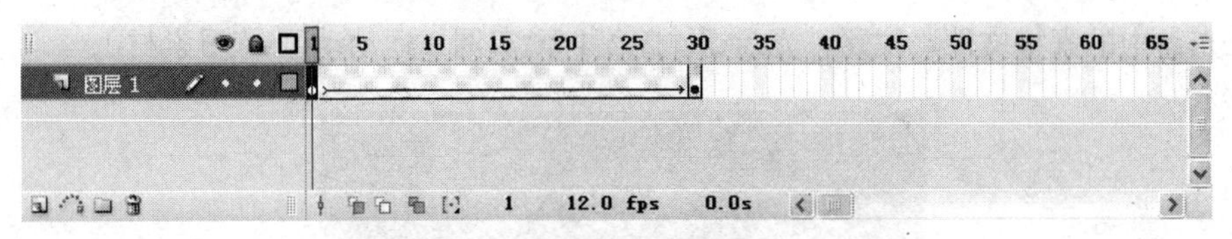

图 4-24　形状动画时间轴效果

（9）执行【文件】-【保存】菜单命令，将动画保存为“五角星变形动画.fla”，执行【控制】-【测试影片】或者按【Ctrl】+【Enter】组合键进行影片测试。

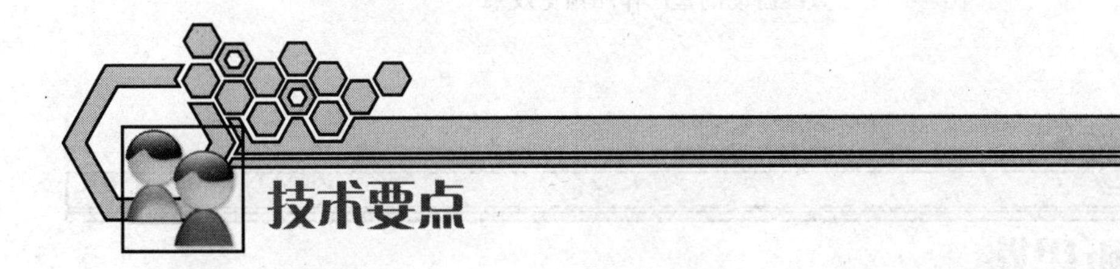

技术要点

1. 绘图工具的使用

绘图工具可以创建矩形、椭圆、多角星形图形，并通过工具的相应属性设置来达到要求图形的样式。本实例技术要点是通过选择椭圆工具结合【Shift】键绘制正圆。

2. 关键帧的创建

插入关键帧包括关键帧和空白关键帧。插入关键帧的命令为【插入】-【时间轴】-【关键帧】或按【F6】键，将会在该帧插入与它最近关键帧相同的帧内容，即在该帧中复制了该层中前面与它最近关键帧中的所有内容。

插入空白关键帧的命令为【插入】-【时间轴】-【空白关键帧】或按【F7】键，将会在该帧插入无任何信息内容的关键帧。

3. 形状补间动画

补间动画包括“形状补间”和“动画补间”，形状补间可以实现绘制图形的颜色、形状、大小和位置的变化。动画补间可以实现图形元件和影片剪辑的缩放、运动、旋转、颜色以及透明度变化的动画效果。本实例为形状补间动画，设置要点是选中该运动层中两个关键帧区域内（除最后一个关键帧）的任何一帧来设置形状补间。

4.4 案例3 运动动画——直线游动的鱼

知识点

4-3：运动动画

运动动画也叫做“运动补间动画”。运动补间动画常用来创建“图形元件”或“影片剪辑”的缩放、运动、旋转、颜色以及透明度改变的动画。在运动补间动画中，在一个特定时间定义一个实例、组或文本块的位置、大小和旋转属性，然后在另一个特定时间更改这些属性。另外，在运动补间动画中，还可以沿着路径应用补间动画。补间动画是创建随时间移动或更改的动画的一种有效方法，并且可以最大程度地减少所生成的文件大小。在补间动画中，仅保存帧之间更改的值。

打开光盘中的素材文件（位置：光盘\素材\第4章\实例3运动动画\练习素材）。

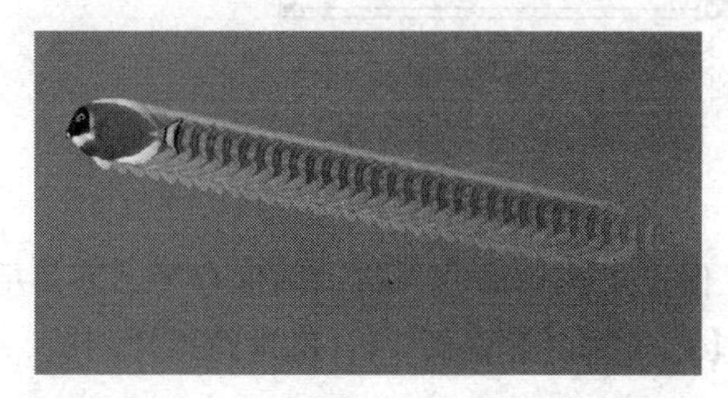

图4-25　“直线游动的鱼”作品预览效果

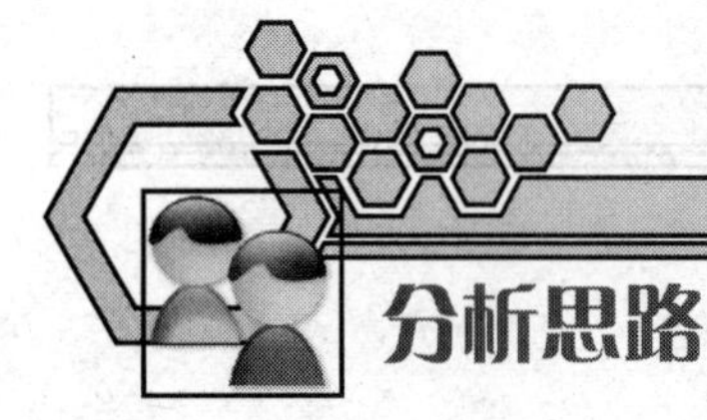

分析思路

在本实例中，将通过制作一个直线游动的鱼的实例，向大家介绍运动动画的一般制作过程。本实例的编辑过程，主要包括如下操作环节。

（1）导入外部图元。

（2）设置运动动画。

操作实现

（1）选择【文件】-【新建】菜单命令，在弹出的【新建文档】对话框中选择【Flash 文档（ActionScript 2.0）】选项，进入新建文档舞台窗口。然后单击【属性】面板中的“文档属性” 550 x 400 像素 按钮，在弹出的“文档属性”对话框中设置“尺寸”为“500像素×250像素”，

“背景颜色”为“淡蓝色（#0099CC）”，“帧频”为 12 帧，其他选项使用默认，参数设置如图 4-26 所示。

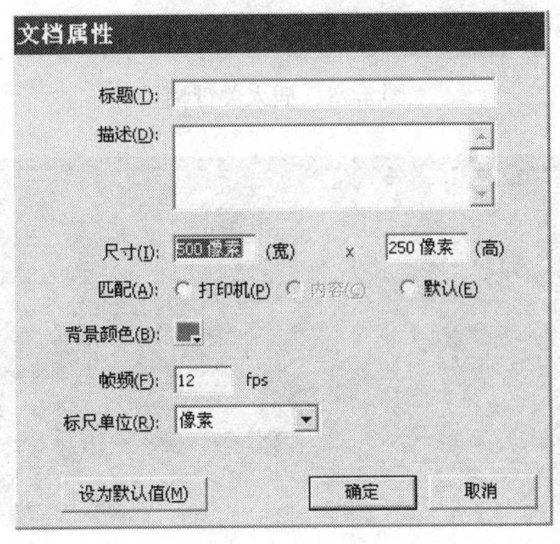

图 4-26　文档属性对话框

（2）将一幅绘制好的鱼的图形元件导入到 Flash 舞台当中，选中图片并单击工具栏上【任意变形工具】适当调整其大小和位置，如图 4-27 所示。

图 4-27　导入图形元件

4-3：GIF 素材导入

在利用 Flash CS3 制作动画时，我们经常需要导入 GIF 类型的图片素材，为了避免在 Flash 动画软件中进行再加工，我们利用 Photoshop 对鱼的图片进行预先处理，抠取鱼的轮廓，剔除背景颜色，并将它保存为 GIF 图片格式。在 GIF【索引颜色】对话框面板的【强制】项中我们选取“Web”，并勾选透明度。这样导入到 Flash 软件中的鱼的图片将只显示鱼的本身，我们直接对其进行位置调整等操作即可，大大提高了制作效率。

（3）选择【时间轴】面板上“图层 1”的第 30 帧，按【F6】插入关键帧，如图 4-28 所示。然后选择第 30 帧的鱼图形，将其移动至场景的左侧，如图 4-29 所示。

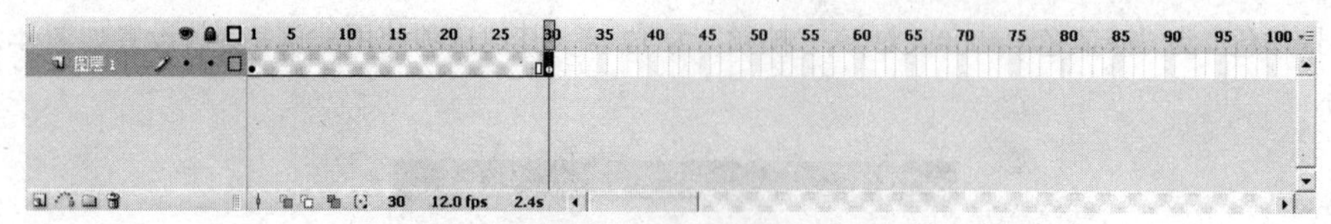

图 4-28　插入关键帧

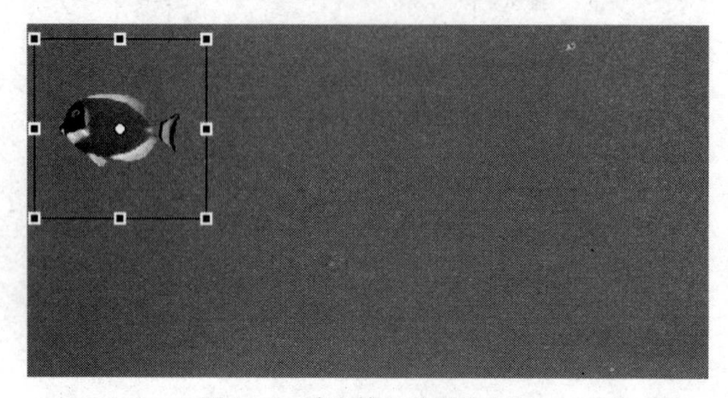

图 4-29　确定第 2 关键帧内容

（4）选择“图层 1”上 1 至 29 帧内任意一帧，打开【属性】面板，在【补间】栏内选择“动画”选项，从而使图形第 1 帧至第 30 帧创建了动画补间，设置如图 4-30 所示。

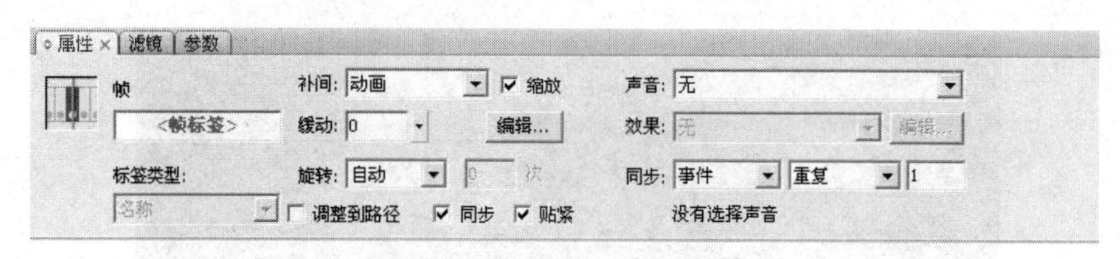

图 4-30　设置运动补间动画属性

参数设置完毕后，时间轴上的帧将自动生成补间，如图 4-31 所示。

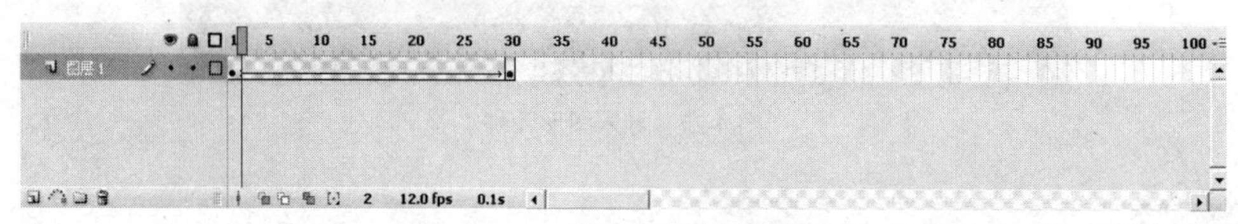

图 4-31　运动动画时间轴效果

（5）执行【文件】-【保存】菜单命令，将动画保存为“直线游动的鱼.fla”，执行【控制】-【测试影片】或者按【Ctrl】+【Enter】组合键进行影片测试。

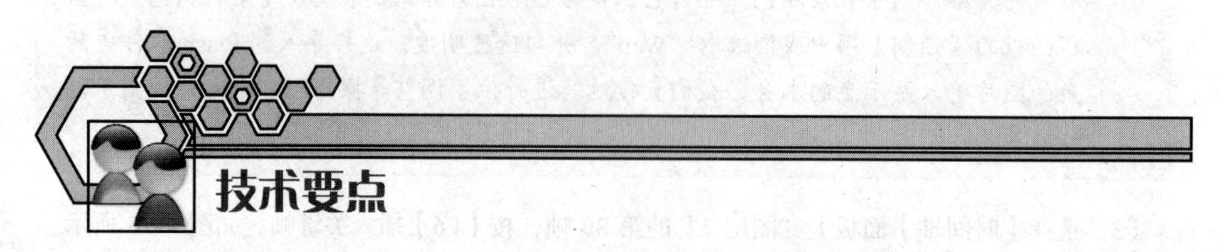

1. 外部素材导入

Flash 动画制作中，除了利用本软件绘制所需素材外，我们还可以利用第三方软件来绘制我们

所需的素材，例如利用第 2 章介绍的图像处理软件 phtotoshop 来处理动画中需要的场景及运动元素，使 Flash 软件也能制作出专业图像软件的表现效果。

素材导入技术要点是通过执行【文件】-【导入】-【导入到舞台】菜单，或者【文件】-【导入】-【导入到库】来实现。

2. 运动补间动画

本实例为运动补间动画，设置要点是选中运动层中两个关键帧区域内（不包括最后一个关键帧）任何一帧来设置补间动画。

在运动补间中，如果没有将导入的图形素材转化为图形元件或影片剪辑，而直接拖入到场景中来完成动画，则软件会自动将关键帧中的图形素材转化为图形元件。

4.5 案例 4 引导线动画——自由自在游动的鱼

4-4：引导线动画

引导线动画就是通过自定义的路径让舞台内的元件随着它移动或运动。在动画制作中我们首先设置好舞台内的元件的运动动画，然后通过建立引导层，并且在引导层中绘制元件运动的路径后，将首尾帧中的元件分别定位于引导路径的开始端与结束端，来实现引导线动画的设置动作。在动画文件播放时引导层中的路径线条将不会显示，所以它不会影响最终的动画效果。值得注意的是一条引导路径可以对多个对象同时作用，一个影片中也可以存在多个引导图层。

打开光盘中的素材文件（位置：光盘\素材\第 4 章\实例 4 引导线动画\练习素材）。

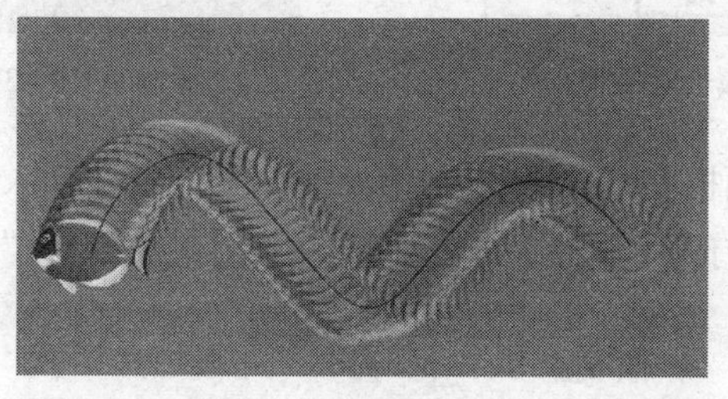

图 4-32　“自由自在游动的鱼”作品预览效果

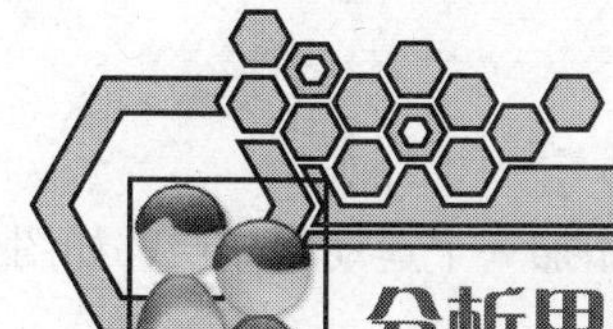

分析思路

在本实例中，将通过制作一个自由自在游动的鱼的实例，向大家介绍利用引导层来实现运动对象沿固定路径运动的引导线动画的制作过程。本实例的编辑过程，主要包括如下操作环节。

（1）导入外部图片素材。

（2）创建图元补间动画。

（3）创建引导层，绘制引导路径。

（4）定位图元运动路径的开始端与结束端。

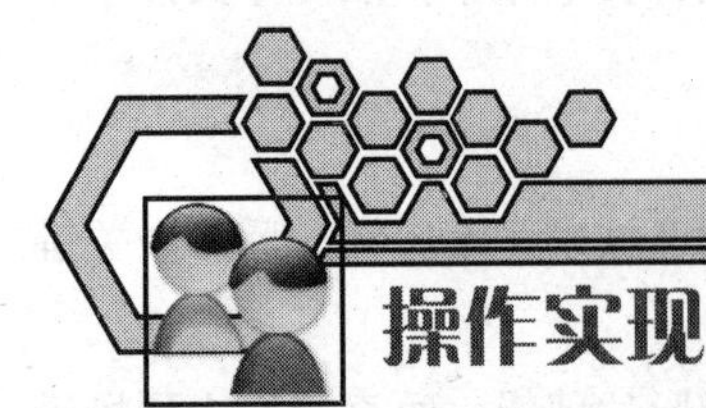

操作实现

（1）选择【文件】-【新建】菜单命令，在弹出的【新建文档】对话框中选择【Flash 文档（ActionScript 2.0）】选项，进入新建文档舞台窗口。然后单击【属性】面板中的“文档属性” 550 x 400 像素 按钮，在弹出的“文档属性”对话框中设置“尺寸”为“500 像素 × 250 像素”，“背景颜色”为“淡蓝色（#0099CC）”，“帧频”为“12”帧，其他选项使用默认，参数设置如图 4-33 所示。

（2）将一幅绘制好的鱼的图片导入到 Flash 舞台当中，适当调整其大小和位置，如图 4-34 所示。

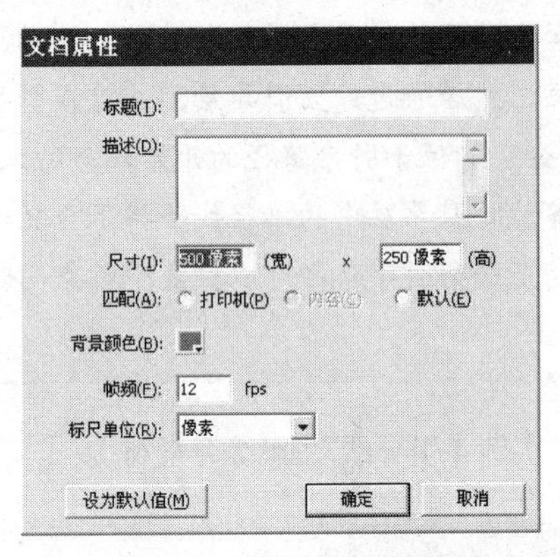

图 4-33　文档属性对话框

图 4-34　导入图形素材

（3）选择【时间轴】面板上“图层 1”的第 60 帧，按【F6】插入关键帧，然后单击时间轴上 1 至 59 帧内的任意位置，并打开【属性】面板，在【补间】栏内选择“动画”选项，如图 4-35 所示。

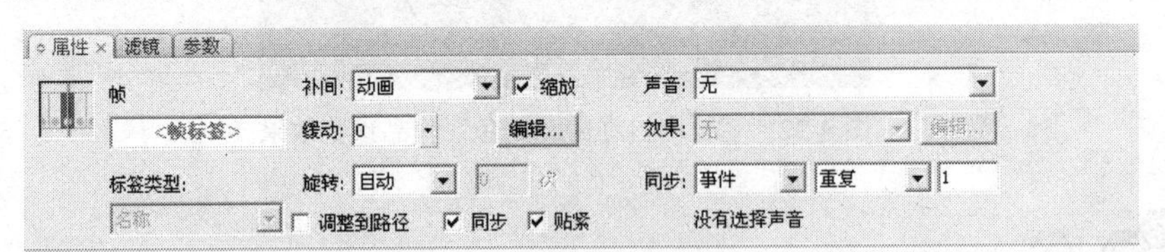

图 4-35　设置补间动画参数

（4）单击时间轴上的【添加运动引导层】按钮，为补间动画添加一个运动引导层，如图 4-36 所示。

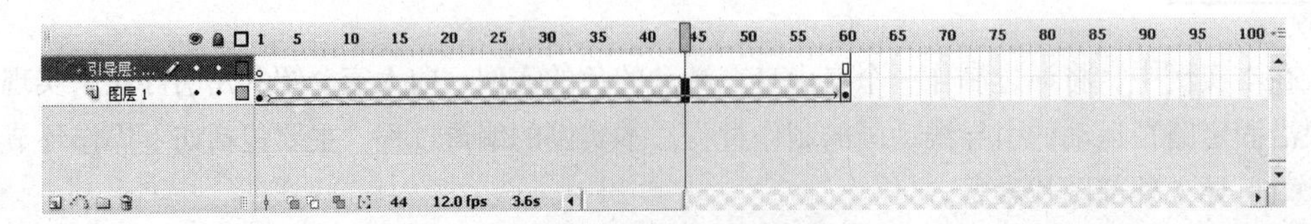

图 4-36　添加运动引导层

（5）选择【绘图工具栏】内的【铅笔工具】按钮，设置【选项】栏铅笔模式为“平滑”模式，在“引导层”对应的舞台上绘制一条圆滑弯曲的波浪线，该曲线将作为鱼的运动轨迹，如图 4-37 所示。

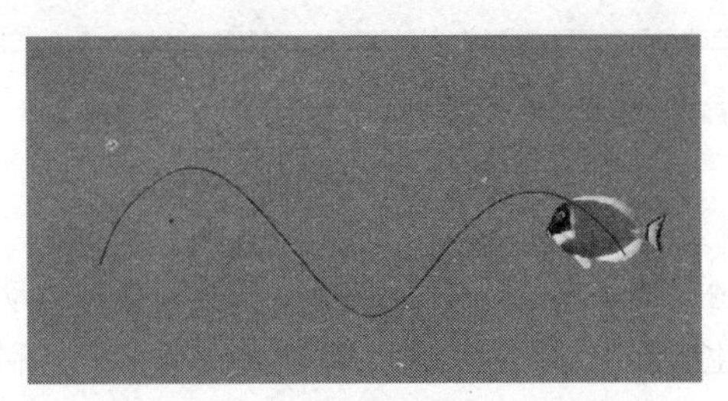

图 4-37　绘制运动引导线

提示

4-4：铅笔工具

铅笔工具具有 3 种属性，分别为“直线化”、“平滑”和“墨水”。其中“直线化”可以使绘制的矢量线条趋于规整的形态，例如直线、方形、圆形和三角形等。“平滑”绘制的线条将趋于更加流畅平滑的形态。“墨水”绘制的线条接近于手写体效果的线条。本实例中为保证路径的平滑，我们选用“平滑”属性。

（6）单击【选择工具】按钮，按下【选项】栏中的“紧贴至对象”按钮，选中“图层 1”中第一个关键帧中的鱼的图形，用鼠标左键将其拖曳到曲线的右端点，“紧贴至对象”功能会将图形吸附到曲线的端点上；然后选中“图层 1”中第二个关键帧内的鱼的图形，用同样的方法将其拖曳到曲线的左端点上，如图 4-38 和图 4-39 所示。

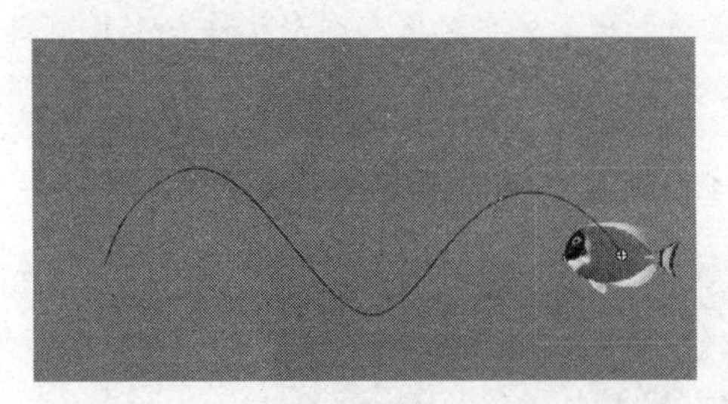

图 4-38　确定运动的右端点

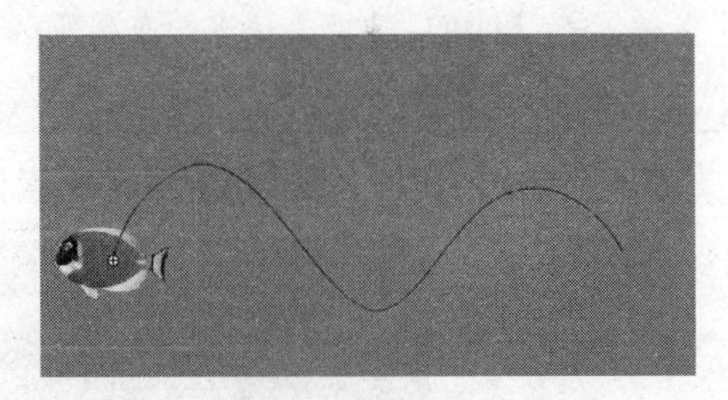

图 4-39　确定运动的左端点

提示

4-5：紧贴至对象工具作用

本实例中为了达到运动对象和运动路径的完美贴合，我们通过“贴紧至对象”工具来实现，具体步骤为执行命令为【视图】-【贴紧】-【贴紧至对象】。当我们接近填充形状中心的位置来移动填充形状，它的中心点会与其他对象贴紧。对于要将形状与运动路径对齐来制作动画的情况，该功能特别有用。

（7）执行【文件】-【保存】菜单命令，将动画保存为“自由自在游动的鱼.fla”，执行【控制】-【测试影片】或者按【Ctrl】+【Enter】组合键进行影片测试。

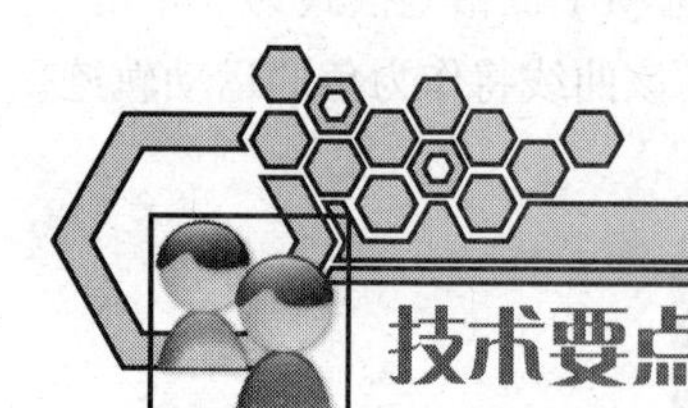

技术要点

1. 铅笔工具

铅笔工具一般用于绘制弧线、曲线、不规则图形及绘制各种运动角色。本实例中我们通过选择铅笔工具，选用平滑属性绘制引导路径，使运动轨迹更加平滑，利于表现运动效果。

2. 添加运动引导层

引导层用来设置运动元件的运动路径，技术要点是首先选中需要添加运动引导层的动画层，单击时间轴上的【添加运动引导层】按钮，为动画添加一个运动引导层。

3. 引导层动画设置

引导层动画首尾运动元件的路径定位操作中，我们通过开启【选项】栏中的"紧贴至对象"按钮，来保证运动元件定位的准确性。

4.6 案例 5 遮罩动画 —探照灯

知识点

4-5：遮罩动画

"遮罩"，顾名思义就是遮挡住下面的对象。在 Flash 中，"遮罩动画"就是通过"遮罩层"来达到有选择的显示位于其下方图层中的内容的目的。

Flash CS3 遮罩层中的内容可以是填充的形状、文字对象、图形元件或影片剪辑；一个遮罩层可以同时遮罩多个图层，但遮罩层与遮罩层之间不能相互作用。

打开光盘中的素材文件（位置：光盘\素材\第 4 章\实例 5 遮照动画\练习素材）。

图 4-40 "探照灯"作品预览效果

分析思路

在本实例中，将通过制作一个探照灯的实例，向大家介绍利用遮罩层制作遮罩动画的一般流

程。本实例的编辑过程，主要包括如下操作环节。

（1）导入外部图元。

（2）绘制图形。

（3）创建补间动画。

（4）创建遮罩层。

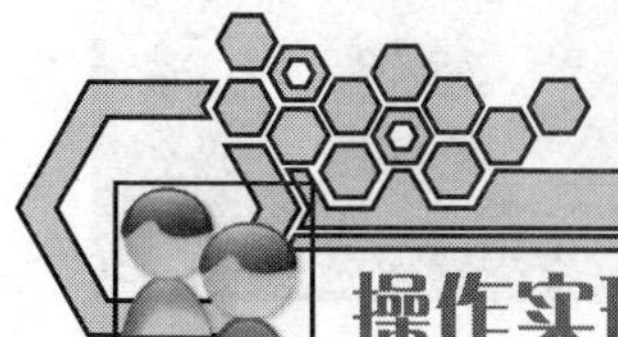

操作实现

（1）选择【文件】-【新建】菜单命令，在弹出的【新建文档】对话框中选择【Flash 文档（ActionScript 2.0）】选项，进入新建文档舞台窗口。然后单击【属性】面板中的“文档属性” 550 x 400 像素 按钮，在弹出的“文档属性”对话框中设置“尺寸”为“500 像素 × 179 像素”，“背景颜色”为“黑色（#000000）”，“帧频”为 12 帧，其他选项使用默认，参数设置如图 4-41 所示。

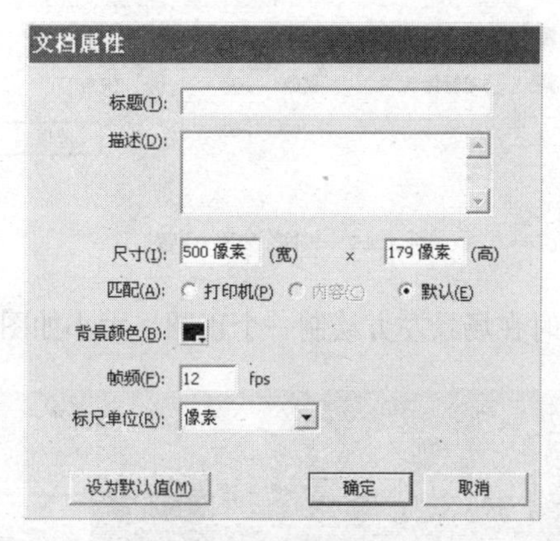

图 4-41　文档属性对话框

（2）将一幅绘制好的图片“校园夜晚.jpg”图片导入到 Flash 舞台当中，如图 4-42 所示。在【属性】面板中设置 x 和 y 坐标值分别为 0，如图 4-43 所示。选中“图层 1”中的第 30 帧按【F5】插入普通帧。

图 4-42　导入图形素材“校园夜晚”

（3）单击【时间轴】面板下方的【插入图层】按钮 ，新建一个名为“图层 2”的新图层，选中该层第 1 帧，按照步骤 2 的方法将一幅绘制好的图片“校园白天.jpg”图片导入到 Flash 舞台当中，并在【属性】面板中对 x 和 y 坐标进行相同的坐标设置，即 x 与 y 的值也为 0，以此来保证该图片与“校园夜晚.jpg”图片达到完全重合的场景效果，如图 4-44 所示。

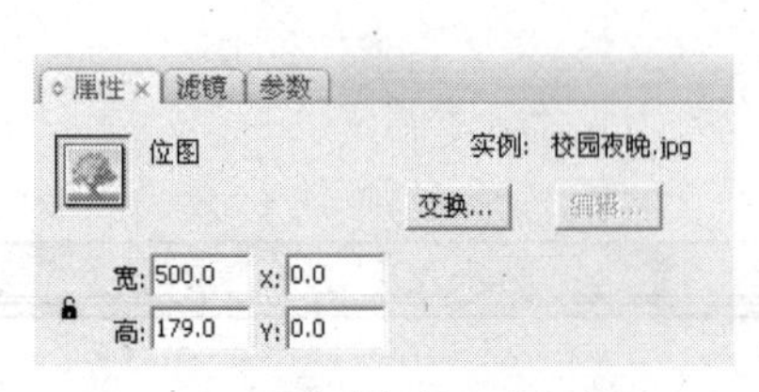

图 4-43　图片在场景中的坐标设置

图 4-44　导入图形素材“校园白天”

（4）单击【时间轴】面板下方的【插入图层】按钮 ，新建一个名为“图层 3”的新图层，并选中该层第 1 帧，然后选择【多边形工具】 椭圆工具按钮，在【属性】面板中设置笔触颜色为“黑色（#000000）”，填充颜色为“红色（#FF0000）”，其他选项使用默认，参数设置如图 4-45 所示。

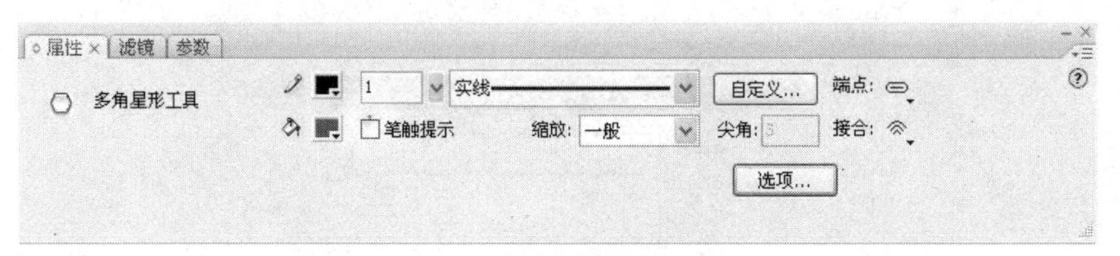

图 4-45　圆形参数设置

（5）按住【Shift】键的同时在场景左方绘制一个正圆，大小如图 4-46 所示。

图 4-46　绘制圆形“探照灯”

（6）选择“图层 3”的第 30 帧，按【F6】键插入关键帧，并且将圆形移动到场景的右侧，并在时间轴中选择第 1 帧，在下方【属性】面板中将【补间】设置为“形状”，从而该图层创建了从第 1 帧到第 30 帧的形状补间动画。如图 4-47 所示。

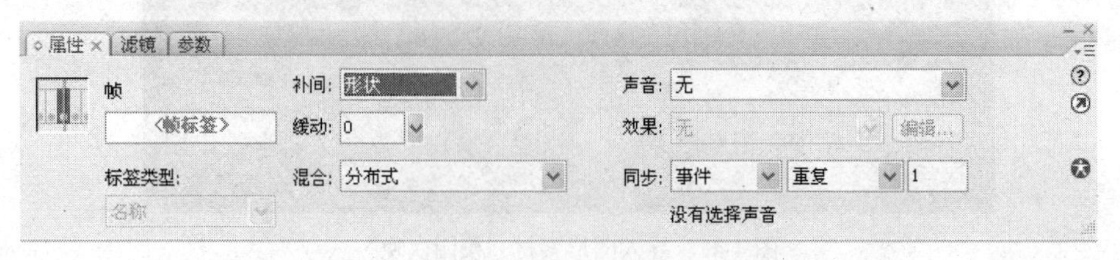

图 4-47　圆形“探照灯”形状补间动画设置

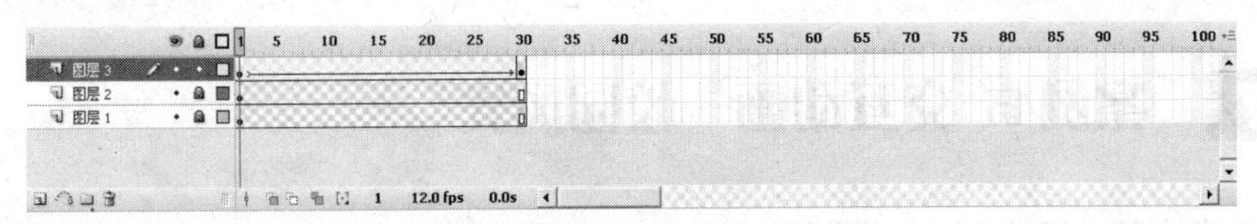

图 4-48　“探照灯”时间轴效果

（7）右击时间轴上的“图层 3”，在弹出的快捷菜单中选择“遮罩”将“图层 3”设置为“图层 2”的遮罩层，如图 4-49 所示。

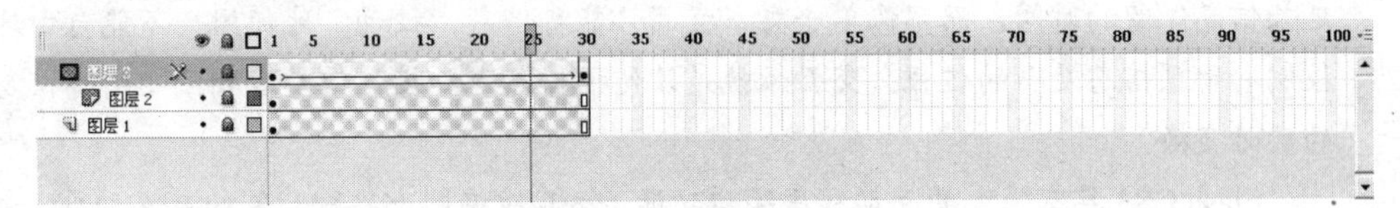

图 4-49　设置遮罩层

提示

4-6：遮罩层的设置

遮罩层的意思是遮挡住下面的对象，值得注意的是在 Flash 软件中遮罩层的作用是显示被遮罩的内容，而隐藏没有被遮罩的内容，所以在设置被遮罩对象时，请准确放置遮罩图层的位置。

（8）执行【文件】－【保存】菜单命令，将动画保存为“探照灯.fla”，执行【控制】－【测试影片】或者按【Ctrl】+【Enter】组合键进行影片测试。

技术要点

1. 图层操作

Flash 图层是一个很抽象的概念，具体来说，就是对象在舞台中纵深度的描述。处在上层中的对象会覆盖在其下方的对象。在 Flash 中为了能使舞台中各种对象具有不同的运动方式和表现形式，我们往往将其按照在舞台中不同的纵深层次设置在不同的层中，并在独自的层中设置不同的动作形式。

在 Flash 动画制作中，也通过层之间的关联来达到更好的运动表现效果。例如引导层动画和遮罩动画。本实例的技术要点是根据被遮罩对象的不同，给不同对象设置在不同的层中。本实例将“校园夜晚”设置在第一层，将“校园白天”设置在“校园夜晚”的上一层，这样在被遮罩后，在被遮罩的地方会显示出遮罩图中的内容，达到探照灯的效果。

2. 遮罩层设置

技术要点在遮罩的图层上单击鼠标右键，在弹出的快捷菜单中选择【遮罩】将该图层设置为遮罩层。必须注意的是遮罩层必须紧跟在被遮罩层的上方。

4.7 案例6 交互动画—校园风光

4-7：交互动画

多媒体技术的“交互性”是指能够为用户提供更加有效的控制和使用信息的手段，同时也为多媒体技术应用开辟更加广阔的领域。交互性可以增加用户对信息的理解，延长信息保留的时间，而不像单一文本空间只能对信息“被动”地使用，不能自由地控制和干预信息处理的过程。交互性就是让传播信息者和接收信息者相互之间有信息的实时交换。

Flash CS3 具有强大的互动程序编辑功能，使其能编制出各种精彩的交互动画。例如测试、游戏、教学软件等。交互动画的制作对用户综合能力的要求比较高，除了要求对 Flash 中各种绘画编辑方法及各种元件的特性熟练运用外，还要求对 Action Script 动作脚本有较全面和系统的认识。

打开光盘中的素材文件（位置：光盘\素材\第 4 章\实例 6 交互动画\练习素材）。

图 4-50 “校园风光”作品预览效果

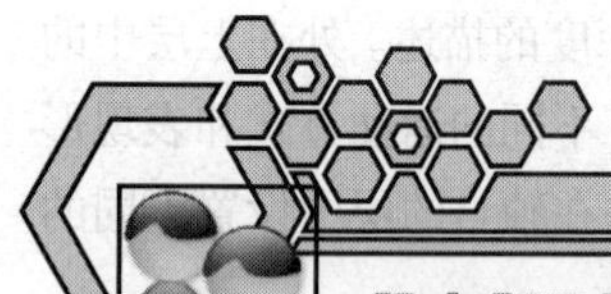

分析思路

在本实例中，将通过制作一个“校园风光”实例，向大家介绍利用动作脚本的方法来实现交互动画的一般制作过程。本实例的编辑过程，主要包括如下操作环节。

（1）导入外部图形元件。

（2）动作面板设置。

（3）按钮元件制作。

（4）交互设置。

操作实现

（1）选择【文件】-【新建】菜单命令，在弹出的【新建文档】对话框中选择【Flash 文档（ActionScript 2.0）】选项，进入新建文档舞台窗口。然后单击【属性】面板中的“文档属性” 550 x 400 像素 按钮，在弹出的“文档属性”对话框中设置“尺寸”为“600 像素×300 像素”，背景颜色设置为“白色（#FFFFFF）”，“帧频”为 12 帧，其他选项使用默认，参数设置如图 4-51 所示。

（2）选择【文件】-【导入】-【导入到库】菜单命令，在弹出的【导入到库】对话框中选择“背景图、图片 1 大、图片 1 小、图片 2 大、图片 2 小、图片 3 大、图片 3 小”文件，单击【打开】按钮，文件被导入到【库】面板中，如图 4-52 所示。

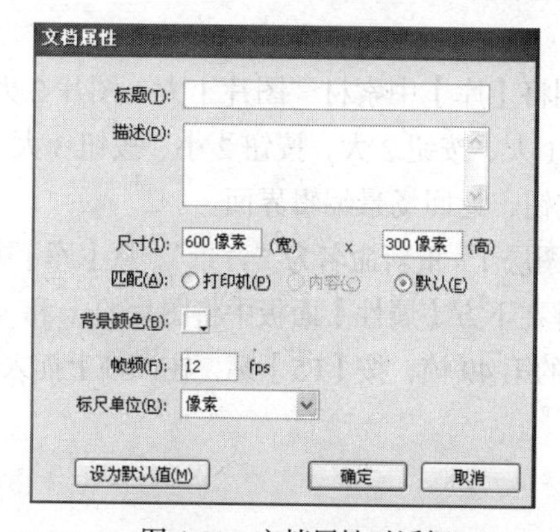

图 4-51　文档属性对话框

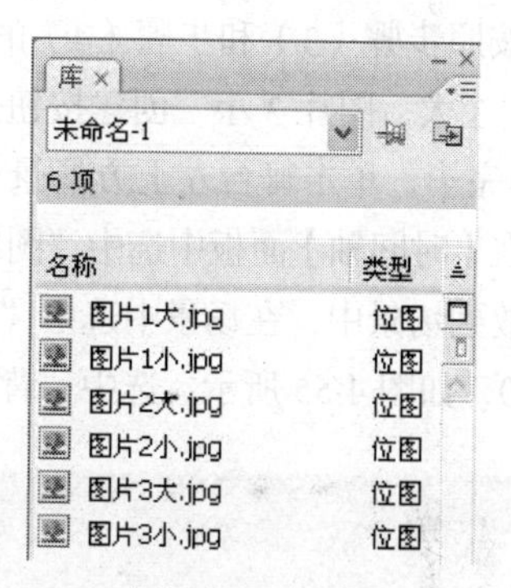

图 4-52　素材库

提示

4-8：Flash CS3 元件库面板

Flash CS3 元件库面板是管理和存放文件中所有独立元件的重要工作面板。在元件库面板中我们可以实现元件的创建、编辑、修改、删除及分类等操作。保存在库中的元件可以随时被文件调用，且不增加元件保存的个数。在对库中某个元件进行编辑后，编辑的结果将会使文件所有的该元件受相同的影响。

（3）在【库】面板下方单击【新建元件】按钮，弹出【创建新元件】对话框，在【名称】选项的文本框中输入“按钮 1 小”，勾选【按钮】选项，单击【确定】按钮。新建按钮元件“按钮 1 小”，舞台窗口也随之转换为按钮元件的舞台窗口，设置窗口如图 4-53 所示。

图 4-53　创建按钮

4-9：Flash 元件

Flash CS3 动画影片中的元件，是有着独立身份的元素，它是 Flash CS3 动画影片的构成主体。Flash CS3 中根据内容特性和用途的不同，分为三种行为类型的元件：图形元件、按钮元件和影片剪辑。

图形元件是 Flash CS3 动画影片中最基本的组成元件，主要用于建立和存储独立的图形内容或动画内容。

影片剪辑主要用于创建具有一段独立的动画片段，与图形元件不同，影片剪辑拥有独立的时间轴，使影片剪辑中的动画内容可以与主时间轴的内容进行不同步播放。

按钮元件是 Flash CS3 影片中创建互动功能的重要组成部分，使用按钮元件可以在影片中响应鼠标单击、滑过或其他鼠标动作，然后将响应的时间结果传递给互动程序进行处理。

（4）在按钮元件的舞台窗口中，选中“弹起”关键帧，将库中“图片 1 小.jpg”图片素材拖曳到舞台中央，如图 4-54 所示。

（5）按照步骤（3）和步骤（4）的方法，分别将【库】中素材“图片 1 大、图片 2 大、图片 2 小、图片 3 大、图片 3 小”创建按钮元件“按钮 1 大、按钮 2 大、按钮 2 小、按钮 3 大、按钮 3 小”。创建完毕，单击舞台左上方场景 1 场景 1 按钮，返回场景编辑界面。

（6）在【时间轴】面板中选中“图层 1”，将“图层 1”重新命名为“背景”。从【库】中将“背景图”拖放到场景中，在场景中选中“背景图”，并在下方【属性】面板中将图片的 x 和 y 的坐标均设置为 0，如图 4-55 所示。选中“背景图”图层的第 49 帧，按【F5】键，在该帧上插入普通帧。

图 4-54　按钮编辑

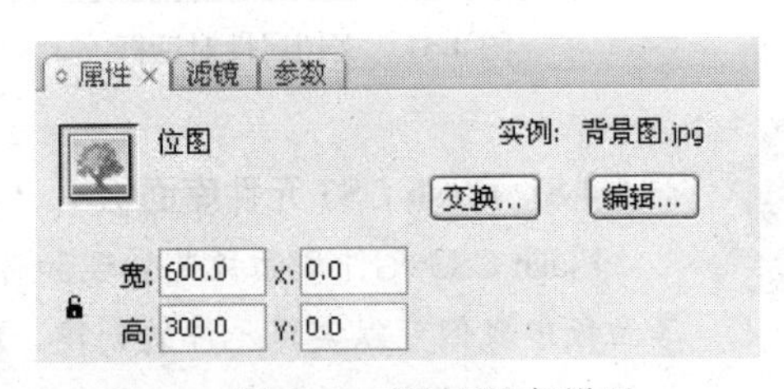

图 4-55　背景图坐标设置

（7）单击【时间轴】面板下方的【插入图层】按钮，创建新图层并将其命名为“小图”，选中该层的第 1 帧，将【库】中“按钮 1 小”拖入到场景的左下方，选中“按钮 1 小”，执行【修改】—【变形】—【缩放和旋转】菜单命令，将【缩放】设置为 50%，如图 4-56 所示。

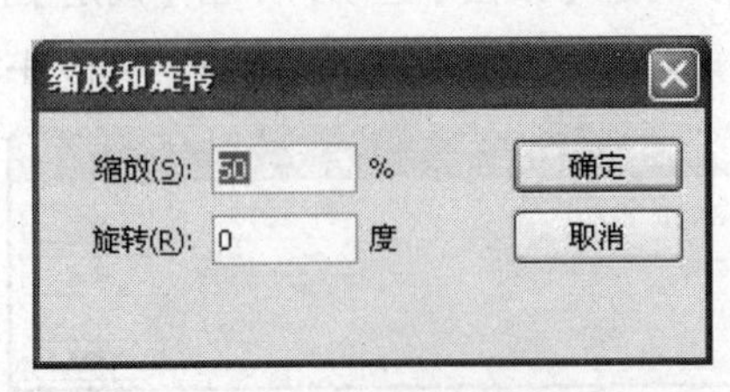

图 4-56　按钮缩放设置

（8）按照步骤（7）的方法，将库中的“按钮 2 小、按钮 3 小”，分别拖曳到图层“小图”第 1 帧中，且【缩放】比例均设置为 50%，并将场景中“按钮 1 小、按钮 2 小、按钮 3 小”排列整齐，按钮排放如图 4-57 所示。

图 4-57　按钮排放效果图

（9）单击【时间轴】面板下方的【插入图层】按钮 ，创建新图层并将其命名为“大图”，用鼠标右击该层的第 2 帧，在弹出的快捷菜单中选择【插入空白关键帧】命令。将库中“按钮 1 大”拖入到场景的右方，选中“按钮 1 大”，并在下方属性面板中将图片的 x 和 y 的坐标分别设置为“430”和“180”，具体位置视情况而定，保证画面美观，如图 4-58 所示。

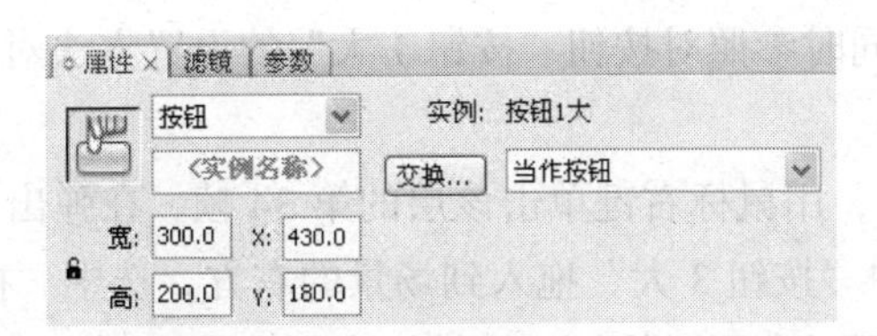

图 4-58　“按钮 1 大”在舞台中的坐标设置

图 4-59　“按钮 1 大”在舞台中的效果图

（10）分别选中图层“大图”的第 9、10、17 帧，按【F6】插入关键帧。鼠标单击第 2 帧，并在场景中选中按钮“按钮 1 大”，将按钮“按钮 1 大”【缩放】比例调整为 30%，并且在下方的【属性】面板中设置其【颜色】-【Alpha】的值为 0，设置如图 4-60 和图 4-61 所示。鼠标单击第 17 帧，对场景中的“按钮 1 大”进行同第 2 帧一样的设置。

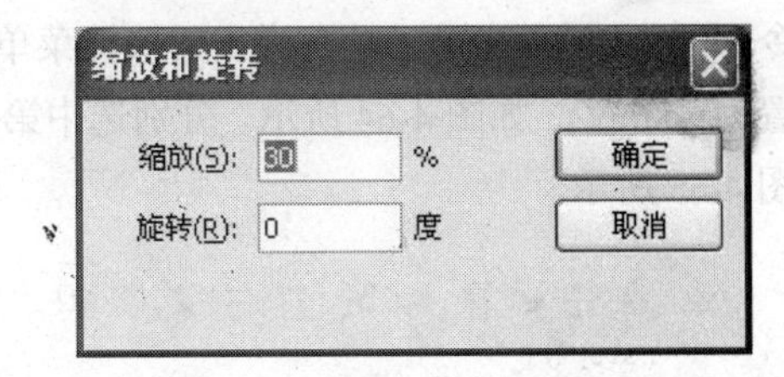

图 4-60　“按钮 1 大”在舞台中的缩放比例设置

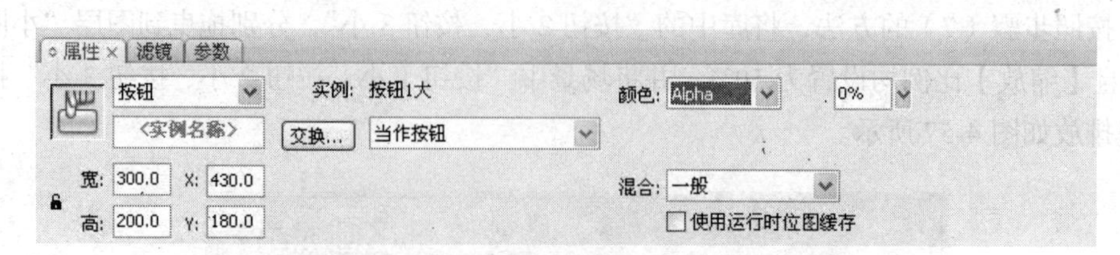

图 4-61 “按钮 1 大”在舞台中的 Alpha 设置

（11）分别单击图层“大图”中的第 2、10 帧，打开【属性】面板，在【补间】栏内选择“动画”选项，从而在该图层上创建了动画补间动画。设置如图 4-62 所示。

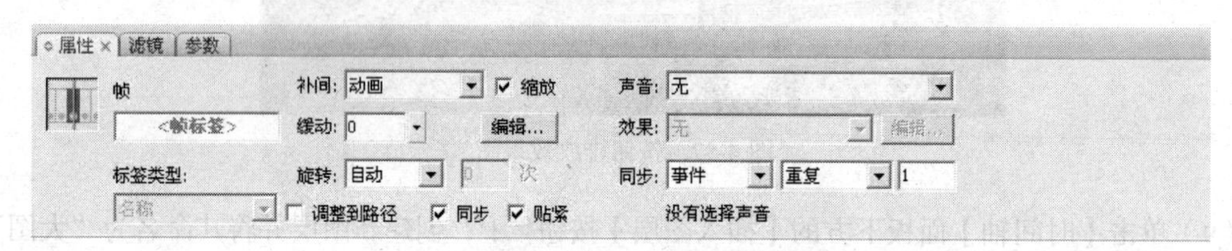

图 4-62 “按钮 1 大”补间动画设置

（12）选择图层“大图”，用鼠标右键单击该层的第 18 帧，在弹出的快捷菜单中选择【插入空白关键帧】命令。将库中“按钮 2 大”拖入到场景的右方，选中“按钮 2 大”，图片的 x 和 y 的坐标参照“按钮 1 大”。同时参照对按钮“按钮 1 大”的设置方法对按钮“按钮 2 大”创建补间动画。

（13）选择图层“大图”，用鼠标右键单击该层的第 34 帧，在弹出的快捷菜单中选择【插入空白关键帧】命令。将库中“按钮 3 大”拖入到场景的右方，选中“按钮 3 大”，图片的 x 和 y 的坐标参照“按钮 1 大”。同时参照对按钮“按钮 1 大”的设置方法对按钮“按钮 3 大”创建补间动画。

按钮动画创建完毕，如图 4-63 所示。

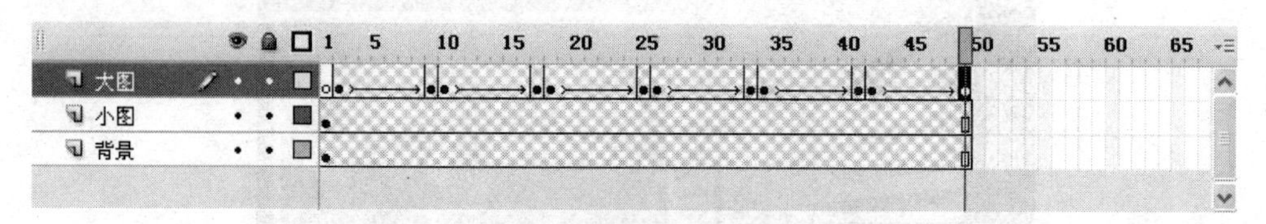

图 4-63 “大图”图层的按钮动画时间轴效果

（14）单击【时间轴】面板下方的【插入图层】按钮，创建新图层并将其命名为“脚本”，用鼠标右键分别单击该层的第 1、17、33、49 帧，在弹出的快捷菜单中选择【插入空白关键帧】命令。鼠标右键单击第 1 帧在弹出的快捷菜单中选择【动作】命令，在弹出的动作面板中将 Actions 设置为：Stop()，如图 4-64 所示。分别选中第 17、33、49 帧，其 Actions 设置为：gotoAndPlay(1)，如图 4-65 所示。

图 4-64 第 1 帧动作设置

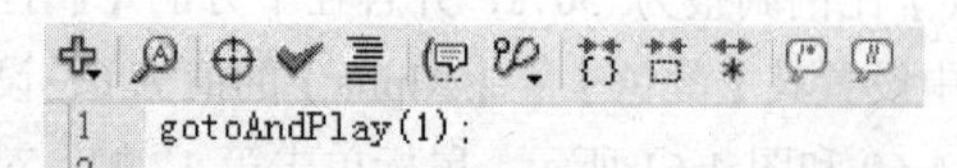

图 4-65 第 17、33、49 帧动作设置

（15）选中图层“小图”，在第 1 帧场景里的“按钮 1 小”上鼠标右击执行【动作】命令，将 Actions 设置为：

```
On (press){
  gotoAndplay(2);
}
```

设置按钮“按钮 2 小”的 Actions 为：

```
On (press){
  gotoAndplay(18);
}
```

设置按钮“按钮 3 小”的 Actions 为：

```
On (press){
  gotoAndplay(34);
}
```

（16）选中图层“大图”，用鼠标右键分别单击该层的第 9、25、41 帧，弹出的快捷菜单中选择“动作”命令，并且在弹出的【动作】面板中将 Actions 均设置为：Stop()，如图 4-66 所示。

（17）选中“大图”图层，用鼠标单击该层的第 9 帧，在该帧场景里的“按钮 1 大”按钮上鼠标右击执行【动作】，将 Actions 设置为：

```
On (press) {
  gotoAndPlay(10);
}
```

如图 4-67 所示。

```
1  stop();
2
```

图 4-66　第 9、25、41 帧动作设置

```
1  on (press) {
2      gotoAndPlay(10);
3  }
```

图 4-67　第 9 帧按钮动作设置

在第 25 帧场景中的“按钮 2 大”设置其 Actions 为：

```
On (press){
  gotoAndplay(26);
}
```

在第 41 帧场景中的“按钮 3 大”设置其 Actions 为：

```
On (press){
  gotoAndplay(42);
}
```

编辑完成，交互动画最终时间轴效果如图 4-68 所示。

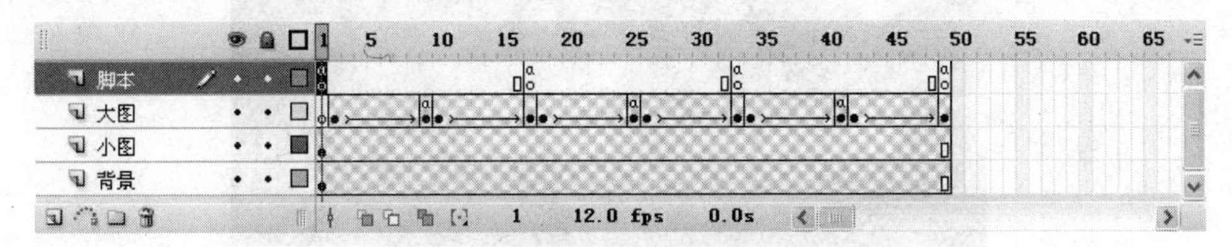

图 4-68　交互动画最终时间线效果

（18）执行【文件】-【保存】菜单命令，将动画保存为“校园风光.fla”，执行【控制】-【测

试影片】或者按【Ctrl】+【Enter】组合键进行影片测试。

技术要点

1. 按钮元件

Flash 中具有 3 种元件类型，分别为“影片剪辑”元件、“按钮”元件和“图形”元件。按钮是 Flash 影片中实现互动功能的重要组成部分，使用按钮元件可以在影片中响应鼠标单击、滑过或其他动作，然后将响应的时间结果传递给互动程序进行处理。

本实例中创建按钮技术要点为执行【插入】-【新建元件】菜单命令，在弹出的对话框中选择按钮选项，并在按钮编辑窗口中的不同状态帧中，插入或绘制不同的内容来新建按钮元件。

2. 帧动作设置

技术要点是需右键选择帧，在弹出的快捷菜单中选择【动作】命令，并且在弹出的动作面板中输入 Actions 动作脚本。

3. 按钮动作设置

技术要点是选择按钮所在的帧，在场景中用鼠标右击该帧，在弹出的快捷菜单中选择【动作】命令，并且在弹出的动作面板中输入 Actions 动作脚本。

4.8 案例 7 圣诞节贺卡制作

在动画制作中，往往需要多种动画效果结合使用，才能更加生动的表现动画内容，本节在上述几个实例的基础上，综合几种动画效果，实现“圣诞快乐”贺卡的动画制作。

圣诞快乐贺卡制作

图 4-69 “圣诞快乐贺卡“作品预览效果

打开光盘中的素材文件（位置：光盘\素材\第 4 章\案例\练习素材）。

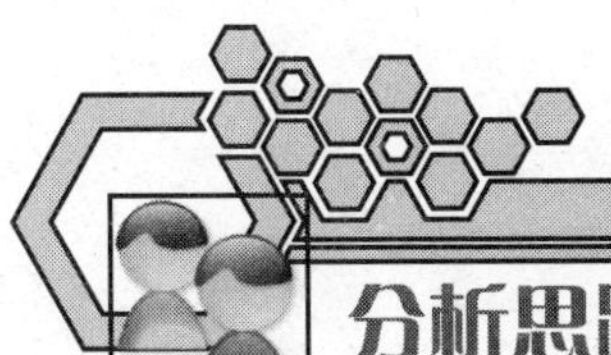

分析思路

在本实例中，将通过制作一个圣诞贺卡的实例，向大家介绍综合利用 Flash CS3 各种动画类型完成一个动画的一般制作过程。本实例的编辑过程，主要包括如下操作环节。

（1）新建文件。

（2）素材导入。

（3）贺卡背景设置。

（4）影片剪辑元件“星星运动”制作。

（5）背景遮罩动画制作。

（6）“圣诞老人”引导动画制作。

（7）贺卡横幅设置。

（8）图形元件“祝福语”制作。

（9）影片剪辑元件“圣诞快乐”制作。

（10）控制图层制作。

（11）控制按钮“Replay”制作。

（12）控制按钮“Replay”脚本设置。

（13）运行发布设置并发布影片。

操作实现

1. 新建文件

执行【文件】-【新建】菜单命令，在弹出的【新建文档】对话框中选择【Flash 文档(ActionScript 2.0)选项，进入【新建文档】舞台窗口。按【Ctrl】+【F3】组合键，弹出文档【属性】面板，单击【大小】选项后面的按钮 550 x 400 像素 ，在弹出的对话框中将舞台窗口的宽度设为“600 像素”，高度设置为“450 像素”，背景颜色设置为“白色（#FFFFFF）”。如图 4-70 所示。

2. 导入素材

（1）执行【文件】-【导入】-【导入到库】菜单命令，在弹出的【导入到库】对话框中选择“背景 1.jpg、背景 2.jpg、圣诞老人.gif、上横幅.jpg、下横幅.jpg、圣诞快乐.mp3”文件，单击【打开】按钮，素材文件被导入到【库】面板中，如图 4-71 所示。

（2）在【时间轴】面板中选中图层 1，将“图层 1”重新命名为“背景音乐”。从库中将“圣诞快乐.mp3”拖曳到场景中。选中“背景音乐”图层的第 475 帧，按【F5】键，在该帧上插入普通帧。

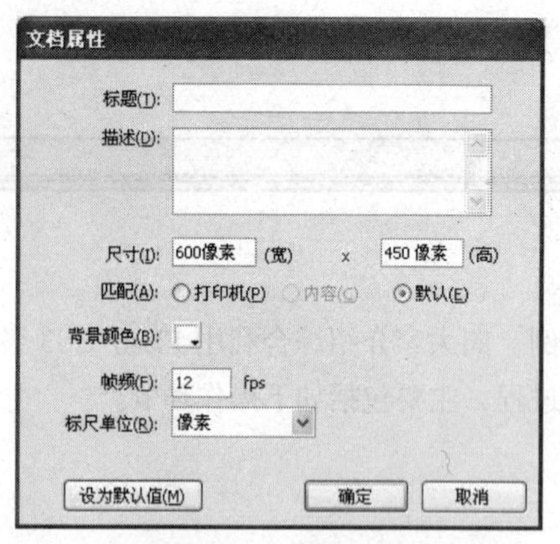

图 4-70　文档属性对话框

名称	类型
背景1.jpg	位图
背景2.jpg	位图
上横幅.jpg	位图
圣诞快乐.mp3	声音
圣诞老人.gif	位图
下横幅.jpg	位图

图 4-71　文件素材库

4-10: Flash CS3 支持的音频格式

Flash CS3 支持以下几种声音格式: WAV(仅限 Windows); AIFF(仅限 Macintosh); MP3（Windows 或 Macintosh）。

WAV 文件: Flash 支持标准的 PCM WAV 格式，其他格式的 WAV 文件格式必须经过转化为该标准模式才能被 Flash 所引入。转化的软件有 Sound Forge、Audacity 等，也可以用 Windows 自带的录音机来实现音乐格式的转化。

MP3 文件: Flash 能很好的支持对 MP3 音频格式的播放和控制，但并不是所有的 MP3 编码格式都支持。其他格式的 MP3 文件格式必须经过转化为该标准模式才能被 Flash 所引入。由于目前 MP3 文件格式各样，一般建议统一将其转化为标准的 PCM WAV 格式。

MIDI 文件: MIDI 文件格式也称为频率合成音频文件，目前网络上有相当数量的 MIDI 格式的音乐文件，但是 Flash 不支持这种格式，所以只能将其转换为 WAV 或者 MP3，才能被 Flash 所引入。转化软件有 Sound Forge，豪杰音频转换器，MID2WAV，以及其他音频转换软件等。

3. 贺卡背景设置

（1）单击【时间轴】面板下方的【插入图层】按钮，创建新图层并将其命名为“背景图 1”，选中该层的第 1 帧，将库中“背景 1.jpg”拖入到场景中，并在下方【属性】面板中将图片的 x 和 y 的坐标均设置为“0”，如图 4-72 所示。

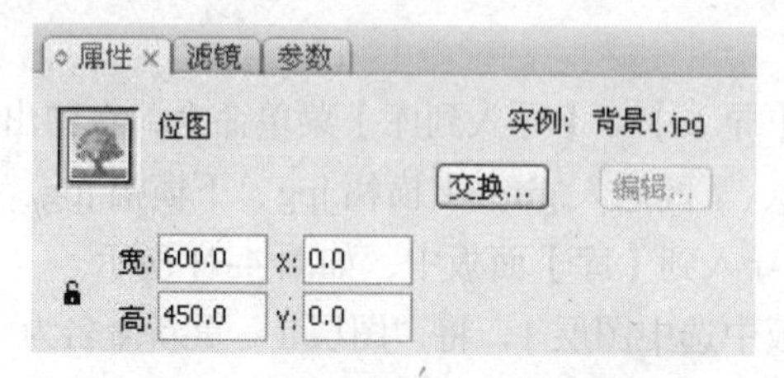

图 4-72　“背景图 1”坐标设置

提示

4-11：坐标属性设置

Flash 软件中属性面板上的坐标能起到对图像进行精确定位的作用，特别对于细致的动画制作极为有利，比如有关实验演示动画等。

（2）单击【时间轴】面板下方的【插入图层】按钮，创建新图层并将其命名为“背景图 2”，选中该层的第 1 帧，将库中“背景 2jpg”拖入到场景中，并在下方属性面板中将图片的 x 和 y 的坐标均设置为“0”。

4. 影片剪辑元件“星星运动”制作

（1）在【库】面板下方单击【新建元件】按钮，弹出【创建新元件】对话框，在【名称】选项的文本框中输入“星星运动”，勾选【影片剪辑】选项，单击【确定】按钮。新建影片元件“星星运动”，如图 4-73 所示，舞台窗口也随之转换为影片剪辑的舞台窗口。

（2）在【时间轴】面板中选择“图层 1”第 1 帧，然后选择【多边形工具】多角星形工具在舞台中绘制如下图 4-74 所示图形，具体设置参见本章案例 2 中的五角星的画法。

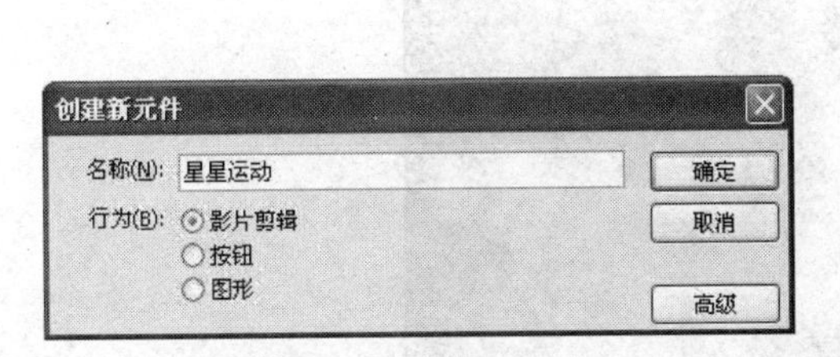

图 4-73　创建影片剪辑“星星运动”

图 4-74　绘制五角星群

（3）设置五角星动画。在图层 1 中分别选择第 50、100 帧，按【F6】创建两个关键帧。选中第 50 帧，将场景中的全部五角星向上移动一段距离。

（4）选择“图层 1”上 1 至 49 帧任意一帧，打开【属性】面板，在【补间】栏内选择“形状”选项。用同样方法将后两个关键帧（第 50 帧与第 100 帧）之间创建形状补间动画，设置后时间轴如图 4-75 所示。

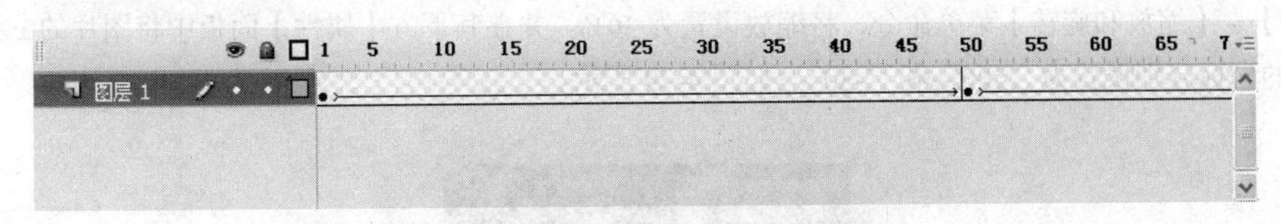

图 4-75　“星星运动”形状补间动画设置

（5）创建完毕，单击舞台左上方场景 1 场景 1 按钮，返回场景编辑界面。单击【时间轴】面板下方的【插入图层】按钮，创建新图层并将其命名为“遮罩层”，选中该层的第 1 帧，将库中的影片剪辑“星星运动”拖入到场景中，执行【修改】-【变形】-【缩放和旋转】菜单命令，将【缩放】设置为 70%。并在下方【属性】面板中将图片的 x 和 y 的坐标分别设置为“460”和“120”，设置如图 4-76 所示。

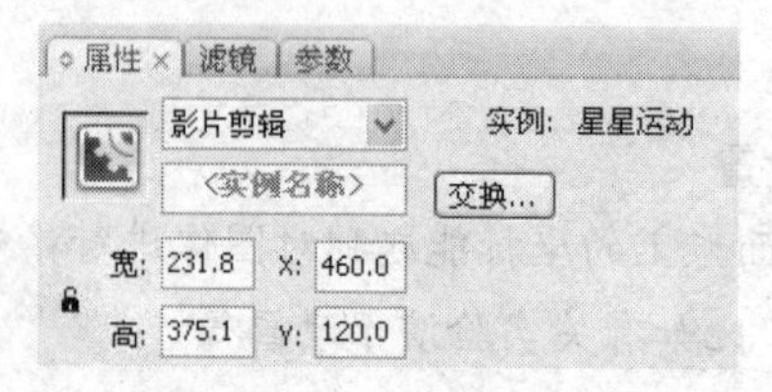

图 4-76　“星星运动”影片剪辑在场景中的坐标设置

5. 遮罩动画制作

右击【时间轴】面板上的“遮罩层”图层，在弹出的快捷菜单中选择【遮罩】，将该层设置为“背景 2”的遮罩层，如图 4-77 和图 4-78 所示。

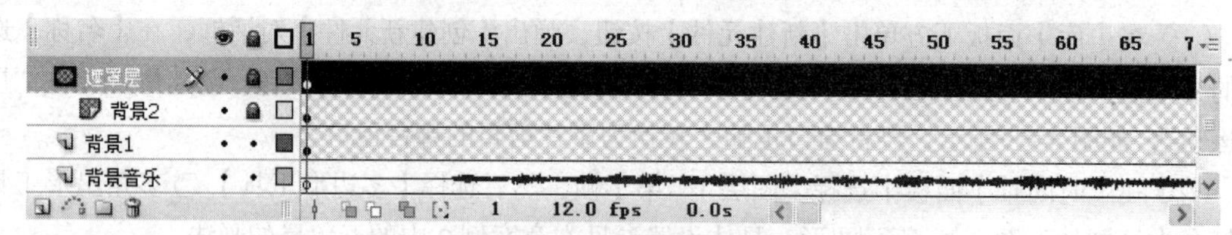

图 4-77　遮罩层的设置

图 4-78　遮罩效果

6. 圣诞老人引导动画制作

（1）单击【时间轴】面板下方的【插入图层】按钮 ，创建新图层并将其命名为“圣诞老人”，选中该层的第 20 帧，按【F7】键插入一个空白关键帧。将库中的图片“圣诞老人.gif”拖入到场景中，选中图片“圣诞老人.gif”，按下【F8】键将其转换为图形元件。执行【修改】-【变形】-【缩放和旋转】菜单命令，将缩放设置为 30%。并在其下方【属性】面板中将图片的 x 和 y 的坐标分别设置为“500”和“-30”。如图 4-79 所示。

图 4-79　缩放后的“圣诞老人”图片素材在场景中的位置效果图

（2）选择“圣诞老人”图层的第 69 帧，按【F6】插入 1 个关键帧，在场景中用鼠标选择“圣诞老人”图形元件并拖曳到场景之外的左下角如图 4-80 所示。

（3）选择图层“圣诞老人”的第 70 帧，在场景中选中元件“圣诞老人”，执行【修改】-【变形】-【水平翻转】菜单命令，将其水平翻转，如图 4-81 所示。

图 4-80　拖放至场景左侧后的“圣诞老人”图片素材

图 4-81　水平翻转后的“圣诞老人”图片效果图

（4）选择 “圣诞老人”图层的第 100 帧，在场景中选中“圣诞老人”图形元件，执行【修改】-【变形】-【缩放与旋转】菜单命令，将其【缩放】设置为“300%”，并在其下方【属性】面板中将图片的 x 和 y 的坐标分别设置为“300”和“140”，具体位置参考图示。如图 4-82 和图 4-83 所示。

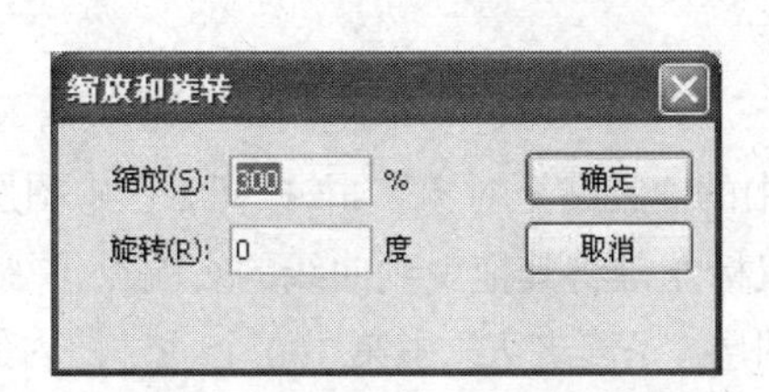

图 4-82　“圣诞老人”图片缩放设置

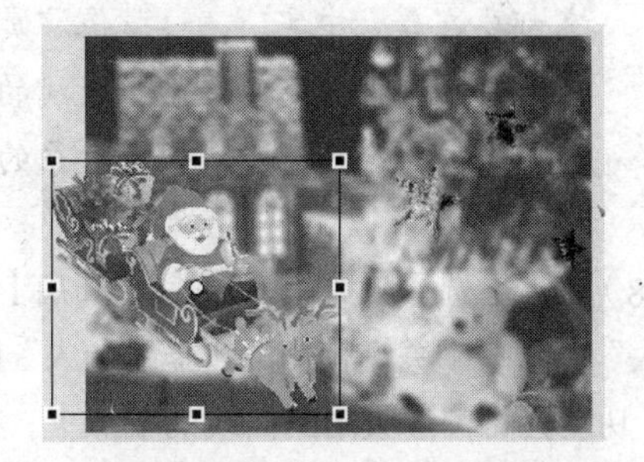

图 4-83　“圣诞老人”图片在场景中的位置效果图

（5）选择【时间轴】面板上的“圣诞老人”图层的第 20 帧，打开【属性】面板，在【补间】栏内选择“动画”选项，设置如图 4-84 所示。用同样的方法给第 69、70 帧设置补间动画，【补间】选项为“动画”。

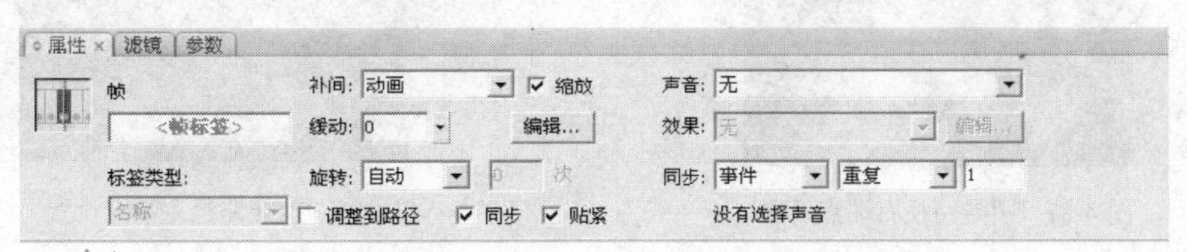

图 4-84　“圣诞老人”图元补间动画设置

（6）单击【时间轴】面板下方的【添加运动引导层】按钮，为“圣诞老人”图层添加一个运动引导层，如图 4-85 所示。

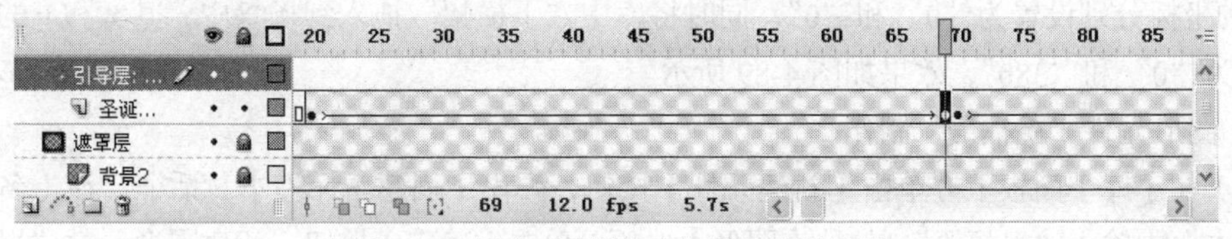

图 4-85　创建“圣诞老人”图层的引导层

（7）选择【时间轴】面板上的“引导”图层的第 20 帧，按【F7】键插入一个空白关键帧，选择【绘图工具栏】内的【铅笔工具】按钮，设置【选项】栏铅笔模式为“平滑”模式，在“引导层”对应的舞台上绘制一条圆滑弯曲的波浪线，该曲线将作为“圣诞老人”图形元件的运动轨迹，如图 4-86 所示。

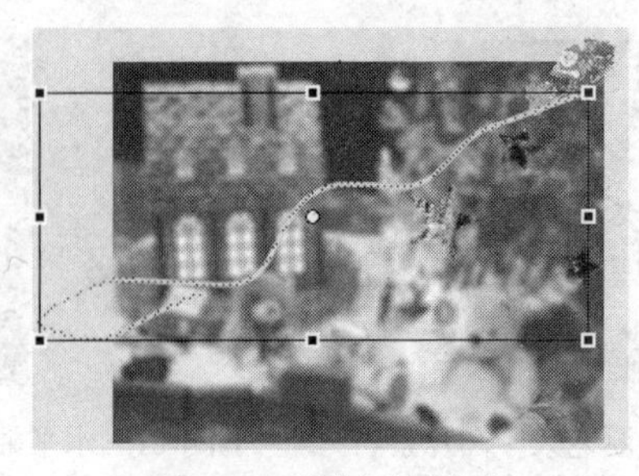

图 4-86　绘制引导路径

4-12：舞台与工作区

Flash 动画制作中，在设计动画时往往要利用工作区一些辅助性的工作，但主要内容都要在舞台中实现。这就像演员一样，在舞台之外可能要许多的准备工作，但是观众能看到的也就是在舞台上表演的演员了。在本实例中我们将路径绘制超出舞台，舞台之外的路径用于完成运动对象的转身动作。

（8）单击【选择工具】按钮，开启【选项】栏中的“紧贴至对象”按钮，选中图层“圣诞老人”中第一个关键帧内的“圣诞老人”图元，用鼠标左键将其拖曳到曲线的右端点，“紧贴至对象”功能会将图形吸附到曲线的端点上；然后选中图层“圣诞老人”中第 100 个关键帧内的“圣诞老人”图元，用同样的方法将其拖曳到曲线的左端点上，位置效果如图 4-87 和图 4-88 所示。

图 4-87　引导路径右端点设置

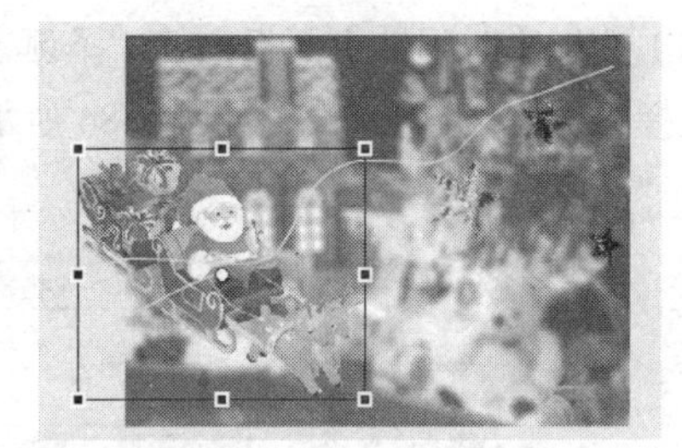

图 4-88　引导路径左端点设置

7. 贺卡横幅设置

单击【时间轴】面板下方的【插入图层】按钮，在引导层上方创建新图层并将其命名为“横幅”，选中该层的第 1 帧，将库中“上横幅”拖入到场景中，在下方【属性】面板中将图片的 x 和 y 的坐标分别设置为“0”和“0”，同时将库中“下横幅”拖入到场景中，其 x 和 y 的坐标分别设置为“0”和“380”，效果如图 4-89 所示。

8. 图形元件“祝福语”制作

（1）在【库】面板下方单击【新建元件】按钮，弹出【创建新元件】对话框，在【名称】选项的文本框中输入“祝福语”，勾选【图形】选项，单击【确定】按钮。新建图形元件“祝福语”，

如图 4-90 所示，舞台窗口也随之转换为图形元件的舞台窗口。

图 4-89　横幅效果图

图 4-90　创建图形元件“祝福语”

（2）在图形元件舞台中输入语句“圣诞树上的雪花，悄然无声的飘落，远处悠扬的钟声，开启着你我的心扉，让爱洒满人间。”在字体【属性】设置面板中将字体设置为黑体，加粗，颜色为黑色，字号为“28”，文字方向为“垂直，从右向左”。如图 4-91 和图 4-92 所示。

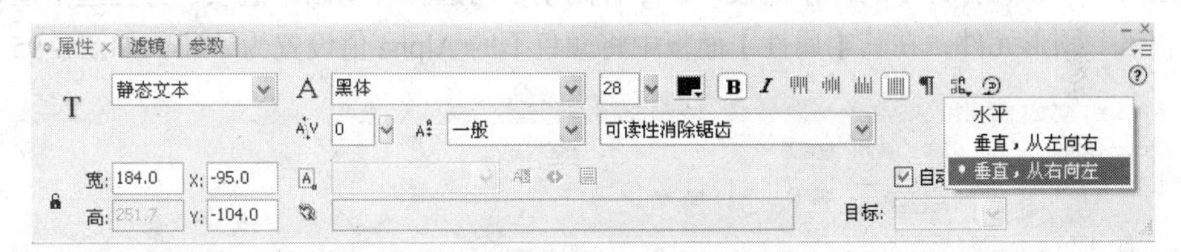

图 4-91　“祝福语”文本设置

（3）在图形元件舞台选中文字，按【Ctrl】+【C】组合键对文字进行复制，然后按【Ctrl】+【V】组合键在当前图形元件场景中粘贴文字，并将粘贴的文字的颜色设置为白色。用键盘上的上下左右按键移动文字，利用大小相同，颜色不同的两段文字，创建类似具有投影效果的文字，形成如图 4-93 效果。在场景中全选文字，按【Ctrl】+【B】组合键两次，将文字打散成图形，创建完毕，单击舞台左上方场景 1 场景 1 按钮，返回场景编辑界面。

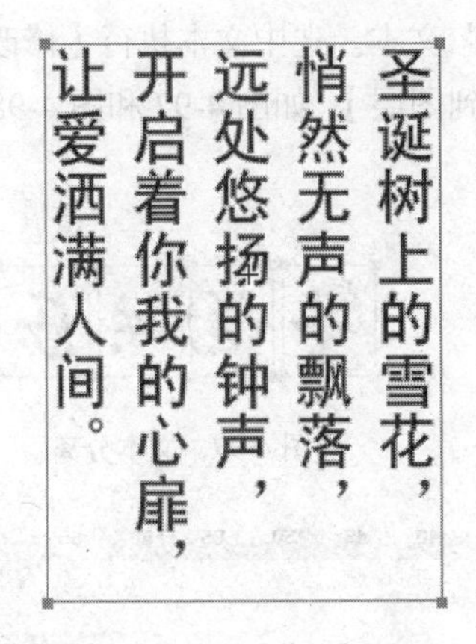

图 4-92　“祝福语”文本

图 4-93　设置带阴影效果的文字

（4）单击【时间轴】面板下方的【插入图层】按钮，在横幅图层上方创建新图层并将其命名为“祝福语”，选中该层的第 105 帧，按【F7】键插入一个空白关键帧，将库中“祝福语”

拖入到场景的中部，效果如图 4-94 所示。

图 4-94　场景中的“祝福语”效果

（5）选中【时间轴】面板中的“祝福语”图层中的第 160 帧，按【F6】键插入一个关键帧。单击该层第 105 帧，打开【属性】面板，在【补间】栏内选择“动画”选项，并且选中该场景中的“祝福语”图形元件，在其【属性】面板中将颜色下的 Alpha 值设置为“0”，如图 4-95 所示。

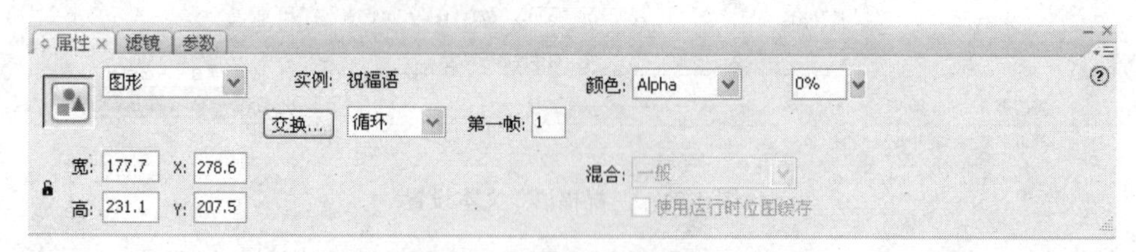

图 4-95　“祝福语”图形元件属性设置

9. 影片剪辑元件“圣诞快乐”制作

（1）在【库】面板下方单击【新建元件】按钮，弹出【创建新元件】对话框，在【名称】选项的文本框中输入“圣诞快乐”，勾选【影片剪辑】选项，单击【确定】按钮。新建影片元件“圣诞快乐”，如图 4-96 所示，舞台窗口也随之转换为电影剪辑的舞台窗口。

（2）在“圣诞快乐”电影剪辑场景中输入“圣诞快乐”文本。选中文本执行【修改】-【分离】将文本分离，再执行【修改】-【时间轴】-【分散到图层】。如图 4-97 和图 4-98 所示。

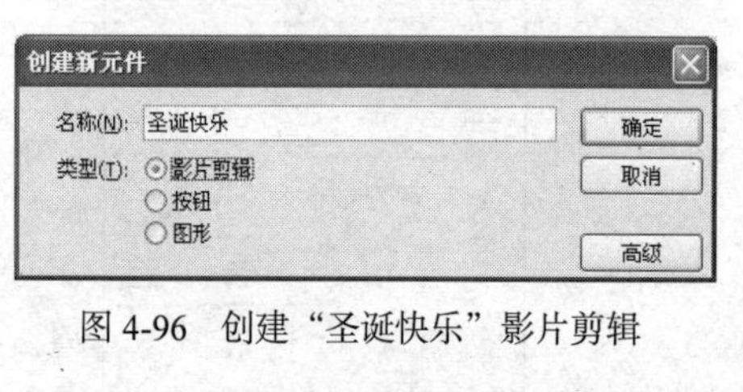

图 4-96　创建“圣诞快乐”影片剪辑

图 4-97　文本分离

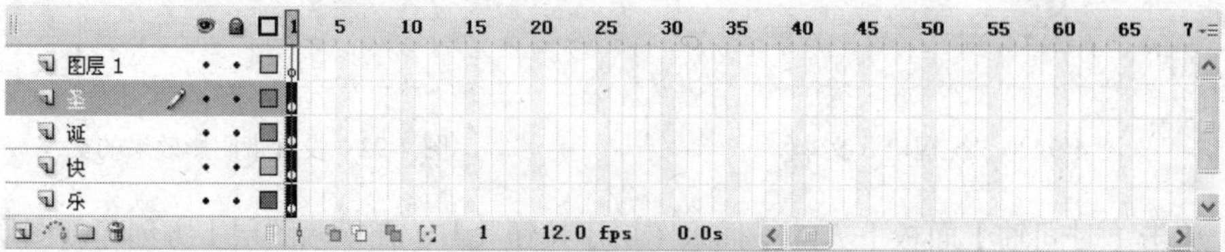

图 4-98　文本分离到层

（3）选中图层“图层 1”，单击时间轴面板下方的【删除图层】按钮，将“图层 1”删除。

（4）用鼠标选中图层“圣”的第一帧，执行【修改】-【分离】将文本分离。再次选中第一帧中被分离的文字，按【F8】键将被分离的文字转换成图形元件，并且命名为“圣”，如图 4-99 所示。

图 4-99　转换图形元件设置

（5）分别用鼠标选中图层“圣”的第 15、35、50 帧，按【F6】键插入 3 个关键帧。然后分别选中第 15、35、50，打开【属性】面板，在【补间】栏内选择“动画”选项。如图 4-100 所示。

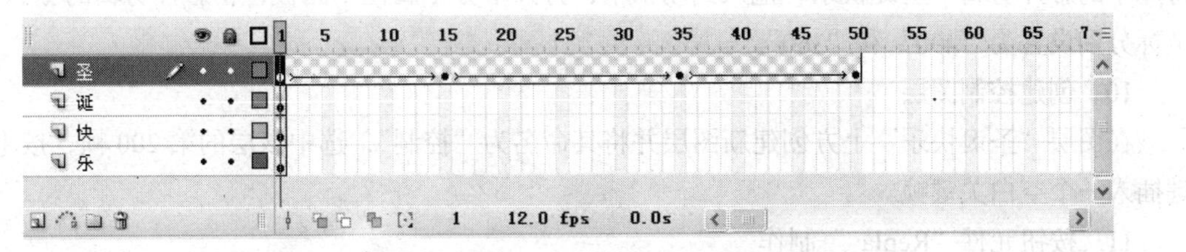

图 4-100　“圣”图元的动画补间时间轴效果图

（6）在时间轴面板中选中第 1 帧，在场景中选中“圣”图元，将其水平拖曳至右方一段距离，执行【修改】-【变形】-【缩放与旋转】，在【旋转】选项中设置“180”，如图 4-101 所示。同时在场景中选中图元“圣”，将其【颜色】属性的 Alpha 值设置为“0”。

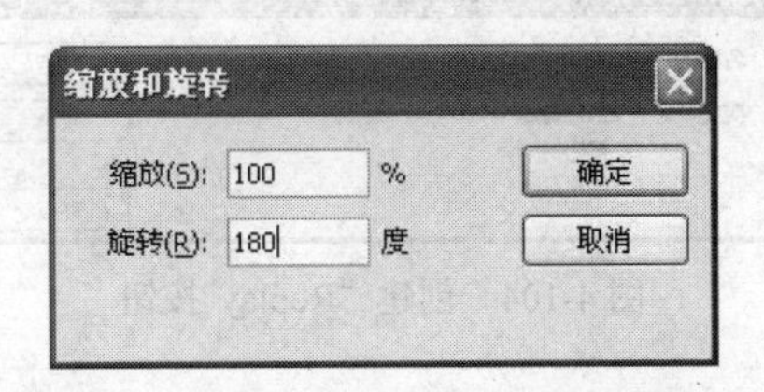

图 4-101　“圣”图元的旋转设置

（7）在时间轴面板中选中第 50 帧，在场景中选中“圣”图元，将其水平拖曳至左上方一段距离，执行【修改】-【变形】-【缩放与旋转】，在旋转选项中设置 180，并且在场景中选中图元“圣”，将其颜色属性的 Alpha 值设置为“0”。

（8）参照步骤 29 至步骤 32 操作方法将剩下的文字“诞”、“快”和“乐”转换成图元，并设置成动画，如图 4-102 所示。

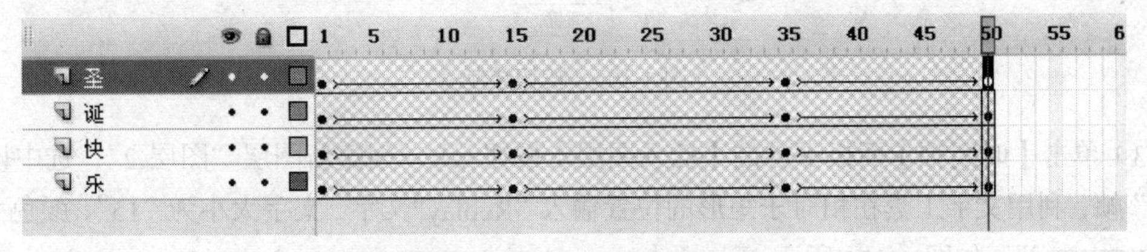

图 4-102　图元动画设置时间轴效果图

（9）在时间轴面板中选中“诞”图层，选中第 1 帧与第 50 帧内容，用鼠标将其向后移动 5 帧距离。用同样的方法选中图层“快”与“乐”图层的各自 1 到 50 帧内容，分别向右移动 10 帧和 15 帧距离。如图 4-103 所示。

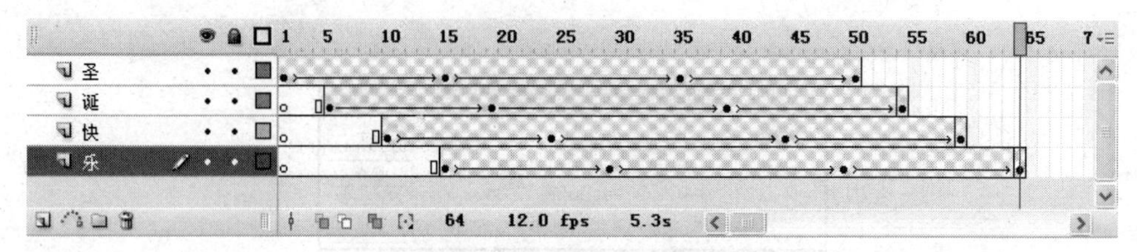

图 4-103　修改后的时间轴效果图

（10）创建完毕，单击舞台左上方场景 1 场景 1 按钮，返回场景编辑界面。单击【时间轴】面板下方的【插入图层】按钮，创建新图层并将其命名为“圣诞快乐”，选中该层的第 170 帧，将库中的影片剪辑“圣诞快乐”拖入到场景中，打开下方【属性】面板，将影片剪辑的 x 和 y 的坐标分别设置为“490”和“360”。

10. 创建控制图层

在图层“圣诞快乐”上方创建新图层并将其命名为“控制”，选中该层的第 200 帧，按【F7】键插入一个空白关键帧。

11. 按钮元件“Replay”制作

（1）执行【插入】-【新建元件】，在弹出【创建新元件】对话框，在【名称】选项的文本框中输入“Replay”，勾选【按钮】选项，单击【确定】按钮。新建按钮元件“Replay”，如图 4-104 所示，舞台窗口也随之转换为按钮元件的舞台窗口。

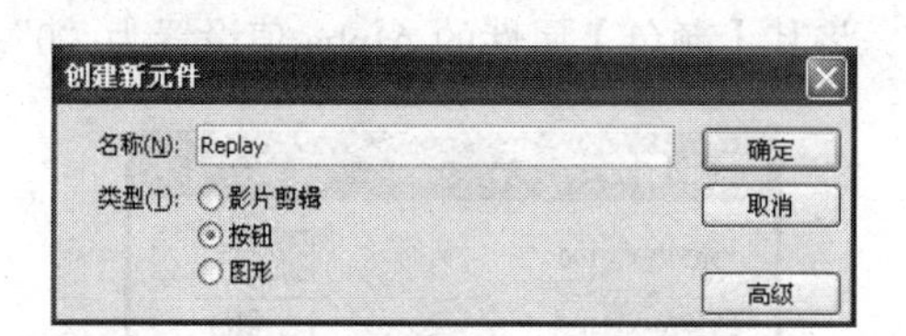

图 4-104　创建“Replay”按钮

（2）选中按钮编辑时间轴面板中“图层 1”的“弹起”帧，然后选择【多边形工具】矩形工具按钮，在【属性】面板中设置笔触颜色为“黄色（#FFFF00）”，填充颜色为“红色（#FF0000）”，其他选项使用默认，参数设置如图 4-105 所示。

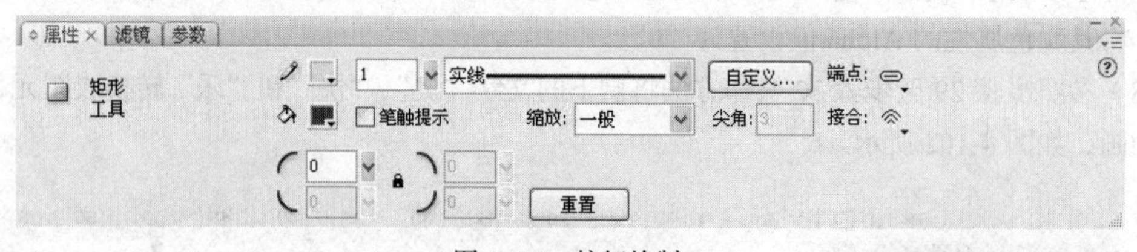

图 4-105　按钮绘制

（3）单击【时间轴】面板下方的【插入图层】按钮，创建新图层“图层 2”，选中该层的“弹起”帧，利用文字工具在相对于矩形的位置输入“Replay”文字，文字大小为“15”，颜色为“白色（#FFFFFF）”。如图 4-106 所示。

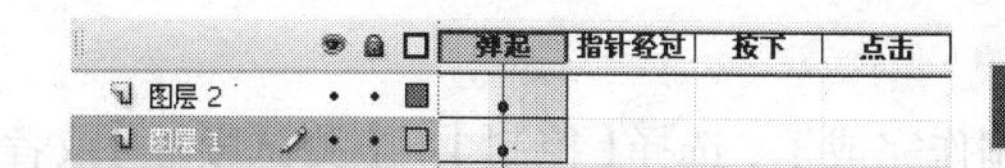

图 4-106　按钮制作

4-13：Flash CS3 按钮元件

Flash CS3 按钮元件是实现交互的重要组成部分，可通过对按钮四种状态进行不同的脚本设置，应用鼠标的动作，将响应的事件结果传递给互动程序进行处理，达到控制动画的目的。

按钮元件由“弹起”、“鼠标经过”、“按下”和 “点击”四个关键帧组成。

弹起：该帧中的图形是按钮在普通状态下显示的内容。

鼠标经过：该帧中的图形是鼠标滑过按钮时显示的内容。

按下：该帧中的图形是按钮在鼠标点击按钮时显示的内容。

点击：该帧中的图形是规定鼠标的响应区域，其内容不会在输出的影片中显示。

12．按钮脚本设置

创建完毕，单击舞台左上方场景 1 场景 1 按钮，返回场景编辑界面。选中“控制图层的第 200 帧，将按钮拖放到如图 4-107 位置。在场景中用鼠标右击“Replay”，在弹出的菜单中选中【动作】命令，设置按钮的 Actions 为：

```
on (press) {
   stopAllSounds();
   gotoAndPlay(1);
}
```

图 4-107　按钮位置效果图

如图 4-108 所示。

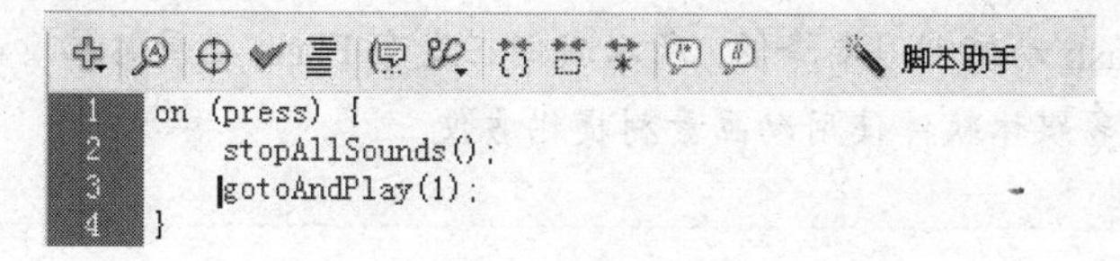

图 4-108　按钮“Replay”动作设置

13. 作品测试

至此，“圣诞快乐贺卡”动画制作完成了，选择【控制】-【测试影片】或者按【Ctrl】+【Enter】组合键进行影片测试。

14. 作品保存与发布

（1）测试无误后执行【文件】-【保存】菜单命令保存文件，文件名为“圣诞贺卡”。

（2）执行【文件】-【发布设置】菜单命令，开启【发布设置】对话框，去除掉【HTML 文件】的勾选，只发布 SWF 文件，当需要发布其他的文件时，将对应的文件勾选即可，如下图 4-109 所示。

（3）在【发布设置】面板中单击“Flash 标签”，进入 Flash 的【发布设置】窗口中，在【版本】下拉菜单中，将【版本】修改为 Flash Player 5，然后单击“发布”按钮发布影片，如图 4-110 所示。

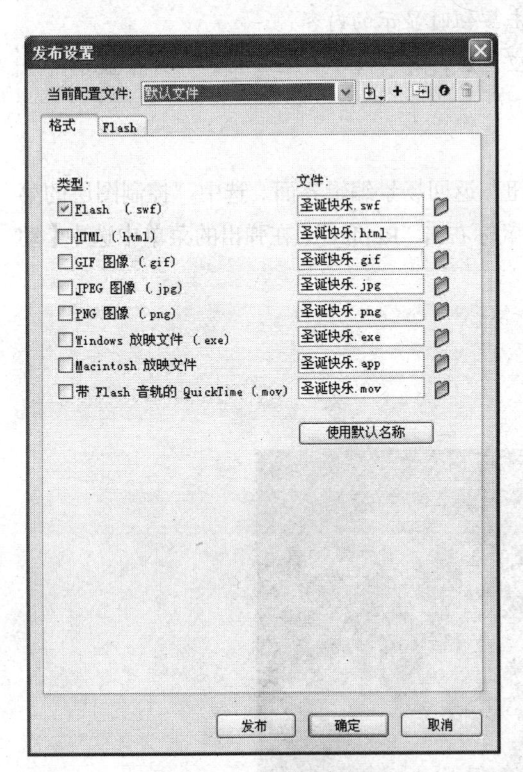

图 4-109　发布设置

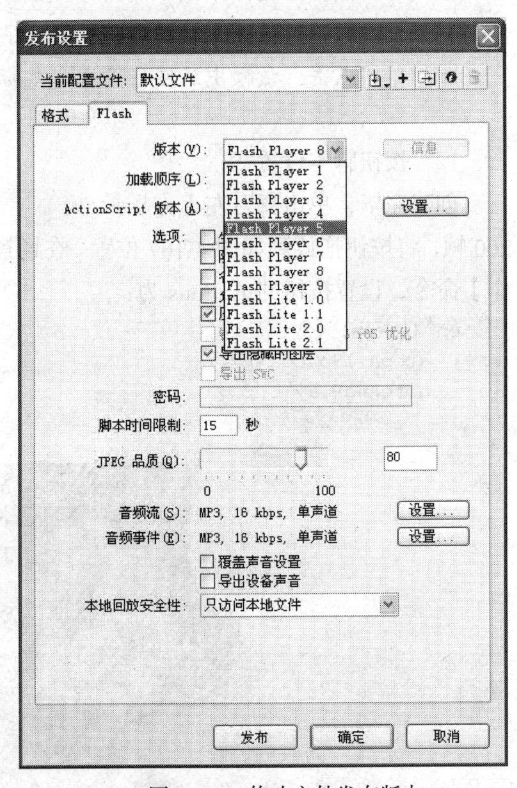

图 4-110　修改文件发布版本

4-14：Flash 发布版本设置

Flash CS3 发布版本有很多种，由于用户使用其他软件的不同，其自带的播放器有很大的不同。对于自带低于 Flash CS3 发布的版本，则会引起 Flash 动画无法播放的情况，致使 Flash 动画利用率降低。所以我们在发布 Flash 动画时尽量选择合适的动画版本，为其他多媒体软件使用动画素材提供方便。

技术要点

1. 影片剪辑元件

本实例中我们通过执行【插入】-【新建元件】菜单命令，在弹出的【创建新元件】对话框中勾选【影片剪辑】选项来创建“圣诞快乐”影片剪辑元件。其中注意的是在设计文字运动时，必须执行【修改】—【分离】菜单命令将文本最终分离为图形。

2. 引导动画

技术要点是根据动画设计的需要，通过执行【修改】—【变形】—【水平翻转】菜单命令将“圣诞老人”图片在场景之外完成“转身”。在描绘路径的时候需将路径绘画到场景外，以便将“圣诞老人”在场景外完成动作，从而不影响整个动画的表现效果。

3. 声音

Flash CS3 软件支持的声音文件格式是标准的 MP3 格式和 WAV 格式，对于 Flash CS3 软件不支持的声音文件格式必须通过第三方声音编辑软件进行转化后使用。

4. 按钮控制

技术要点是选择按钮所在的帧，并且在场景中用鼠标右击该按钮，在弹出的快捷菜单中选择【动作】命令，最后在动作面板对话框中设置 Actions 动作脚本。

阅读材料

电脑动画文件格式

电脑动画现在应用的比较广泛，由于应用领域不同，其动画文件也存在着不同类型的存储格式。如 3D 是 DOS 系统平台下 3D Studio 的文件格式；U3D 是 Ulead COOL 3D 文件格式；GIF 和 SWF 则是我们最常用到的动画文件格式。下面我们来看看目前应用最广泛的几种动画格式。常见的图形图像格式有如下几种。

（1）GIF 动画格式：大家都知道，GIF 图像由于采用了无损数据压缩方法中压缩率较高的 LZW 算法，文件尺寸较小，因此被广泛采用。GIF 动画格式可以同时存储若干幅静止图像并进而形成连续的动画，目前 Internet 上大量采用的彩色动画文件多为这种格式的 GIF 文件。很多图像浏览器如 ACD See 等都可以直接观看此类动画文件。

（2）FLIC FLI/FLC 格式：FLIC 是 Autodesk 公司在其出品的 Autodesk Animator/Animator Pro/3D Studio 等 2D/3D 动画制作软件中采用的彩色动画文件格式，FLIC 是 FLC 和 FLI 的统称，其中，FLI 是最初的基于 320 像素×200 像素的动画文件格式，而 FLC 则是 FLI 的扩展格式，采用了更高效的数据压缩技术，其分辨率也不再局限于 320 像素×200 像素。FLIC 文件采用行程编码（RLE）

算法和 Delta 算法进行无损数据压缩，首先压缩并保存整个动画序列中的第一幅图像，然后逐帧计算前后两幅相邻图像的差异或改变部分，并对这部分数据进行 RLE 压缩，由于动画序列中前后相邻图像的差别通常不大，因此可以得到相当高的数据压缩率。它被广泛用于动画图形中的动画序列、计算机辅助设计和计算机游戏应用程序。

（3）SWF 格式：SWF 是 Macro media 公司（现已被 Adobe 公司收购）的产品 Flash 的矢量动画格式，它采用曲线方程描述其内容，不是由点阵组成内容，因此这种格式的动画在缩放时不会失真，非常适合描述由几何图形组成的动画，如教学演示等。由于这种格式的动画可以与 HTML 文件充分结合，并能添加 MP3 音乐，因此被广泛地应用于网页上，成为一种“准”流式媒体文件。

（4）AVI 格式：AVI 是对视频、音频文件采用的一种有损压缩方式，该方式的压缩率较高，并可将音频和视频混合到一起，因此尽管画面质量不是太好，但其应用范围仍然非常广泛。AVI 文件目前主要应用在多媒体光盘上，用来保存电影、电视等各种影像信息，有时也出现在 Internet 上，供用户下载、欣赏新影片的精彩片段。

（5）MOV、QT 格式：MOV、QT 都是 QuickTime 的文件格式。该格式支持 256 位色彩，支持 RLE、JPEG 等领先的集成压缩技术，提供了 150 多种视频效果和 200 多种 MIDI 兼容音响和设备的声音效果，能够通过 Internet 提供实时的数字化信息流、工作流与文件回放，国际标准化组织（ISO）最近选择 QuickTime 文件格式作为开发 MPEG4 规范的统一数字媒体存储格式。

本章习题

一、理论架构

1. 简述动画形成原理？
2. 在 Flash CS3 中元件类型有哪些？它们在动画制作中有什么作用？
3. 在 Flash CS3 中基本动画的类型有哪些？其各自的特点是什么？
4. 简述 Flash 动画在多媒体技术应用中的特点？

二、实战练习

（一）基础篇

1. 动态文本

设计要求：运用逐帧动画的制作方法。

表现效果：每个文字按照一定的时间间隔逐个显示，从而表现出动态文本的效果。

相关技术：插入关键帧；打散；测试文本。

2. 漂浮的气球

设计要求：运用引导动画的制作方法。

表现效果：气球从地面按照规定的路径往上漂浮。

相关技术：图形元件；添加引导层。

3. 校园图片浏览

设计要求：运用遮罩动画的制作方法。

表现效果：单击浏览按钮开始播放图片。

相关技术：图片素材导入；按钮元件；遮罩层设置。

（二）提高篇

中秋贺卡的设计与制作

设计要求：选用合适的动画制作方法来制作一张中秋贺卡。

表现效果：点击浏览按钮开始播放贺卡动画，逐个显示表现贺卡内容。

相关技术：画面设计；动画脚本；图片素材导入；按钮元件；声音；各种动画制作方法。

第5章 视频素材的采集与制作

【学习导航】

本章主要介绍视频素材采集与制作的相关知识和技术。通过学习学生可以了解视频素材处理的相关基础知识；掌握常用视频播放软件的使用方法；掌握视频素材的获取方法；掌握视频编辑的基本方法与技术。本章主要内容及其在多媒体制作技术中的位置如图 5-1 所示。

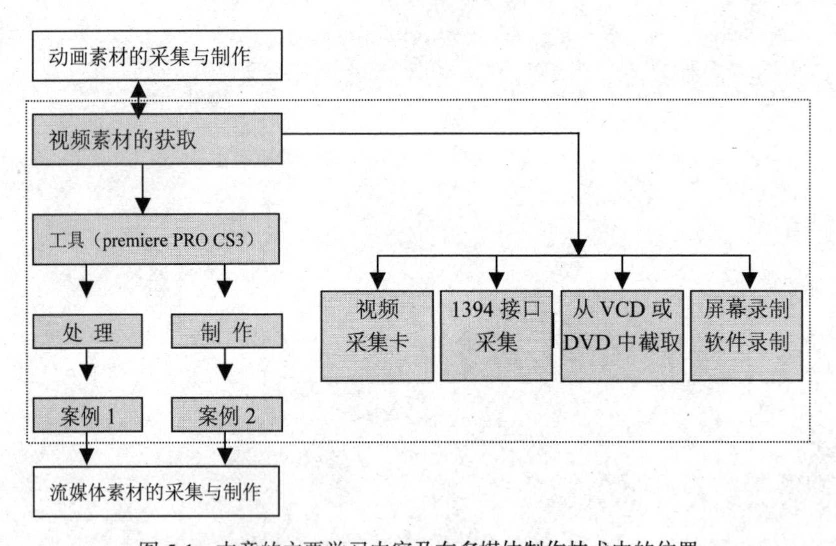

图 5-1 本章的主要学习内容及在多媒体制作技术中的位置

数字化的视频是多媒体素材中表现力最强的媒体素材，因为它本身就是由文本、声音、图形、图像、动画中的一种或多种组合而成的。视频的主要特征是声音与动态影像画面保持同步，具有很强的直观性和形象性。采集和制作好的视频素材对于制作高质量多媒体技术作品有着非常重要的意义。

5.1 知识准备

5.1.1 视频基础

1. 视频制式

电视信号的标准也称为电视的制式。目前各国电视主要有 3 种制式，即 NTSC、PAL 和 SECAM 制式，如图 5-2 所示。这些制式分别定义了视频信号不同的分辨率、带宽、帧频等标准。

NTSC	PAL	SECAM
• 垂直分辨率525（480可视）	• 垂直分辨率625（576可视）	• 垂直分辨率625（576可视）
• 帧率29.97	• 帧率25	• 帧率25
• 美国、加拿大、日本、韩国等地应用	• 中国、德国、英国等地应用	• 法国、东欧等地应用

图 5-2　电视主要制式

NTSC 是 National Television Standards Committee 的缩写，意思是“（美国）国家电视标准委员会”，称为正交平衡调幅制。采用这种制式的主要国家有美国、加拿大、日本和韩国等。

PAL 制又称为帕尔制，是 Phase Alternating Line（逐行倒相）的缩写，称为逐行倒相正交平衡调幅制。采用这种制式的国家有中国、德国、英国和其他一些西北欧国家。

SECAM 制式，又称塞康制，SECAM 是法文 Sequentiel Couleur A Memoire 的缩写，意为“按顺序传送彩色与存储”。采用这种制式的有法国和东欧的一些国家。

2. 视频信号接口

常见的视频信号有 RF（Radio Frequency）射频信号、复合视频（Composite Video）信号，S-视频（S-video）信号，分量视频（Component Video）信号、VGA 端口 RGB 信号、DVI（Digital Visual Interface）信号以及 HDMI（High Definition Multimedia Interface）信号，如图 5-3 所示。其接口和线材如图 5-4 所示。

3. 视频文件的格式

常见视频文件可以分为本地影像视频和网络影像视频。本地影像视频主要是指适合本地播放的本地影像视频，网络影像视频是指适合在网络中播放的网络流媒体。这两类视频各有特色，前者的播放稳定性和播放画面质量上更胜一筹，但后者的易传播性使其发展极为迅速，也越来越多地应用于视频点播、网络演示、远程教育、网络视频广告等互联网信息服务领域。

本地影像视频格式主要包括 Microsoft AVI、DV AVI、MPEG-1、MPEG-2（MPEG/MPE/MPG/M2V）、MOV 等。网络影像视频格式主要包括 ASF、WMV、RM、RMVB、MOV、FLV 等。

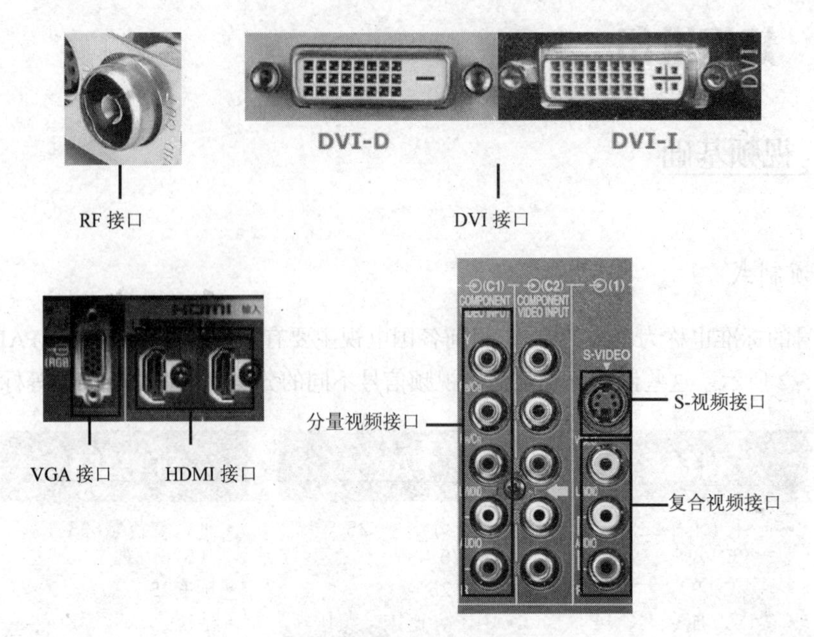

图 5-3　视频信号的各种接口

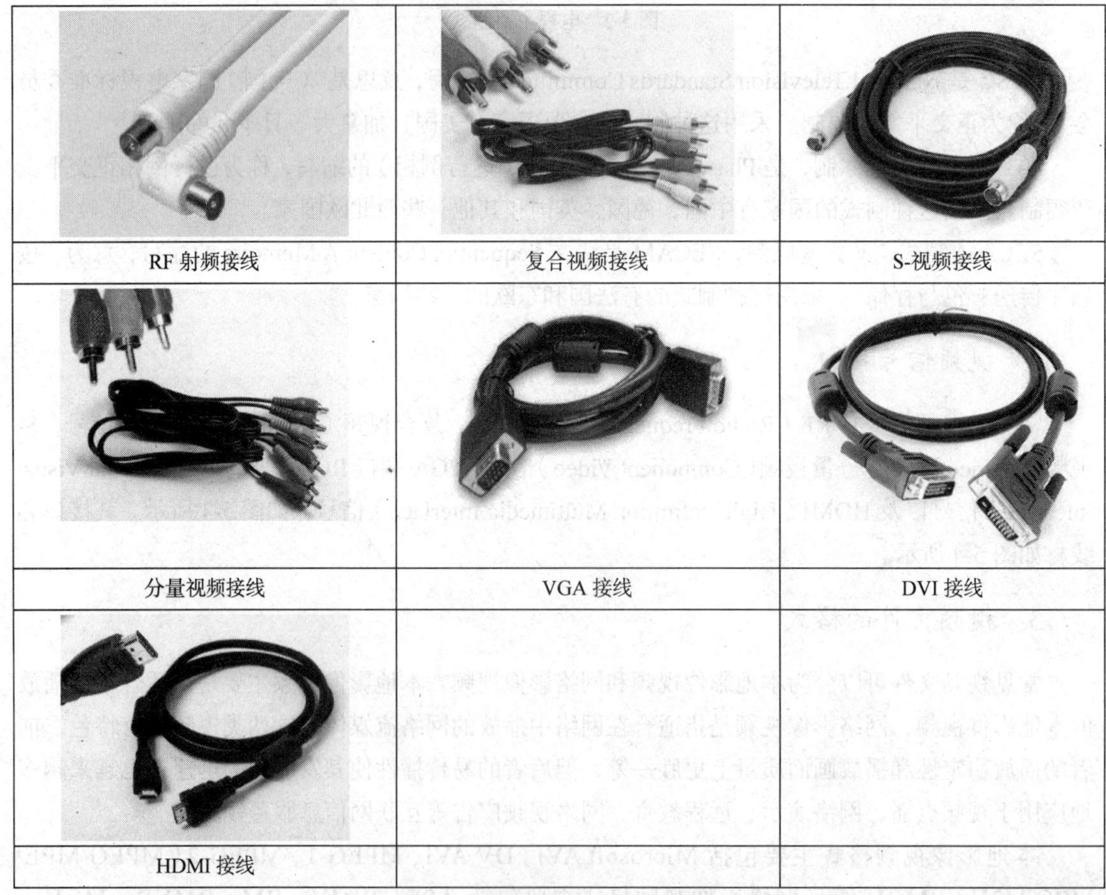

RF 射频接线	复合视频接线	S-视频接线
分量视频接线	VGA 接线	DVI 接线
HDMI 接线		

图 5-4　视频信号各种接口的接线

5.1.2　视频素材的获取

视频文件的采集方法可分为以下几种类型：

- 利用视频采集卡采集模拟视频信号；
- 利用数码摄像机拍摄后通过 1394 接口采集；
- 从 VCD 或 DVD 中截取视频；
- 通过屏幕录制软件录制视频；
- 通过动画制作软件输出视频。

5.1.3　视频素材的编辑

视频编辑主要是指视频的采集、转换、剪辑、镜头特效、字幕添加、声音合成、节目输出等操作。用于视频编辑的软件很多，家用级处理软件有 Windows XP 自带的 Movie Maker、友立公司的 Ulead Video Studio（会声会影）、Pinnacle Studio 等。专业级、广播级的软件主要有友立公司的 Ulead MediaStudio Pro、Adobe 公司的 Premiere Pro CS3、Sony Vegas、Canopus EDIUS（康能普视）、Pinnacle Liquid Edition、Avid Xpress 等。家用级视频编辑软件使用简单，价格低廉，但功能相对较少，而专业级、广播级的视频编辑软件更加专业，提供了丰富的功能和专业的工具，以满足各种复杂场景的需求。

5.1.4　Premiere Pro CS3 简介

Premiere Pro CS3 是一款优秀的非线性视频编辑软件，作为主流的视频编辑工具之一，有着非常庞大的用户群体。它能够极大地提升用户的创造力，为高质量的视频处理提供完整的解决方案，因此受到了广大视频编辑人员和视频爱好者的一致好评。Premiere Pro CS3 以其全新的合理化界面和通用高端工具，兼顾了广大视频用户的不同需求，提供了前所未有的生产能力、控制能力和灵活性。Premiere 软件目前已被广泛应用于电影、电视、多媒体、网络视频、动画设计以及家庭 DV 创作等领域的后期制作中。

Premiere Pro CS3 作为高效的视频创作全程解决方案，目前包括 Encore CS3 和 OnLocation CS3 软件（仅用于 Windows 平台）。从开始捕捉到输出，使用 OnLocation 都能大大节省时间。通过与 After Effects CS3 Professional 和 Photoshop CS3 软件的集成，可大大扩展创意选择空间。同时还可以将内容传输到 DVD、蓝光光盘、Web 及移动设备。

到 Adobe Premiere Pro CS3 这一版本为止，Premiere 名称发生过一系列的变化。从早期的 Premiere 4.0、Premiere 5.0、Premiere 6.0、Premiere 6.5，到 2003 年 7 月推出全新的 Premiere Pro，2004 年 6 月推出 Premiere Pro 1.5 以及 2006 年 1 月推出 Premiere Pro 2.0，伴随着每一个版本的升级和名称的改变，其功能变得越来越强大。而这次则与以前更加不一样，名称变成了 Premiere Pro CS3，表明 Adobe 已经将其纳入 Creative Suit 3（简称 CS3）体系当中，并把它作为 Adobe Creative Suite 3 的重要组成部分。与 Premiere Pro 2.0 相比，Premiere Pro CS3 对计算机硬件的要求更高。另外，Premiere Pro CS3 不仅可以安装在 Window XP 上，而且还可以在微软的最新操作系统

Windows Vista 上应用自如。

1. Premiere Pro CS3 的功能和特点

Premiere Pro CS3 提供了很多新的功能，具体如下。

- 通过 OnLocation CS3 可以直接把视频从摄像机录制到笔记本电脑或者工作站中，从而省去从磁带等记录媒体采集到计算机的过程，同时可以在拍摄的过程中对记录的素材进行专业的监视和监听，避免可能出现的各种问题。如图 5-5 所示。

图 5-5 使用 OnLocation 采集视频

- 结合 Encore CS3 可以创作专业水准的蓝光光盘、DVD 和 Flash 作品。可以将时间线上的内容输出到 Encore 中，并保持原有的章节标记。还可以将 Encore 项目输出为 Flash，以便于在网络上发布数字内容，同时还能通过 Flash Player 保持 DVD 风格的交互。
- 智能文件搜索功能可以更方便地查找创作所需要的素材，一旦输入要查找的内容，相关的结果将立即出现在列表中。
- 增强的视频输出功能使得视频可以在各种最新的平台上传输和浏览，比如可以针对手机或者移动播放器进行编码。
- 用于创建高质量的慢动作和快动作的工具 Time Remapping，使对素材的加速和减速以及恢复正常动作变得更高效，如图 5-6 所示。

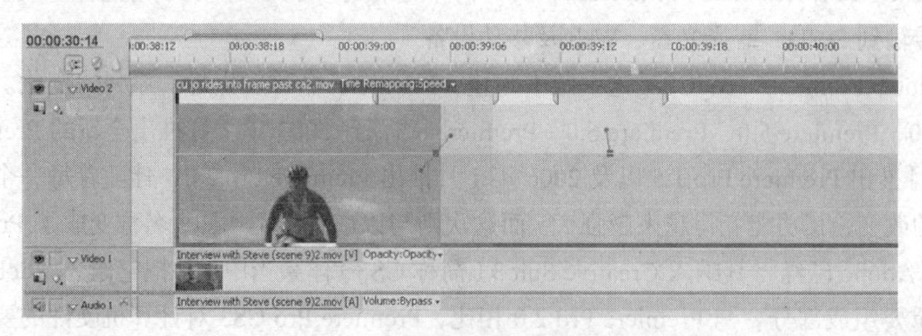

图 5-6 新的 Time Remapping 工具

2. Premiere Pro CS3 的系统需求

要在 Windows 系统中顺利地运行 Premiere Pro CS3，请参考以下软硬件配置。

- Intel Pentium 4（DV 需要 2GHz 处理器；HDV 需要 3.4GHz 处理器）、Intel Centrino、Intel Xeon（HD 需要 2.8GHz 双核处理器）或 Intel Core™ Duo（或兼容）处理器；AMD 系统需要支持 SSE2 的处理器。
- Microsoft Windows XP（Service Pack 2）或 Windows Vista（32 位版本）。
- DV 制作需要 1GB 内存；HDV 和 HD 制作需要 2GB 内存。
- 安装时需要 10GB 可用硬盘空间（在安装过程中需要额外的可用空间）。
- DV 和 HDV 编辑需要专用的 7200 RPM 硬盘；HD 需要条带化的磁盘阵列存储空间（RAID 0）；SCSI 磁盘子系统则更好。
- 1280×1024 显示器分辨率，32 位视频卡；建议使用支持 GPU 加速回放的图形卡。
- Microsoft DirectX 或 ASIO 兼容声卡。
- 对于 SD/HD 工作流程，需要经 Adobe 认证的卡来捕捉并导出到磁带。
- DVD-ROM 驱动器。
- 制作蓝光光盘需要蓝光刻录机。
- 制作 DVD 需要 DVD+/−R 刻录机。
- 如果 DV 和 HDV 要捕捉、导出到磁带，并传输到 DV 设备上，则需要 OHCI 兼容的 IEEE 1394 端口。

3. Premiere Pro CS3 的工作区

Premiere Pro CS3 内置了【效果】、【编辑】、【色彩校正】、【音频】四种工作区布局（如图 5-7 所示），以适合各种不同的编辑需要。要改变当前的工作区布局，可以单击【窗口】-【工作区】菜单，选择需要的工作区即可。

效果	Alt+Shift+1
✔ 编辑	Alt+Shift+2
色彩校正	Alt+Shift+3
音频	Alt+Shift+4
新建工作区...	
删除工作区(D)...	
复位当前工作区...	

图 5-7　内置的工作区域

Premiere Pro CS3 的视频编辑工作区界面中主要的元素如图 5-8 所示。

（1）【项目】面板。所有的项目素材都在这里集中进行管理。这些素材包括视频剪辑、音频文件、图形图像文件、序列文件等。为了便于大量素材的管理，可以使用文件夹来对素材进行分类，而这就像使用 Windows 资源管理器一样方便。同时还可以利用【查找】功能随时查找所需要的素材。项目面板如图 5-9 所示。

（2）【监视器】面板。素材源监视窗口用来观看和裁剪原始素材。节目监视器窗口用来观看时间线上正在编辑的项目。监视器面板如图 5-10 所示。

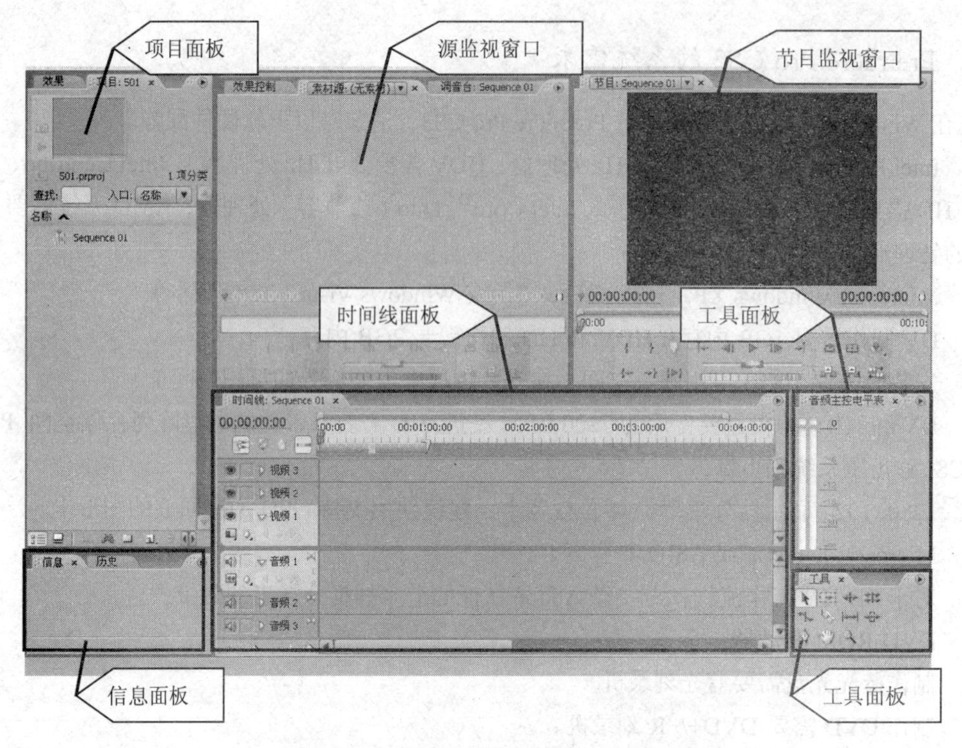

图 5-8　编辑工作区界面构成元素

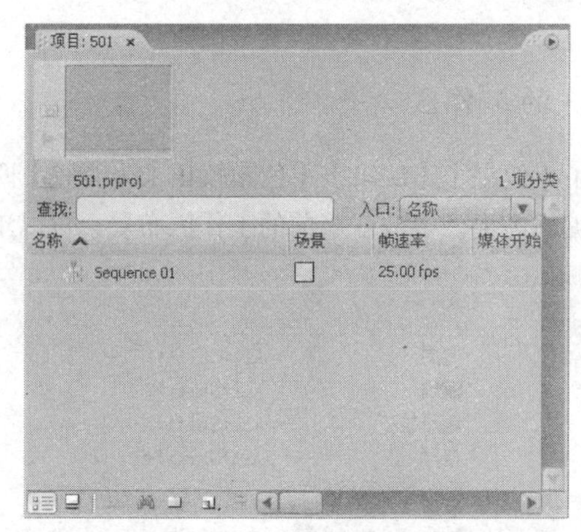

图 5-9　项目面板

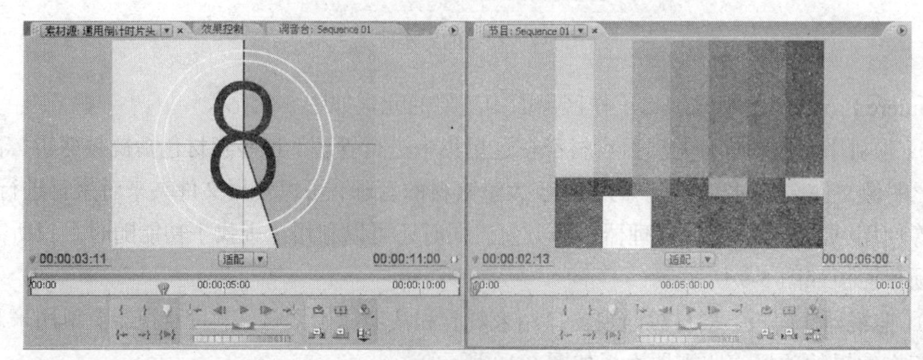

图 5-10　监视器面板

（3）【时间线】面板。时间线是用来装配素材和编辑节目的最主要的场所。根据设计的需要，使用各种工具将素材片段按照时间的先后顺序在时间线上从左到右进行有序的排列。时间线面板如图 5-11 所示。

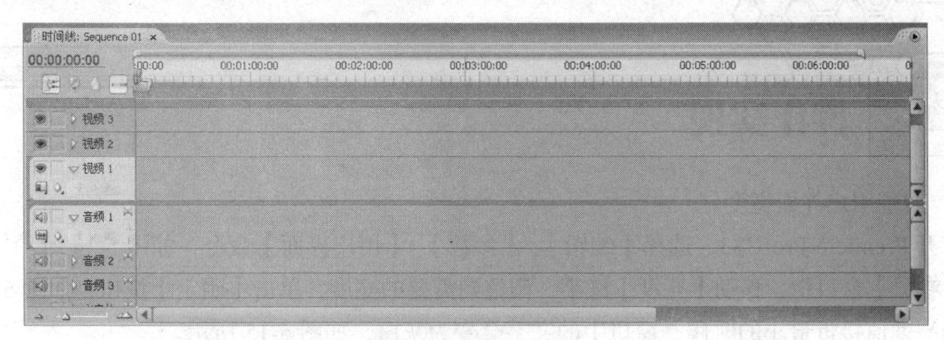

图 5-11　时间线面板

（4）【工具】面板。工具面板用于显示各种在时间线面板中编辑需要的工具。在选中一个工具之后，光标将会变成此工具的外形。工具面板如图 5-12 所示。

（5）【信息】面板。当选择不同面板中的元素以后，相关信息就会显示在信息面板中。具体显示的内容完全取决于媒体的类型和当前光标所在面板等。这些信息可以为编辑工作提供参考。信息面板如图 5-13 所示。

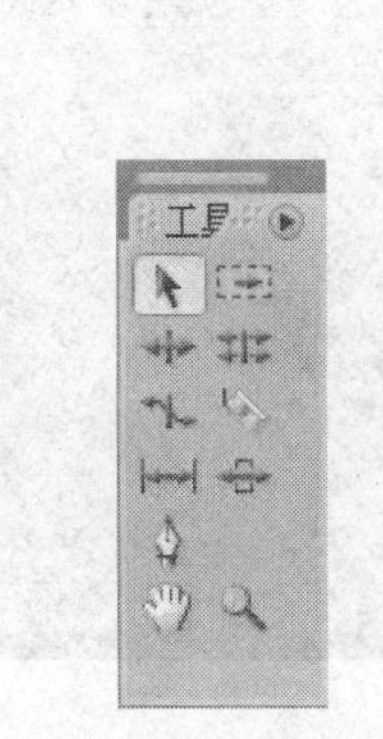

图 5-12　工具面板

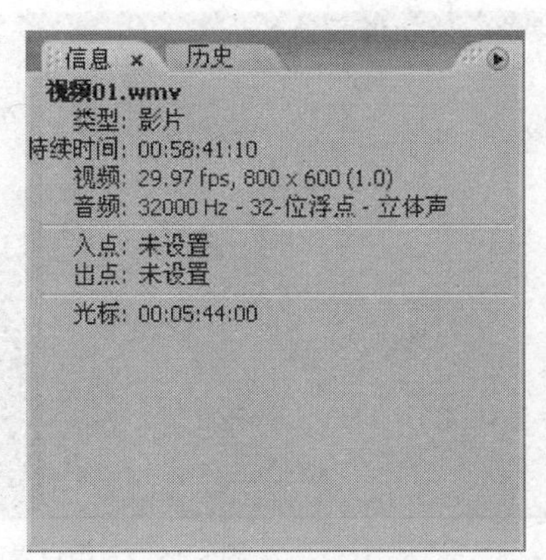

图 5-13　信息面板

5.2　案例 1　定制并保存自己的工作区

在本实例中，将通过改变 Premiere 系统的设置来定制并保存自己的工作区。

分析思路

（1）改变系统设置。

（2）保存自定义工作区。

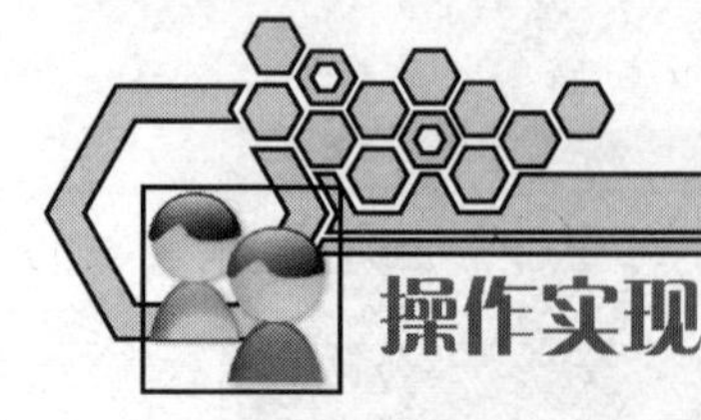

操作实现

1. 调整用户界面亮度

打开 Premiere Pro CS3，选择【编辑】-【参数】-【用户界面】命令，如图 5-14 所示。在弹出的【参数】窗口中，移动【亮度】滑竿，调整到需要的亮度，单击【确定】按钮，如图 5-15 所示。当亮度值接近最小的时候，窗口中的文字会变为灰白，如图 5-15 所示。

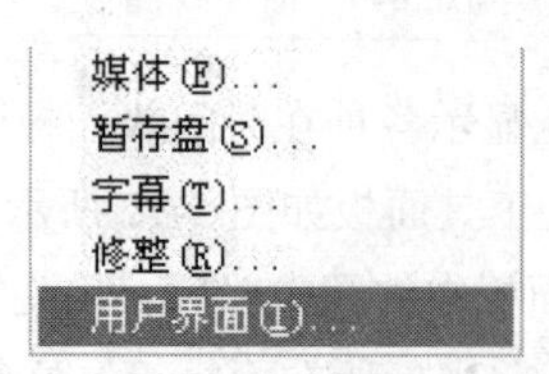

图 5-14 “用户界面”菜单

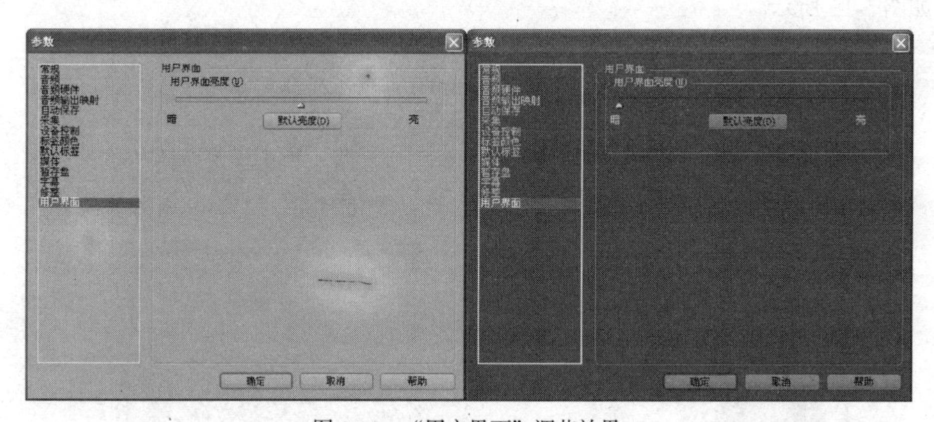

图 5-15 “用户界面”调节效果

2. 调整面板的大小

选择【效果】面板，移动鼠标光标到【效果】和【时间线】面板之间的垂直分割线上，当鼠标指针改变到图 5.16 所示形状时，按下鼠标并左右拖曳以调整各个面板的大小。

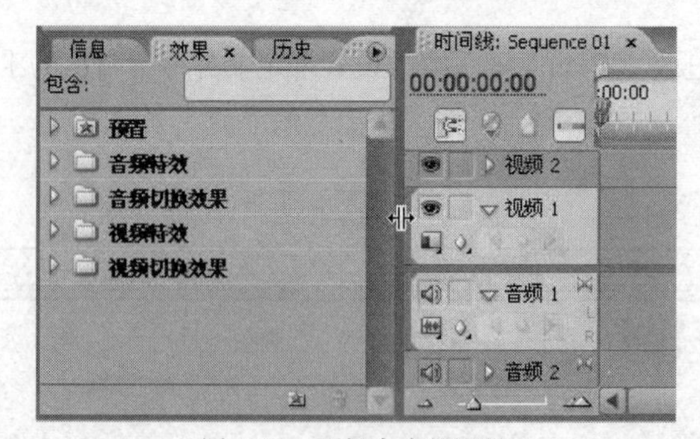

图 5-16 面板大小的调整

移动鼠标光标到【素材源】面板和【时间线】面板之间的水平分割线上，上下拖曳可以改变各个面板的大小。

3. 重新组合各个面板

用鼠标单击【工具】面板的标签并拖曳至【信息】面板上，此时信息面板的显示区域被划分为 5 个区域。当鼠标指向某个区域时，该区域将高亮显示，表示该区域为工具面板停靠的目标区域。选择下方的区域，在高亮显示后释放鼠标左键，效果如图 5-17 所示。如果选择在中间区域释放鼠标左键，效果如图 5-18 所示。

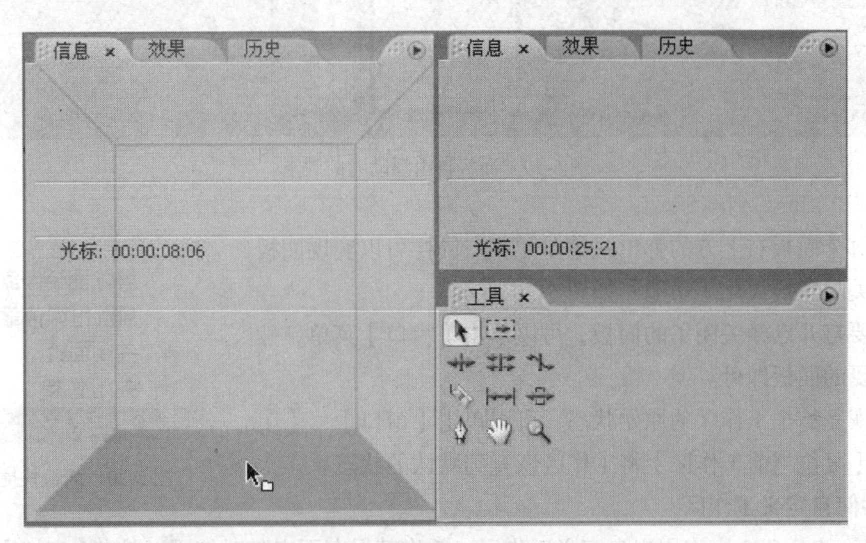

图 5-17　面板停靠在下方的效果

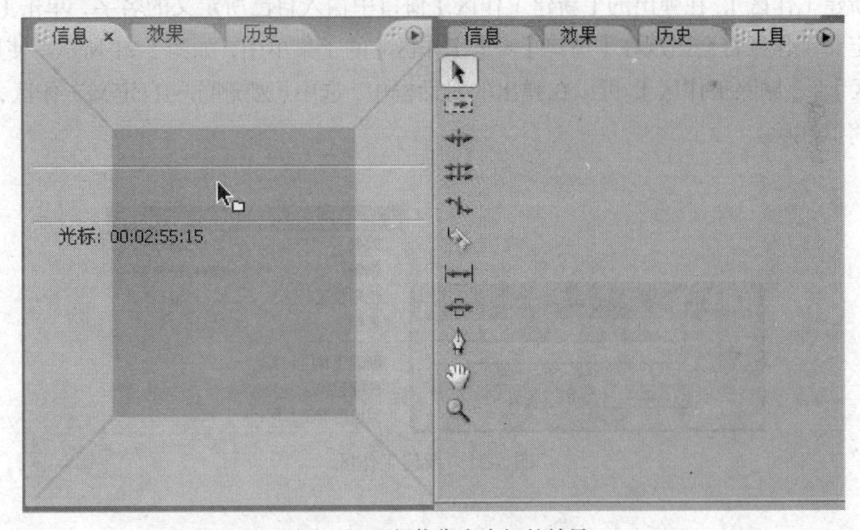

图 5-18　面板停靠在中间的效果

4. 关闭和打开面板

单击面板标签上的“关闭” × 按钮，可以将其关闭。按下【 ~ 】按钮可以将当前选中面板最大化显示，再次按下【 ~ 】按钮可以将选中的面板恢复为原来的状态。在对面板上的标签拖曳的同时按下【Ctrl】键，可以将该面板变成独立的浮动窗口，在整个屏幕上自由摆放。如图 5-19 所示。

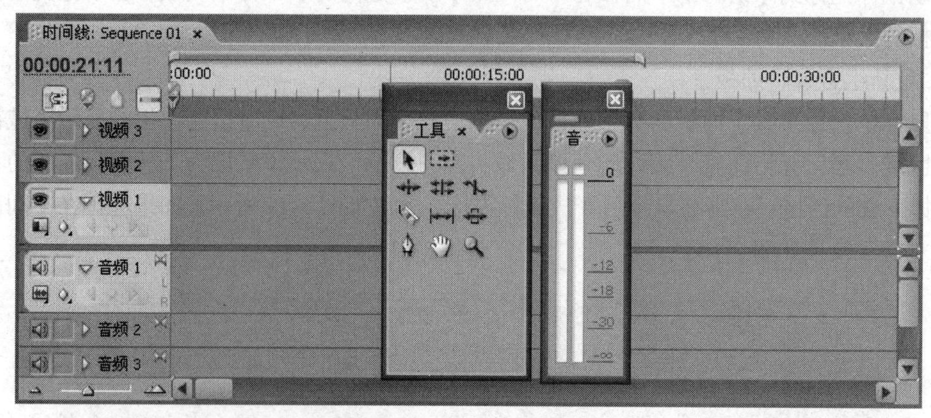

图 5-19　面板自由浮动时的效果

使用每个面板右上方的弹出式菜单 ，同样可以实现面板的浮动、关闭、最大化等功能，如图 5-20 所示。

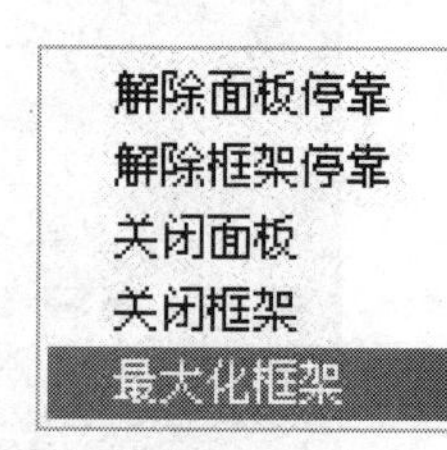

图 5-20　面板快捷菜单

如果要打开已经关闭了的面板，可以单击【窗口】菜单，然后选中需要的面板即可。

如需恢复整个工作区的原始状态，可以单击【窗口】-【工作区】-【复位当前工作区】将工作区恢复到默认的状态。

5. 存储自定义工作区

Premiere Pro CS3 允许用户自定义工作区，并将其保存下来随时使用。单击【窗口】-【工作区】-【新建工作区】，在弹出的【新建工作区】窗口中输入自己所定义的名字，单击【确定】按钮，该自定义工作区将会出现在【窗口】-【工作区】的子菜单中，如图 5-21 所示。使用【窗口】-【工作区】-【删除工作区】，可以在弹出的对话框中，选中想要删除的自定义工作区，单击【确定】按钮将其删除。

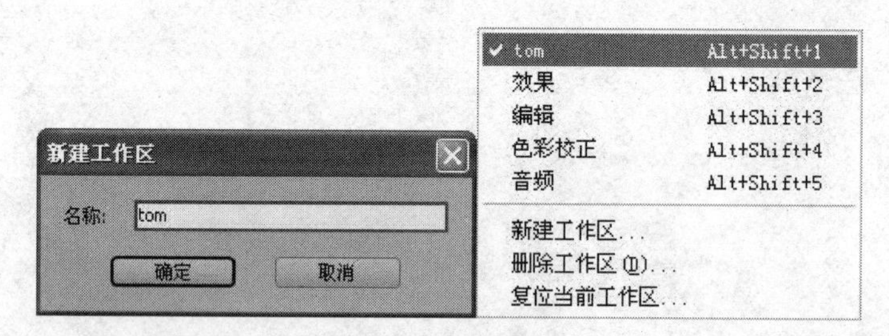

图 5-21　新建工作区

5-1：工作区

合理的工作区布局可以有效地提高工作效率。Premiere Pro CS3 允许用户自定义工作区，并可以保存和删除自定义工作区。

5.3 案例 2 创建一个简单的视频

本实例将创建一个具有硬切效果的鲜花赏析视频。以后可以在此基础上添加其他视频切换效果、添加视频特效、添加字幕等操作。

将 CH5-2 文件夹复制到 D 盘根目录下（位置：光盘\素材\第 5 章\素材 CH5-2）。

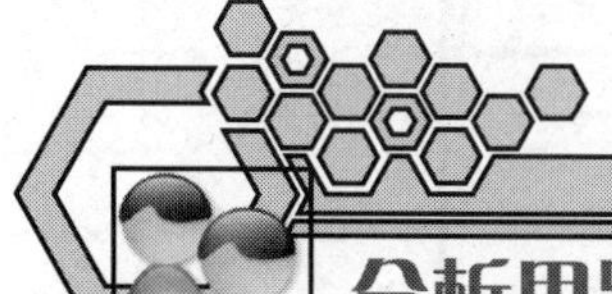

分析思路

（1）导入素材。

（2）在项目窗口中调整素材顺序。

（3）将素材装配到时间线上。

（4）输出并保存影片。

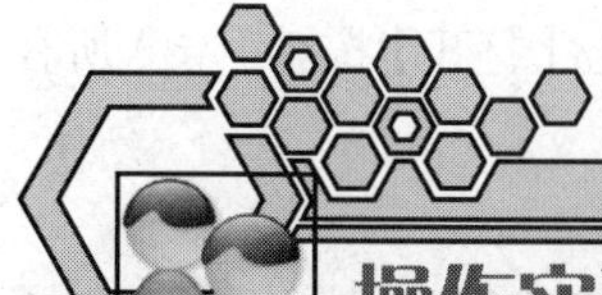

操作实现

1. 素材的导入

（1）打开软件 Premiere Pro CS3，在【新建项目】窗口中选择【加载预置】选项卡，展开【DV-PAL】，选择【标准 32kHz】。

（2）单击【浏览】按钮，在弹出的对话框中浏览到 D 盘的 CH5-2 文件夹。

（3）在名称输入框中输入“CH5-2”作为本实例的项目名称，如图 5-22 所示。单击【确定】按钮。

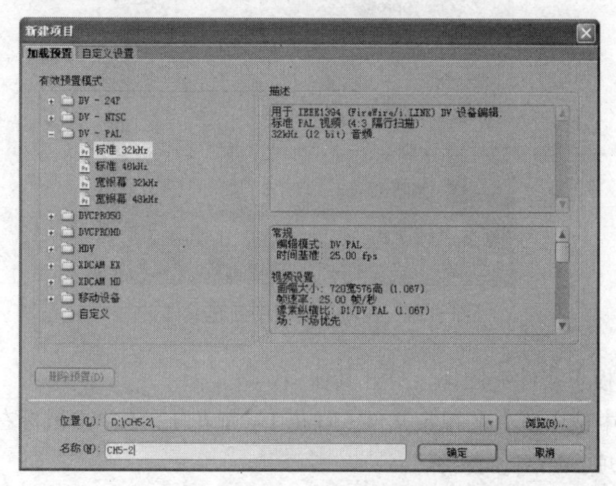

图 5-22　新建项目

（4）在项目面板中的空白区域中双击（或者选择【文件】-【导入】或在项目面板中的空白区域单击鼠标右键，在弹出的快捷菜单中选择【导入】)，打开【导入】对话框。如图 5-23 所示。

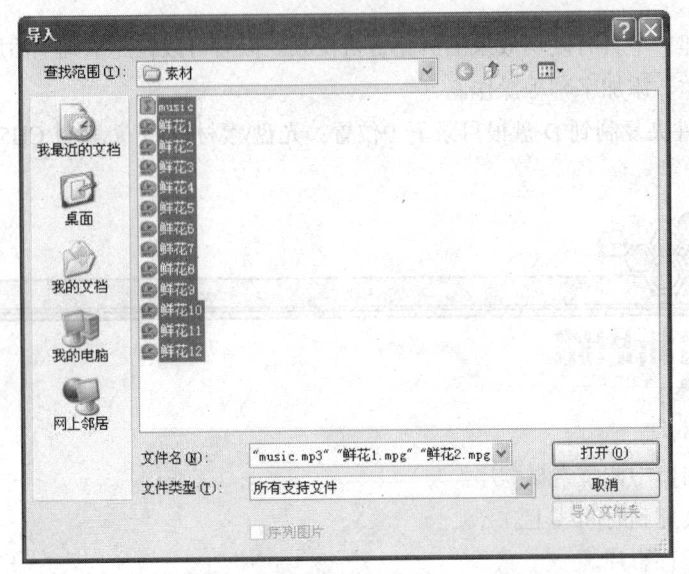

图 5-23　导入素材

（5）将素材文件夹打开，选中素材文件夹中所有的素材文件，单击【打开】按钮，导入所有素材。

2. 调整素材的顺序

（1）单击项目面板下的【文件夹】按钮，新建一个文件夹，将其命名为“故事板”，如图 5-24 所示。

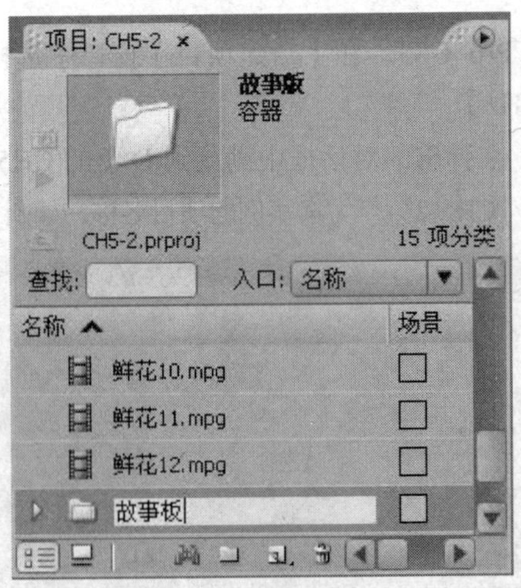

图 5-24　在项目面板中新建文件夹

（2）双击【故事板】文件夹图标，打开其窗口。

（3）在项目面板中选中所有的视频文件（鲜花 1 – 鲜花 12），单击鼠标右键，在弹出的快捷菜单中选择【复制】选项，如图 5-25 所示。

（4）选择刚才打开的【故事板】窗口，在空白区域中右击，选择【粘贴】选项。

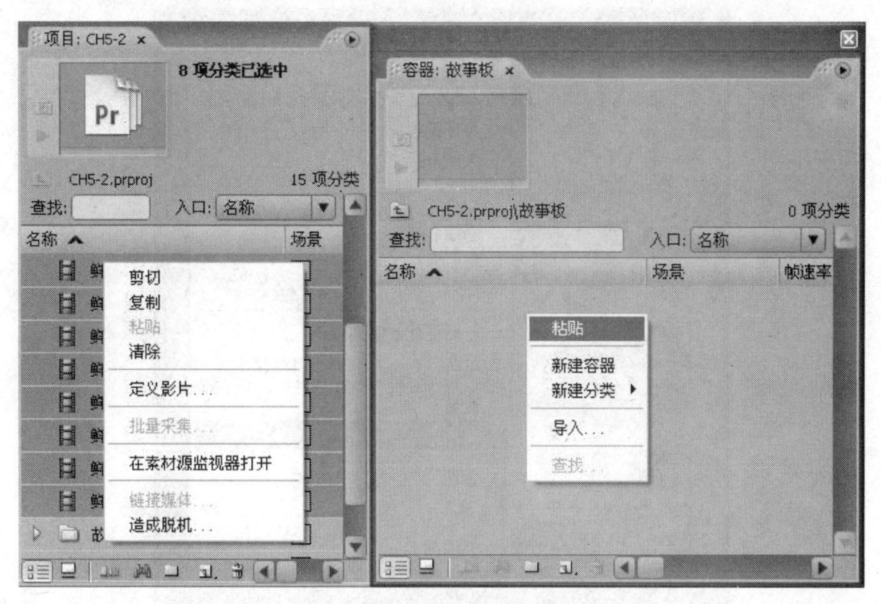

图 5-25　素材的复制

（5）单击故事板文件夹面板下方的图标按钮，使这些视频素材按照图标视图进行显示，如图 5-26 所示。

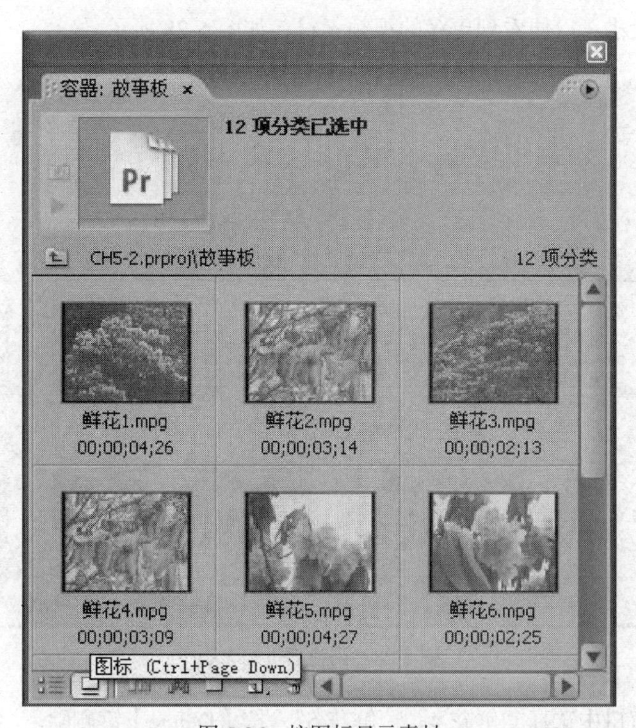

图 5-26　按图标显示素材

（6）单击故事板文件夹面板右上角的菜单，选择【缩略图】-【大】，使视频显示的缩略图以最大的方式显示，如图 5-27 所示。

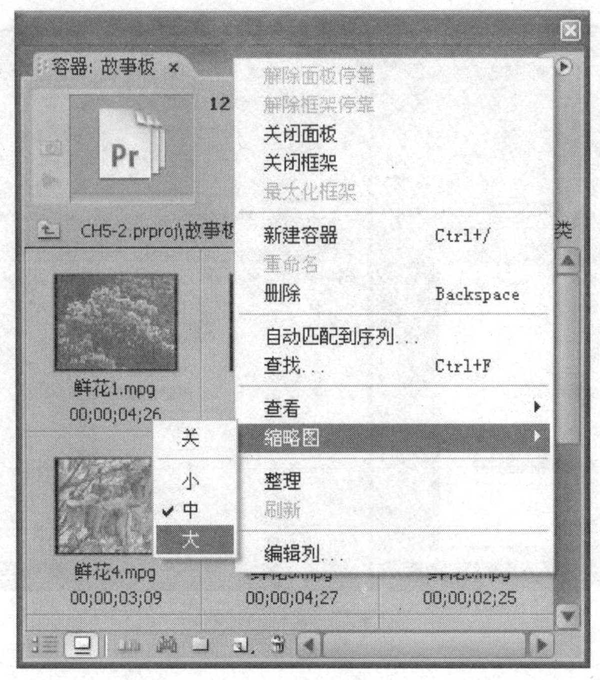

图 5-27 更改缩略图显示大小

（7）将鼠标放在故事板文件夹面板的边界处，当鼠标变成左右向箭头时，按下鼠标左键并拖曳，调整该面板的大小，以便看到更多的视频素材，如图 5-28 所示。

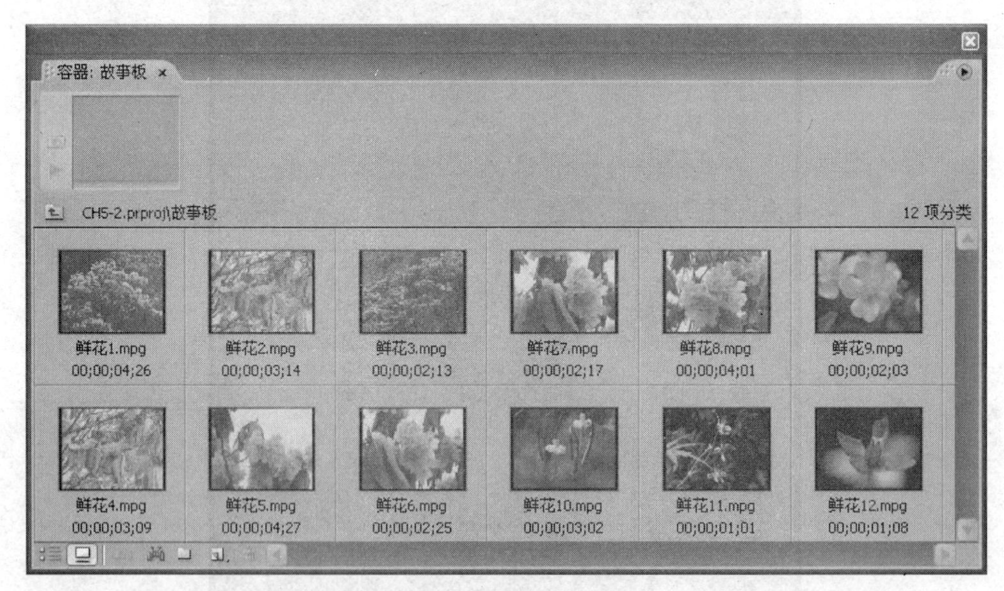

图 5-28 调整面板的大小

（8）在故事板窗口中选择“鲜花 4”、“鲜花 5”，按【Delete】键删除。

（9）拖曳其余的素材，调整它们排列的顺序。具体方法是在需要移动的素材上按下鼠标左键并拖曳到新的位置，当出现黑色垂直线段时释放鼠标即可，如图 5-29 所示。

（10）调整以后的故事板文件夹如图 5-30 所示。

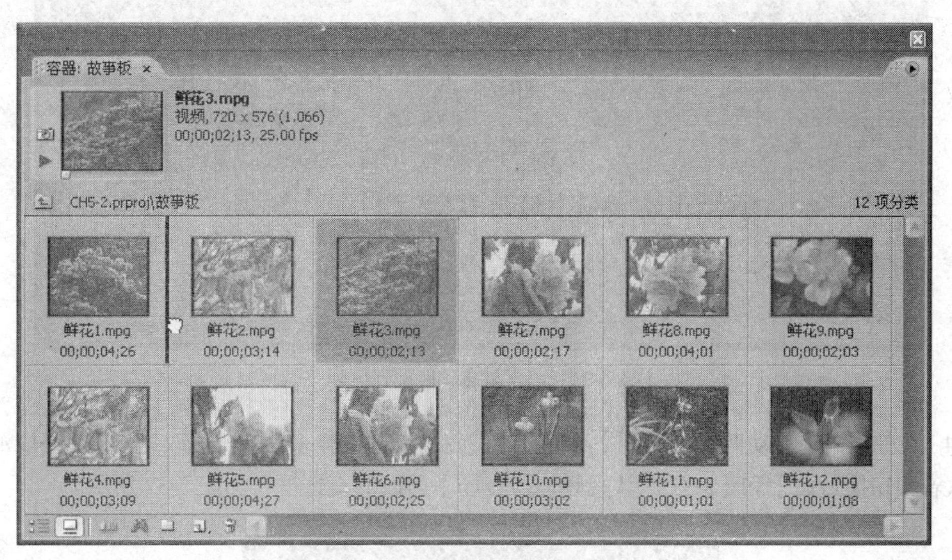

图 5-29　调整素材的排列顺序

5-2：容器

利用容器可以合理地组织素材，帮助用户迅速将剪辑装配到时间线上。

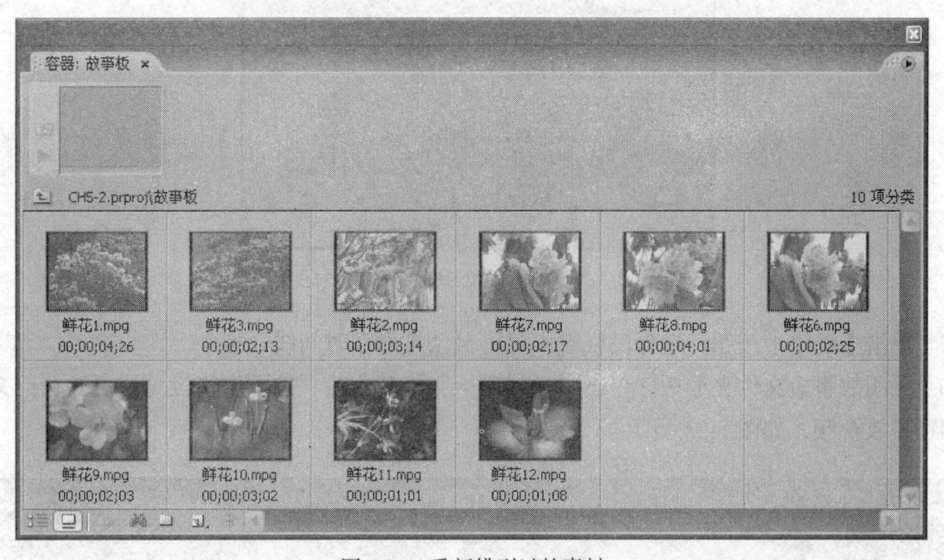

图 5-30　重新排列过的素材

3. 将素材装配到时间线上

（1）将当前时间指示器移动到时间线开始位置。

（2）在故事板文件夹中框选所有的视频素材（或者使用【编辑】–【选择所有】或者使用快捷键【Ctrl】+【A】组合键，或者使用【Ctrl】+单击鼠标左键的方法），将所有素材选中。

（3）单击下方的【自动匹配到序列】按钮，如图 5-31 所示。

图 5-31　将素材自动匹配到序列

（4）在弹出的【自动匹配到序列】对话框中，将【素材重叠】后的数值改为“0”，并取消【应用默认音频切换过渡】和【应用默认视频切换转场】前面的复选框，如图 5-32 所示。

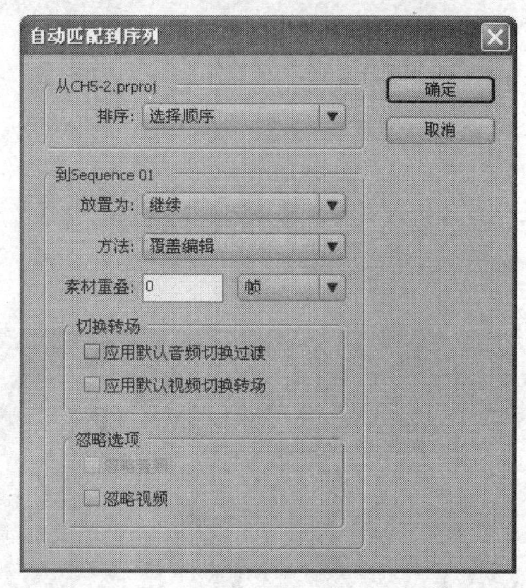

图 5-32　“自动匹配到序列”对话框

（5）单击【确定】按钮，选择的视频素材将自动排列在时间线面板中。

（6）关闭故事板文件夹面板，单击时间线面板，将其激活，按下空格键（注意要在英文状态下）即可播放视频，如图 5-33 所示。

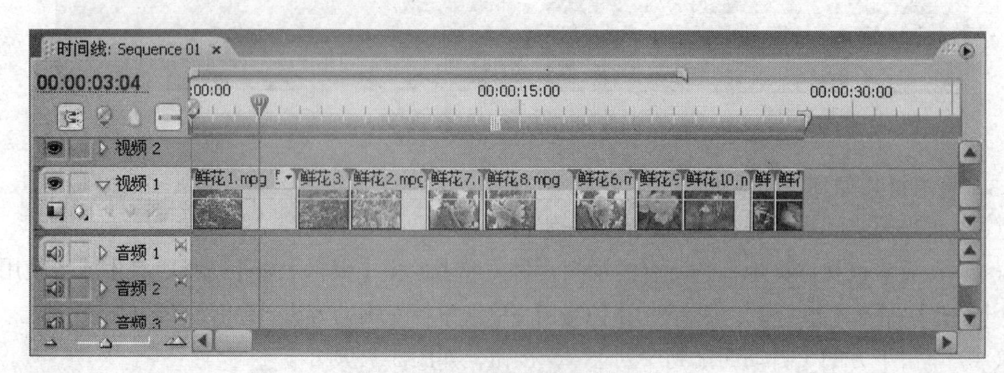

图 5-33　在时间线上播放视频

（7）在项目面板中选择“music.mp3”素材文件，按住鼠标左键并将其拖曳到时间线面板中的音频 1 轨道上后释放，如图 5-34 所示。

图 5-34　向时间线上添加音频素材

（8）使用工具面板中的【选择】工具，在音频 1 轨道上移动刚才添加的素材，使其左边跟时间线的最左边对齐。

（9）保持时间线面板的激活状态，按下键盘上的反斜杠【\】将剪辑视图扩大到整个时间线的范围。

5-1：时间线的缩放

在时间线面板中可以使用“-”键缩小时间线视图，使用“=”键放大时间线视图，使用“\”键将视图扩大到整个时间线范围。

（10）将鼠标移动到 music 素材的右边，当出现向左的括号后，按下鼠标左键向左拖曳，拖曳到视频素材结束位置附近时鼠标会被自动吸附，释放鼠标，如图 5-35 所示。这样在视频画面结束之后所多余的音乐就被自动删除了。

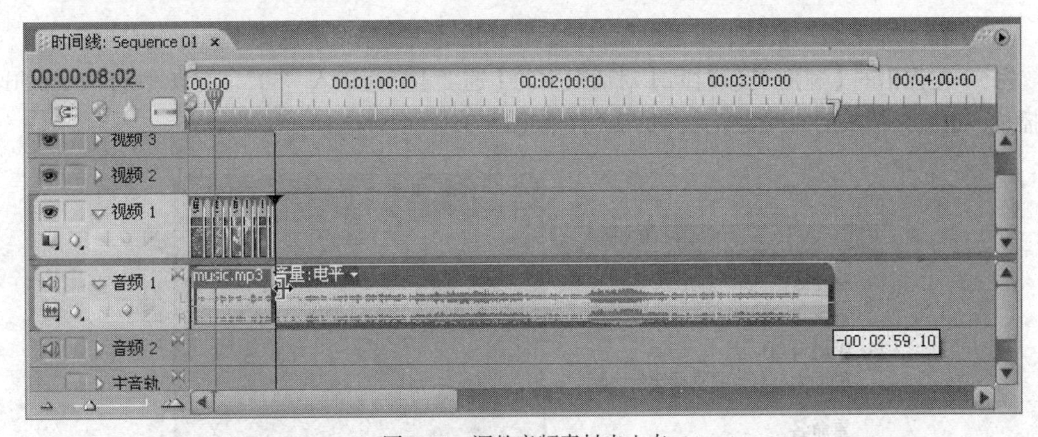

图 5-35　调整音频素材出入点

（11）按下键盘上的等号【=】将剪辑视图扩大到合适的范围，以方便做进一步的剪辑。如图 5-36 所示，通过观察，发现“鲜花 1”持续的时间比较长，而“鲜花 11”和“鲜花 12”持续的时

间太短。接下来将适当调整素材的长度。

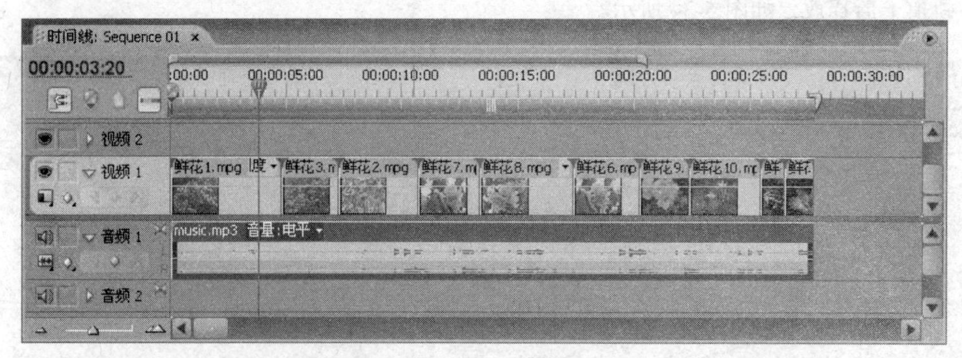

图 5-36　将时间线素材完全显示

（12）利用刚才缩短音频素材的方法同样可以减少视频播放的长度。将鼠标放到“鲜花 1”素材的右边，鼠标指针变成向左的括号后，按下鼠标左键向左拖曳使素材减少 1 秒。此时“鲜花 1”和“鲜花 3”两段素材之间会出现间隙。

（13）在“鲜花 1”和“鲜花 3”两段素材之间的间隙上单击鼠标右键，选择【波纹删除】，如图 5-37 所示。后面的素材将全部向前移动以消除这段间隙。

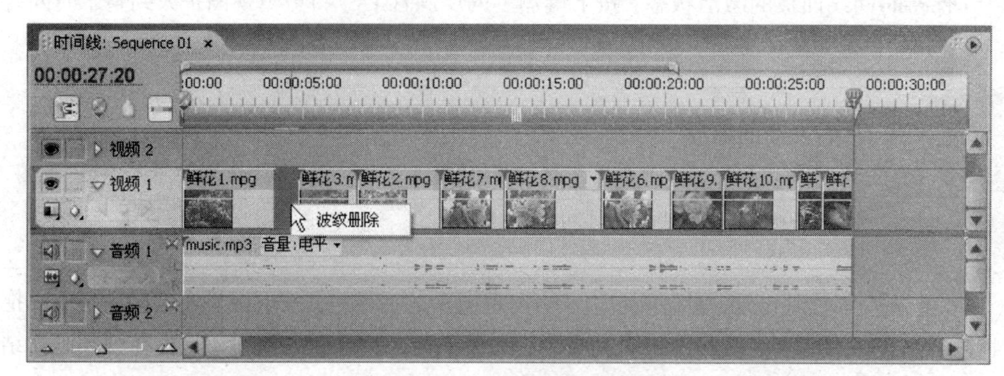

图 5-37　波纹删除工具

（14）在“鲜花 12”素材上单击鼠标右键，在弹出的快捷菜单中选择【速度/持续时间】。

（15）在弹出的【速度/持续时间】对话框中的【速度】后面输入“50”，使该素材以 50%的速度播放，也就是播放的时间变成原来的 2 倍，如图 5-38 所示。

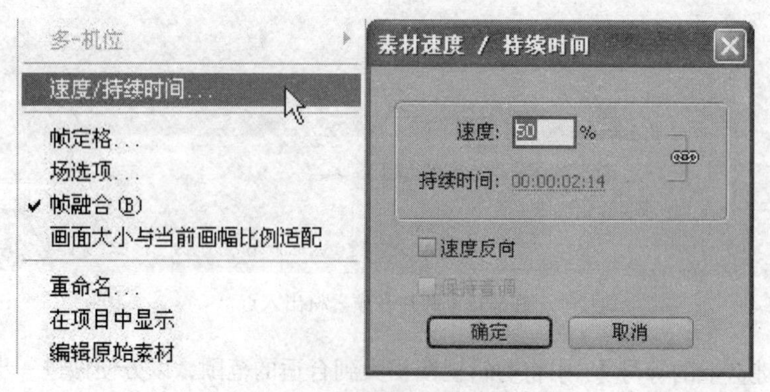

图 5-38　调整素材播放速度

（16）再次调整音频素材在时间线上的长度，使其和画面长度相匹配。

4. 影片输出

（17）选择【文件】–【导出】–【影片】，打开【导出影片】对话框，如图 5-39 所示。浏览要输出视频的目录，并在对话框中输入想要保存的文件名。

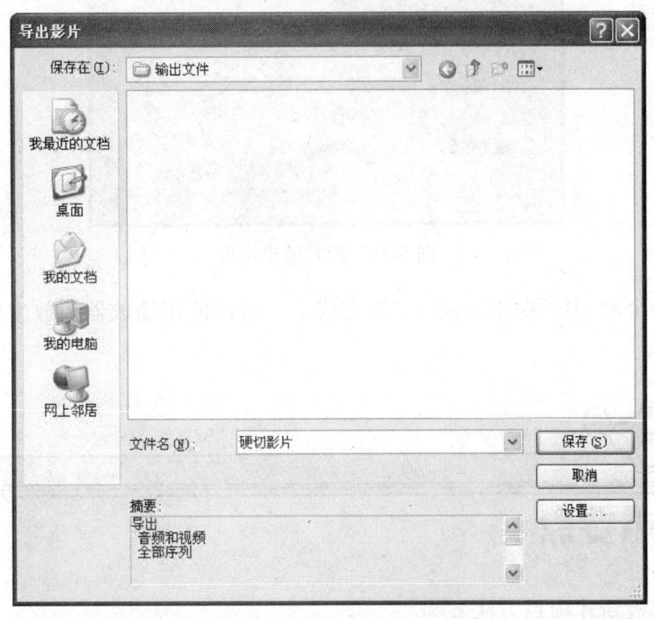

图 5-39　“导出影片”对话框

（18）单击【设置...】按钮，打开【输出设置】对话框，设定参数如图 5-40 所示。单击【确定】按钮返回【导出影片设置】对话框。

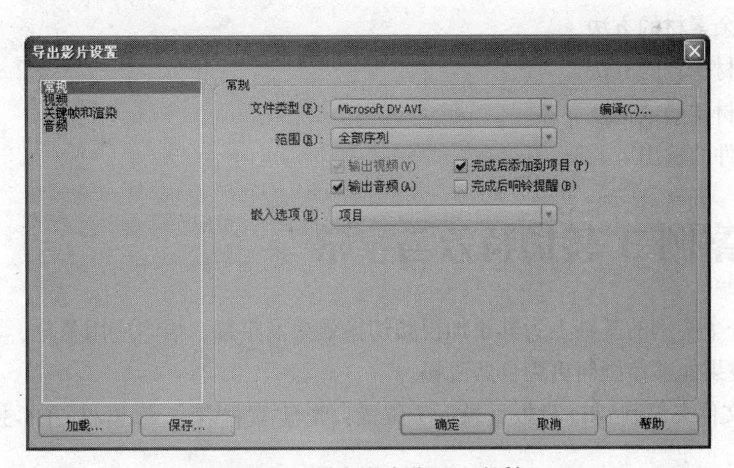

图 5-40　“导出影片设置”对话框

5-2：影片的导出范围

在“导出影片设置”对话框中可以设定影片的导出范围，该范围可以是全部序列，也可以是序列中的工作区。

（19）单击【导出影片设置】对话框中的【保存】按钮，即可开始输出视频，如图 5-41 所示。

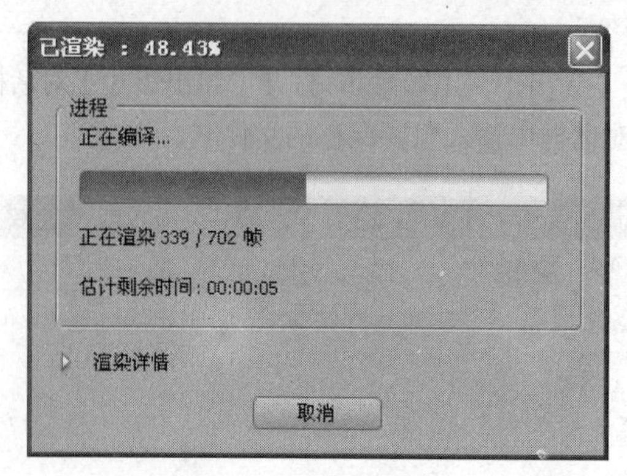

图 5-41　影片渲染进度

（20）至此，一个硬切效果的简单影片就完成了。可以使用播放器播放生成的视频文件。

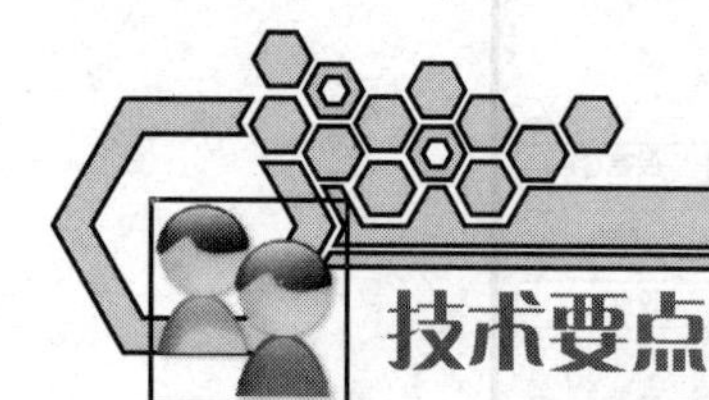

技术要点

1. 使用预置模板新建项目方法
2. 导入素材的方法
3. 使用故事板帮助创建项目
4. 将素材装配到时间线的基本方法
5. 删除多余素材的方法
6. 调整素材位置的方法
7. 改变素材的播放速度
8. 视频文件的输出

5.4 案例 3 转场特效与字幕

本例在上一个实例的基础上为其添加视频切换效果及字幕。恰当应用叠化、卷页、拉伸、擦除等视频切换效果能够使画面更为自然流畅。

将 CH5-3 文件夹复制到 D 盘根目录下（位置：光盘\素材\第 5 章\素材 CH5-3）。

分析思路

（1）利用内置的字幕工具来制作字幕。

（2）在影片中各个素材连接处添加转场。

（3）将字幕添加到影片中。

（4）输出并保存影片。

操作实现

1. 制作字幕

（1）打开项目文件“CH5-3”。

（2）单击【文件】-【新建】-【字幕】（或在项目面板中空白区域单击鼠标右键，选择【新建分类】-【字幕】）命令，弹出【新建字幕】对话框。在名称后面输入“春天来了”作为此字幕的名称，如图 5-42 所示。

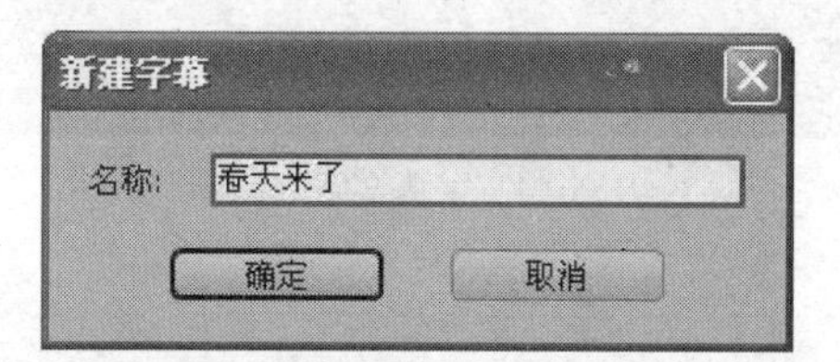

图 5-42　“新建字幕”命名对话框

（3）单击【确定】按钮，弹出字幕编辑窗口，如图 5-43 所示。

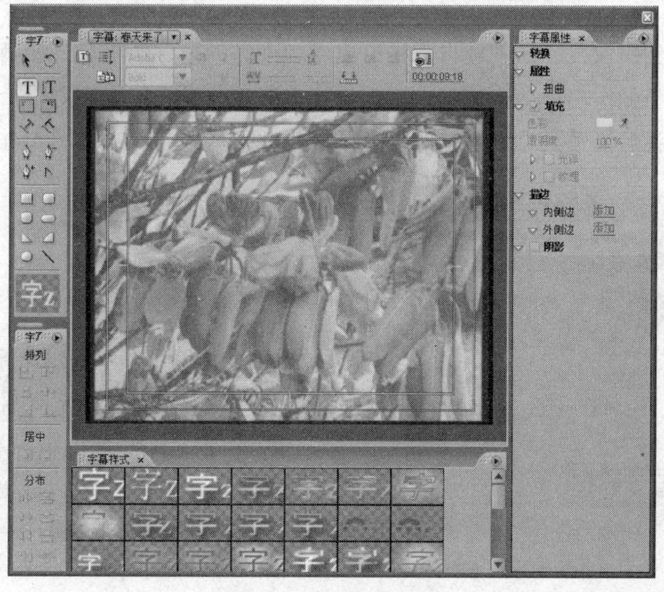

图 5-43　字幕编辑窗口

（4）选择左边工具栏中的【文字工具】T 按钮，然后在中间的编辑区域之中单击，输入“春天来了”，选择【字幕样式】面板中的【方正舒体】样式，此时可以看到字幕出现在编辑区中，如

图 5-44 所示。

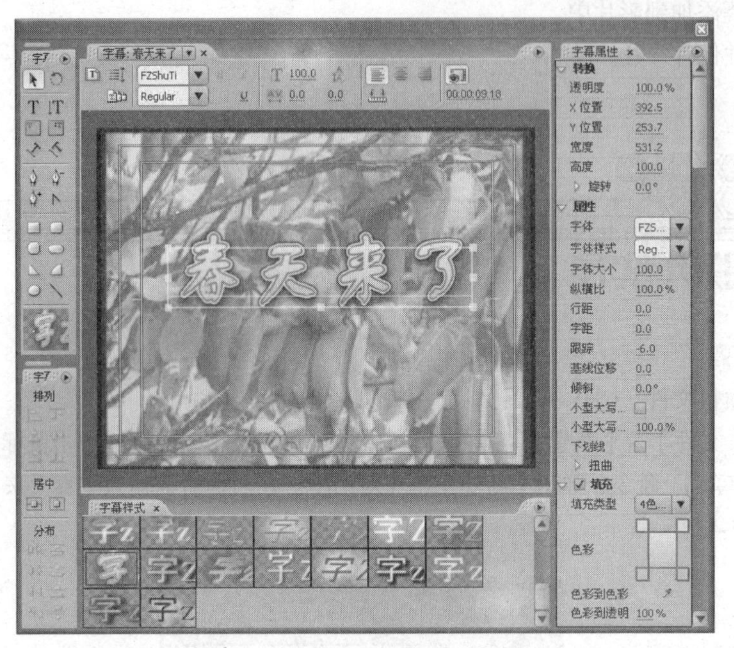

图 5-44　字幕文字的创建

5-3：字幕工具输入中文出现乱码

如果在字幕工具中输入中文的时候出现乱码，可以通过在右边的“字幕属性”栏中选择适当字体来解决。

（5）关闭字幕编辑窗口，回到项目面板可以看到已经创建好的字幕，如图 5-45 所示。

（6）在项目面板的空白处单击鼠标右键，选择【新建分类】-【字幕】命令，弹出【新建字幕】对话框。在名称后面输入“大自然的气息”作为此字幕的名称，如图 5-46 所示。

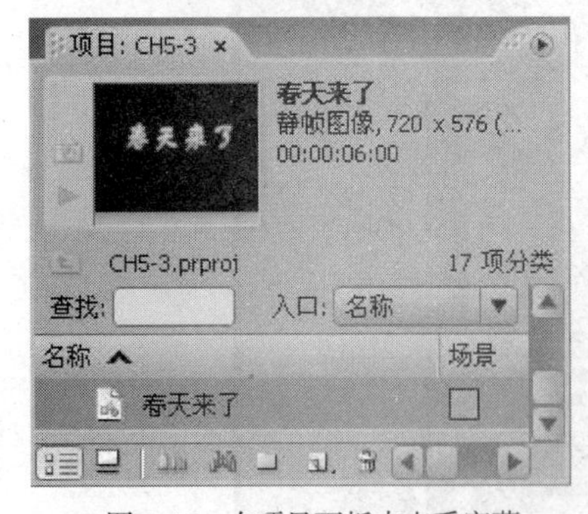

图 5-45　在项目面板中查看字幕

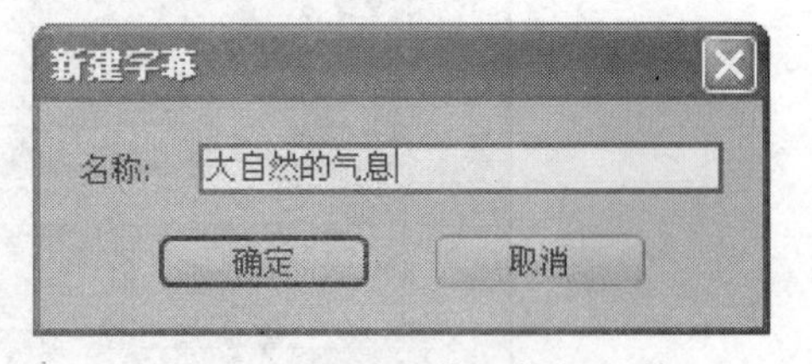

图 5-46　“新建字幕”命名对话框

（7）单击【确定】按钮，弹出字幕编辑窗口。

（8）单击字幕编辑窗口中的【模板】按钮，弹出【模板】对话框，如图 5-47 所示。选择【屏幕下方三分之一 1024】模板，单击【确定】按钮。

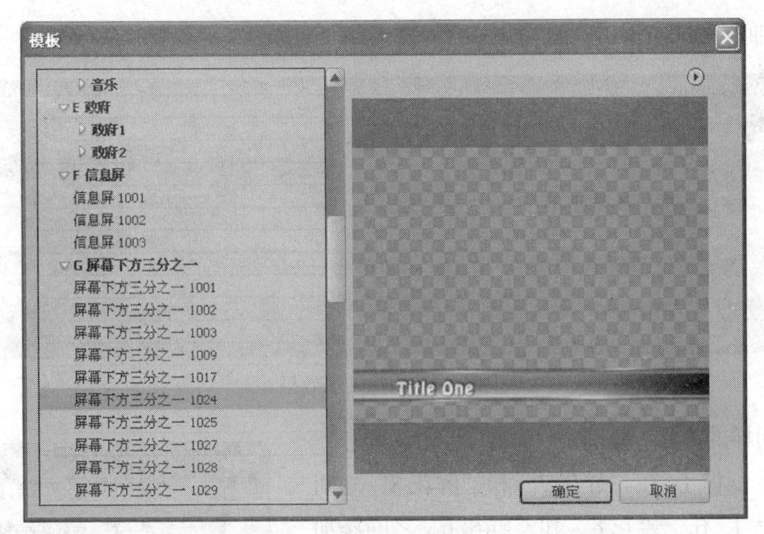

图 5-47　字幕模板选择对话框

（9）【屏幕下方三分之一 1024】模板出现在编辑区域中，修改其中的文字为“大自然的气息”，如图 5-48 所示。

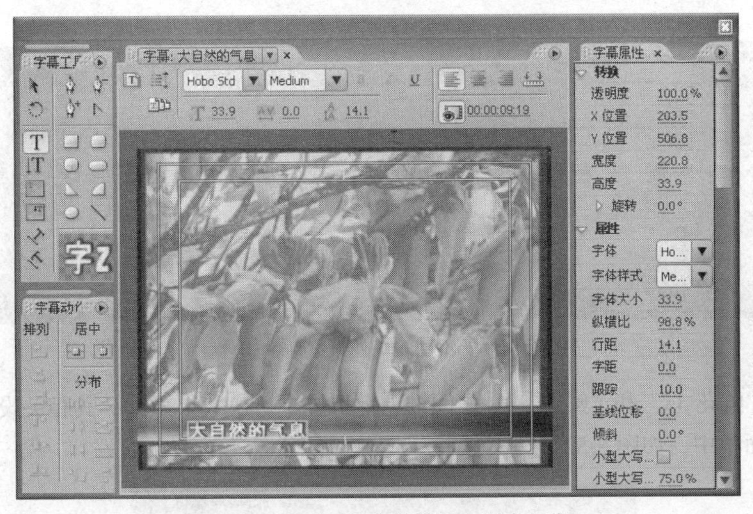

图 5-48　在选择的字幕模板中创建字幕

（10）关闭字幕编辑窗口，回到项目面板。

2. 为影片添加转场

（1）选择【窗口】-【工作区】-【效果】，将工作区调整到预设的特效和切换工作区。

（2）按下等号键【=】适当的次数，扩大时间线视图，以方便操作。

（3）效果面板此时位于项目面板相同的位置。单击效果面板，展开【视频切换效果】-【叠化】文件夹。

（4）将【叠化】效果拖曳到时间线上的“鲜花 1”和“鲜花 3”之间的编辑点上，释放鼠标，如图 5-49 所示。

（5）将【视频切换效果】-【3D 运动】下的【上折叠】效果拖放到“鲜花 3”和“鲜花 2”之间。在弹出的【切换】提示窗口中单击【确定】按钮。如图 5-50 所示。（如果碰到同样的提示，单击【确定】即可，后面将进行具体说明。)

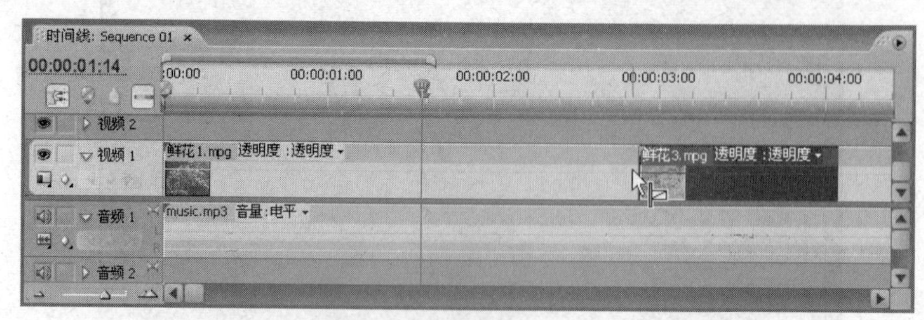

图 5-49　添加转场效果

(6)使用同样的方法，分别在“鲜花 2”和“鲜花 7”之间添加【圆形划像】、在“鲜花 7”和“鲜花 8”之间添加【立方旋转】、在“鲜花 8”和“鲜花 6”之间添加【卡片翻转】、在“鲜花 6”和“鲜花 9”之间添加【卷页】、在“鲜花 9”和“鲜花 10”之间添加【球状】、在“鲜花 12”后添加【黑场过渡】。按【Enter】键预览视频，如图 5-51 所示。

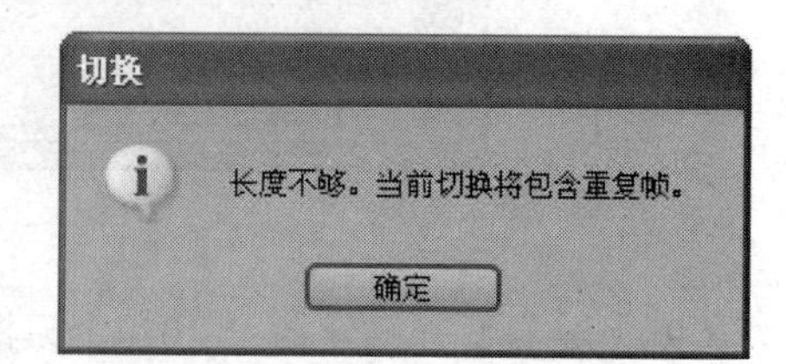

图 5-50　“切换”提示对话框

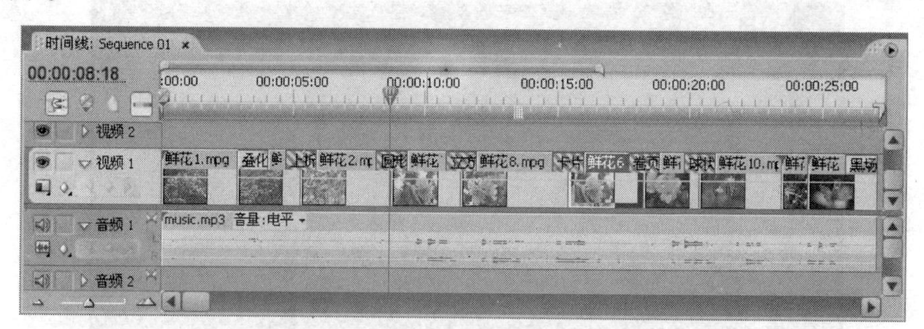

图 5-51　添加转场效果之后的影片

(7)单击“鲜花 3” 和“鲜花 2” 之间的【上折叠】切换效果矩形，其相关设置参数将会出现在效果控制面板中，如图 5-52 所示。

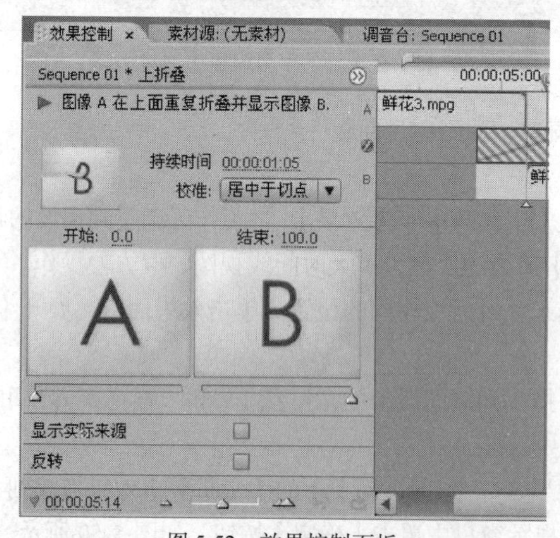

图 5-52　效果控制面板

（8）单击【显示实际来源】后面的复选框，时间线上的素材会显示在“A”和“B”两个窗口中，如图 5-53 所示。

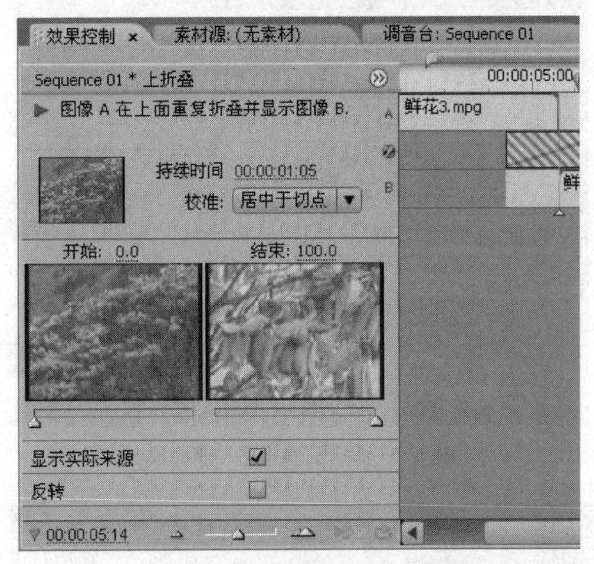

图 5-53　选中“显示实际来源”选项后效果

（9）单击【反转】后面的复选框，改变切换效果的顺序。

（10）在【持续时间】后面的时间显示位置单击鼠标，将切换效果时间改为“00:00:01:00”也就是 1 秒。如果需要，可以自行改变后面各种切换效果的各种参数。

（11）在切换效果内如果有平行的对角线，表示缺少头帧或尾帧，可以拖曳素材的边缘，调整素材持续长度以改变该情况，如图 5-54 所示。

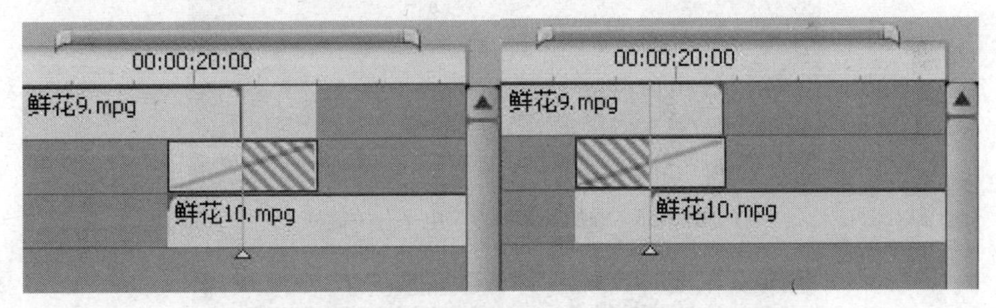

图 5-54　切换效果缺少头帧或尾帧

（12）调整音频 1 轨道上素材的起始点和结束点，使其匹配视频的长度。接下来通过设置关键帧的方式为音频设置淡入淡出的效果。

（13）选择音频 1 轨道上的“music.mp3”之后，打开效果控制面板，依次展开【音量】–【电平】，如图 5-55 所示。

（14）分别移动播放头到“00:00:00:00”位置、“00:00:01:00”位置，“00:00:25:20”位置以及“00:00:27:02”位置，单击【添加/删除 关键帧】按钮，为音频 1 轨道上的 music.mp3 添加 4 个关键帧，如图 5-56 所示。

（15）在“00:00:27:02”关键帧上移动【电平】下方的滑块至最左边，使电平值变为最小，如图 5-57 所示。

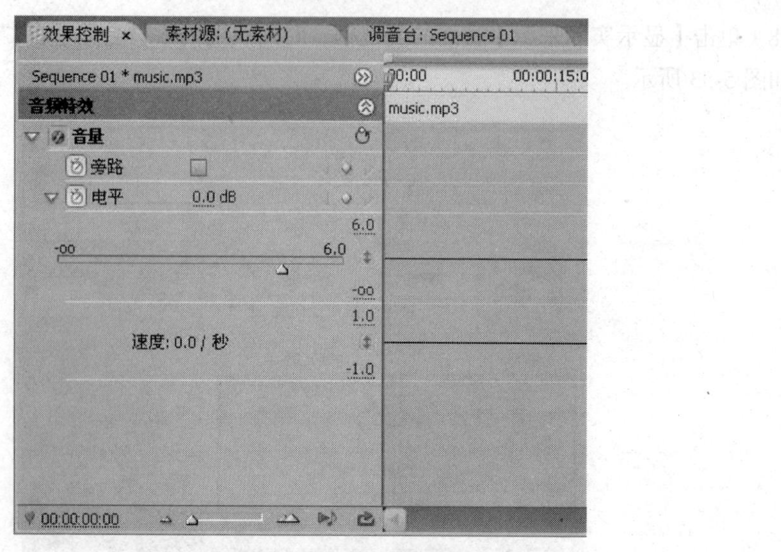

图 5-55　展开音量电平控制面板

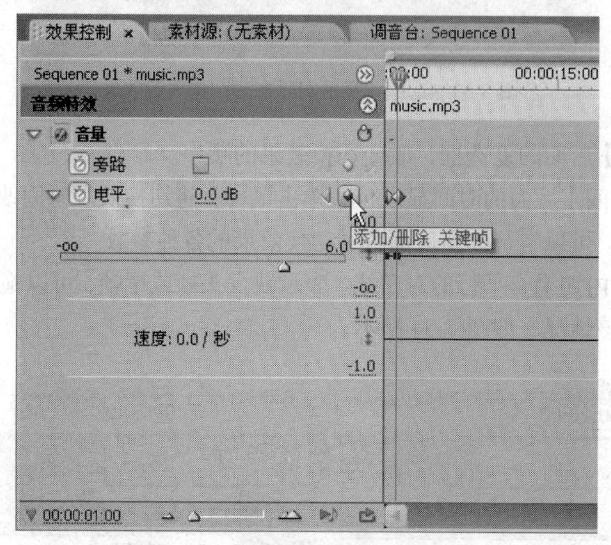

图 5-56　添加音频特效“电平”关键帧

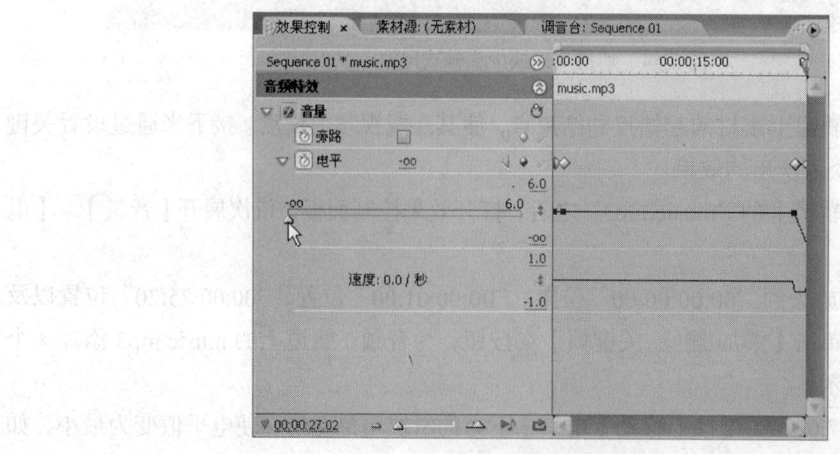

图 5-57　调整关键帧数值

（16）单击 3 次【跳转到前一关键帧】按钮，使播放头位于第一个关键帧之上。移动【电平】下方的滑块至最左边，使电平值变为最小，如图 5-58 所示。

5-3：快速定位关键帧

在“效果控制”面板中可以利用“跳转到前一关键帧”和“跳转到下一关键帧”按钮快速定位关键帧。

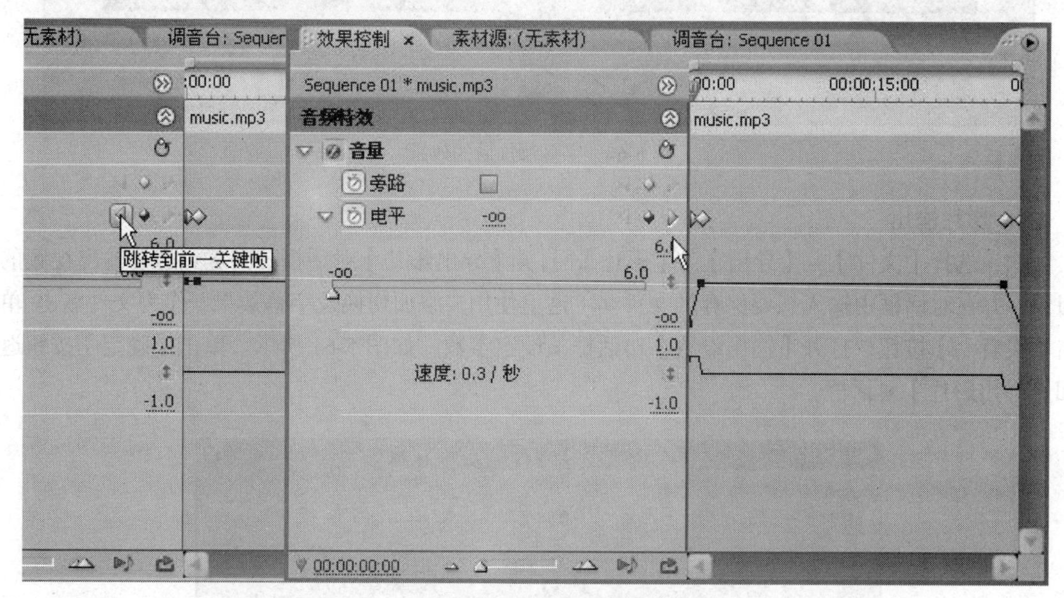

图 5-58　关键帧跳转按钮

3. 将字幕添加到影片中

（1）选择【窗口】–【工作区】–【编辑】，回到预设的编辑工作区中。

（2）在项目面板中选择“春天来了”字幕，将其拖曳到视频 2 轨道上。设置字幕开始时间为 00:00:00:00，结束时间为 00:00:04:00。

（3）将字幕“大自然的气息”拖曳到视频 2 轨道上。设置字幕开始时间为 00:00:08:05，结束时间为 00:00:25:22，如图 5-59 所示。

（4）按【Enter】键即可预览最终输出效果，如图 5-60 所示。

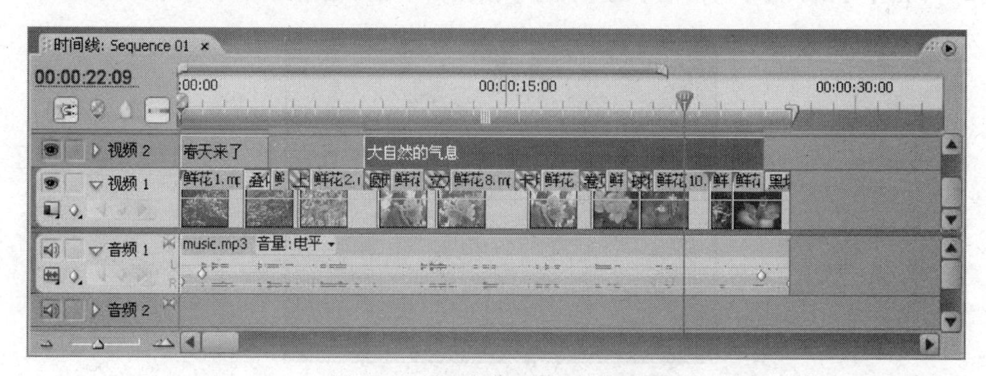

图 5-59　设置字幕开始及结束时间

图 5-60　字幕添加后的效果

4. 影片输出

（1）选择【文件】-【导出】-【影片】，打开【导出影片】对话框。浏览到想要输出视频的目录，并在对话框中输入想要保存的文件名（这里使用“添加切换及字幕效果”作为文件名）。单击【设置...】按钮，打开【输出设置】对话框，设定参数，如图 5-61 所示。单击【确定】按钮返回【导出影片】对话框。

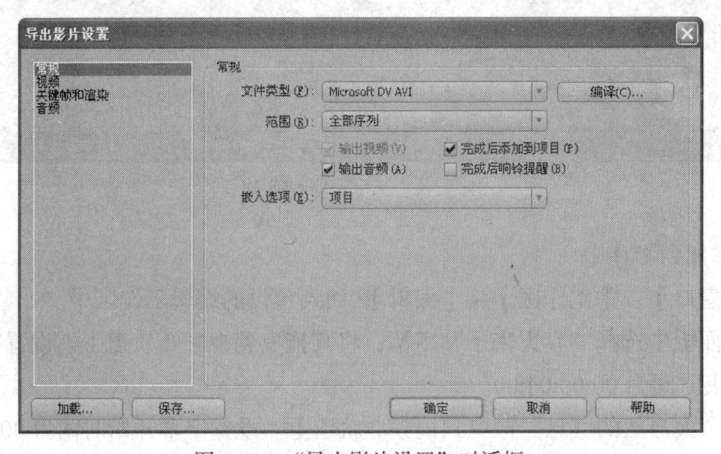

图 5-61　“导出影片设置”对话框

（2）单击【导出影片】对话框中的【保存】按钮，即可开始输出视频，如图 5-62 所示。

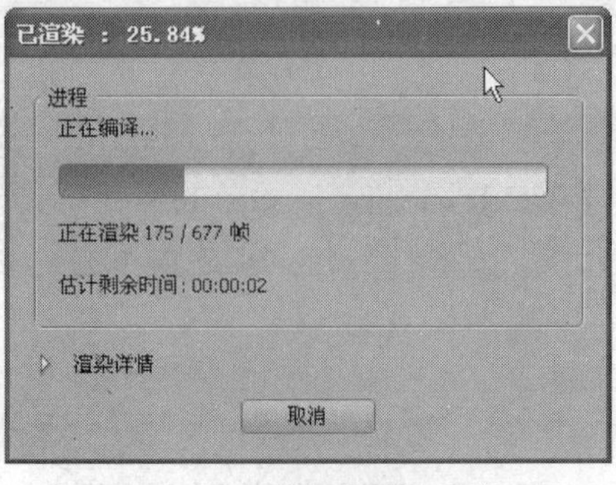

图 5-62　影片输出渲染对话框

（3）至此，一个具备转场效果并且添加了字幕的影片就完成了，最终播放效果如图 5-63 所示，可以使用播放器播放生成的视频文件。

图 5-63　影片最终播放效果

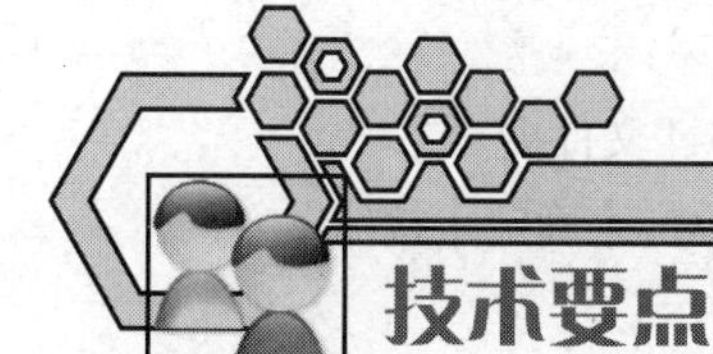

技术要点

1. 字幕文字的输入。
2. 字幕样式的应用。
3. 利用模板制作字幕。
4. 转场效果的添加。
5. 转场效果的设置与调整。
6. 在时间线上装配字幕并调整参数。
7. 输出影片。

5.5 案例 4 视频特效及编码输出

这里所说的视频特效，就是通过使用各种视频滤镜，对视频素材、图片素材进行加工，以改变其显示效果。运动效果主要包括使素材产生移动、旋转、缩放等效果。恰当地运用各种视频特效与运动效果，可以增加影片的视觉效果和感染力。

本实例将制作一个具有画中画效果的影片，并将该影片利用 Adobe Media Encoder 编码输出。

将 CH5-4 文件夹复制到 D 盘根目录下（位置：光盘\素材\第 5 章\素材 CH5-4）。

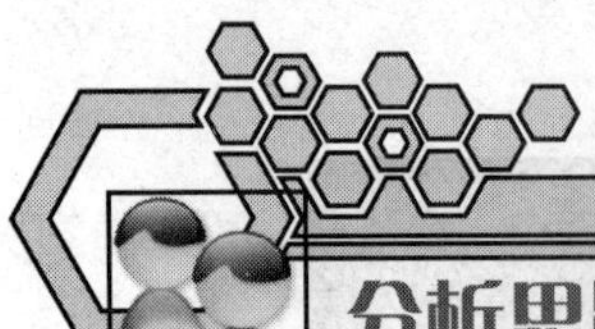

分析思路

（1）导入素材。

（2）将素材装配到时间线上。

（3）添加视频特效。

（4）制作画中画效果。

（5）添加转场效果。

（6）输出影片。

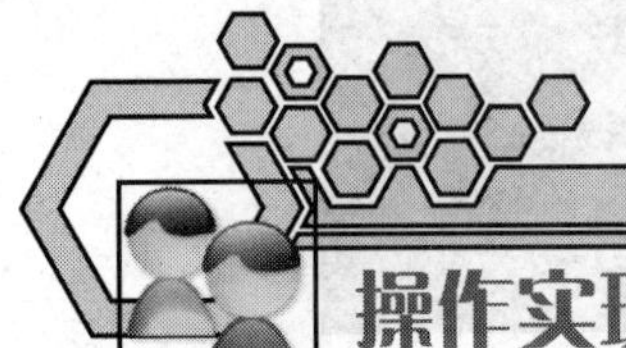

操作实现

（1）打开软件 Premiere Pro CS3，在【新建项目】窗口中选择【加载预置】选项卡，展开【DV-PAL】，选择【标准 32kHz】。

（2）单击【浏览】按钮，在弹出的对话框中浏览到 D 盘的 CH5-4 文件夹。

（3）在名称输入框中输入“CH5-4”作为本实例的项目名称，单击【确定】按钮。

（4）在项目面板中导入“素材”文件夹中的素材，如图 5-64 所示。

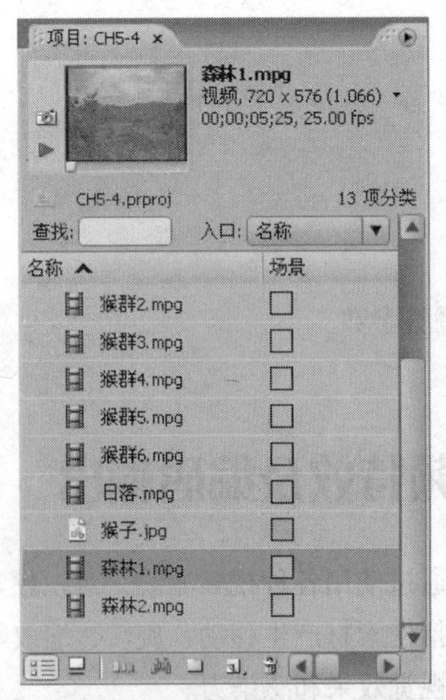

图 5-64　导入素材后的项目面板

（5）将视频素材依次添加到时间线上的视频 1 轨道上，具体顺序为“森林 1”、“森林 2”、“猴

群 1”、“猴群 2”、“猴群 3”、“猴群 4”、“猴群 5”、“猴群 6”、“日落”，如图 5-65 所示。

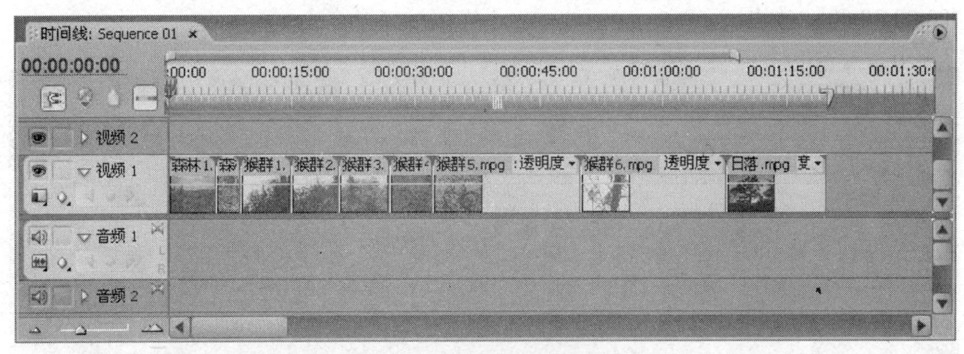

图 5-65　将视频素材装配到时间线上

（6）单击特效面板，依次展开【视频特效】-【色彩校正】，将【快速色彩校正】特效拖曳到时间线面板中视频 1 轨道上的“森林 2”剪辑上释放。

（7）单击视频 1 轨道上的“森林 2”剪辑，选择效果控制面板，展开【快速色彩校正】，如图 5-66 所示。

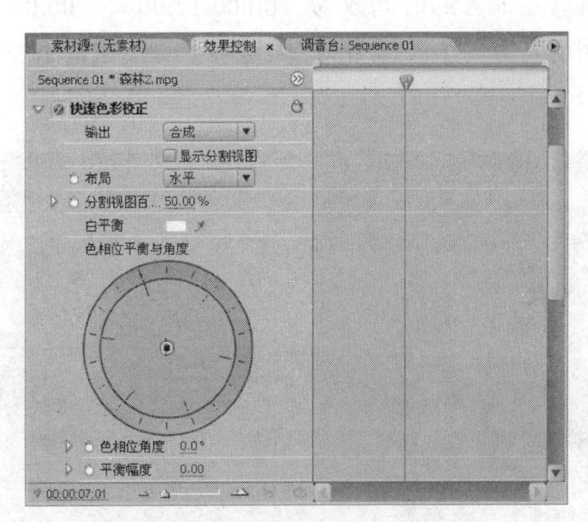

图 5-66　“快速色彩校正”控制面板

（8）设定【色相位角度】后面的参数为“30”。使得剪辑“森林 2”的整个色彩感觉跟剪辑“森林 1”更为接近，如图 5-67 所示。

图 5-67　视频特效添加前后对比

（9）将“猴子.jpg”从项目面板中拖曳到视频 2 轨道上，开始时间为“00:00:17:00”，结束时间为“00:00:30:00”。如图 5-68 所示。

图 5-68　在视频 2 轨道上添加剪辑

（10）选择视频 2 轨道上的“猴子.jpg”，单击效果控制面板，单击【透明度】前面的▷按钮展开参数栏。

（11）分别将效果面板左下方的时间改为“00:00:17:00”、“00:00:18:00”、“00:00:29:00”、“00:00:30:00”，单击透明度右方的【添加/删除 关键帧】按钮，添加 4 个关键帧，如图 5-69 所示。

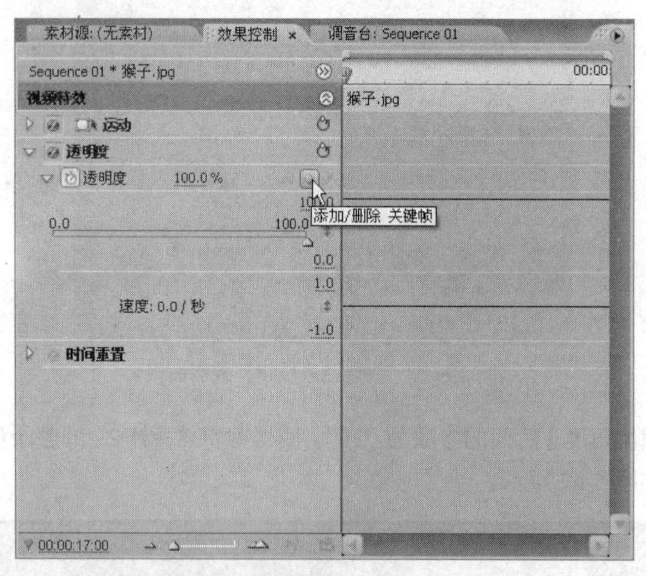

图 5-69　在效果控制面板中添加透明度关键帧

（12）分别将“00:00:17:00”、“00:00:18:00”、“00:00:29:00”、“00:00:30:00”4 个关键帧的透明度值设置为“0”、“100”、“100”、“0”，如图 5-70 所示。（单击【添加/删除 关键帧】按钮两边的【跳转到前一关键帧】和【跳转到后一关键帧】按钮，可以在各个关键帧之间快速跳转。）

（13）单击【运动】前面的▷按钮展开参数栏。将效果控制面板左下方的时间设定为“00:00:17:00”，单击位置左边的【切换动画】按钮，为位置创建第一个关键帧，如图 5-71 所示。

（14）分别将效果控制面板左下方的时间设定为“00:00:18:00”、“00:00:20:00”，单击【位置】右方的【添加/删除 关键帧】按钮，在这两个时刻添加位置关键帧，如图 5-72 所示。

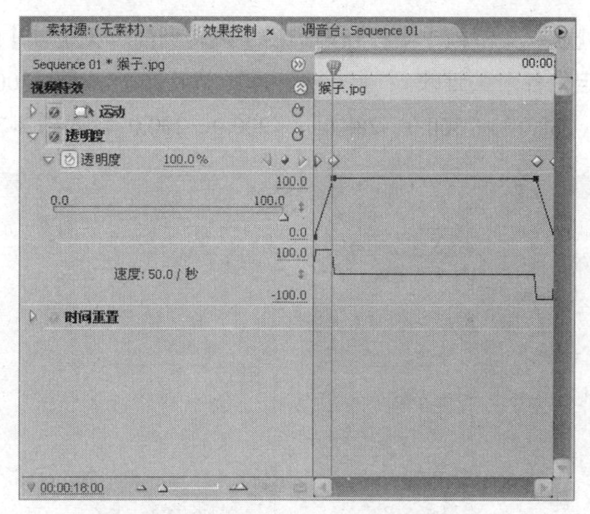

图 5-70　设置透明度关键帧参数值

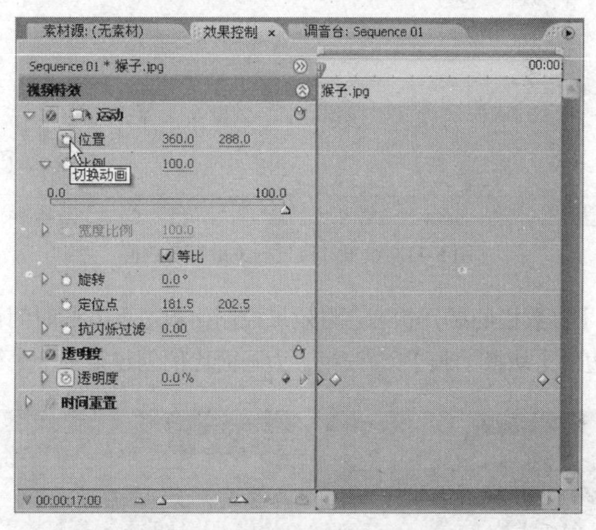

图 5-71　创建位置第一个关键帧

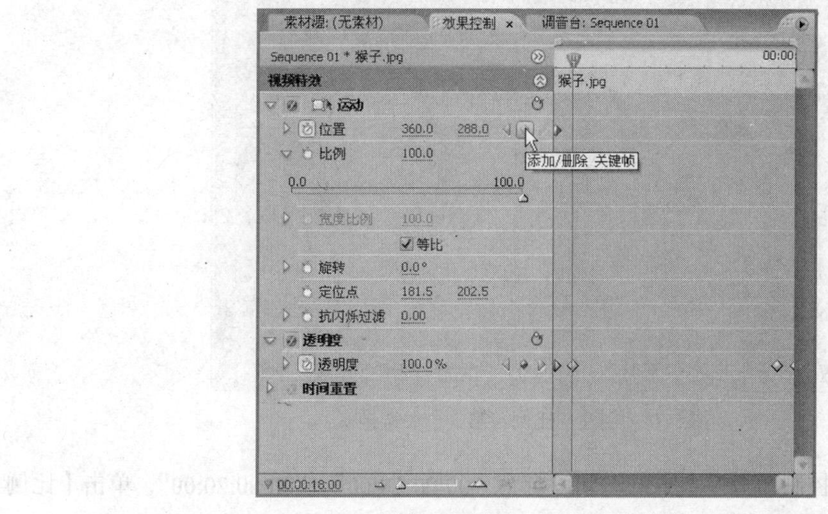

图 5-72　添加“位置”关键帧

（15）单击【添加/删除 关键帧】按钮两边的【跳转到前一关键帧】和【跳转到后一关键帧】按钮，快速定位各个关键帧。“00:00:17:00”、“00:00:18:00”、“00:00:20:00”，位置关键帧的值设置为“360.0，288.0”、“360.0，288.0”、“200.0，200.0”，如图 5-73 所示。

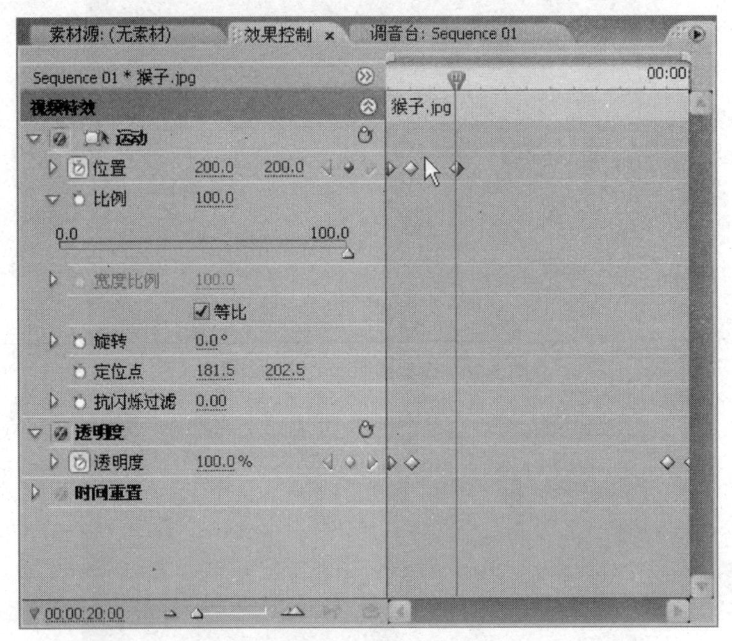

图 5-73 设置“位置”关键帧参数值

（16）保持【运动】参数栏的展开状态。将效果控制面板左下方的时间设定为“00:00:17:00”，单击【比例】参数左边的【切换动画】按钮，为画面比例创建第一个关键帧，如图 5-74 所示。

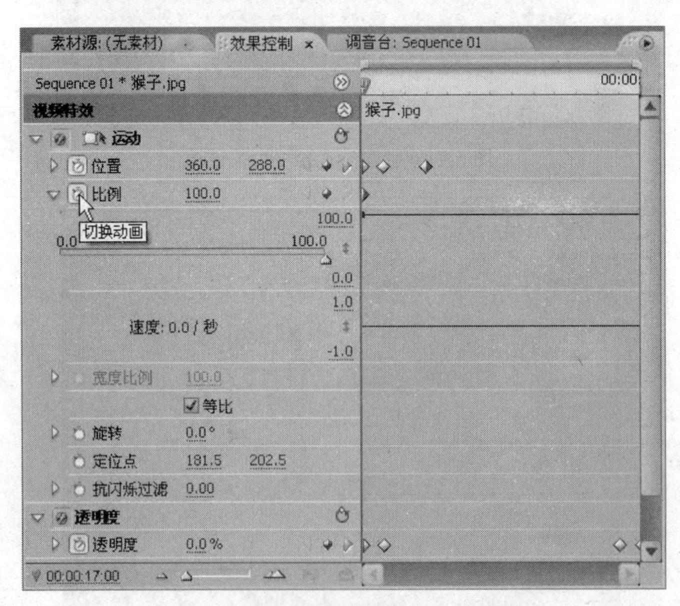

图 5-74 创建“比例”第一个关键帧

（17）分别将效果控制面板左下方的时间设定为“00:00:18:00”、“00:00:20:00”，单击【比例】右方的【添加/删除 关键帧】按钮，在这两个时刻添加画面的比例关键帧，如图 5-75 所示。

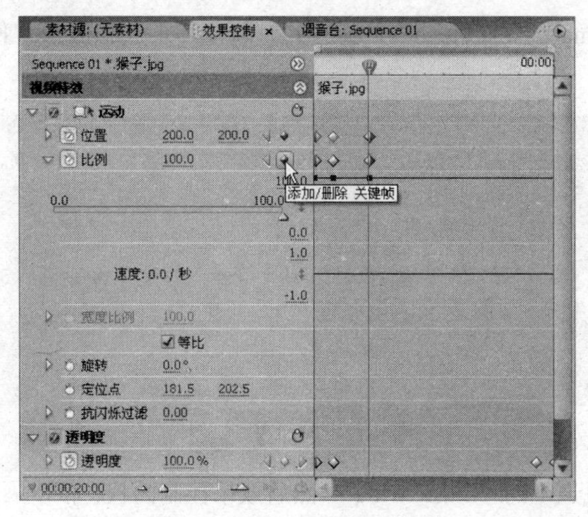

图 5-75　添加“比例”关键帧

（18）单击【添加/删除 关键帧】按钮两边的【跳转到前一关键帧】和【跳转到后一关键帧】按钮，快速定位各个关键帧。“00:00:17:00”、“00:00:18:00”、“00:00:20:00”，比例关键帧的值设置为“100”、“100”、“65”，如图 5-76 所示。

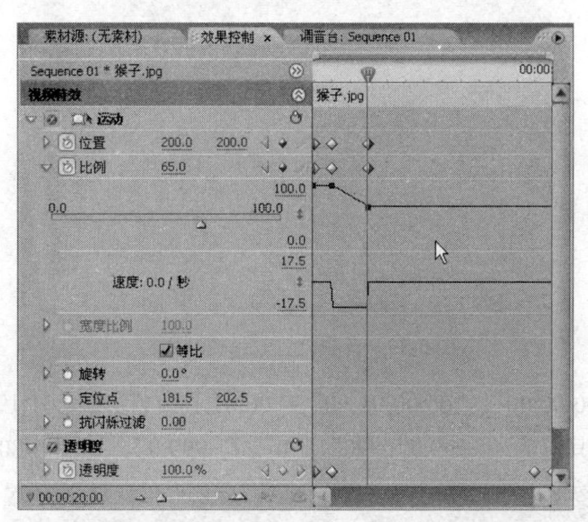

图 5-76　设置“比例”关键帧参数值

（19）将【叠化】转场效果添加到各个剪辑之间，将【黑场过渡】转场效果添加到“日落”剪辑的最后。按【Enter】键预览效果，如图 5-77 所示。

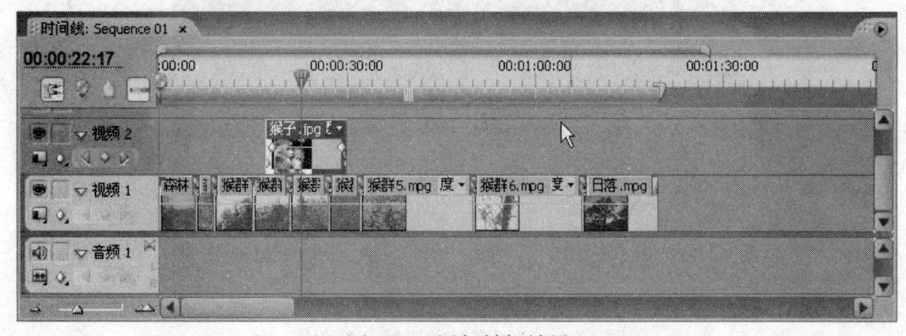

图 5-77　添加转场效果

（20）将“music.wma”添加到音频 1 轨道上，调整其入点和出点，使其和画面匹配，如图 5-78 所示。

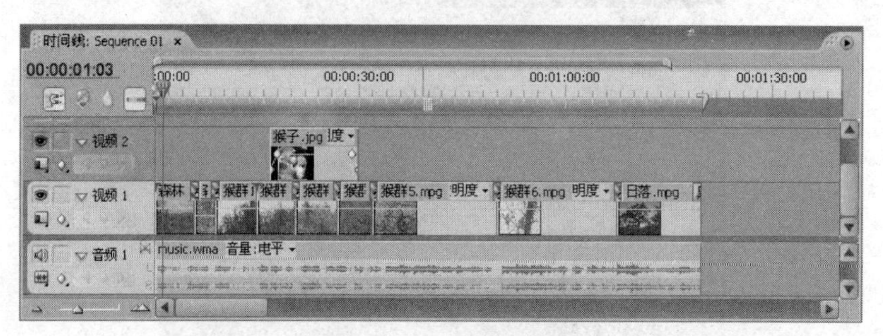

图 5-78　添加音频素材

（21）选择音频 1 轨道上的“music.wma”，然后效果控制面板，依次展开【音量】-【电平】，如图 5-79 所示。

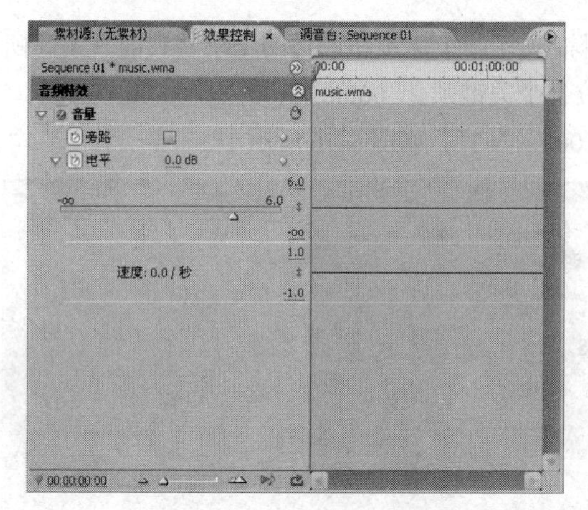

图 5-79　音频设置效果控制面板

（22）分别在“00:00:00:00”、“00:00:01:00”、“00:01:18:04”、“00:01:19:21”4 个时间点设置 4 个电平关键帧，并设置其值为“−999.0”、“0”、“0”、“−999.0”，如图 5-80 所示。

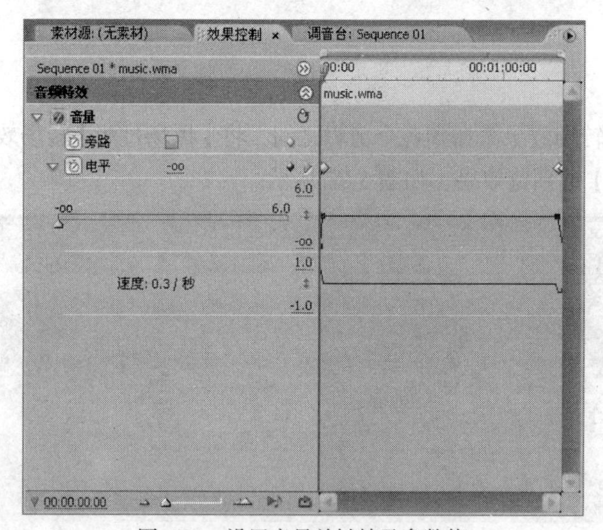

图 5-80　设置音量关键帧及参数值

（23）在英文状态下按“|”键，将时间线所有剪辑显示在时间线面板中，双击工作区指示条（也可以拖曳工作区指示条两段的工作区域标识），使整个工作区与整个时间线上的剪辑相匹配，如图 5-81 所示。按下【Enter】键预览整个影片。如果没有问题就可以输出了。

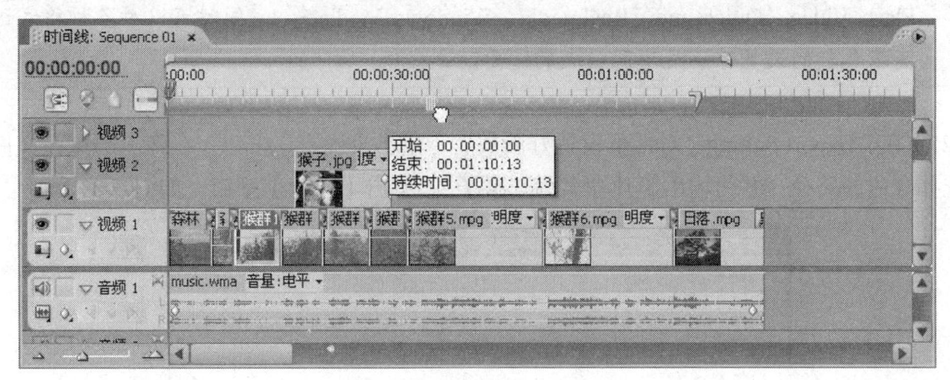

图 5-81　调整工作区指示条

（24）单击【文件】-【导出】-【Adobe Media Encoder】，弹出 Export Setting 对话框，如图 5-82 所示。在“Export Setting”对话框设置参数如下：format 设置为“Windows Media”，Range 设置为“Entire Sequence”，选中 Export Video 和“Export Audio”前面的复选框，设置 Frame Width 为“720”，Frame Height 为“576”，fps 为“25”，Pixel Aspect Ratio 为“D1/DV PAL(1.067)”，Maximum Bitrate 为“512”。单击【确定】按钮。

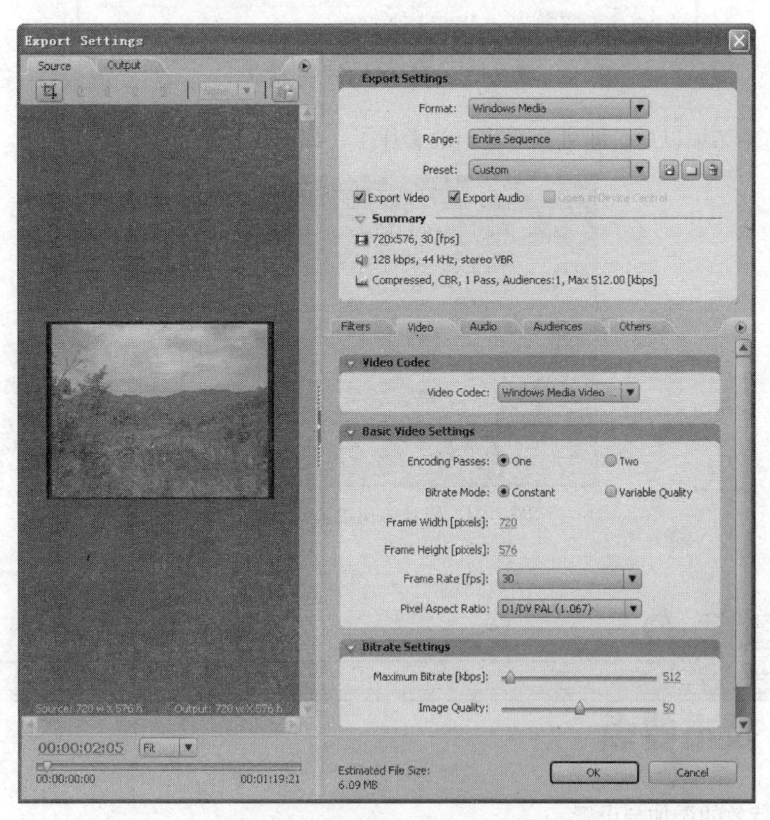

图 5-82　“Export Setting”对话框

5-4：Adobe Media Encoder

知识点

利用“Adobe Media Encoder”面板可以将影片输出为多种格式的文件（如 Adobe Flash Video、Quicktime、Realmedia、Windows Media 等）。同时可以对各种格式进行高级参数的设置以满足不同层次的需要。

（25）在“Export Setting”对话框设置好参数后，单击【确定】按钮。在弹出的保存文件对话框中选择合适的路径，并为输出影片命名为“猴子”。单击【保存】按钮，如图 5-83 所示。

图 5-83 “保存文件”对话框

（26）在渲染结束以后，即可观看输出的影片了，如图 5-84 所示。

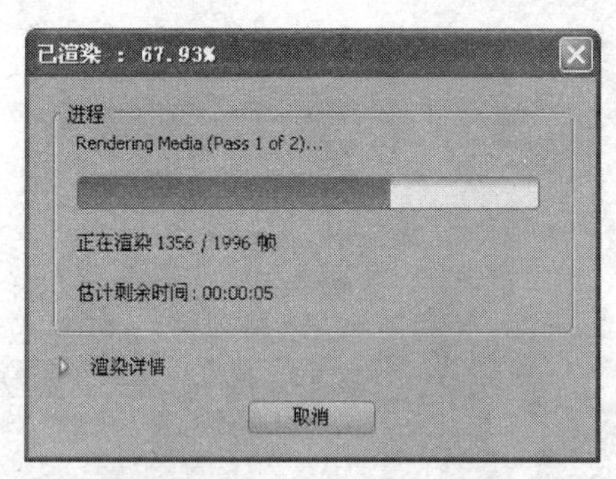

图 5-84 影片输出渲染对话框

技术要点

（1）视频特效的添加与设置

（2）为剪辑参数添加并调整关键帧的方法

3. 为剪辑制作运动效果
4. 工作区域的调整
5. Adobe Media Encoder 利用输出影片

阅读材料

1. 常见视频接口

（1）射频。射频（RF）是 Radio Frequency 的缩写，表示可以辐射到空间的电磁频率，天线和模拟闭路连接电视机就是采用射频（RF）接口。作为最常见的视频连接方式，它可同时传输模拟视频以及音频信号。RF 接口传输的是视频和音频混合编码后的信号，显示设备的电路将混合编码信号进行一系列分离、解码再输出成像。由于需要进行视频、音频混合编码，信号会互相干扰，所以它的画质输出质量是所有接口中最差的。有线电视和卫星电视接收设备也常用 RF 连接，但这种情况下，它们传输的是数字信号。

（2）复合视频。复合视频，也叫做基带视频或 RCA 视频，是全国电视系统委员会（National Television Standards Committee，NTSC）电视信号的传统图像数据传输方法，它以模拟波形来传输数据。不像射频接口那样包含了音频信号，复合视频（Composite）通常采用黄色的 RCA（莲花插座）接头。“复合”含义是同一信道中传输亮度和色度信号的模拟信号，但电视机如果不能很好地分离这两种信号，就会出现虚影。

（3）S 端子。S 端子也是非常常见的端子，其全称是 Separate Video，也称为 SUPER VIDEO。它的连接采用 Y/C（亮度/色度）分离式输出，避免了混合视讯信号输出时亮度和色度的相互干扰，极大地提高了图像的清晰度。因为分别传送亮度和色度信号，S 端子效果要好于复合视频。不过 S 端子的抗干扰能力较弱，所以 S 端子线的长度最好不要超过 7 米。

（4）色差。色差（Component）通常标记为 Y/Pb/Pr，用红、绿、蓝 3 种颜色来标注每条线缆和接口。绿色线缆（Y），传输亮度信号。蓝色和红色线缆（Pb 和 Pr）传输的是颜色差别信号。色差的效果要好于 S 端子，因此不少 DVD 以及高清播放设备上都采用该接口。如果使用优质线材和接口，即使采用 10 米长的线缆，色差线也能传输优秀的画面。

（5）VGA。VGA（Video Graphics Array）也被称为 D-Sub，是 IBM 于 1987 年提出的一个使用模拟信号的电脑显示标准。VGA 接口共有 15 针，分成 3 排，每排 5 个孔，是显卡上应用最为广泛的接口类型，绝大多数显卡都带有此种接口。它传输红、绿、蓝模拟信号以及同步信号（水平和垂直信号）。VGA 仍然是最多制造商所共同支持的一个低标准，应用十分广泛。

（6）DVI。DVI（Digital Visual Interface）接口，即数字视频接口。它是 1999 年由 Silicon Image、Intel（英特尔）、Compaq（康柏）、IBM、HP（惠普）等公司共同推出的接口标准。DVI 接口与 VGA 都是电脑中最常用的接口，与 VGA 不同的是，DVI 可以传输数字信号，不用再经过数/模转换，所以画面质量非常高。DVI 接口有多种规范，常见的是 DVI-D 和 DVI-I。DVI-D 只能传输数字信号，DVI-I 接口可同时兼容模拟和数字信号，DVI-I 可以通过一个转换接头和 VGA 相互转换。

（7）HDMI。HDMI（High Definition Multimedia Interface）中文名称是高清晰多媒体接口的缩

写。HDMI 能高品质地传输未经压缩的高清视频和多声道音频数据，最高数据传输速度为 5Gbit/s。HDMI 同 DVI 一样是传输全数字信号，无需在信号传送前进行数/模或者模/数转换，可以保证最高质量的影音信号传送。HDMI 接口不仅能传输高清数字视频信号，还可以同时传输高质量的音频信号。对于没有 HDMI 接口的用户，可以用适配器将 HDMI 接口转换为 DVI 接口，但是这样就失去了音频信号。与 DVI 相比 HDMI 接口的体积更小，而且可同时传输音频及视频信号。DVI 的线缆长度不能超过 8 米，否则将影响画面质量，而 HDMI 最远可传输 15 米。只要一条 HDMI 缆线，就可以取代最多 13 条模拟传输线，能有效解决家庭娱乐系统背后连线杂乱纠结的问题。HDMI 规格可搭配宽带数字内容保护，可以防止具有著作权的影音内容遭到未经授权的复制。

2. 视频文件的格式

（1）AVI 视频格式：AVI（Audio Video Interleaved）即音频视频交错格式。Microsoft 公司于 1992 年推出了 AVI 技术及其应用软件。在 AVI 文件中，运动图像和伴音数据是以交织的方式存储的，并独立于硬件设备。它将视频和音频交织在一起进行同步播放。这种以交替方式组织视频和音频数据的方式可以使得读取视频数据流时能更有效地从存储媒体得到连续的信息。这种视频格式的优点是图像质量好，可以跨多个平台使用，缺点是体积过于庞大。AVI 格式另外一个特点就是其开放性，它可以采用不同的压缩算法。也就是说后缀名同为 AVI 的视频文件，其具体采用的压缩算法可能不同，因此也就需要相应的解压缩软件才能进行正确的回放。AVI 一般采用帧内压缩，可以使用常用的视频编辑软件（如 Adobe Premiere 等）进行编辑和处理。

（2）DV-AVI 视频格式：DV 的英文全称是 Digital Video Format，是由索尼、松下、JVC 等多家厂商联合提出的一种家用数字视频格式。目前非常流行的数码摄像机就是使用这种格式记录视频数据的。它可以通过电脑的 IEEE 1394 端口传输视频数据到电脑，也可以将电脑中编辑好的视频数据回录到数码摄像机中。这种视频格式的文件扩展名一般是 avi，所以也叫 DV-AVI 格式。

（3）MPEG 视频格式：MPEG 是 Motion Picture Experts Group 的缩写，它包括了 MPEG-1，MPEG-2 和 MPEG-4（注意，没有 MPEG-3，大家熟悉的 MP3 只是 MPEG Layer 3）。

MPEG-1 制定于 1992 年，它是针对 1.5Mbit/s 以下数据传输率的数字存储媒体运动图像及其伴音编码而设计的国际标准。使用 MPEG-1 的压缩算法，可以把一部 120 分钟长的电影压缩到 1.2GB 左右大小。这种视频格式的文件扩展名包括 mpg、mpe、mpeg 及 VCD 光盘中的 dat 文件等。MPEG-1 被广泛的应用在 VCD 的制作上。

MPEG-2 设计目标为高级工业标准的图像质量以及更高的传输率。主要应用在 DVD 的制作（压缩）方面，同时在一些 HDTV（高清晰电视广播）和一些高要求视频编辑、处理上面也有相当的应用面。使用 MPEG-2 的压缩算法压缩一部 120 分钟长的电影（未视频文件）可以到压缩到 4GB 到 8 GB 的大小。这种视频格式的文件扩展名包括 mpg、mpe、mpeg、m2v 及 DVD 光盘上的 vob 文件等。

MPEG-4 是为了播放流式媒体的高质量视频而专门设计的，它可利用很窄的带度，通过帧重建技术，压缩和传输数据，以求使用最少的数据获得最佳的图像质量。目前 MPEG-4 最有吸引力的地方在于它能够保存接近于 DVD 画质的小体积视频文件，使用这种算法的 ASF 格式可以把一部 120 分钟长的电影（未视频文件）压缩到 300M 左右的视频流。另外，这种文件格式还包含了以前 MPEG 压缩标准所不具备的比特率的可伸缩性、动画精灵、交互性甚至版权保护等一些特殊功能。

（4）DivX 格式：是由 MPEG-4 衍生出的另一种视频编码（压缩）标准，也即我们通常所说

的 DVDrip 格式，它采用了 MPEG-4 的压缩算法同时又综合了 MPEG-4 与 MP3 各方面的技术，说白了就是使用 DivX 压缩技术对 DVD 盘片的视频图像进行高质量压缩，同时用 MP3 或 AC3 对音频进行压缩，然后再将视频与音频合成并加上相应的外挂字幕文件而形成的视频格式。其画质直逼 DVD 并且体积只有 DVD 的几分之一。这种编码对机器的要求也不高，所以 DivX 视频编码技术可以说是一种对 DVD 造成威胁最大的新生视频压缩格式，号称 DVD 杀手或 DVD 终结者。

（5）MOV 格式：MOV 是 Apple 公司开发的用于保存音频和视频信息一种格式，扩展名为 mov，默认的播放器是苹果的 QuickTimePlayer。它具有较高的压缩比率和较完美的视频清晰度等特点，但是其最大的特点还是跨平台性，它被包括 Apple Mac OS，Microsoft Windows 95/98/NT/2003/XP/Vista 在内的所有主流电脑平台支持。

（6）RM 格式：RM（Real Media）格式是 RealNetworks 公司所制定的音频视频压缩规范，用户可以使用 RealPlayer 或 RealOnePlayer 对符合 RealMedia 技术规范的网络音频/视频资源进行实况转播并且 RealMedia 可以根据不同的网络传输速率制定出不同的压缩比率，从而实现在低速率的网络上进行影像数据实时传送和播放。这种格式的另一个特点是用户使用 RealPlayer 或 RealOnePlayer 播放器可以在不下载音频/视频内容的条件下实现在线播放。另外，RM 作为目前主流的网络视频格式，它还可以通过其 RealServer 服务器将其他格式的视频转换成 RM 视频并由 RealServer 服务器负责对外发布。RM 格式一开始就定位在视频流媒体应用方面，也可以说是视频流技术的始创者。它可以在用 56k Modem 拨号上网的条件下实现不间断的视频播放。

（7）RMVB 格式：所谓 RMVB 格式，是在流媒体的 RM 格式上升级延伸而来的。VB 即 VBR，是 Variable Bit Rate（可改变之比特率）的英文缩写。RMVB 打破了原先 RM 格式那种平均压缩采样的方式，在保证平均压缩比的基础上，合理利用比特率资源，复杂的动态画面使用较高的比特率，而在静态画面和动作场面少的画面场景中灵活地转为较低的比特率，合理地利用了带宽资源，使 RMVB 在牺牲少部分察觉不到影片质量影响的情况下最大限度地压缩了影片的大小。

（8）ASF 格式：ASF 的英文全称为 Advanced Streaming Format，它是微软为了和现在的 Real Player 竞争而推出的一种视频格式，用户可以直接使用 Windows 自带的 Windows Media Player 对其进行播放。

（9）WMV 格式：WMV 的英文全称为 Windows Media Video，也是微软推出的一种采用独立编码方式并且可以直接在网上实时观看视频节目的文件压缩格式。WMV 格式的主要优点包括：本地或网络回放、可扩充的媒体类型、部件下载、可伸缩的媒体类型、流的优先级化、多语言支持、环境独立性以及扩展性等。

（10）FLV 视频格式：FLV（FLASH VIDEO）流媒体格式是一种新的视频格式。目前被众多新一代视频分享网站所采用，是目前增长最快、最为广泛的视频传播格式。其主要特点是文件体积小、加载速度极快，使得网络观看视频文件成为可能。FlV 格式有效地解决了视频文件导入 Flash 后，使导出的 SWF 文件体积庞大，不能在网络上很好的使用等问题。

（11）Matroska 视频格式：Matroska 是一种新的多媒体封装格式，后缀名为 mkv。它可把多种不同编码的视频及 16 条或以上不同格式的音频和语言不同的字幕封装到一个 Matroska Media 文件当中。它也是一种开放源代码的多媒体封装格式。Matroska 同时还可以提供非常好的交互功能，而且比 MPEG 格式的文件更方便、功能更强大。

本章习题

一、理论架构

1. 了解常见视音频格式。
2. 了解常见视频传输接口。
3. 掌握视频制作的基本方法。

二、实战练习

（一）基础篇

搜集浏览各种格式的视频文件，了解其编码格式，文件大小，画面质量，播放软件。

通过不同的方式获取视频素材。

（二）提高篇

制作一个专题电影，比如一个名胜景点的介绍，一件产品的宣传片等，制作完成以后，尝试输出为不同格式的文件，比较其大小和质量。

第6章 流媒体素材的采集与制作

【学习导航】

在前几章中我们介绍了声音素材、视频素材的采集与制作。本章主要介绍将已有音视频文件转换成流媒体文件，以及流媒体的采集与操作处理。通过本章的学习，可以了解流媒体的传输特点及应用；熟悉流媒体素材的一般获取方法；掌握流媒体制作的两个常用软件的使用方法；能制作符合设计要求的流媒体素材。本章的主要学习内容及在多媒体制作技术中的位置如图 6-1 所示。

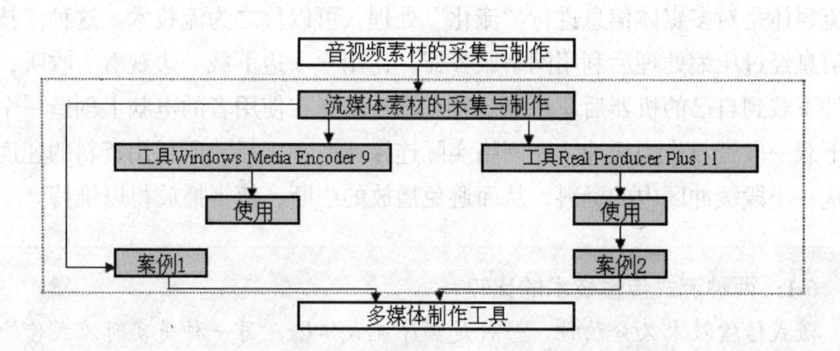

图 6-1　本章的主要学习内容及在多媒体制作技术中的位置

流媒体与平面媒体不同，流媒体文件采用边下载边播放的流式传输方式，这种传输方式不仅使启动延时大幅度地缩短，而且对系统缓存容量的需求也大大降低，极大地减少用户的等待时间。流媒体最大的特点在于互动性。

6.1 知识准备

6.1.1 流媒体简介

1. 流媒体技术的概念

随着互联网的普及，利用网络传输音频与视频信号的需求也越来越大。广播、电视等媒体上网后，也都希望通过互联网来发布自己的音视频节目。但是，音视频在存储时文件的体积一般都十分庞大。在网络带宽有限的情况下，花几十分钟甚至更长的时间等待一个音视频文件的传输，不能不说是一件让人头疼的事。流媒体技术的出现，在一定程度上改善了互联网传输音视频难的局面。

简单地说，流媒体技术（Streaming Media Technology）是为解决以 Internet 为代表的中低带宽网络上多媒体信息（以视频、音频信息为重点）传输问题而产生并发展起来的一种网络技术。采用流媒体技术，能够有效地突破低比特率接入 Internet 方式下的带宽瓶颈，克服文件下载传输方式的不足，实现多媒体信息在 Internet 上的流式传输。

"流媒体"的概念包括以下两个层面。其一，流媒体是计算机网络（尤其是中低带宽 Internet/Intranet）上需要实时传输的多媒体文件，比如声音、视频文件。在传输前需要把文件压缩处理成多个压缩包，并附加上与其传输有关的信息（比如，控制用户端播放器正确播放的必要的辅助信息），形成实时数据流。数据流最大的特点是允许播放器及时反应而不用等待整个文件的下载。其二，流媒体是对多媒体信息进行"流化"处理，可以称之为流技术。这种流技术把连续的影像和声音信息经过压缩处理后利用网络服务器，让用户一边下载一边观看、收听，而不需要等整个压缩文件下载到自己的机器后才可以观看。该技术先在使用者的电脑上创造一个缓冲区，在播放前预先下载一段资料作为缓冲，在网络实际连接速率小于播放所耗用资料的速度时，播放程序就会取用这一小段缓冲区内的资料，从而避免播放的中断，使得播放得以维持。

6-1：两种流式传输技术的比较

流式传输技术又分两种，一种是顺序流式传输，另一种是实时流式传输。

1. 从视频质量上讲，实时流式传输必须匹配连接带宽，由于出错丢失的信息将被忽略掉，网络拥塞或出现其他问题时，视频质量会很差；如欲保证视频质量，顺序流式传输更好。

2. 实时流式传输需要特定服务器，如 QuickTime Streaming Server、Real Server 与 Windows Media Server，这些服务器允许对媒体发送进行更多级别的控制，因而系统设置、管理比标准 HTTP 服务器更复杂。

3. 实时流式传输还需要特殊的网络协议，如 RTSP（Real-time Streaming Protocol）、MMS（Microsoft Media Server Protocol）等，这些协议在遇到防火墙时有时会出现问题，导致用户不能看到某些实时内容，而顺序流式传输与防火墙无关。

2. 流媒体技术的实现过程

按照内容提交的方式，流媒体的实现可以简单分为两种：在线广播和用户点播。不论是哪一种类型的流媒体，其实现从摄制原始镜头到媒体内容的播放都要经过一定过程。这里以当前流行的 RealNetWorks 公司的 RealMedia 为例来说明流媒体的制作、传输和使用的过程。

（1）采用视频捕获装置对事件进行录制；

（2）对获取的内容进行编辑，然后利用视频编辑硬件和软件对它进行数字化处理；

（3）经数字化的视频和音频内容被编码为流媒体（rm）格式；

（4）媒体文件或实况数据流被保存在安装了流媒体服务器软件的宿主计算机上；

（5）用户单击网页请求视频流或访问流内容的数据库；

（6）宿主服务器通过网络向最终用户提交数字化内容；

（7）最终用户利用桌面或移动终端上的显示媒体内容的播放程序（如 Realplayer）进行观看或回放。

要实现完整的流媒体过程，需要包括服务商和用户两方面。对于服务商而言主要完成这样几个过程：摄制原始内容，编辑、处理好要播放的内容，并准备好网络供给服务。对于用户而言，用户要经过正确的请求访问之后才能享受到这一技术，当然前提是用户已经准备好相应的媒体播放器。

6-2：高级流媒体技术

Realsystem 的自适应流（SureStream）技术、Windows Media Technology 的智能流（Intelligent Stream）技术属于高级流媒体技术。高级流媒体技术的采用，使服务器（Realserver 或 Windows Media Server）与播放器（Real Player/RealOnePlayer 或 Windows Media Player）之间可以根据网络带宽进行动态的沟通、调整传输速率从而得到尽可能高的播放效果。

服务器端编码工具可以对同一多媒体数据按多种压缩比率进行编码，同时生成适应不同网络带宽需求的多种传输速率的数据流，并集成在一路多媒体节目流中，当播放器连接到一个能提供多速率数据流的节目流服务器时，服务器会自动诊测该播放器的连接速度，并按该速度提供与之匹配的数据流。当播放器的网络连接中出现数据包丢失现象时，服务器就会转向发送更低带宽的数据流，转向低带宽数据流会导致节目质量一定程度的下降，但可以消除抖动现象。当播放器的连接速度上升后，服务器又会自动转向提供更高带宽的数据流，这中间的转变过程是瞬时完成的，节目的接收没有中断或间隔。因此，尽管用户接收的是同一个多媒体节目流，但由于他们各自的网络环境不同，实际上得到的播放效果并不一样。这就是高级流媒体技术的作用。

3. 流媒体技术的应用

由于流媒体技术在一定程度上突破了网络带宽对多媒体信息传输的限制，因此被广泛运用于网上直播、网络广告、视频点播、远程教育、远程医疗、视频会议、企业培训、电子商务等多种领域。

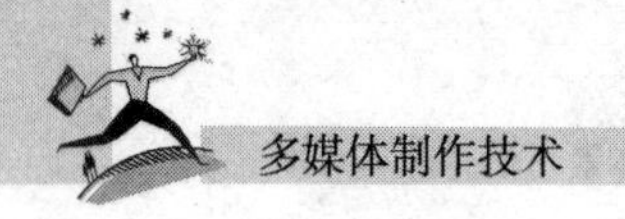

对于新闻媒体来说，流媒体带来了机遇，也带来了挑战。

流媒体技术为传统媒体在互联网上开辟更广阔的空间提供了可能。广播电视媒体节目的上网更为方便，听众、观众在网上点播节目更为简单，网上音视频直播也将得到广泛运用。

流媒体技术将过去传统媒体的“推”式传播，变为受众的“拉”式传播，受众不再是被动地接受来自广播电视的节目，而是可以在自己方便的时间来接收自己需要的信息。这将在一定程度上提高受众的地位，使他们在新闻传播中占有主动权，也使他们的需求对新闻媒体的活动产生更为直接的影响。

流媒体技术的广泛运用也将模糊广播、电视与网络之间的界限，网络既是广播电视的辅助者与延伸者，也将成为它们有力的竞争者。利用流媒体技术，网络将提供新的音视频节目样式，也将形成新的经营方式，例如收费的点播服务。发挥传统媒体的优势，利用网络媒体的特长，保持媒体间良好的竞争与合作，是未来网络的发展之路，也是未来传统媒体的发展之路。

6.1.2 声音流媒体的制作

数字音频的格式多种多样，那么如何把音频信号采集成数字信号呢？其实只要具备硬件设备和软件工具即可。下面谈一下如何进行音频的采集。

1. 硬件设备的配置

（1）计算机：主频要快，内存要大，最好是 512MB 以上内存。如果机器速度较慢，生成音频文件就会花费很长时间。另外，机器硬盘容量最好是 80GB 以上，立体声的 WMA 文件需要较大的硬盘空间。

（2）压缩卡：压缩卡的功能就是把录像带的内容采集到计算机中，存储成 RM、WMV、MPG 或 AVI 文件。在购买压缩卡时应注意输入、输出接口。有的卡既有视频输入、输出，又有音频的输入、输出，还有麦克输入。有的卡只有视频输入，没有视频输出。如果编辑完的片子既想刻录 VCD，又想回录到录像带上，就必须选购有视频输出的采集卡。

（3）声卡：如果要录制高品质的声音或配乐，主机上必须安装 64 位以上声卡。通过声卡在片子里配乐可以采用如下方式：视频采集时加入，在声卡的音频输入口加一个 2 变 1 的转换头，接入两路输入，一路为录像机音频输出（用来采集录像带原声），一路为放音机音频输出（用来增加伴奏音乐），在麦克口连接一只麦克，用来增加画外音或解说词。声卡音频输出直接接入压缩卡的音频输入，压缩卡的音频输出一路接录像机的音频输入，一路接音箱。

2. 音频的采集

现在可用的压缩卡和处理软件有很多种，下面以微软的 Windows Media Encoder 9 编码器为例，介绍常用的 WMA 音频流媒体文件的制作。

（1）Windows Media Encoder 9 编码器的安装。在装有声卡的计算机上运行 Windows Media Encoder 9 安装文件，如图 6-2 所示。

图 6-2　Windows Media Encoder 9 安装界面

接下来的安装步骤可按照安装向导进行，这里不再赘述。

（2）音频的采集。启动 Windows Media Encoder。启动时，会弹出如图 6-3 所示对话框，对话框中有 2 个标签，【向导】和【快速启动】，【向导】标签中有 5 个选项：【自定义会话】；【广播实况事件】；【捕获音频或视频】；【转换文件】；【捕获屏幕】。

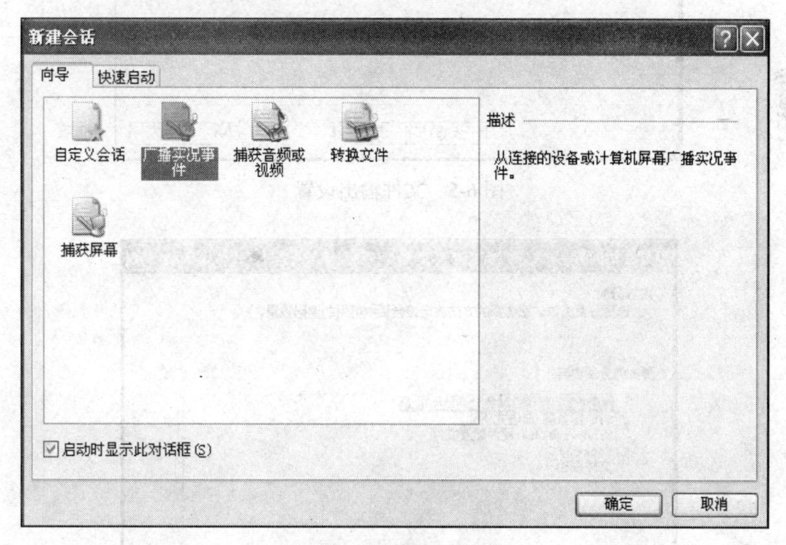

图 6-3　新建会话向导

① 选择【捕获音频或视频】，单击【确定】按钮。

② 选择音频设备，单击【下一步】按钮，如图 6-4 所示。

③ 选择文件的存放路径和文件名，单击【下一步】按钮，如图 6-5 所示。

④ 选择输出文件的分发方式，单击【下一步】按钮，如图 6-6 所示。

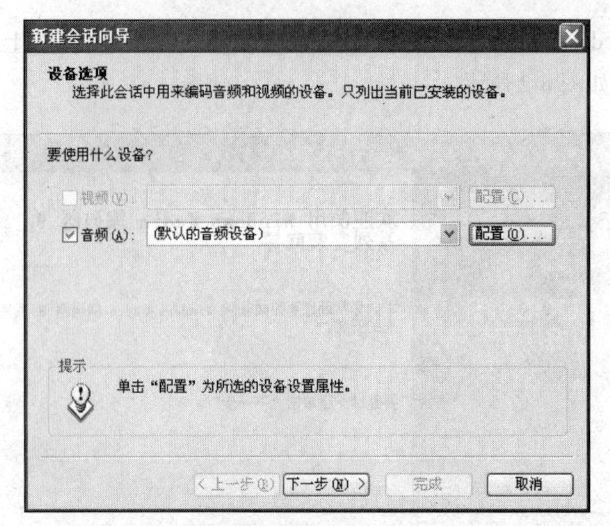

图 6-4　选择音频设备

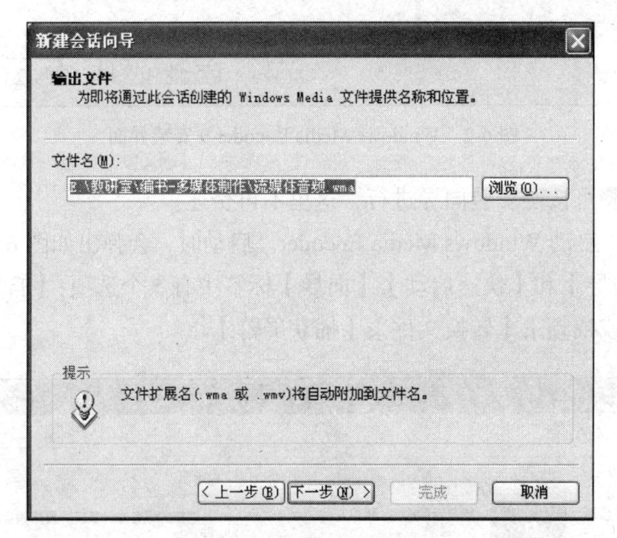

图 6-5　文件输出设置

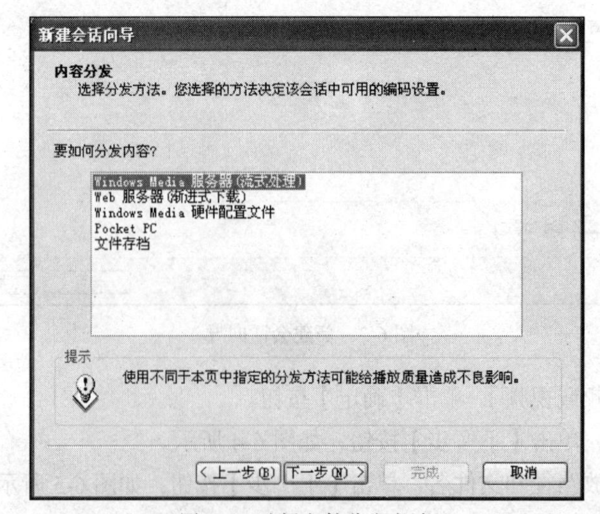

图 6-6　选择文件分发方式

⑤ 选择【编码】选项，单击【下一步】按钮，如图 6-7 所示。

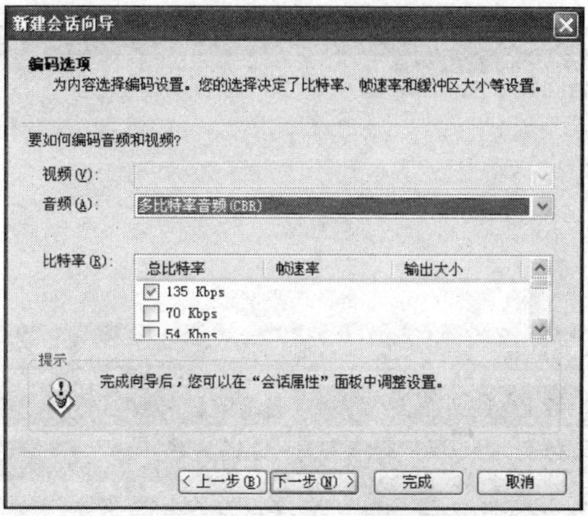

图 6-7　编码设置

⑥ 填入相关信息（可选），单击【下一步】按钮，如图 6-8 所示。

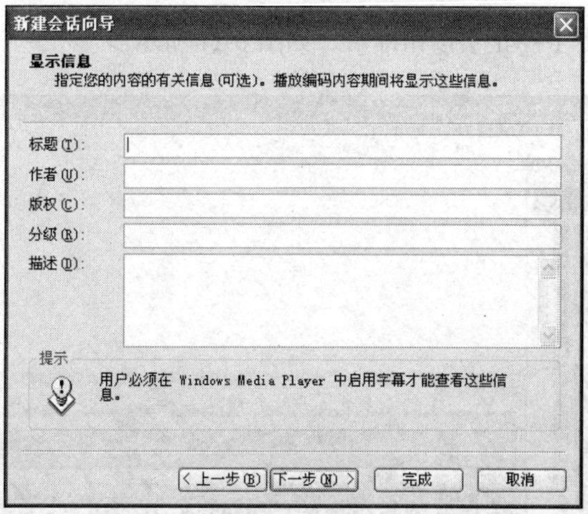

图 6-8　设置显示信息

⑦ 检查该会话的设置，如正确无误，单击【完成】按钮，如图 6-9 所示。

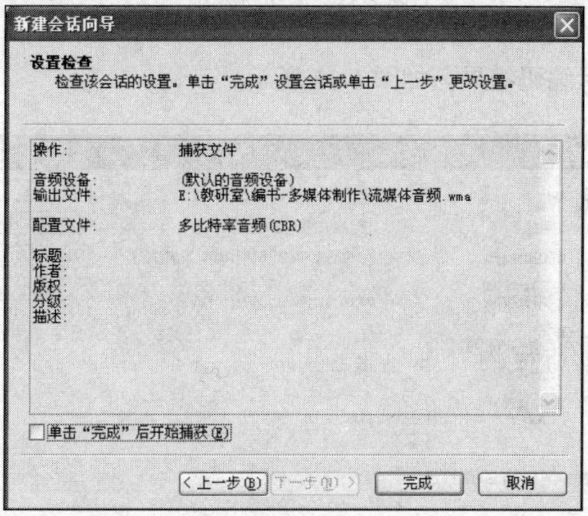

图 6-9　检查会话的设置

⑧ 单击【开始编码】按钮，就可以开始捕获音频了，如图 6-10 所示。

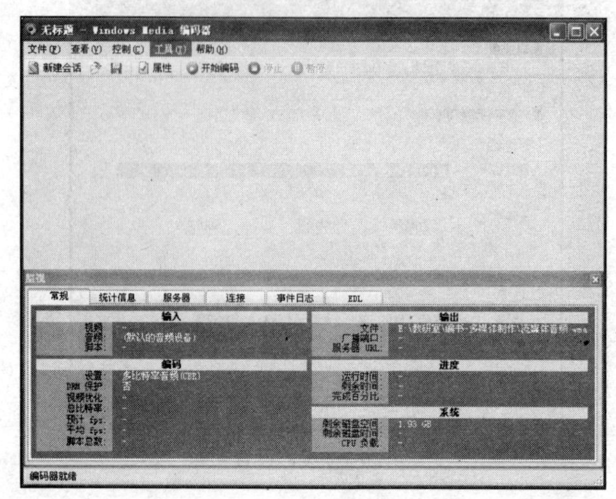

图 6-10　开始编码

⑨ 节目结束后，单击【停止】按钮即可，如图 6-11 所示。

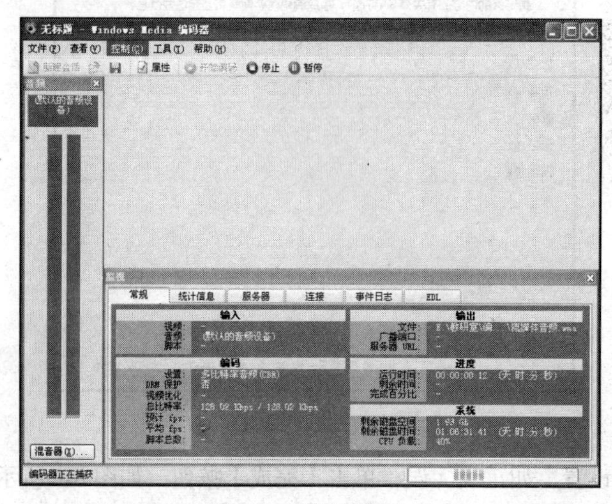

图 6-11　编码进行中

⑩ 编码结束后会显示编码结果，如图 6-12 所示。

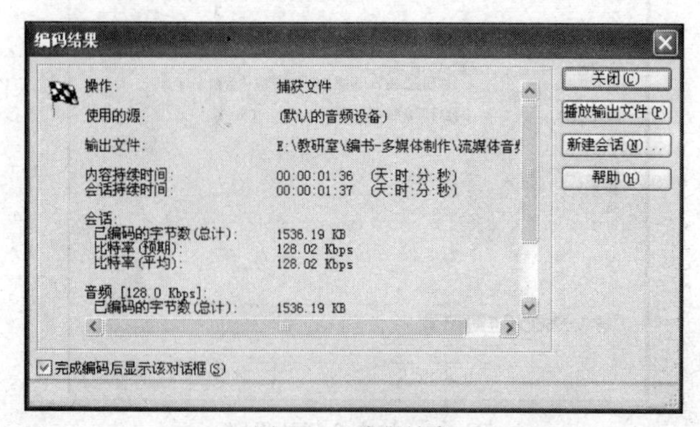

图 6-12　编码结束

用 Windows Media Encoder 制作的音频文件格式为 WMA，也可以利用一些处理软件把它转换成其他文件格式。

这里我们只介绍了用 Windows Media Encoder 制作音频文件，它还可以制作视频文件，格式为 WMV。

6.1.3　视频流媒体的制作

RealMedia 流媒体是目前网络上应用最广泛的媒体格式之一，如何制作 RM 格式的流媒体文件呢？我们可以使用 Real 公司推出的 RM 文件制作工具 RealProducer。它除了能将 AVI、MOV、QT、WAV、AU、MPG、MPEG、MP3 等格式的音频和视频文件转换为 RM 流媒体文件之外，还可以直接接收来自麦克风、VHS 录像机、数码相机、数字摄像机、CD 播放器、DVD 播放机等外部播放设备的实时数据信息，并将其转换为 RM 格式文件。下面介绍使用 RealProducer Plus 11 制作 RM 格式文件的方法。

1. 文件转换

首先介绍一下如何使用 RealProducer 将磁盘中已有的视频文件转换成为 RM 文件。

启动 RealProducer Plus 11，界面如图 6-13 所示。

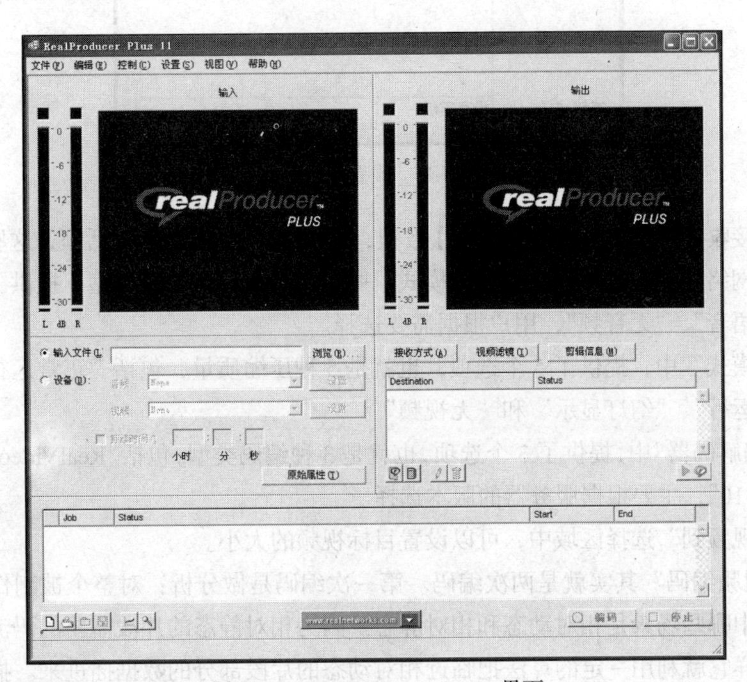

图 6-13　Real Producer plus 11 界面

（1）选择源文件。在左边输入部分中，单击“输入文件”文本框右侧的【浏览】按钮，选择需要转换的视频文件，如图 6-14 所示。

（2）设置版权信息。单击右边输出部分的【剪辑信息】按钮，弹出【信息描述】对话框，这里是对节目的相关信息和介绍的设置，在“主题”中填写好视频的标题，在“著作”中填写作者的名称，在“版权”和“描述”中分别填写好版权信息和视频文件的说明，在“关键词”中填写好搜索关键词，并在“等级”中选择一个适当的等级，如图 6-15 所示。

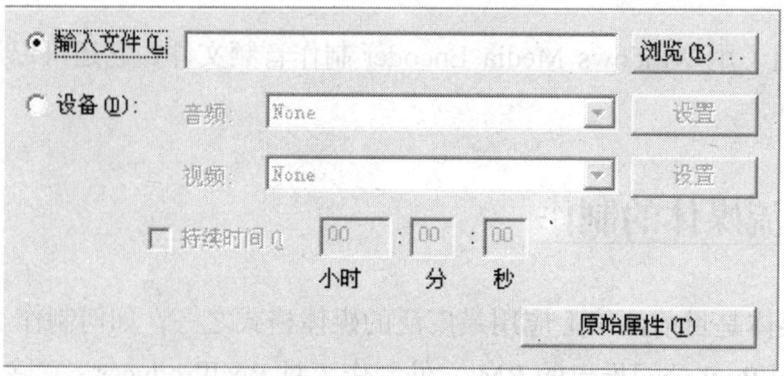

图 6-14　选择源文件

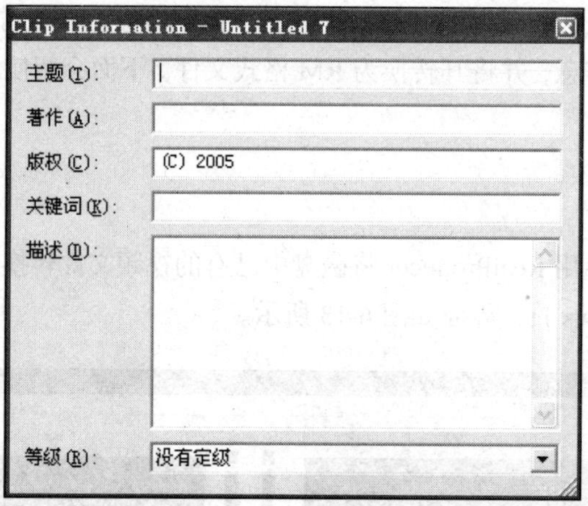

图 6-15　设置版权信息

（3）选择接收方式。单击【接收方式】按钮，弹出如图 6-16 所示对话框，这里主要是设置编码类型以及对网络的相关选项，在“音频模式”中，主要是设置节目类型，提供了 3 个选项，包括“音乐”、“语音”、“无音频”，用户根据需要选择。

在“视频模式”中，提供了 5 个选项，也就是 5 种压缩质量，包括“正常运行视频”、“锐化图像”、“平稳运行”、“幻灯显示”和“无视频”。

在“视频编解码器”中，提供了 3 个选项，也就是 3 种编码类型，包括“RealVideo 8”、“RealVideo 9”“RealVideo 10”，主要根据服务器的版本选择。

在“调整视频到”选择区域中，可以设置目标视频的大小。

“2-pass 视频编码”其实就是两次编码。第一次编码是做分析：对整个被制作的片源进行扫描，以确定片中哪些场景是相对动态和相对静态。因为相对静态的片段需要的码流速率相对低甚至低很多，这样它就利用一定的算法把临近相对动态的片段部分的数据插进来。插进来的数据和一般数据一同被载入到缓冲器，回放的过程中再插回动态的画面中。这样就巧妙地利用时间差充分地利用带宽使得动态效果达到最好。所谓的 first pass 就是分析并判断影像转换成数据流的“均衡”，然后 second pass 才是真正利用 first pass 中分析的结果开始编码。同时由于需要经过这两个过程，所以 2-pass 编码所需要的时间大约是普通编码时间的 1 倍～2 倍。

在“选择接收方式”中，主要是对带宽的设置，可以选择目标听众所使用的网络传输速率，如果选择的网络传输速度越慢，那么文件压缩的比例就会越大，而且容易失真，相对来说，用户

下载花费的时间就越短，根据自己的网络情况设置，如果要压缩成多声道的 RMVB，一定要选名字中带 Multichannel 的配置文件，这样压缩出来的电影才是多声道输出。

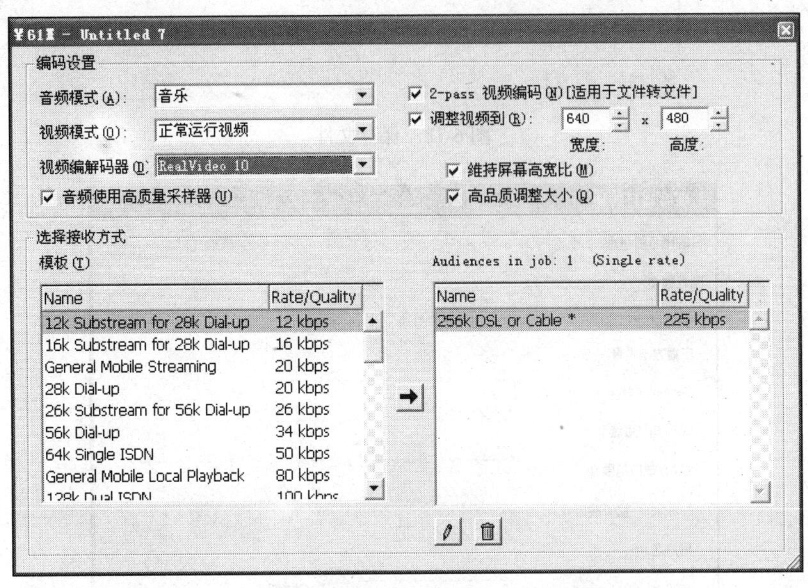

图 6-16　接收方式

（4）单击【视频滤镜】按钮，设置是否对视频进行裁切等，如图 6-17 所示。

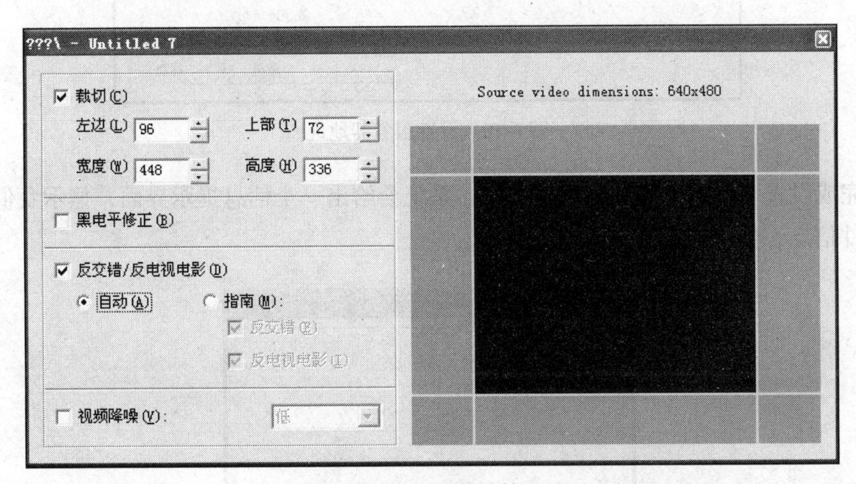

图 6-17　视频滤镜

（5）保存文件。如图 6-18 所示，单击【编辑保存地址】按钮，可以对文件保存的地址进行编辑；单击【增加文件保存地址】按钮，可以增加保存地址；单击【增加服务器目的地】按钮，可以增加服务器目的地，如图 6-19 所示，“目的地”名称填写文件的名称，也就是节目的名字以便管理；“流名称”中直播一般用“live.rm”，也可根据个人情况设置；“传送”设置协议，如果不能正常播放，可换一个协议；“Server address”填写服务器 IP 或服务器域名；“用户名”、“密码”填写服务器的用户名与密码；“记住密码”为保存密码项。设置完成后单击【模板】按钮来保存；单击【移除保存地址】按钮，可以移除已经设定的保存地址，在上面的显示区域中显示工作文件，所在服务器的相关信息，以及节目录制的设置。

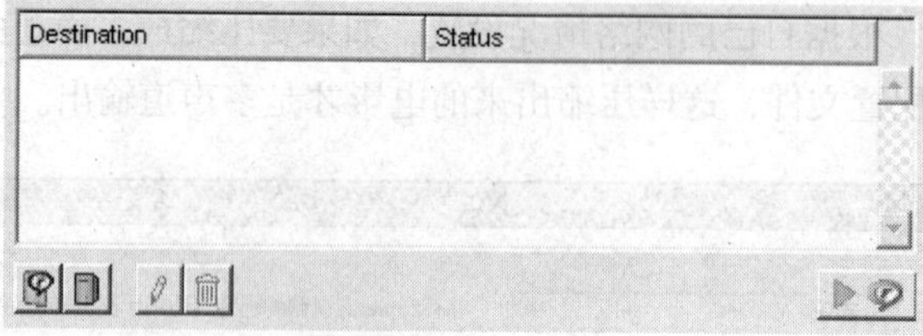

图 6-18　保存文件

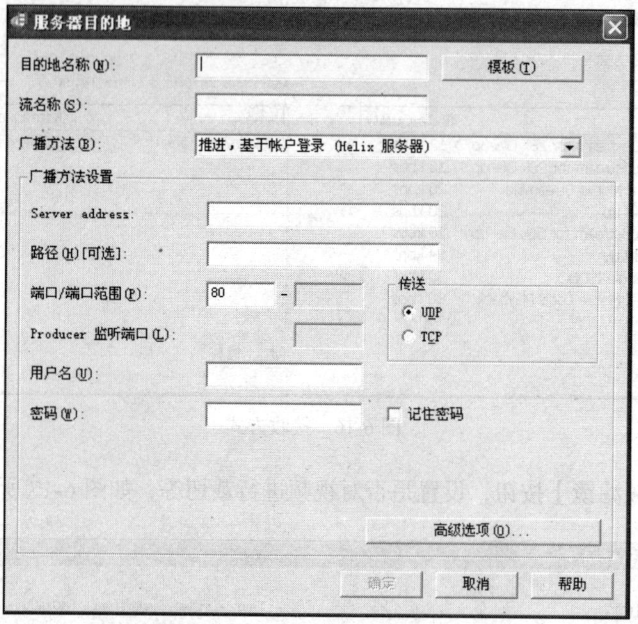

图 6-19　设置服务器地址

（6）完成设置。单击【原始属性】按钮，系统会给出一个信息提示界面，显示我们已经设定的 RM 文件信息，如图 6-20 所示。

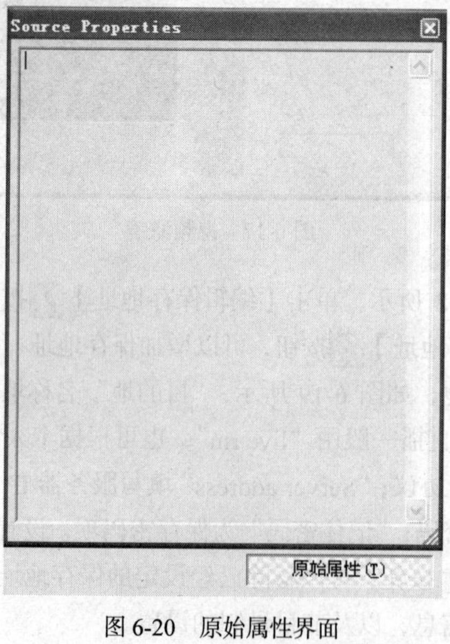

图 6-20　原始属性界面

（7）开始转换。进入 RealProducer 主界面窗口，单击【编码】按钮就可以开始转换了，这时系统会提示转换的进度。转换完成后，可以单击界面中的 按钮预览转换后的效果，如图 6-21 所示，在界面中音量条指示当前音量的大小，有输入音量条和输出音量条，如图 6-22 所示。

图 6-21　转换

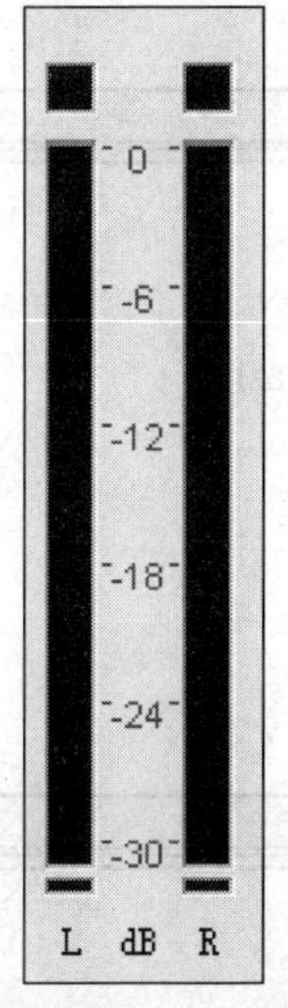

图 6-22　音量条

（8）停止录制。转换完成后，会自动停止，如果想中途停止，可单击【停止】按钮即可。

2. 实时录制

RealProducer 还可以通过视频、音频采集设备实时录制 RM 格式文件，下面简单介绍录制的方法。

（1）建立新项目。在主界面中执行菜单命令【文件】-【新建工作】，选择“设备”选项。

（2）选择采集设备。在采集设备框中，选择“视频”选项，在下拉列表中选择视频采集设备，【设置】按钮直接调用视频控制设置，如图 6-23 所示，“持续时间”是对制定定时节目起作用的，在设定时间自动结束节目。

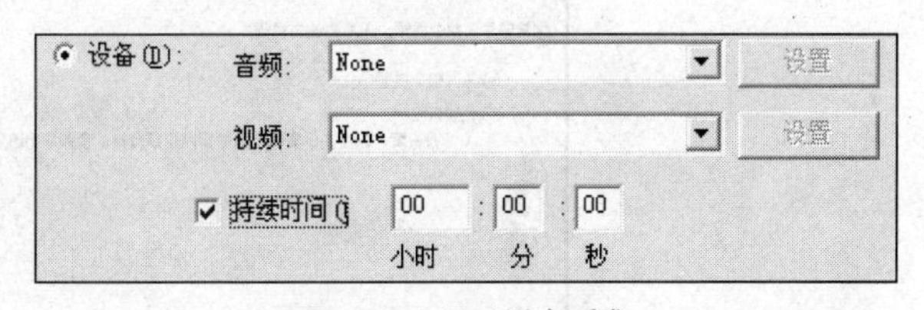

图 6-23　通过设备采集

（3）完成实时采集配置信息。接下来的步骤与前面介绍的文件格式转换设置方法基本类似，完成设置后，返回到主界面，单击【编码】按钮开始录制。

这里我们只介绍了用 Real Producer 制作视频流媒体的方法，它同样可以制作音频流媒体，广

泛应用于电台广播。

6.2 案例 1 制作 FLV 流媒体格式播放器

本案例介绍制作 FLV 流媒体格式播放器的方法。FLV 流媒体格式是一种新的视频格式，全称为 Flash Video。Flash MX 2004 对其提供了完美的支持，它的出现有效地解决了视频文件导入 Flash 后，导出的 SWF 文件体积庞大，不易在网络上传播等缺点。下面就来介绍一下如何使用小巧的 FLV 流媒体文件（素材位置：光盘\素材\第 6 章\案例 1）。

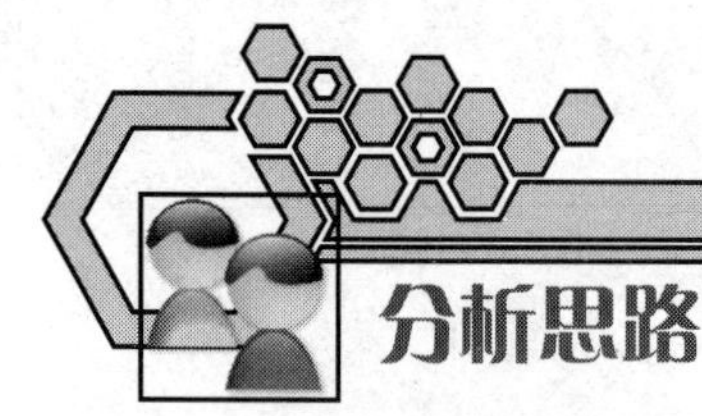

（1）将 AVI 格式的视频文件导入到 Flash。

（2）将视频文件输出为 FLA 格式。

（3）利用组件预览文件。

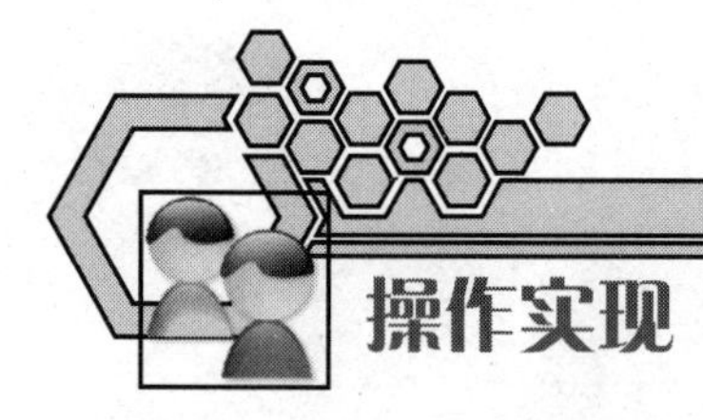

1. 建立 FLV 流媒体格式文件

首先，打开 Flash MX 2004，新建一个 Flash 文档。将光盘中的 AVI 格式的视频文件导入到库中。导入过程会出现向导提示，总共分 2 步，分别是“编辑”和“编码”，如图 6-24 所示。

图 6-24 “视频导入”界面

按照默认值进行处理，我们选择“导入整个视频”，单击【下一步】按钮，然后单击【结束】按钮完成导入过程。按下【Ctrl】+【L】组合键打开库，双击刚刚导入的 AVI 文件图标，打开【嵌入视频属性】对话框，如图 6-25 所示。

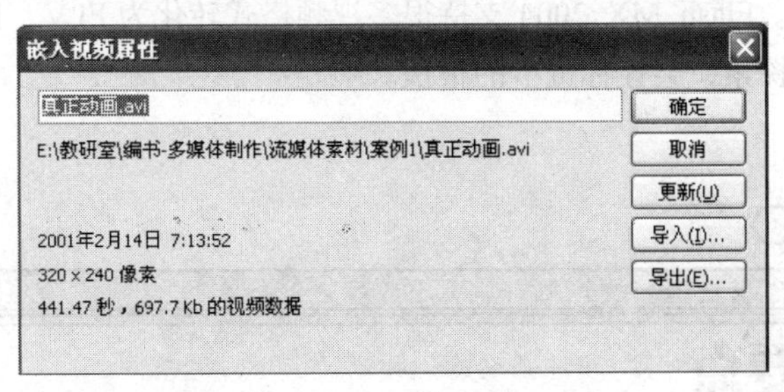

图 6-25　【嵌入视频属性】对话框

单击【导出】生成 FLV 格式文件。

通过以上操作已经成功地将视频 AVI 格式转换成为了 FLV 格式。这其中发生了什么变化呢？在默认参数的转化下，使 24MB 的 AVI 文件变成了 12.5MB 的 FLV 文件。让一个大块头“瘦”下来，这就可以轻松地放到网络中使用了。

2. 使用 FLV 流媒体文件

新建一个 Flash 文档，按下【Ctrl】+【F7】组合键打开组件面板，将 Media Componets 中的 MediaPlayback 组件拖入场景中，如图 6-26 所示。

用鼠标选中刚拖入的 MediaPlayback 组件，按下【Alt】+【F7】组合键打开“组件检查器”界面，如图 6-27 所示。组件检查器中的参数含义如下：定义了播放文件的类型为 FLV，也可以播放 MP3 文件；URL 中需要指定 FLV 文件的路径，因为已将 FLV 文件和 Flash 文件放在了同一目录中，所以这里只要指定文件名就可以。Automatically Play 为自动播放；Control Placement 和 Control Visibility 分别为播放面板的位置和是否可见。

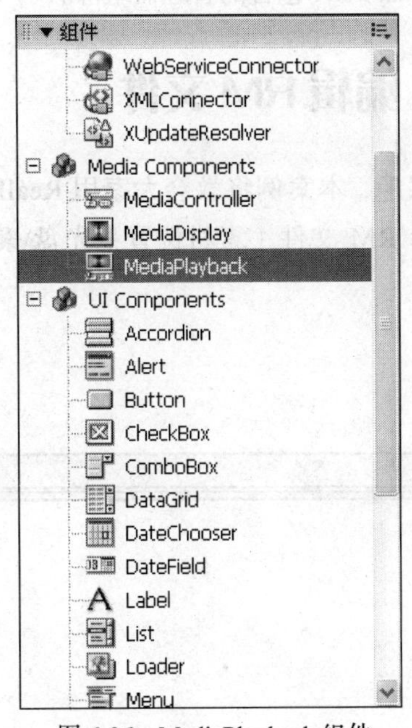

图 6-26　MediaPlayback 组件

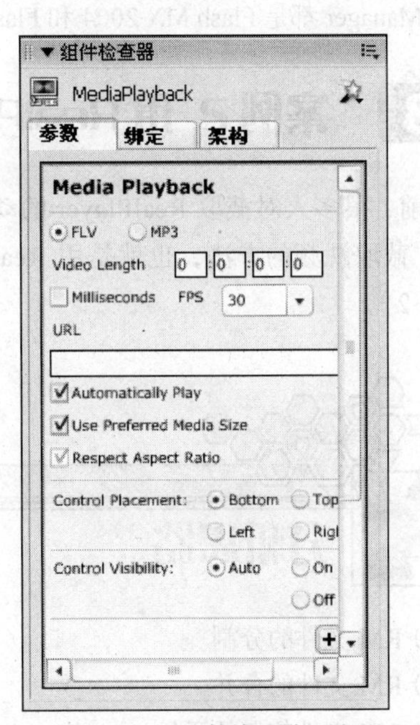

图 6-27　“组件检查器”界面

设置完成后，可以通过按下【Ctrl】+【Enter】组合键测试效果。

这样一个FLV格式的流媒体播放器就完成了。别看它制作简单，但功能还算齐全，特别是它提供了下载进度的显示，可以一边下载一边播放。这样我们的网站再也不用愁那些“大块头”的视频文件怎么放上去了。Flash MX 2004支持很多视频格式转化为FLV，自己动手做做，你会发现很多新技巧。不断的探索，会让你进步的很快。

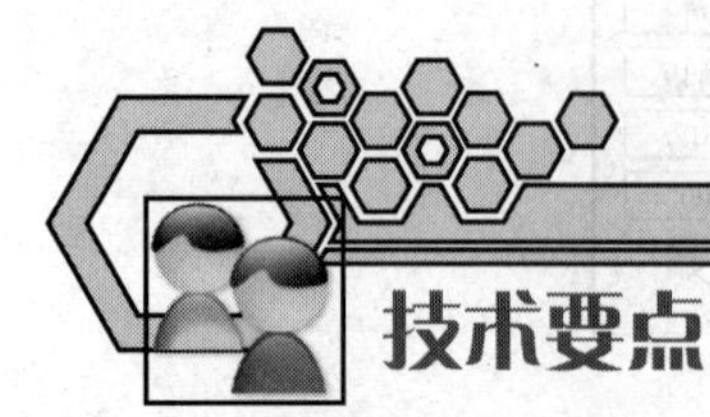

技术要点

1. 导入嵌入的视频文件

“视频导入”向导为将视频导入到Flash文档提供了简洁的界面。此向导可以选择是否将视频剪辑导入为嵌入或链接文件。当将视频剪辑导入为嵌入文件时，可以在向导中选择对视频进行编码和编辑的选项。单击“下一步”按钮可进入向导中后面的窗格，单击“上一步”按钮可返回到前面的窗格。

2. 组件

Flash MX 2004和Flash MX Professional 2004中包含的组件分为四类：用户界面（UI）组件、媒体组件、数据组件和管理器。使用UI组件，用户可以与应用程序进行交互操作。例如，RadioButton、CheckBox和TextInput组件都是UI组件。利用媒体组件，可以将媒体流入到应用程序中。MediaPlayback组件就是一个媒体组件。利用数据组件可以加载和处理数据源的信息。WebServiceConnector和XMLConnector组件都是数据组件。管理器是不可见的组件，使用这些组件，可以在应用程序中管理诸如焦点或深度之类的功能。FocusManager、DepthManager、PopUpManager和StyleManager都是Flash MX 2004和Flash MX Professional 2004包含的管理器组件。

6.3 案例2 用RealProducer编辑RM文件

目前，很多人对截取RealPlayer的动态视频很感兴趣，本案例将教会大家用RealProducer Plus 11截取视频的方法，也就是用RealProducer编辑RM文件（素材位置：光盘\素材\第6章\案例2）。

分析思路

（1）RM文件的分割。

（2）RM文件的合并。

（3）RM文件信息的添加。

操作实现

1. RM 文件的分割

（1）打开 RealProducer Plus 11 程序，单击菜单栏中的【文件】菜单，选择“编辑 RealMedia 文件”命令，如图 6-28 所示，这时弹出【RealMedia Editor】窗口，如图 6-29 所示。

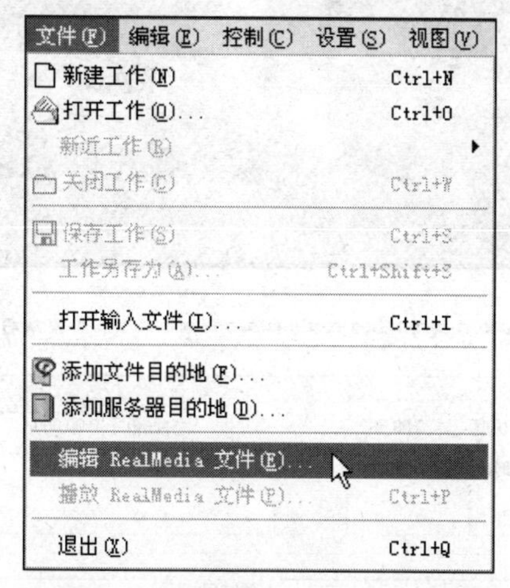

图 6-28　选择“编辑 RealMedia”命令

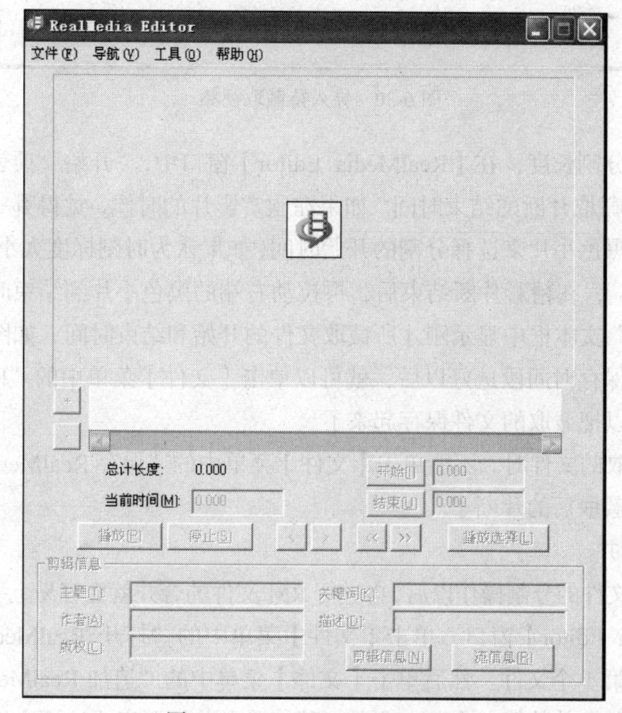

图 6-29　RealMedia Editor 界面

（2）打开要分割的 RM 文件。在【RealMedia Editor】窗口中单击【文件】菜单，选择“打开 RealMedia 文件”命令，弹出【打开 RealMedia 文件】对话框，从中选定要拆分的 RM 文件，文件在光盘“案例 2”文件夹中，这时我们就会在【RealMedia Editor】视频预览窗口中观看到视频，如图 6-30 所示。同时，窗口也通过时刻表来显示此视频的时间长度“总计长度”为“3：06.562”，单击【播放】按钮，文件就开始播放了。

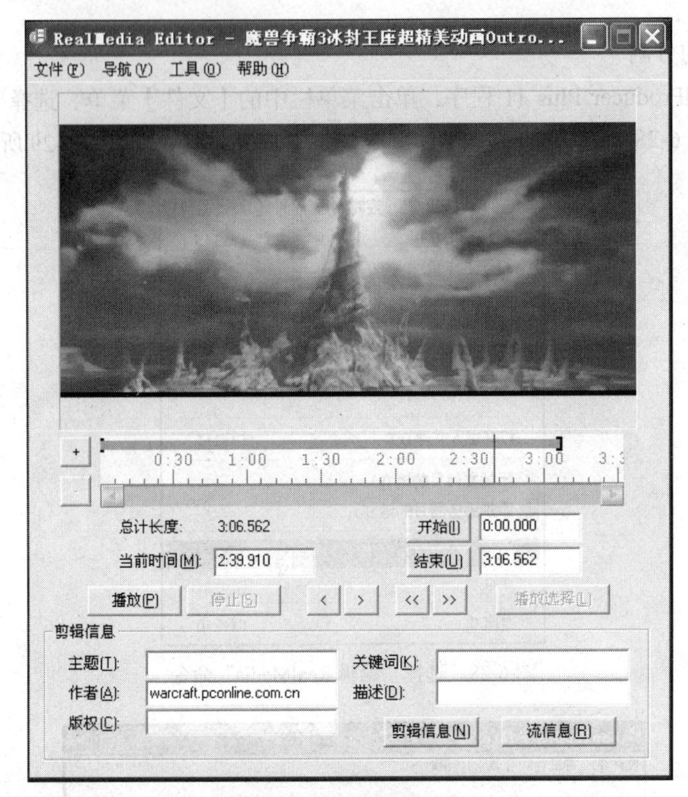

图 6-30　导入待截取视频

（3）选择文件的分割长度，在【RealMedia Editor】窗口中，“开始”项表示截取片断的开始时间，“结束”项表示截取片断的结束时间。如果在欣赏影片的时候，觉得哪一段比较好就可以通过拉动时间轴左端的黑色小片来选择分割的开始时间（如果认为时刻标度太小，可通过左边的“+”和“-”来扩大和缩小），在精彩片断结束后，再拉动右端的黑色小片到结束时间，这时，就会看见“开始”和“结束”文本框中显示刚才所截取文件的开始和结束时间，如图 6-31 所示。

（4）截取文件的保存时间段选好以后，就可以单击【文件】菜单中的“RealMedia 文件另存为”命令，这样就可以把截取的文件保存起来了。

注意：在保存截取的文件时，不能单击【文件】菜单中的“保存 RealMedia 文件”，否则原来的 RM 文件就会变成截取后的片断了。

2. RM 文件的合并

了解了上述 RM 文件的分割操作以后，再进行 RM 文件的合并就更容易上手了。方法如下所示。

进入【RealMedia Editor】窗口，单击【文件】菜单中的“打开 RealMedia 文件”命令，从弹出的对话框中选定第 1 个文件。然后单击【文件】菜单中的“追加 RealMedia 文件”命令，从弹出的对话框中选定要合并的第 2 个 RM 文件，稍等一会儿便可完成这两个 RM 文件的合并工作

了。如果想合并多个 RM 文件，只要重复进行“追加 RealMedia 文件”操作即可。等把所要合并的文件添加完以后，稍等片刻，就可以通过【文件】菜单中的“RealMedia 文件另存为”命令将合并好的 RM 文件保存到硬盘上。

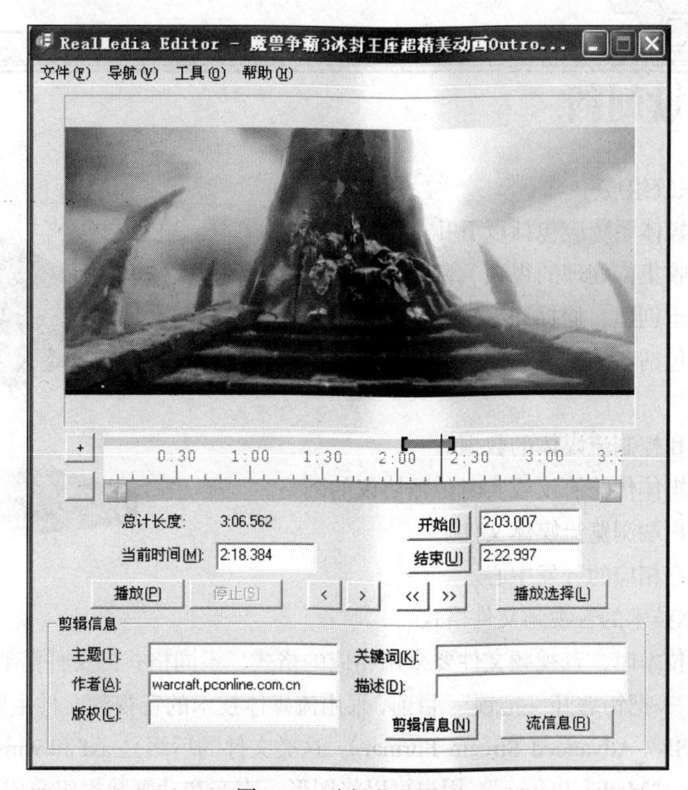

图 6-31　选择截取范围

3. 添加 RM 文件信息

分割和合并完 RM 文件后，为了方便管理，可以通过在【RealMedia Editor】窗口下面的“剪辑信息”栏里输入编辑后文件的相关信息，如：“主题”、“作者”、“版权”、“关键词”、“描述”，这样，就可以更加方便地管理编辑后的 RM 文件了。

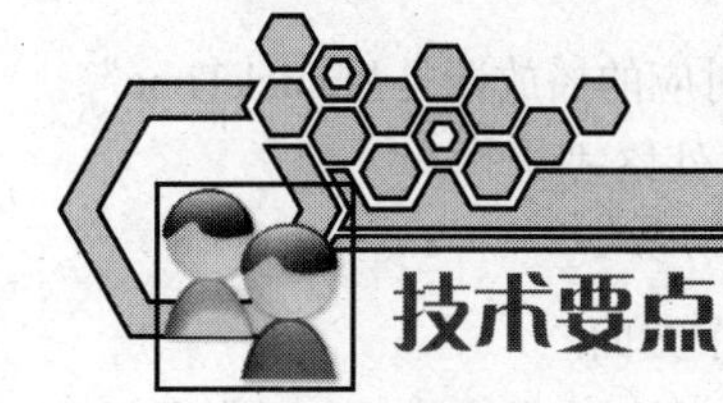

1. 开始时间、结束时间

RealMedia Editor 中，开始时间和结束时间显示的是视频中当前选区的开始时间和结束时间，也可手工输入来确定选区。

2. 保存方法

在保存截取的文件时，不能单击【文件】菜单中的“保存 RealMedia 文件”，否则原来的 RM 文件就会变成截取后的片断了。而要单击【文件】菜单中的“RealMedia 文件另存为”命令，这样就可以把截取的文件保存起来了。

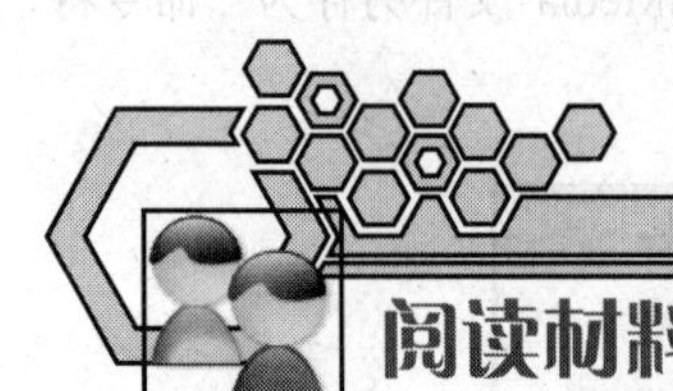

阅读材料

1. 流媒体的系统组成

一个完整的流媒体系统应包括以下几个组成部分。

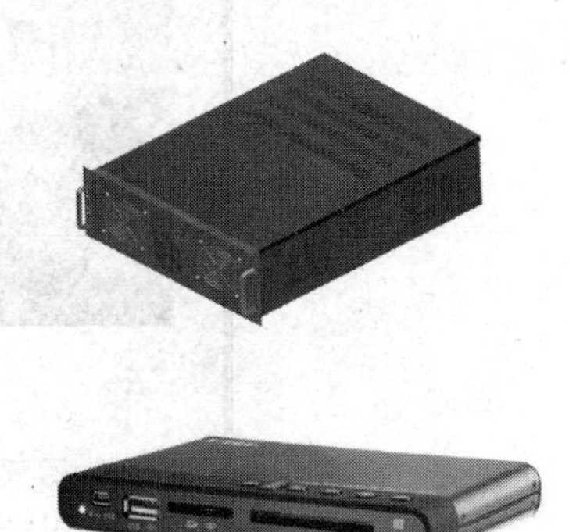

流媒体数据：收集待处理的视频、音频等多媒体数据。

编码工具：用于创建、捕捉和编辑多媒体数据，处理后形成流媒体格式。包括各种处理视频、音频的硬件设备和制作软件。

服务器：存放和控制流媒体的数据。

网络：适合多媒体传输协议或实时传输协议的网络。

播放器：供客户端浏览流媒体文件。

同区域中心建立相应的分发中心。

2. 采用流媒体技术的音视频文件格式

在运用流媒体技术时，音视频文件要采用相应的格式，不同格式的文件需要用不同的播放器软件来播放，所谓“一把钥匙开一把锁”。目前，采用流媒体技术的音视频文件主要有 3 大“流派”。

（1）微软的 ASF（Advanced Stream Format）。这类文件的后缀是.asf 和.wmv，与它对应的播放器是微软公司的 “Media Player”。用户可以将图形、声音和动画数据组合成一个 ASF 格式的文件，也可以将其他格式的视频和音频转换为 ASF 格式，而且用户还可以通过声卡和视频捕获卡将诸如麦克风、录像机等外设的数据保存为 ASF 格式。

（2）RealNetworks 公司的 RealMedia，它包括 RealAudio、RealVideo 和 RealFlash 3 类文件，其中 RealAudio 用来传输接近 CD 音质的音频数据，RealVideo 用来传输不间断的视频数据，RealFlash 则是 RealNetworks 公司与 Macromedia 公司联合推出的一种高压缩比的动画格式，这类文件的后缀是.rm，文件对应的播放器是“RealPlayer”。

（3）苹果公司的 QuickTime。这类文件扩展名通常是.mov，它所对应的播放器是“QuickTime”。

此外，MPEG、AVI、DVI、SWF 等都是适用于流媒体技术的文件格式。

3. 流媒体技术的关键

流媒体技术的关键是流式传输、文件的压缩和数据的缓存这 3 个方面。

在网络上传输多媒体信息目前主要有下载和流式传输两种方案。利用下载方案时，因为音频、视频文件一般都较大，需要存储容量比较大，同时受网络带宽的限制，下载需要的时间也很长，所以这种处理方法延迟很大。而采用流式传输时，声音、影像或动画等多媒体信息由服务器向用户计算机连续实时传送，用户不必等到整个文件全部下载完毕而只需经过几秒或十几秒的启动延时即可进行观看。当多媒体信息在客户机上播放时，文件的剩余部分将在后台从服务器继续下载，这大大节省了延迟时间。流媒体实现的最关键技术就是区别于传统下载技术的流式传输技术。

由于目前的存储容量和网络带宽还不能完全满足巨大的音视频、3D 等多媒体数据流量的要

求，所以对音视频、3D 等多媒体数据一般要进行预处理后才能进行存储或传输。预处理主要包括采用先进高效的压缩算法和降低质量（有损压缩）两个方面。同样，在流媒体技术中，进行流式传输的多媒体数据应首先经过特殊的压缩，然后分成一个个压缩数据包，由服务器向用户计算机连续、实时传送。

另外，与下载方式相比，尽管流式传输对于系统存储容量的要求大大降低，但它的实现仍需要缓存。这是因为 Internet 在传输数据过程中把数据拆分为许多数据包，在网络内部采用无连接方式传送。由于网络是动态变化的，各个分组选择的路由可能不尽相同，故到达用户计算机的路径和时间延迟也就不同。也就是说可能出现后面的数据先到达的情况。所以，必须使用缓存机制来弥补延迟和抖动的影响，使媒体数据能正确连续地输出，不会因网络暂时拥塞而使播放出现停顿。高速缓存使用环形链表结构来存储数据，通过丢弃已经播放的内容，可以重新利用空出的高速缓存空间来缓存后续的媒体内容，所以它需要的缓存空间较小。

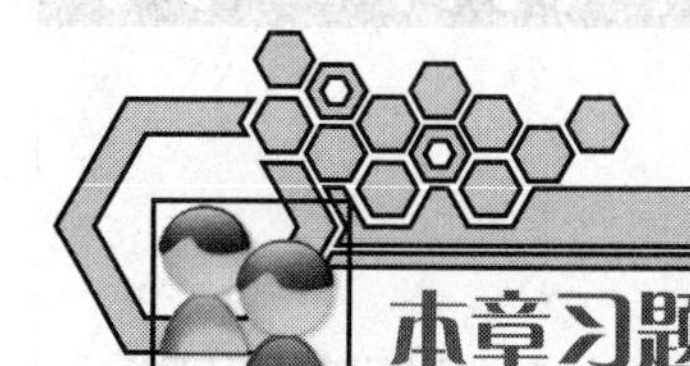

本章习题

1. 利用 Windows Media Encoder 9，将光盘中“习题”文件夹下名为“音频转换素材”的文件转换成流媒体格式。

2. 利用 RealProducer Plus 11，将光盘中“习题”文件夹下名为“视频转换素材”的文件转换成流媒体格式，并截取时间 1：00.000 到 2：00.000 的视频。

第7章 多媒体制作工具

【学习导航】

前面几章我们学习了图像素材、声音素材、动画素材、视频素材和流媒体素材的制作，如何将这些素材组合起来制作多媒体作品呢？本章主要介绍如何使用 Director 进行多媒体作品的设计与创作。本章的主要学习内容及在多媒体制作技术中的位置如图 7-1 所示。

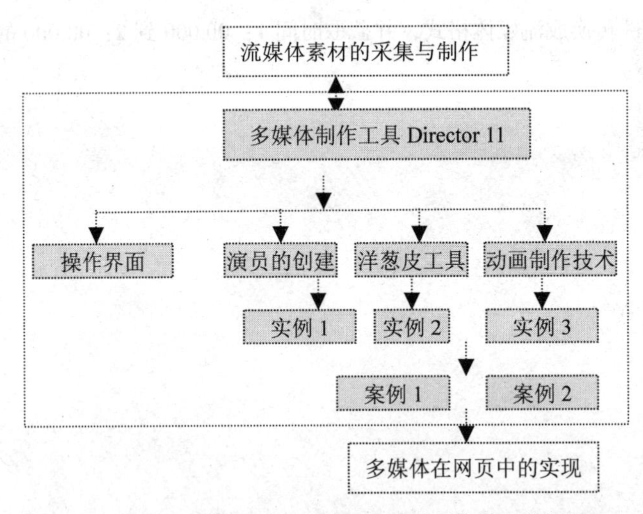

图 7-1　本章的主要学习内容及在多媒体制作技术中的位置

多媒体技术的发展改变了人们的生活，给人们的视觉、听觉带来了无与伦比的享受。更值得兴奋的是多媒体作品的制作过程不再高不可攀，有众多的多媒体制作工具任你使用，界面操作简单，同时功能越来越强大。这里将为你介绍 Macromedia 公司的一款非常好用的多媒体制作软件：Director 11。它沿用了传统电影中舞台、剧本、演员等概念，

使初学者很容易进入制作者的角色，并提供了洋葱皮工具、实时录制技术、胶片环演员、Lingo 脚本和 3D 动画等多种形式以方便使用者的创作。通过本章的学习将了解这款软件提供的多种动画制作技术、管理和发布动画的方式以及如何添加行为和 Lingo 脚本使动画具有更好的交互性。

7.1 知识准备

在开始动画创作之前，首先简要了解一下 Director 是怎样一个软件，它的发展历程如何。

Director 的前身是 Video Works 软件，当时只有 Macintosh 版本。1989 年，Macromedia 公司将其版本升级并命名为 Director1.0。此后的几年经过不断强化和升级，该软件开始在媒体制作行业崭露头脚。1994 年，Macromedia 公司又同时推出了 Director 的 Macintosh 版本和 Windows 版本，突破了 Macintosh 操作系统的限制。2002 年底，公司重拳推出了 MX 系列，并实现了与 Flash 的无缝对接，使该软件如虎添翼，并进一步确立了它在多媒体制作软件行业的主打地位。

Director11 是迄今为止最新的发行版本，以其灵活、易用、功能强大等特点赢得了越来越多的多媒体设计人员的喜爱。

提示

7-1：Macromedia 与 Adobe

2005 年，全球最大的图像编辑软件供应商 Adobe 宣布，以换股方式收购软件公司 Macromedia，Macromedia 是著名的网页设计软件 Dreamweaver 及 Flash 的供应商。据悉，此项交易涉及金额高达 34 亿美元。

7.1.1 Director 11 的工作界面

安装了 Director 11 并激活后你会看到这样的工作界面，如图 7-2 所示，表面上它与其他软件相比可能略有不同，因为界面看起来比较复杂，但只要了解了它的各部分组成之后，就会感觉非常轻松了。

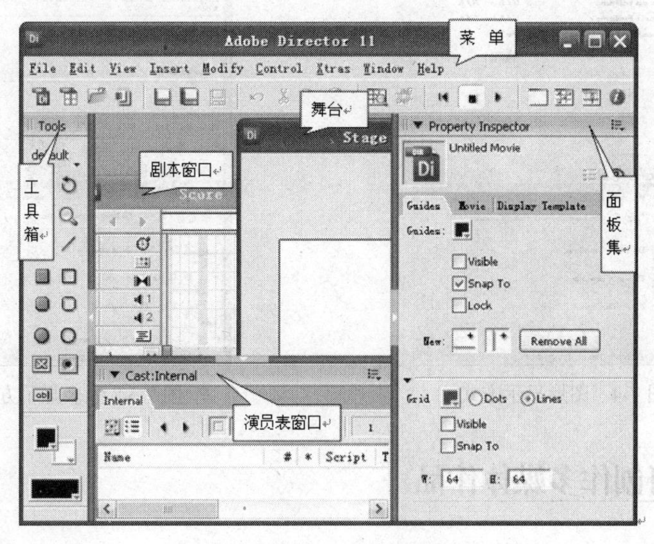

图 7-2　Director 11 的工作界面

Director11 的界面主要由菜单栏、工具箱、属性检查器面板集、剧本（Score）窗口、演员表（Cast）窗口和舞台（Stage）组成。其中，Director11 的演员窗口、属性检查器面板集都是可伸缩的，可以通过单击该窗口左上角的三角形按钮将该窗口打开。同时，单击主菜单中的“Window”还可以将剧本、演员表和舞台这 3 个窗口随时关闭和打开，如图 7-3 所示。

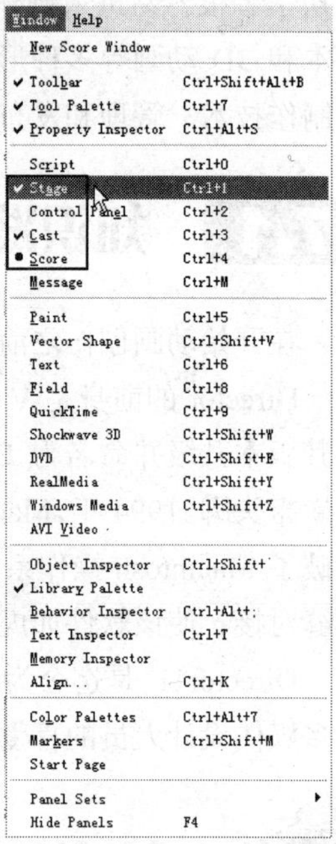

图 7-3　Window 菜单

任何一个多媒体作品都不能离开图形、文字、图像、视频、音频等元素，在 Director 中它们统称为“演员”，被放置在 Cast 窗口。多媒体作品“演出”的工作由 Score 窗口负责完成。包括演员出场的次序以及出场的时间长短都将记录在此。舞台则是演员展示的地方，同时也是“导演”，即设计者调试“演出”效果的窗口。

窗口右侧的面板集中了一系列属性检查器面板。在 Director 中，每一个演员都具有一定属性，可以通过属性检查器中的标签对它们进行查看和设置。此外，通过属性面板还可以对整部电影的属性进行设置。在舞台打开的情况下，只要选择【Modify】-【Movie】-【Property】命令即可实现属性的设置。

Director 中的每个属性检查器都有两种显示方式，一种为图形显示方式，另一种为列表显示方式。如图 7-4 和图 7-5 所示，以电影的属性检查器面板为例，单击属性检查器右上角的 List View Mode 按钮，可以将显示方式进行切换。

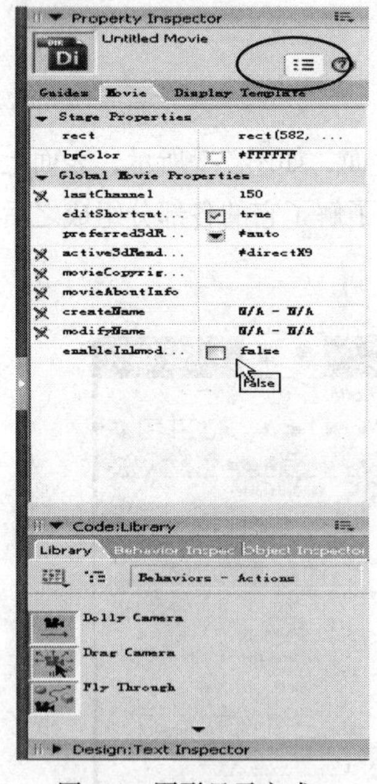

图 7-4　图形显示方式

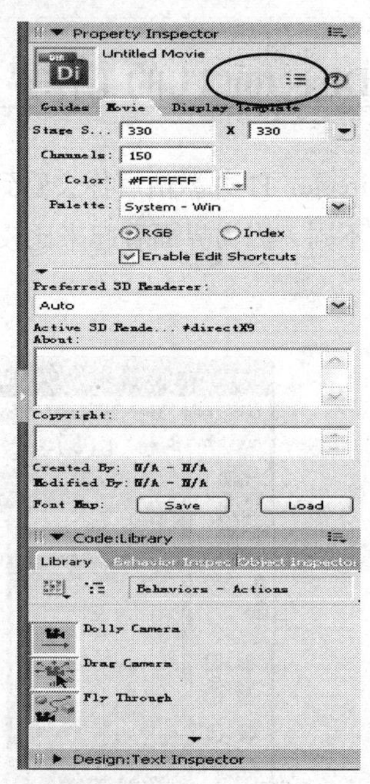

图 7-5　列表显示方式

7.1.2　如何创作多媒体作品

为了使大家对 Director11 的动画或者说电影制作过程有一个总体了解，现在尝试使用

Director11 制作一个动画作品。

（1）启动 Director，选择【File】－【New】－【Movie】命令。

（2）选择【Window】－【Panel】－【Default】命令，切换到 Director 的默认工作环境。

（3）选择【Modify】－【Movie】－【Property】命令，设置舞台属性。

（4）选择【Edit】－【Preferences】－【Sprite】命令，打开 Sprite Preferences 对话框，使用 Span Duration 选项设置动画帧数（参见图 7-6）。

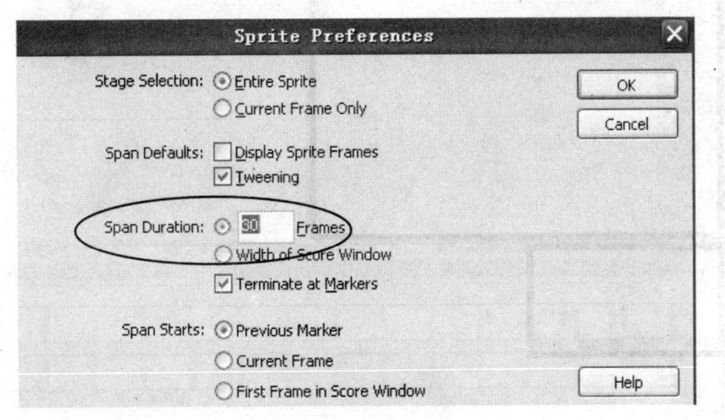

图 7-6　Sprite Preferences 对话框

（5）选择【File】－【Import】命令，打开 Internal 对话框，选中文件“卡通.gif”，单击“Add”按钮将其添加到文件列表中，再单击“Import”按钮将其导入 Director 电影中（参见图 7-7）。

图 7-7　导入演员对话框

（6）选择【Window】－【Text】命令，打开文本窗口，创建 Cast 窗口中所示的 3 个文本演员，单击鼠标右键选择“Font”设置字体为“华文行楷”，字号为“48”，并在弹出的对话框中选择“Color”设置颜色。全部设置完毕后将它们分别命名为“文本 1”、“文本 2”和“文本 3”（参见图 7-8）。

（7）依次将 Cast 窗口中的演员用鼠标左键拖入舞台，放到合适的位置，此时 Score 窗口中会在不同通道中出现 4 个演员，这里它们又被赋予了新的名称：“精灵”。用鼠标拖曳“精灵”的起始帧位置，就可控制精灵出现的时间和次序。

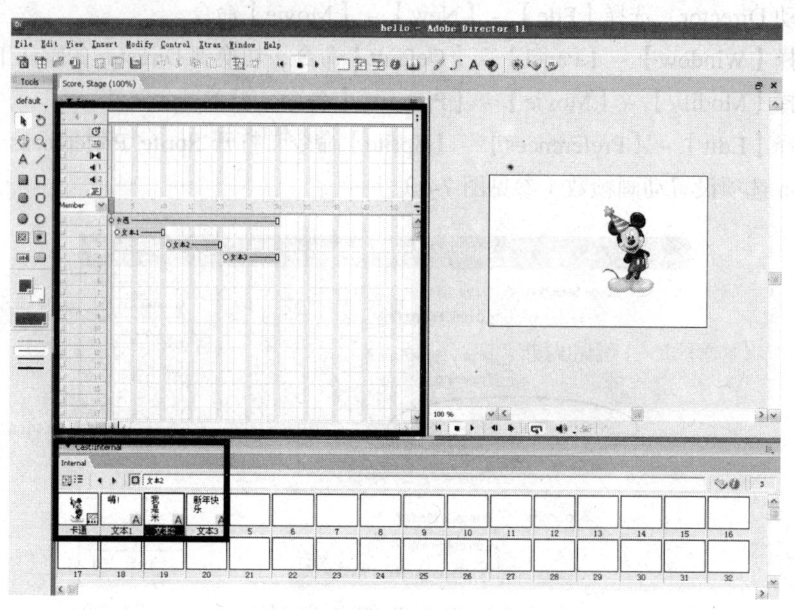

图 7-8　文本演员的设置

（8）如图 7-8 所示的 Score 窗口中的位置设置精灵后，单击【Control】－【Play】命令，就可以看到运行效果。

（9）此时动画的运行速度很快，视觉效果欠佳，为使动画运行速度更适合视觉感受，可以选择【Window】－【Control Panel】命令打开对话框（参见图 7-9），设置 fps 选项可以调节速度的快慢。

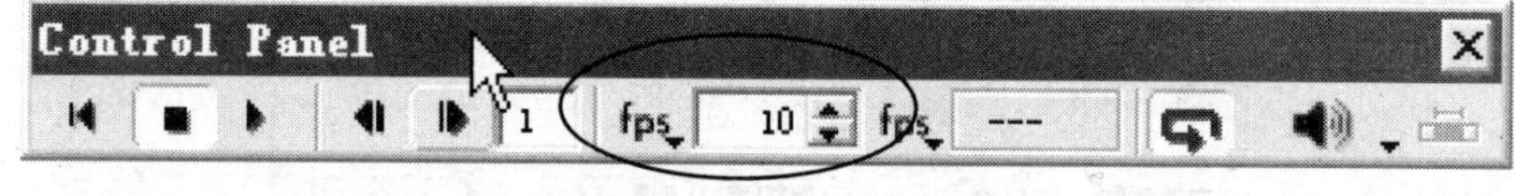

图 7-9　Control Panel 面板

提示

7-2：精灵

将演员放置到舞台上和剧本（Score）窗口中就形成了精灵，同一个演员可以对应舞台和剧本窗口中的多个精灵，而每个精灵又可以独立设置属性。

（10）选择【File】－【Save】命令，保存所创建的动画文件，至此就完成了整个动画文件的制作。

7.2　演员的创建

与传统电影一样，Director 动画首先需要确定演员表，位图、文本、声音、数字视频和其他 Director 电影等多媒体元素都可以保存在演员表中使用。创建演员表的方法有多种，一种是通过【Modify】－【Movie】－【Cast】命令，单击【New】按钮创建演员表；一种是选择【File】－【New】－【Cast】命令打开 New Cast 对话框创建演员表；另外，还可以使用【Modify】－【Movie Casts】

命令链接外部演员表。对于不需要的演员表选择【Modify】-【Movie】-【Casts】命令，单击【Remove】按钮即可删除。

7-1:

可以对一个 Cast 窗口中能保存的演员数目进行设置，方法是通过单击 Edit | Preferences 选项，选择 Cast 命令，在弹出的对话框中设置 Thumbnails，范围："512—32000"。换言之，Director 可以支持多达 32000 个演员。

7.2.1　位图演员的创建

在 Director 中，可以使用的演员有文本、矢量图、位图、声音、数字视频等，由于演员的类型繁多，这里不能一一介绍，本节中以位图演员的创建为例加以说明。

每种演员都必须依靠属性的设置体现个性，打开属性面板的方法是右键单击需要设置属性的演员，选中【Cast Member Properties】命令，或选择菜单【Modify】-【Cast Member】-【Properties】命令，将显示如图 7-10 所示的 Property Inspector 面板。在面板上有一系列标签，演员的标签为 Member。可以修改演员的名称、注释信息、尺寸大小、创建时间和修改时间等。

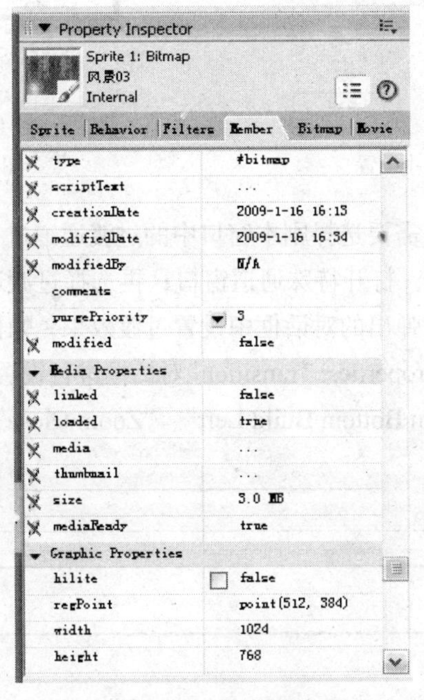

图 7-10　属性面板

7.2.2　图片切换实例制作

演员的使用是 Director 动画创作过程中重要的一环，本节将通过一个图片切换的实例来介绍位图演员的灵活运用。

（1）新建 Director Movie，在属性检查器面板中打开“Movie”标签，将舞台的长度设置为“300”，宽度设置为“200”，如图 7-11 所示。

（2）选择【File】–【Import】命令，导入 4 张风景图片。

（3）在演员表中依次选择 4 张图片，拖入剧本窗口，这时可以发现图片的大小远远超出舞台的范围，用鼠标选择剧本窗口中的图片，打开属性检查器中的 Sprite 标签，参见图 7-12 进行设置即可。

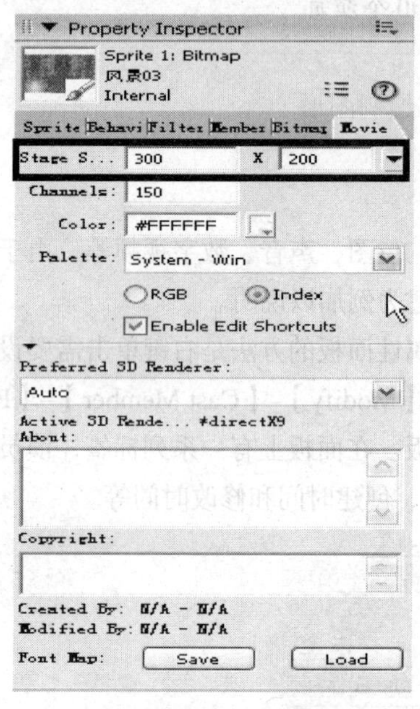

图 7-11　舞台尺寸设置

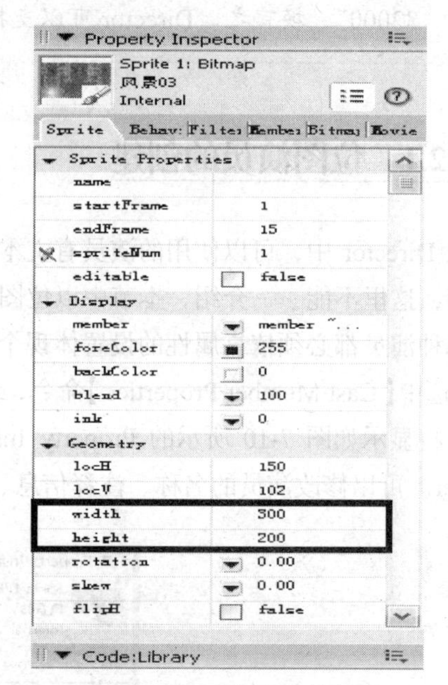

图 7-12　精灵尺寸设置

（4）图片中间的过渡效果需要选择剧本窗口中的过渡通道进行设置。操作分两步：首先单击 Score 窗口中的特殊通道按钮，打开特殊通道窗口；再选择过渡通道按钮所在的通道，找到需要设置过渡图片的帧并双击，在弹出的对话框中设置过渡效果，帧位置的设置可以参照图 7-13。过渡效果的设置则通过“Frame Properties: Transition”对话框进行设置，图片效果分别设置为“Dissolve Pixels、Push Right”、“Strips on Bottom Build Left”、“Zoom Close”。

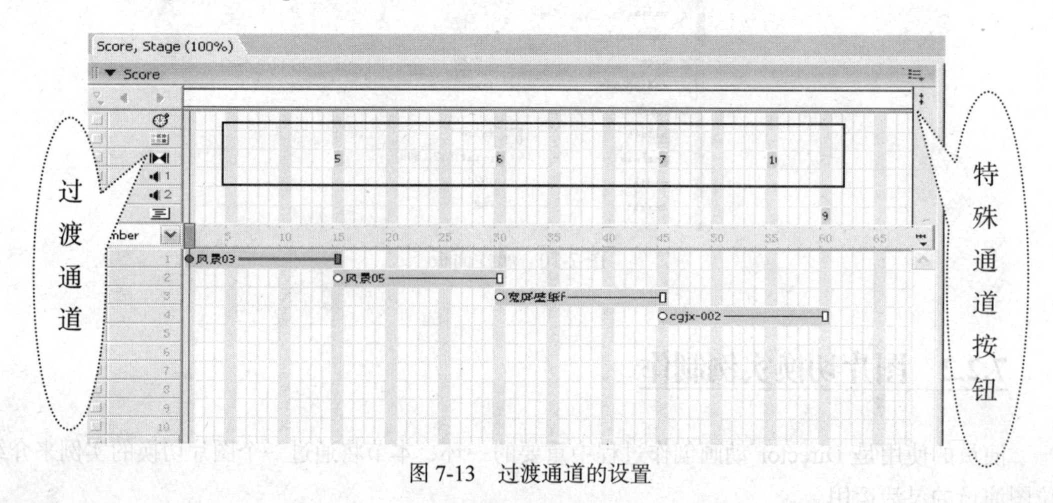

图 7-13　过渡通道的设置

（5）选择【Control】-【Play】可以查看运行效果，如果不满意还可以更换 Transition 设置。

7.3 洋葱皮工具

洋葱皮工具是 Director 中一个十分重要的工具，它充分体现了 Director 与传统动画的相融性。它的英文名称为：Onion Skin，在菜单栏 View 下面可以找到。其字意充分反映了这一工具的特点。当我们绘制动画时，需要将一系列有细微差别的静态图片在屏幕上进行连续展示，使观者感到是“动”的画面。要得到这一系列有细微变化的图片就要借助一个叫做“洋葱皮”的工具。传统的动画制作人员常使用一种类似于洋葱皮的薄而透明的纸来绘制图形，这种纸如果放在一个透明灯箱上可以透过好几张纸看到下面的图形，在绘图时作者就可以看着前面几张纸上的图形，参照画出最上面一张图。在现代电脑动画制作中用到的“洋葱皮”则是借助电脑的强大功能，比传统的透明纸方便、易用、快捷。

洋葱皮工具非常适合描述事物随时间发生连续细微变化的过程，如卡通人物头发的飘动、卡通人物的行走动作、植物的生长变化过程等。尤其是植物的生长，它通常是由根部长出枝条和叶片，并在特定的时间和条件下开花结果，这是一个不可逆的过程，而且序列顺序不可改变，这类动画过程的实现适用采用洋葱皮工具。

7.3.1 洋葱皮工具的设置

7-2：洋葱皮与 Paint

洋葱皮工具必须与 Paint 窗口一起使用，换言之，两者需要同时打开洋葱皮工具才能工作，否则，洋葱皮工具面板呈现灰色。

首先选择菜单栏的【View】菜单，可以看到【Onion Skin】命令，单击鼠标打开【Onion Skin】命令，界面如图 7-14 所示。通常情况下打开该选项板时呈灰色，这意味着它不可用，但当画板（Paint）窗口打开就不同了，这是因为洋葱皮选项板需配合画板使用，只有当画板打开时才可以激活，否则呈灰色。在该选项板上的最左端有一个激活按钮（Toggle Onion Skinning），按下此按钮即可激活选项板，其余按钮用来设置演员的数目和确定背景图片。

图 7-14　洋葱皮面板

7.3.2 植物生长过程模拟实例的制作

本节将给出一个简单的植物生长过程模拟的实例，旨在通过例子使大家了解洋葱皮工具的特点并能灵活运用。

如图 7-15 所示的植物生长模拟的完成过程可通过以下步骤完成。

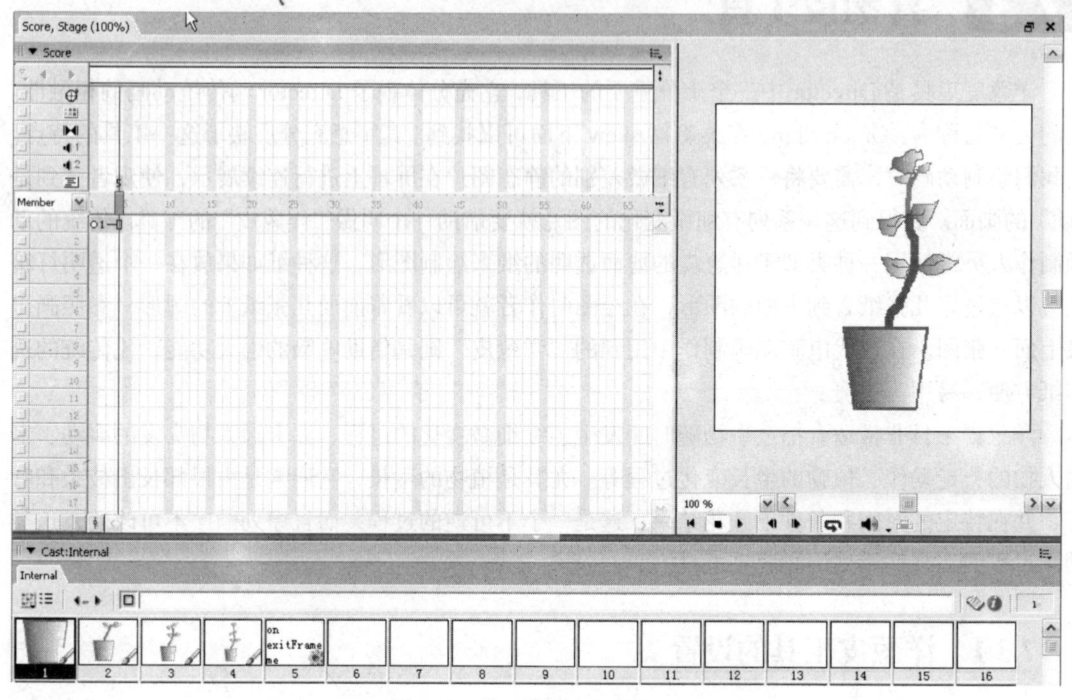

图 7-15　描述植物生长的界面

（1）打开羊葱皮工具面板，并激活它，然后参照图 7-14 找到“演员数目”按钮设置演员数目为“3”。

（2）打开【Window】-【Paint】窗口，手工绘制花盆，然后参照图 7-15 找到“背景设置”按钮将其设置为背景。

（3）单击 Paint 窗口左上角的“+”按钮，可以看到背景图片变淡了，但是依然能看得到，这对植物枝条的绘制很有帮助，你可以准确地绘出它的位置。另外的一段枝条和开放的花朵，同样通过这种方式绘出。

（4）怎么实现生长的模拟呢？选择演员表窗口的全部演员，单击【Modify】-【Cast to time】命令，这时候，你会发现剧本窗口的精灵通道出现了一个精灵，同时还能看到舞台上的图片，只是它们相互遮挡，这是由精灵的 Ink 效果决定的。

（5）选择 Score 窗口的精灵通道中的精灵，单击属性检查面板中的【Sprite】标签，找到“Ink”选项（参见图 7-16），并选择“Background Transparent”，即可看到植物的全貌。

（6）选择【Control】-【Play】命令，运行效果可能不十分满意，一个原因是动画播放的速度太快，请参照前面介绍的改变帧的速度的面板；另一个原因是动画播放是重复的，而植物生长完毕后是静止状态。请选择如图 7-16 所示的脚本通道，在动画播放的最后一帧双击鼠标，打开如图 7-17 所示的脚本窗口，输入脚本语句“go to the frame”。这里需要告诉大家，Director 的特有语言是 Lingo，同时它还支持 Java 脚本。

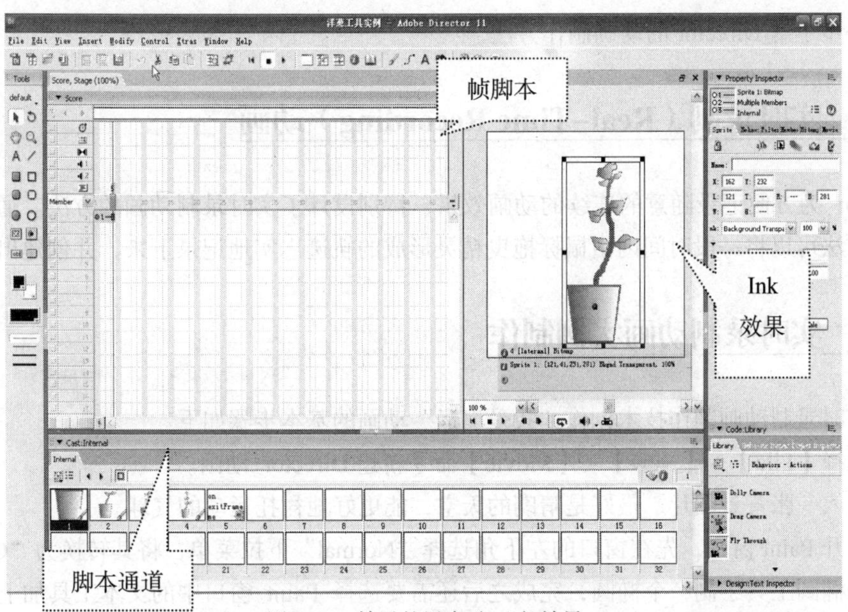

图 7-16　精灵的墨水（Ink）效果

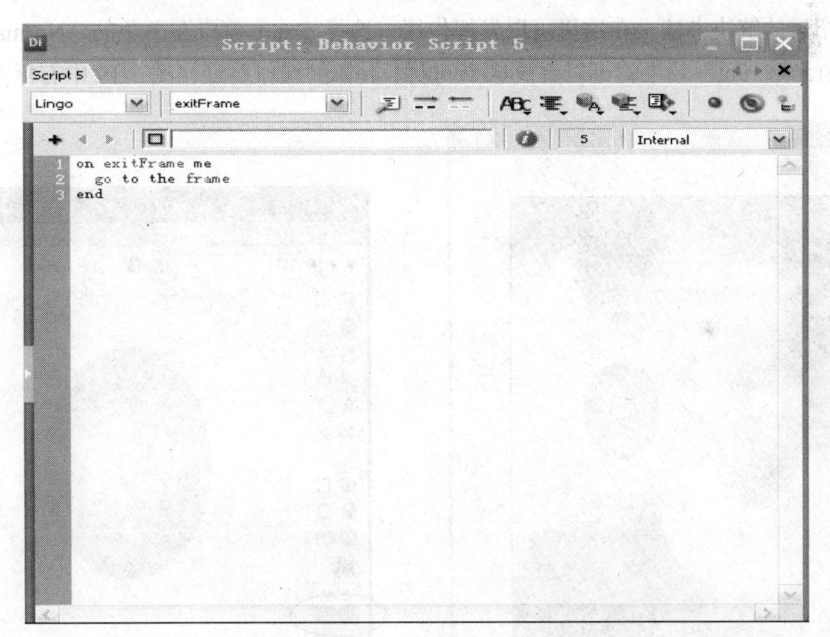

图 7-17　脚本窗口

（7）再次单击【Control】-【Play】命令，观察运行效果。

7.4 动画制作技术

Director 中有很多可以创作动画的方法，前面几节我们介绍的动画实例是关键帧动画和演员到时间（Cast to Time）动画。事实上，Director 中主要有单步录制（Step Recording）动画、实时录制（Real-Time Recording）动画、演员到时间（Cast to Time）动画、空间到时间（Space to Time）动画等。本节将为大家介绍一个实时录制（Real-Time Recording）动画的实例，通过本节的学习，

使大家进一步了解 Director 的动画制作方法。

7.4.1 实时录制（Real-Time Recording）动画

Director 为方便记录随意的连续的动画效果，特别设计了实时录制动画的方法。通过实时录制动画的方法可以将一段时间内由鼠标拖曳精灵形成的轨迹忠实地记录下来，并创建出动画。

7.4.2 实时录制动画实例制作

使用实时录制动画制作技术创作“我爱奥运”动画的基本步骤如下。

（1）选择【File】–【New】–【Movie】命令新建 Director 动画。

（2）导入一张背景图片，最好是晴朗的天空，能更好地衬托运动的气球。

（3）打开 Paint 窗口，先在窗口的左下角选择“Normal”下拉菜单，将其转换为“Gradient”，再选择实心椭圆工具绘制一个椭圆，完成之后还需要选择 Paint 窗口中的文本工具加上文字。文本的字体选择“华文彩云”，字号大小为“96”。当完成后会发现文本的背景遮挡了气球的部分内容，前面介绍过的解决办法，在这里可以发挥作用，选择 Paint 窗口左下角的“Normal”下拉菜单，找到“Transparent”效果就可以解决这个问题。具体的操作要点在图 7-19 中有标注。

图 7-18 实时动画效果

图 7-19 颜色及过渡方式

（4）4 张图片绘制完成之后，将它们分别拖到舞台上，位置随意，不要忘记设置它们的 Ink 效果为“Transparent Background”。下面的问题是怎么能让这些气球“动”的更自然呢?

（5）单击 Score 窗口中的气球精灵，然后参见图 7-20，打开【Control】–【Real-Time Recording】命令，这时候可以看到被选中的精灵通道的最左边出现了一个红色的小圆圈，同时看到精灵的外框变为红色，这表明 Director 处于实时记录状态。

（6）在 Score 窗口中，选中精灵按住鼠标左键不放，在舞台上任意移动精灵，此时的所有运动状态都被记录下来，当需要结束动画时，只要松开鼠标即可。具体的 Real-Time 运动轨迹如图 7-21 所示。

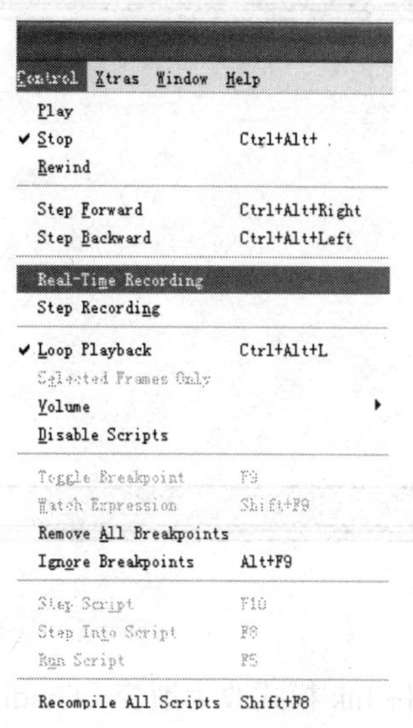

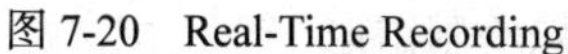

图 7-20　Real-Time Recording

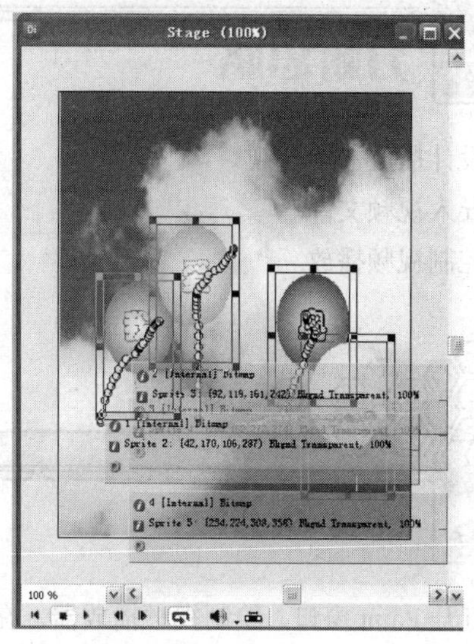

图 7-21　Real-Time 轨迹

（7）选择 Play 运行动画，如果效果不满意，选择精灵所在通道删除。相信经过几次尝试之后，将会很熟练地运用这个技术。

（8）目前的动画只能在软件环境中运行，如果希望离开 Director 环境也能运行，需要对动画进行发布操作。选择【File】-【Publish】命令，在弹出的界面单击【确定】按钮就可以形成它的可运行文件格式，即可在脱离软件的环境下运行动画。

7.5　案例 1　制作视频播放器

图 7-22　视频播放器

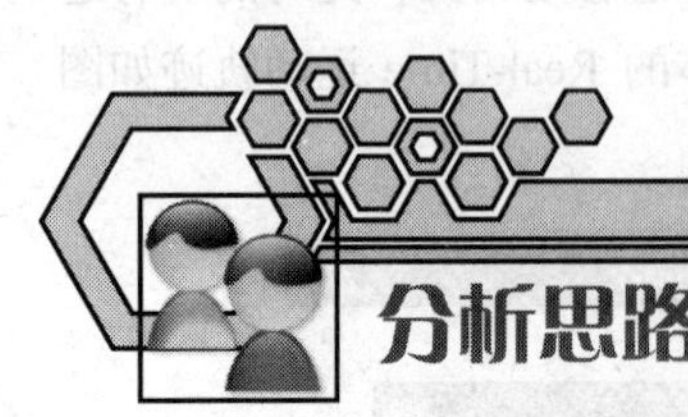

分析思路

（1）设计播放器的外观。

（2）导入视频文件。

（3）控制视频播放。

操作实现

（1）打开 Paint 窗口，绘制视频播放器。在窗口的左下角将 Ink 模式改为渐变（Gradient），选择实心矩形选项，颜色分别设成黑色和灰色，在窗口中拖曳鼠标绘制矩形。

（2）为使视频播放器有立体感，需要继续选择属性检查器中的“Filters”标签，在弹出的对话框中（参见图 7-23、图 7-24）单击“+”按钮，下拉菜单中选择“Bevel Filter”，观察立体感效果，如果效果不明显，可以继续修改该标签下面的 Blur 参数：X 方向设为“10”，Y 方向设为“10”。

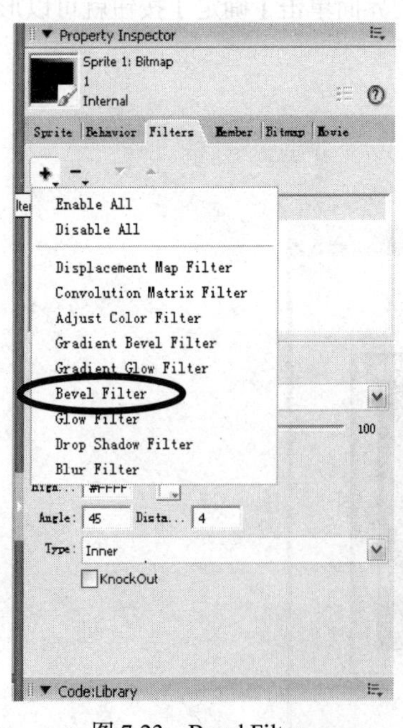

图 7-23　Bevel Filter

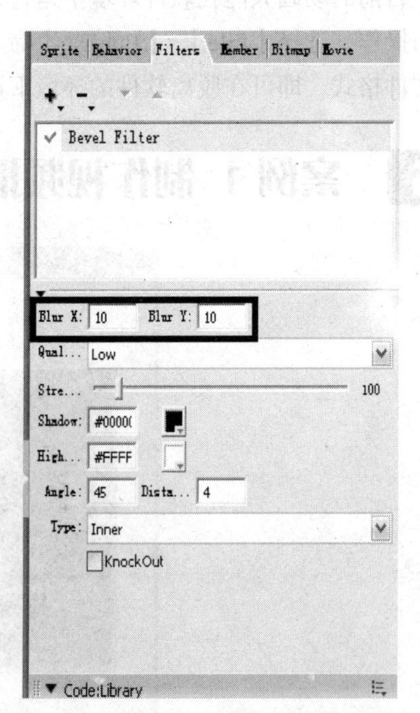

图 7-24　Filters 界面

（3）重新返回 Paint 窗口，绘制按钮演员。首先选择按钮演员的颜色和 Ink 效果，然后，绘制实心椭圆（Filled Ellipse），按钮中三角形的绘制通过 Filled Polygon 完成。（参见图 7-25）

（4）将绘制好的演员拖到舞台上，拖曳按钮的时候请注意它们的 Ink 效果要选择“Background Transparent”，另外，要保证它们的大小一致，位置排列整齐。按钮精灵大小的设置通过属性检查器面板完成，具体操作参见图 7-26。Width 为“16”，Height 为“16”。同时中心点的坐标也可以通过该面板完成：locH 为“14”，locV 为“78”。其他两个按钮的位置安排方法亦如此操作。

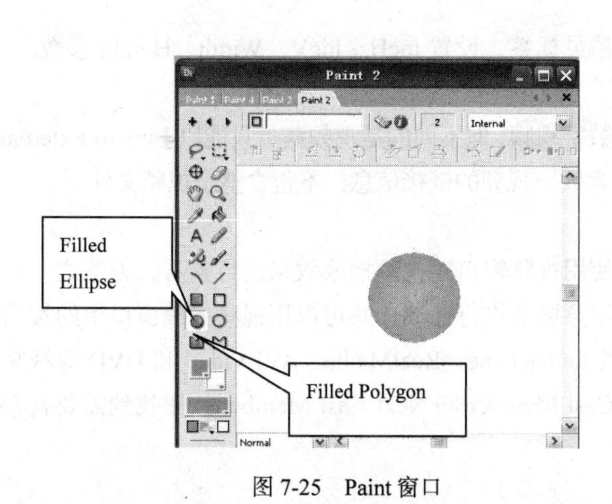

图 7-25　Paint 窗口

Sprite | Behav | Filter | Member | Bitmap | Movie

Sprite Properties

name	
startFrame	1
endFrame	30
spriteNum	2
editable	false

Display

member	(member ...
foreColor	255
backColor	0
blend	100
ink	36

Geometry

locH	14
locV	78
width	16
height	16
rotation	0.00
skew	0.00
flipH	false

Code:Library

图 7-26　Sprite Properties

（5）将视频播放器的效果设置完毕之后，开始导入视频演员。选择教材素材文件夹（位置：\光盘\第 7 章\案例 1）中的视频文件，或换成其他视频都可以，导入的方法一样。单击【File】－【Import】命令，在弹出的对话框中寻找视频文件的名称，案例中的文件名为“GLOBE”。影片的格式为 AVI，单击【Add】导入电影文件。

（6）将视频文件拖入舞台之后，可以尝试运行动画，观看效果。

（7）如何对视频文件的播放进行控制呢？选择绿色按钮，单击鼠标右键，在弹出的下拉菜单中找到 Script 命令，随即弹出脚本窗口。在该窗口中请输入如下 Lingo 语句：

```
on mouseUp me
  sprite(5).movierate=1
end
```

在红色按钮的脚本窗口中输入如下 Lingo 语句：

```
on mouseUp me
  sprite(5).movierate=0
  sprite(5).movietime=0
end
```

在蓝色按钮的脚本窗口中输入如下 Lingo 语句：

```
on mouseUp me
  pause
end
```

（8）测试一下你的播放器吧。

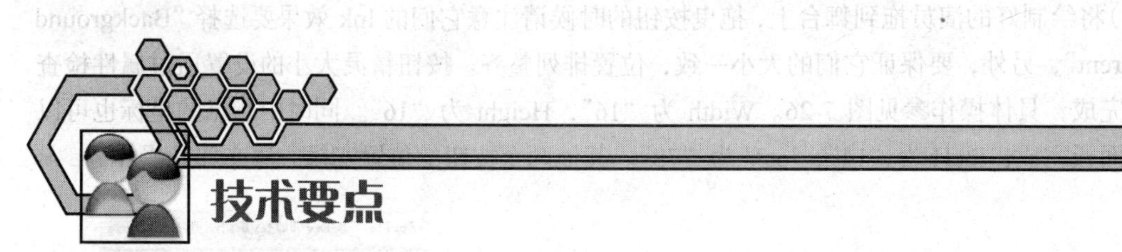

技术要点

1. 平面图形立体效果的设置

Paint 窗口中的 Ink 工具，有很多选项，并且会随着绘图工具的变化而变化。属性检查器中 Filter 标签，可以对平面图形进行立体效果的设置，如果对设置效果不满意还可以单击“–”按钮删除。

2. 精灵对齐方式

精灵的对齐方式可以选择属性检查器的精灵标签，设置 locH、locV、Width、Height 参数。

3. 视频文件的使用

在 Director 中，用户可以导入其他类型的数字视频，但不同的是视频演员只能以 Link to External File 的方式导入，这说明 Director 电影中仅包含数字视频的链接信息，不包含整个视频文件。

4. 视频演员的查看

将视频演员导入 Director 中之后，可以使用视频窗口对视频播放效果进行查看，方法之一：在演员表中双击视频演员，即可打开相应的视频演员进行播放，并可以用视频播放窗口中的按钮进行控制。方法之二：选择 Window 菜单中的 QuickTime，RealMedia，AVI Video 和 DVD 等视频文件命令打开视频窗口，然后使用 Previous Cast Member 和 Next Cast Member 按钮找到需要查看的演员，就可以进行播放并控制。

5. 不同类型脚本的创建

在 Director 中，可以给精灵和帧添加脚本，但在弹出的窗口界面中是有区别的。对精灵脚本，窗口给出的是 on mouseUp me 和 end 命令；对帧脚本，窗口给出的是 on exitFrame 和 end 命令。

7.6 案例 2 制作动画片头

图 7-27 动画片头

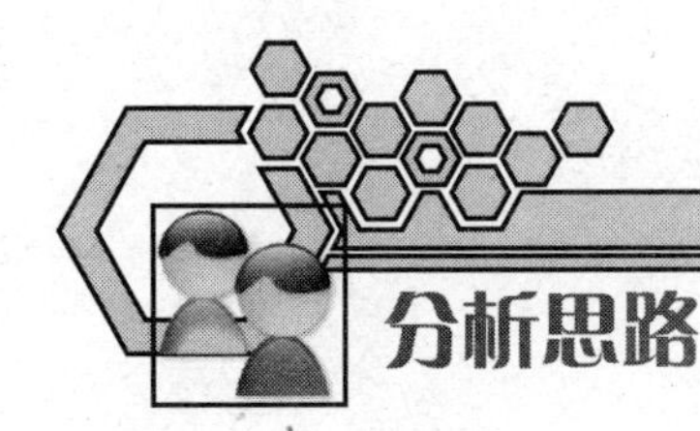

分析思路

（1）3D 演员的设置。

（2）如何为精灵添加行为。

（3）如何为动画添加音乐。

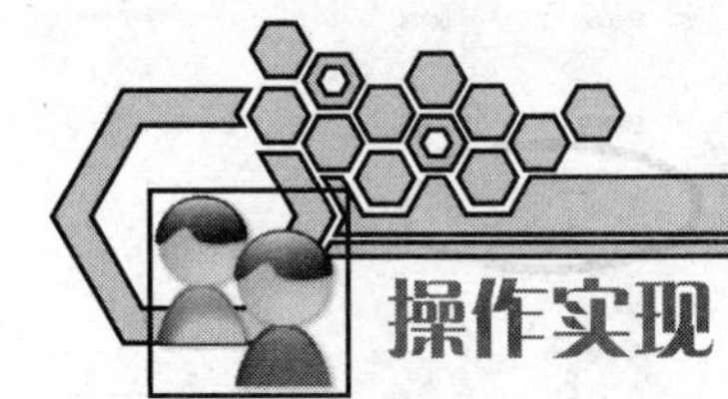

操作实现

（1）新建 Director 动画，设置舞台的大小，将长度和宽度改为“300”，背景颜色设置为黑色（参见图 7-28）。

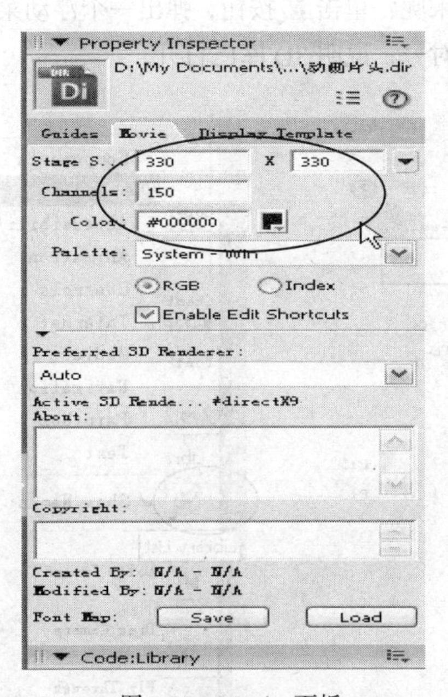

图 7-28　Movie 面板

（2）选择【Window】-【Text】命令，打开 Text 文本窗口，输入文字“Director”。参见图 7-29，字体设置为“华文行楷”，字号设置为“96”。

（3）颜色的设置需要单击鼠标右键，在弹出的下拉菜单中选择“Font”命令（参见图 7-30），选择 Color 按钮设置颜色。

（4）将文本设置成 3D 文本，请选中文本，然后再单击属性检查器中的 Text 文本标签，你会看到“Display”选项，在它的下拉菜单中选择“3D Mode”。但是，在文本窗口中，并看不到 3D

效果。只有当它被拖到舞台上时，才能看到3D效果。

图 7-29 Text 窗口

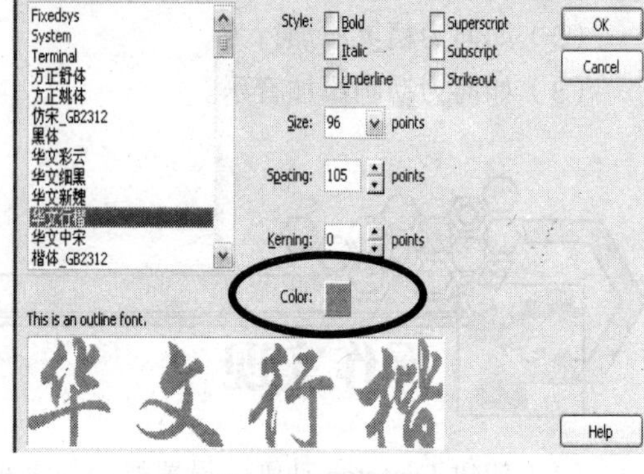

图 7-30 Font 窗口

（5）如何让3D文本动起来呢？单击按钮，弹出一个浮动菜单（参见图7-32），选择3D选项，看到Actions旁边有一个对号，说明3D库已打开。

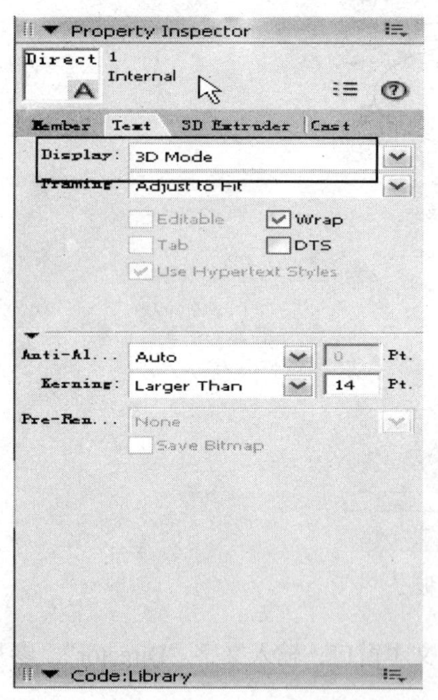

图 7-31 3D Mode 设置

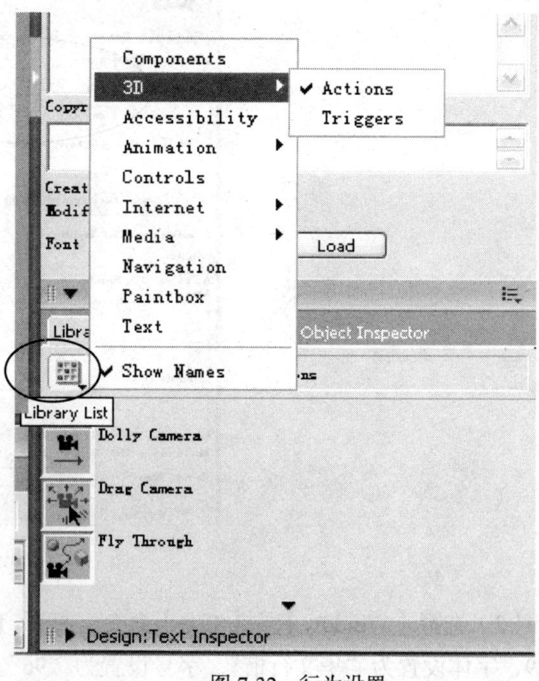

图 7-32 行为设置

（6）在打开的3D库中选择 Automatic Model Rotation 图标（参见图7-33），拖曳鼠标不放，直到舞台上的3D文本精灵处，这时候，鼠标的指针会自动变成“+”，当鼠标松开之后，会看到在演员表窗口多了一个演员，它的图标十分特别，是一朵菊黄色的花，这说明行为加载成功。

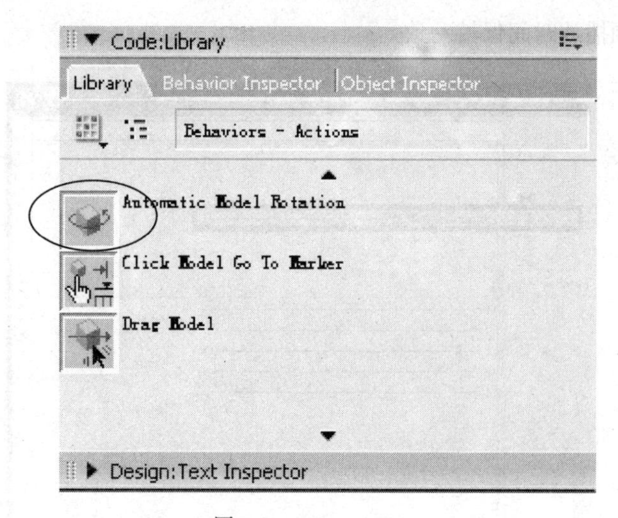

图 7-33　Library List

7-3：Director 的行为

所谓行为，指预先编写好的 Lingo 或 JavaScript 脚本，使用它们可以为电影添加交互功能，从而使电影更加丰富多彩。这些行为被放在行为库中，可以直接附着在精灵和帧上，3D 演员有单独的行为库。

（7）单击【Play】命令，测试电影，感觉缺少一些东西，那就是音乐！如何加载音乐呢？仍然需要使用“Import”命令，在弹出的对话框中选择一款音乐文件导入，同时可以看到在演员表中的音乐演员，另外在属性检查器中多了一个标签“Sound”。如图 7-34 所示，选择该标签下的播放器按钮可以对导入的声音文件进行测试，还可以发现一个选项“Loop”，当它被选中之后，动画中的声音是循环播放的，直到动画结束。【Sound】标签中所提供的内容还不只这些，在该标签的左下角包含着音乐文件的详细信息。

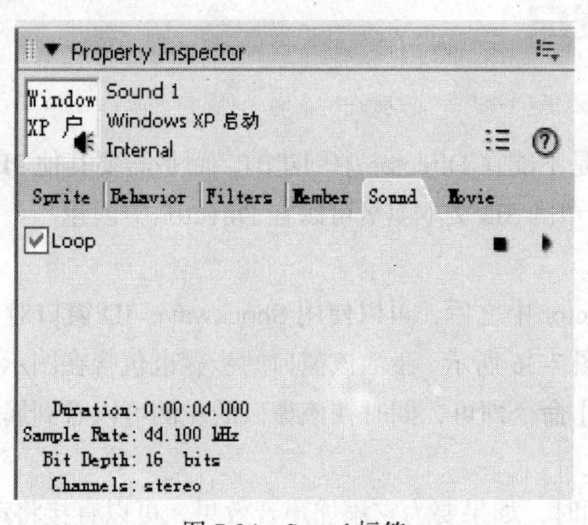

图 7-34　Sound 标签

（8）音乐演员怎样加载到动画呢？参看图 7-35 加载声音，选择演员表中的声音演员，拖曳到 Score 窗口中的特殊通道，声音通道有两个，可以任选，放入通道中的演员会显示它的名称，同时，帧的长度与动画播放时间保持一致。

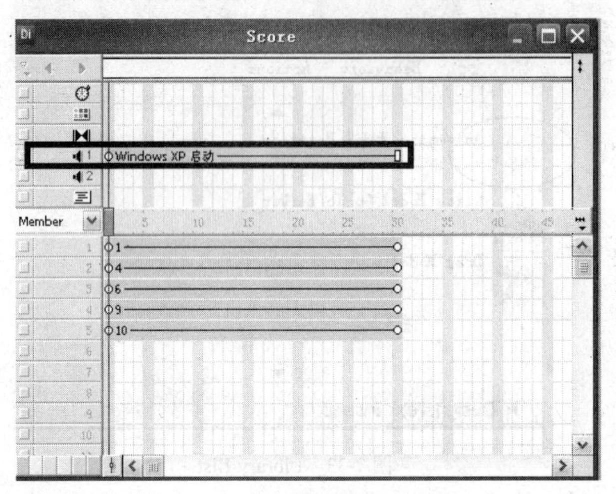

图 7-35　加载声音

（9）动画的主体部分完成之后，还要增加画面的丰富度，可以直接在工具箱（Tools）中选择实体矩形在舞台上绘制几个不同颜色的矩形条，并选择合适的位置放好，以与画面和谐为宜。

（10）选择其中任意一个矩形条精灵的最后一帧，单击鼠标右键找到【Insert Keyframe】命令单击，将普通帧转换为关键帧，将鼠标移动到舞台上的相应矩形条上，拖曳矩形条向中间运动，但不要穿过 3D 字体。其他的几个矩形条同样方法设置。

（11）选择【Control】-【Play】命令，运行动画。

技术要点

1. 3D 演员的使用

一般来讲，3D 演员是不能在 Director 中创建的，而是需要其他 3D 建模软件创建，然后导入到 Director 中使用，而简单的 3D 文本演员可以在 Director 中创建。

2. 3D 演员的查看

将 3D 演员导入 Director 中之后，可以使用 Shockwave 3D 窗口对 3D 演员进行查看，并控制 3D 演员的某些属性。如图 7-36 所示，激活该窗口的步骤也包含在图示中，选择【Insert】-【Media Element】-【Shockwave】命令即可，同时在该窗口的左侧可以看到属性设置的按钮。

3. 声音通道

在创建 Director 动画时，如果要为它添加声音效果，可以直接将声音演员从演员表中拖到声音通道，在播放电影的时候就可以听到声音，Director 共提供了两个声音通道，相互独立互不干扰。除了 Score 窗口中的两个通道外，还可以使用附加的声音通道。

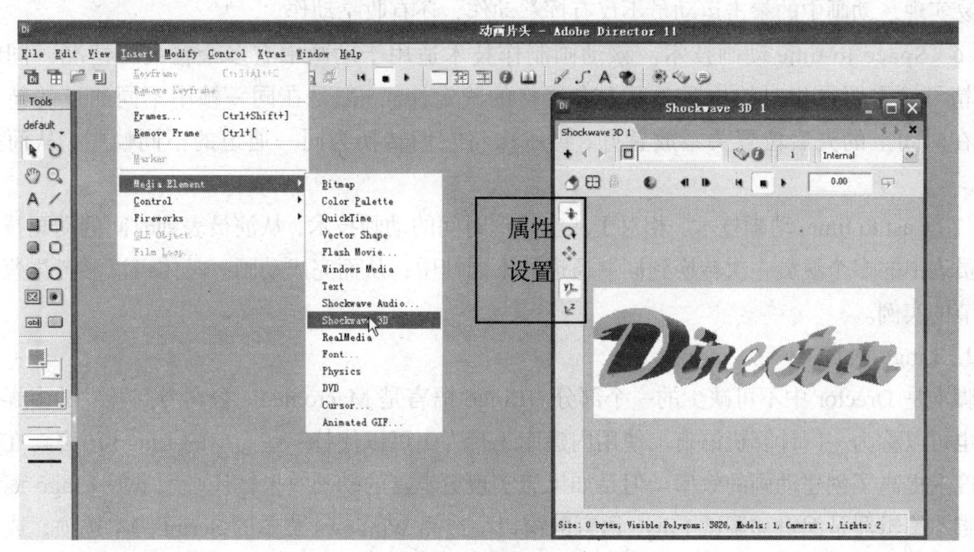

图 7-36　3D 演员查看窗口

4. 行为的设置

行为是一种可以重复使用的 Lingo 脚本模块，用户可以为多个精灵或帧设置同样的行为，并在不同的情况下使用不同的参数。但有一个问题需要注意，用户可以为一个精灵设置多个行为，但只能为一个帧设置一个行为。在动画制作过程中，可能会遇到多个行为一起使用的情况，为精灵设置的多个行为按排列顺序执行。

1. 动画制作技术介绍

Director 中的动画制作技术有如下几种。

（1）逐步记录法（Step Recording）。逐步记录法（Step Recording）是最基本的动画制作手段，它就是逐帧逐帧地记录精灵（Sprite）的信息，包括位置、大小和造型成员（member）等。

（2）实时记录动画（Real-Time Recording）。实时录制动画技术，就是将一段时间内鼠标拖曳精灵在舞台上的移动过程全部记录下来，其轨迹即自动形成动画。

（3）胶片环动画（film loop）。胶片环动画（film loop）就是制作一个动画片段，然后在电影中任意使用和播放这段动画的片段。它和其他动画的最本质区别就是从属的对象不一样，其他的动画都是精灵（sprite）对象，而胶片环却是属于造型成员(cast member)对象。

（4）交换演员动画（Exchange Cast Members）。交换演员动画技术可以使用现有的动画很快制作出新的动画，而新动画与原有动画的惟一区别就是演员发生了变化，即原有动画中的演员被新动画中的演员所替代，新动画中精灵的各种行为都与原有动画中精灵的行为相同。

（5）反转动画技术（Reverse Sequence）。反转动画技术是利用【Modify】–【Reverse Sequence】命令创建动画的一种技术，主要用来创建反转动画。比如制作拳击动画，运用反转动画技术可以很容易实现，动画中的拳击运动员不仅有挥拳动作，还有收拳动作。

（6）Space to time 动画技术。该动画制作技术适用于动画中有多个精灵的情况，同时，这些精灵又需要在相对的位置关系上有严格的确定性。一般是在同一帧中不同通道的精灵按精灵在时间上的先后位置关系放置好，再一次将它们转换为同一通道的不同帧中，从而完成动画。

（7）Cast to time 动画技术。相对于从空间到时间的动画技术，从演员表到时间的动画技术是将演员表中的多个演员一次转换到同一通道的不同帧中，从而完成动画。具体可以参考洋葱皮工具一节的实例。

2. Lingo 语言

脚本是 Drector 中不可缺少的一个部分。Lingo 语言是 Macromedia 公司专门开发的多媒体语言，也可以称为一门计算机语言。使用内建库（行为）可以代替一些简单的 Lingo 语言，在很大的程度上提高了创建动画的效率。但是如果想实现更丰富的动画效果，还必须掌握 Lingo 编程技术。脚本编辑器是编辑和调试 Lingo 语言的窗口。选择 Windows 菜单的 Script 脚本选项，或者使用快捷键【Ctrl】+【0】，就可以打开脚本编辑器。如图 7-37 所示。

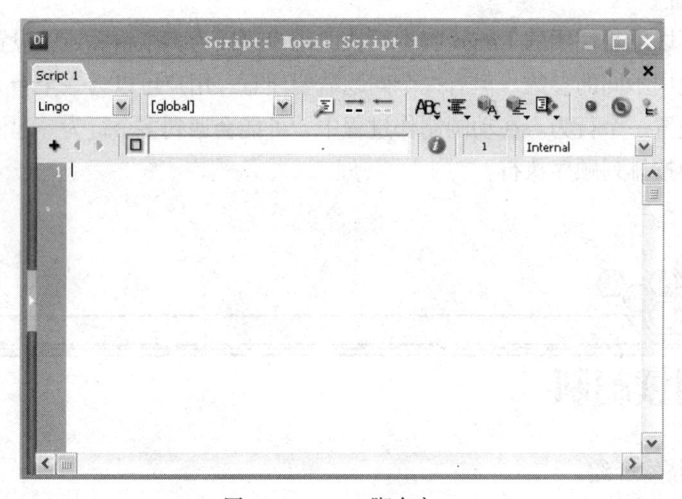

图 7-37　Script 脚本窗口

在脚本编辑器窗口中，最下面一行按钮依次分别是“创建新的脚本演员 ”，“后一个脚本成员 ”，“前一个脚本成员 ”，“拖放脚本按钮 ”，“当前的脚本名称 ”，“脚本信息 ”，“脚本的演员编号 ”，脚本的内外部性质 Internal 。

上面一行的部分常用按钮分别如下所示。

Go to Handle 按钮 ：当光标位于被调用的处理程序中时，单击 Go to Handle 按钮可以引导你进入该处理程序的编辑位置。

Comment 按钮 ：单击 Comment 按钮可以屏蔽光标所在行的命令，经常用于将该行设置为注释。

Uncomment 按钮 ：功能与 Comment 按钮刚好完全相反。

Alphabetical 按钮 ：单击这个按钮，弹出 Lingo 函数菜单。显示按照字母的顺序排列的 LINGO 函数表，是一个非常实用的工作手册式的命令库。

本章习题

一、理论架构

1. 根据你对本章内容的了解，Director 中的动画技术有几类？它们的优势如何？

2. 何为“洋葱皮工具”，它的特点？

3. 精灵的属性检查器中包含哪些内容？

二、实战练习

（一）基础篇

1. 收集风景、动物、植物或本人的图片，运用特殊通道的过渡效果制作一个电子像册。

2. 运用羊葱皮工具设计一个随风飘动的旗帜的动画。

（二）提高篇

1. 收集音乐素材和视频素材，完成一个视频播放器。

2. 自选素材内容，制作一个动画片头。

第8章

多媒体在网页中的实现

【学习导航】

在前面的章节中，我们学习了图形图像、声音、动画、视频素材的采集与制作。本章主要介绍网页的基本制作方法和图形图像、声音、动画、视频等多媒体在网页制作中的实现。通过学习，掌握网页制作工具的基本使用方法和技巧；了解 HTML 语言的基本结构；理解动态网页的制作流程和方法；掌握声音、动画、视频等多媒体在网页中的实现方法；能完整地制作包含多种媒体元素的网页作品。本章的主要学习内容及在多媒体制作技术中的位置如图 8-1 所示。

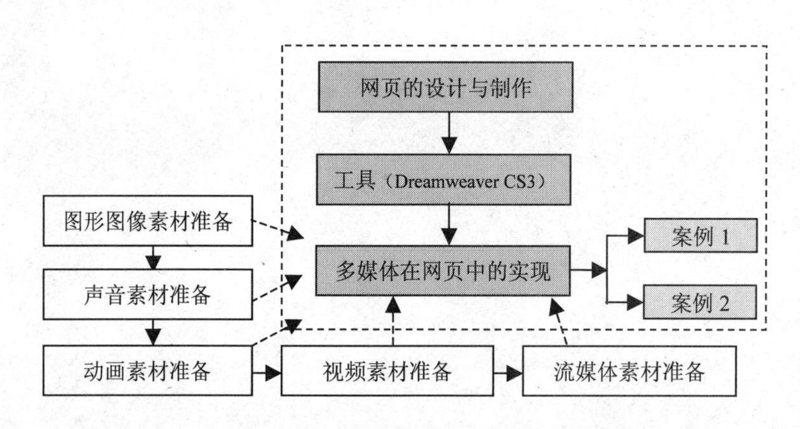

图 8-1 本章的主要学习内容及在多媒体制作技术中的位置

随着 Internet 的不断发展壮大，网络已逐渐成为人们生活的一部分，它不仅给我们提供了一个全新的获取信息的手段，而且影响并改变着人们的生活、学习和工作方式。同时，人们对网络的要求越来越高。只有文本的网页已经不能引起人们的兴趣，而包含了图形、图像、声音、动画、视频等丰富多媒体元素的网页则深受人们的喜爱。此外，越来越多的人已经不仅仅满足于浏览网页，而希望深入地参与其中，希望自己动手制作

网页、开发个人网站。将文本、图形、图像、声音、动画、视频等多种媒体综合、恰当地应用到网页制作中是制作优秀的网页作品的关键。

8.1 知识准备

在制作网页之前，首先要了解网页的基础知识，什么是网页、制作网页的常用软件有哪些、网页是如何在 Internet 上实现的，以及制作网页的基本流程等。

8.1.1 网页设计的基础知识

1. 网页的组成

网页又称“Web 页”，英文名字是 Webpage，是浏览 WWW 资源的基本单位。网页是纯文本格式的 HTML 文件，用任何文本编辑器都可以打开编辑，它也是一种可以在 WWW 网上传输，并被浏览器认识和翻译成页面显示出来的文件。

8-1：网页、网站与主页

网站是由一个一个网页构成的，是通过各种链接相互关联的网页的有机组合，如搜狐、网易等。网站又称为 Web 或 Web 站点，其文档所包含的内容是由被称为超文本的文本、图形图像、声音、视频等组成的，能够有机地关联并可被浏览器识别。

主页是网站的第一页，浏览者可以通过主页链接到网站的其他页，主页一般名称为：index.html、index.htm 或 default.htm、default.html。

（1）超链接。超链接是互联网上的一种链接技术，通过它可以从一个网页链接到另一个网页。超链接指站点内不同网页之间、站点与 Web 之间的链接关系，由链接载体（源端点）和链接目标（目标端点）两部分组成，可以使站点内的网页成为有机的整体，还能够使不同站点之间建立联系。

（2）URL。URL 英文全称是“Uniform Resource Locator”，中文名称为“统一资源定位器”，它用来指明主机或文件在 Internet 上的位置，一个 URL 就是一个资源在 Internet 上的具体位置。URL 用来指明通信协议和地址的方式，如“http://www.google.cn”就是一个 URL。“http://”形式的 URL 用于表示网页的 Internet 位置，它是一种提供在 Internet 上查找任何信息的标准方法。

（3）浏览器。浏览器是用于阅读网页中信息的一种软件工具。

（4）IP。IP 地址用来标识连接到 Internet 上电脑的指定编号，基本上每一个 IP 地址对应一台电脑，这与用电话号码标识电话网络中的电话相同。

（5）域名。域名就是常说的网址，它具有惟一性，如搜狐的网址 www.sohu.com、新浪的网址 www.sina.com.cn 等就是一个域名，域名由英文字符加上数字表示，在访问网络时，域名将通过域名服务器转换成 IP 地址，这种转换是在后台完成的。

2. 网页设计的常用软件

（1）网页布局软件。微软的办公软件 office 家族成员之一的 FrontPage 是一种所见即所得的网页制作软件，由于其使用简单（与一般文本软件使用方法类似）并且软件容易获得，很受初学者的欢迎。

Dreamweaver 是 Macromedia 公司推出的可视化网页制作工具，是较受网页设计人员欢迎的软件之一，是网站建设不可缺少的工具之一。

此外记事本、word 也是常用的网页代码编辑软件。

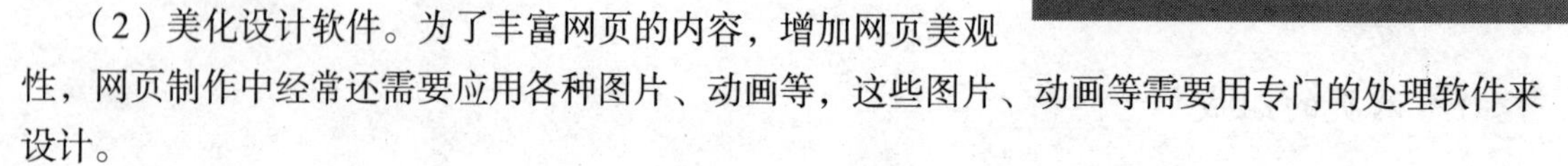

（2）美化设计软件。为了丰富网页的内容，增加网页美观性，网页制作中经常还需要应用各种图片、动画等，这些图片、动画等需要用专门的处理软件来设计。

常用的用来处理和制作静态图片的软件有 Photoshop、Fireworks、CoreDraw、Illustrator、Freehand 等。

处理和制作动态图片的软件有 Image Ready、Gif Animator 等。

常用的动画制作软件有 Flash 等。

3. 网页制作的基本流程

（1）网站主题与构思。在制作网页之前，首先要做好规划，确定网页的主题，并收集、整理资料，构思网页的结构和风格。经过系统、全面构思的网站会为网页制作打好基础，达到事半功倍的效果。

（2）设计与制作。构思完毕之后，接下来的工作就是规划、创建站点，制作网页，这一过程的关键和重点就是网页的布局与设计。设计时要保证网站中的每个网页色彩基本一致、风格相近，按照设计构思做好网页布局，然后制作每一个网页。

（3）测试与发布。网页做好了，链接做好了，就要对网页进行测试，测试链接是否正确，发现问题及时改正。测试后即可发布网站。

发布就是指把制作好的网页上传到网络上的过程。

（4）更新与维护。网站发布后需经常更新网页，增加网页内容，提高网页浏览率，并经常维护，以弥补网站存在的缺陷。

8.1.2 Dreamweaver CS3 简介

Dreamweaver 是非常优秀的可视化网页设计制作工具和网站管理工具之一，支持最新的 Web 技术，具有强大的功能和简便的操作以及友好的工作界面，已经被越来越多的网页设计者和网站开发人员所接受。随着该软件应用范围的扩大，其版本也在快速更新，功能也不断增强，Dreamweaver CS3 集网页设计、网站开发和站点管理功能于一身，具有可视化、跨浏览器和支持多平台的特性，同时利用该软件还可以开发功能强大，高效的动态交互式网站。

Dreamweaver CS3 的工作界面如图 8-2 所示。

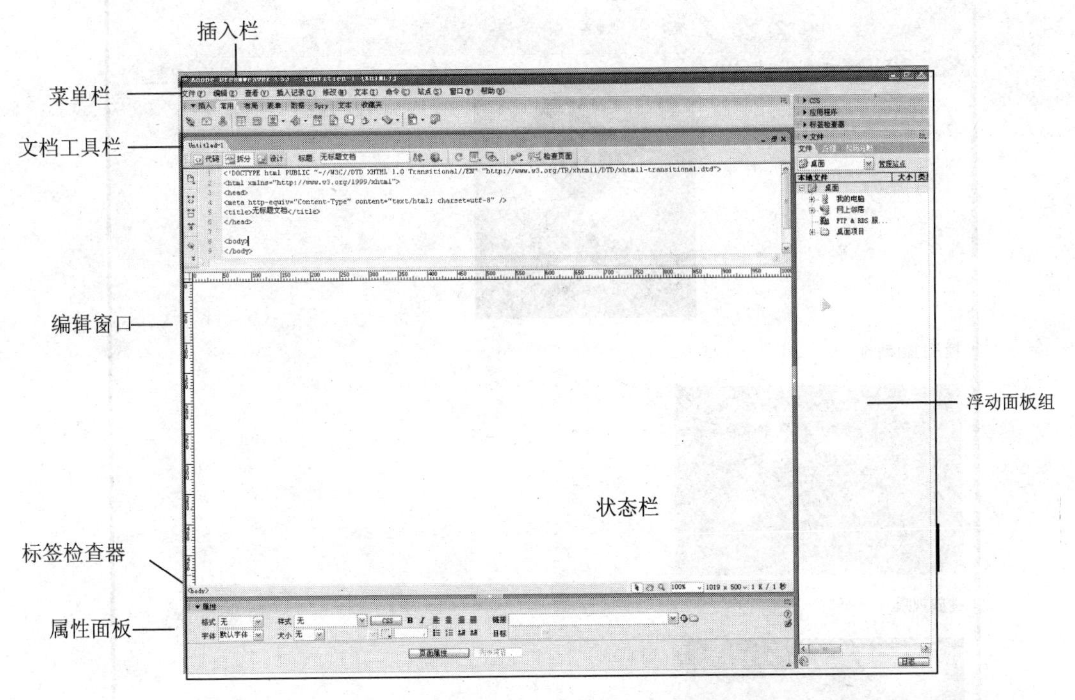

图 8-2　Dreamweaver CS3 工作界面

从工作界面中的文档工具栏可以看出，Dreamweaver CS3 有 3 种编辑模式：可视化编辑模式 设计、代码编辑模式 代码 和综合编辑模式 拆分。Dreamweaver CS3 包含可视化的网页设计和网站管理功能，支持最新的 Web 技术。

8-1：HTML 代码

通过浏览器所看到的网页，是由 HTML 语言所构成的。HTML 即超文本标记语言，是一种建立网页文本的语言，通过标记性的指令，将文字、图片、声音、影像等链接显示出来。

HTML 通过标记网页中的各个组成部分指示浏览器如何显示网页内容。

（HTML 方法规则详见阅读材料）

8.2　案例 1　简单多媒体网页制作

在丰富多彩的网页中，文本、图像、声音、动画及视频等是如何实现的呢？在此案例中，我们将制作一个简单的具有文本、图像、声音、动画及视频的网页（素材位置：\光盘\第 8 章\example 1），效果如图 8-3 所示。

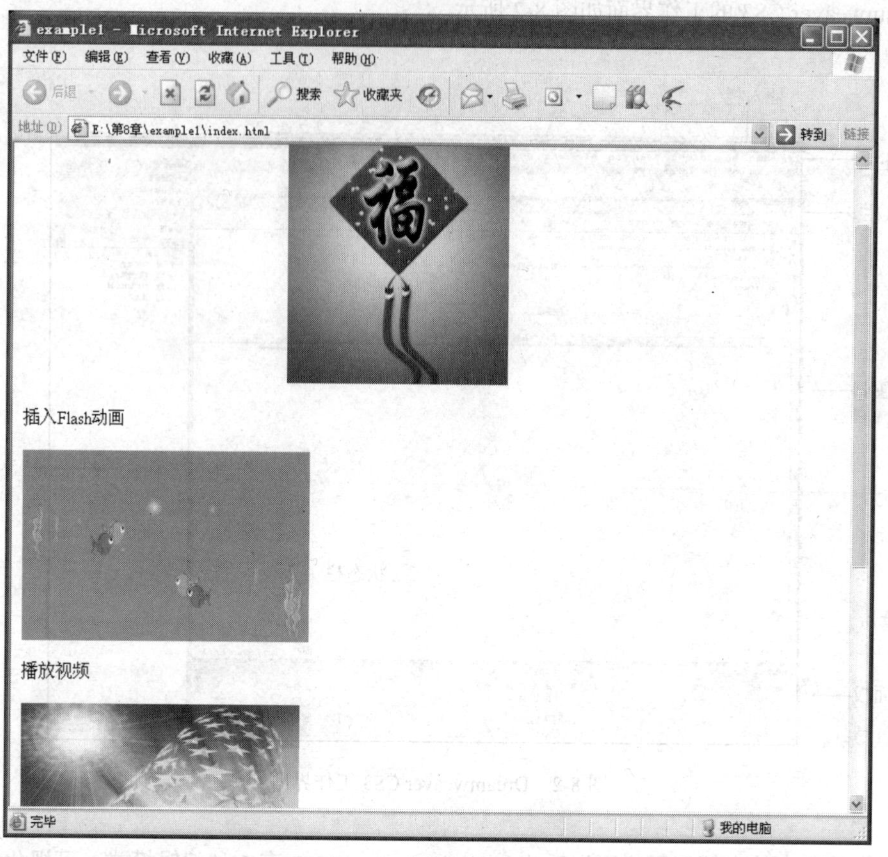

图 8-3　网页预览窗口

（1）新建站点。

（2）创建网页。

（3）插入文本、图像、声音、动画和视频。

（4）保存并浏览。

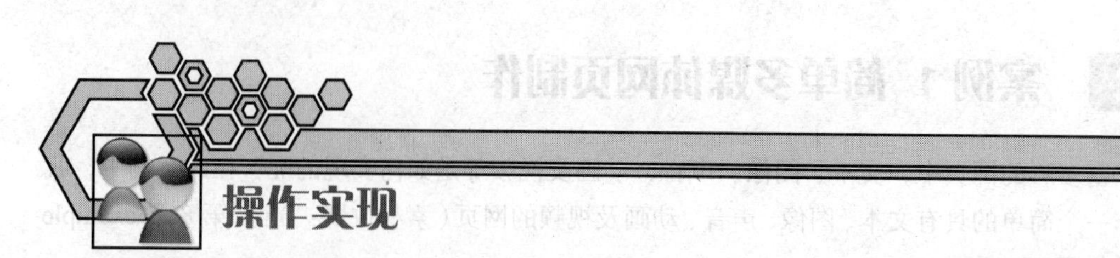

1．新建站点

执行菜单命令【站点】-【新建站点】，弹出如图 8-4 所示“新建站点”对话框，在“名字”

文本框中输入新站点的名字“example1”，单击【下一步】按钮，选择“否，我不想使用服务器技术”；单击【下一步】按钮，弹出如图 8-5 所示对话框，选择文件的保存路径；单击【下一步】按钮，弹出如图 8-6 所示对话框，在“如何连接到远程服务器”选项中选择“无”；单击【下一步】按钮，弹出如图 8-7 所示“站点信息”对话框，单击【完成】按钮。

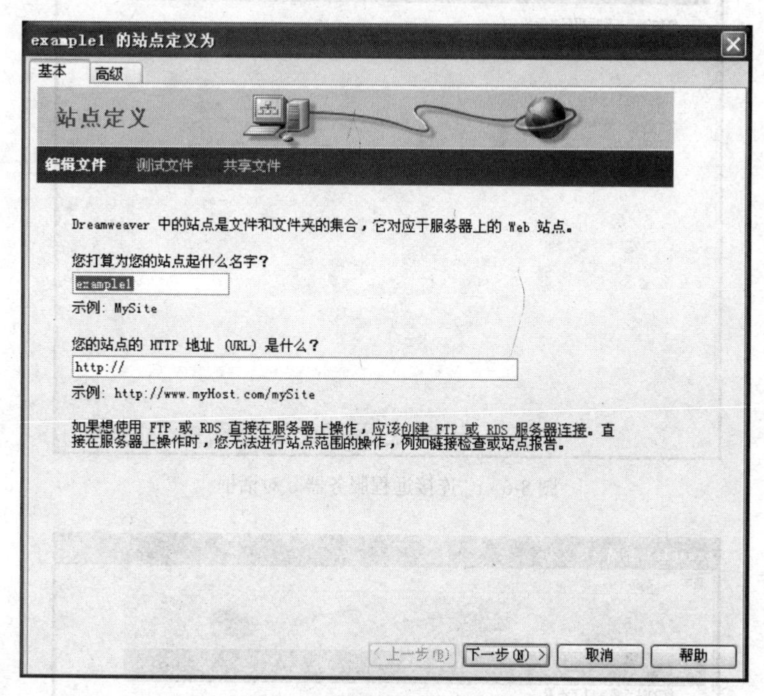

图 8-4　“新建站点”对话框

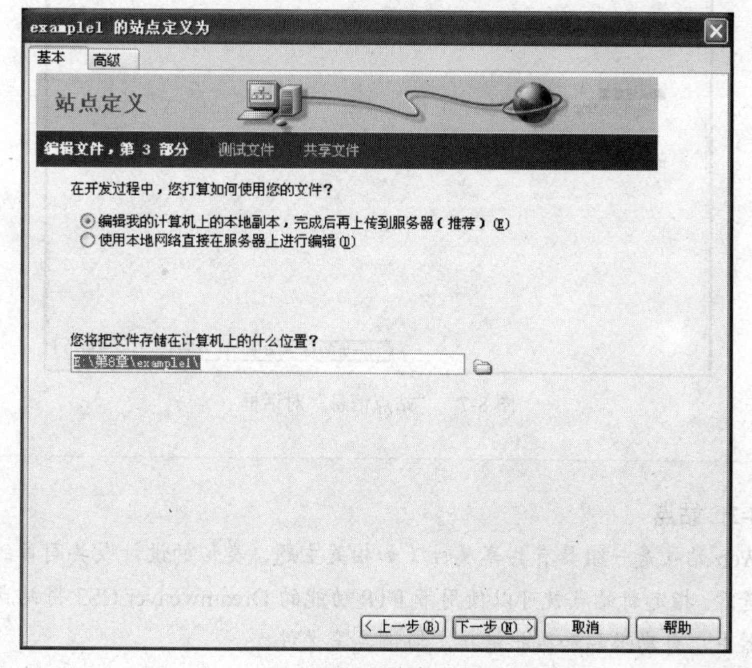

图 8-5　文件保存路径

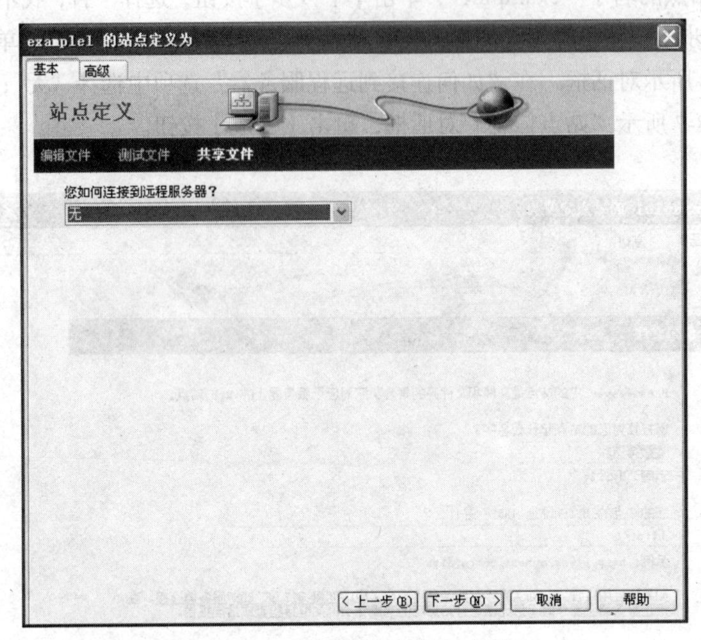

图 8-6 “连接远程服务器”对话框

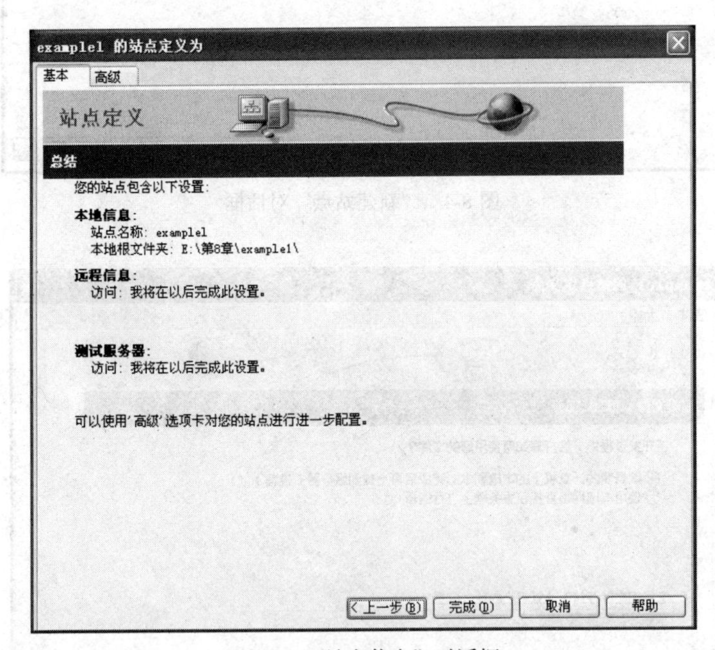

图 8-7 “站点信息”对话框

8-2: 站点

Web 站点是一组具有共享属性（如相关主题、类似的设计或共同目的）的链接文档和资源。指定新站点就可以使用带 FTP 功能的 Dreamweaver CS3 将站点上传到 Web 服务器中，自动跟踪和维护链接，协调共享文件。

8-2：管理站点

建立站点后，可以对站点信息进行编辑，方法是：

1. 执行菜单命令【站点】-【新建站点】，弹出如图 8-8 所示"管理站点"对话框，单击【编辑】，对站点信息进行更改；

2. 在【文件】面板打开下拉菜单，弹出如图 8-9 所示选项，选择"管理站点"对话框。

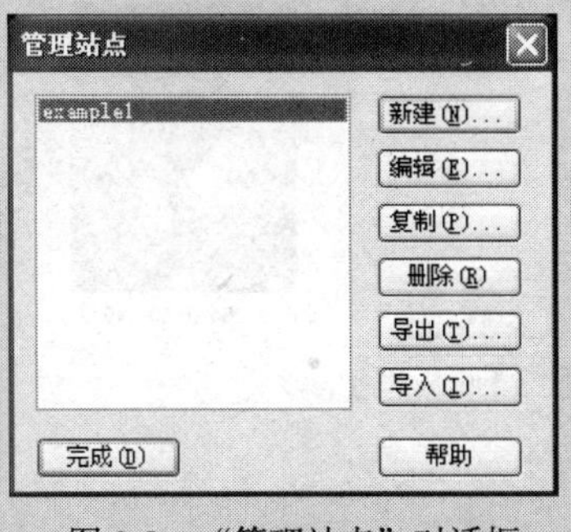

图 8-8　"管理站点"对话框

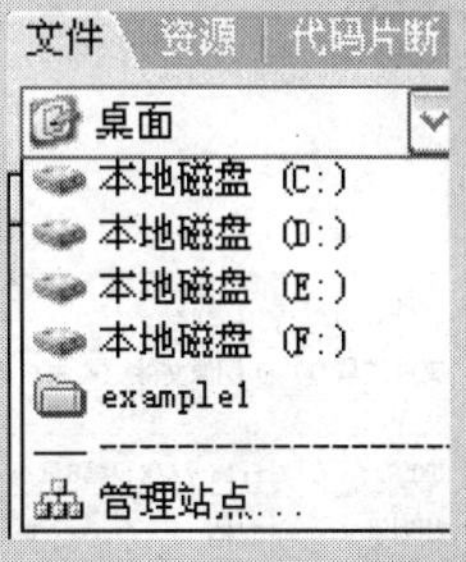

图 8-9　"文件"面板

2. 建立网页

（1）执行菜单命令【文件】-【新建】或【Ctrl】+【N】组合键，弹出如图 8-10 所示对话框，选择新建"空白页"，页面类型为 HMTL，单击【创建】按钮。

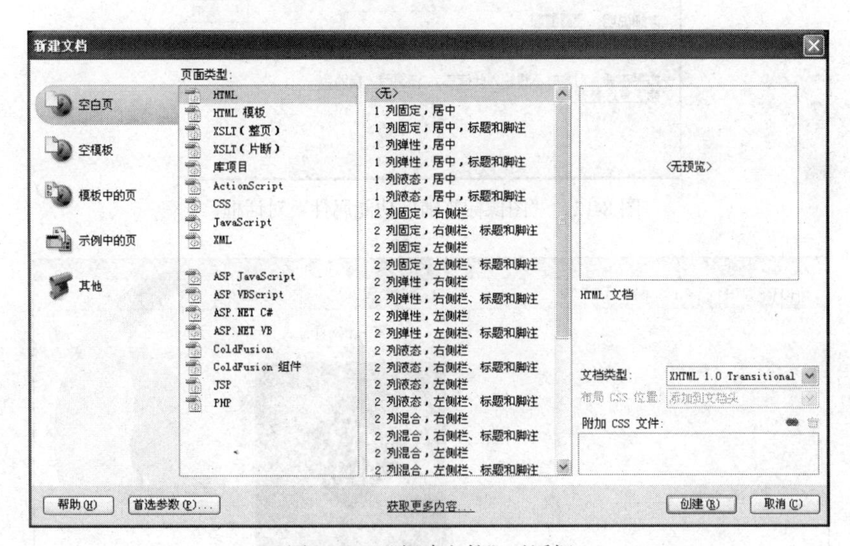

图 8-10　"新建文件"对话框

（2）在"文档工具栏"中，将网页的标题命名为"example1"。执行菜单命令【文件】-【保存】或【Ctrl】+【S】组合键，保存新建的文档，选择文件路径，文件名为"index.html"。

3. 输入文本

将光标置于编辑窗口，输入文字"第一个网页"，单击界面下方属性面板的居中按钮 ☰ 。

4. 插入图片

执行菜单命令【插入记录】-【图像】，弹出"插入图像"对话框（参见图 8-11），或单击"插入面板”的“常用”标签下的“图像”按钮，选择图像“1.jpg”（位置：光盘\第 8 章\example1\1.jpg），单击【确定】按钮，弹出如图 8-12 所示对话框（此对话框用于设置图像标签辅助功能选项），在“替换文本”输入框中输入“image”，单击【确定】按钮，编辑窗口效果如图 8-13 所示。

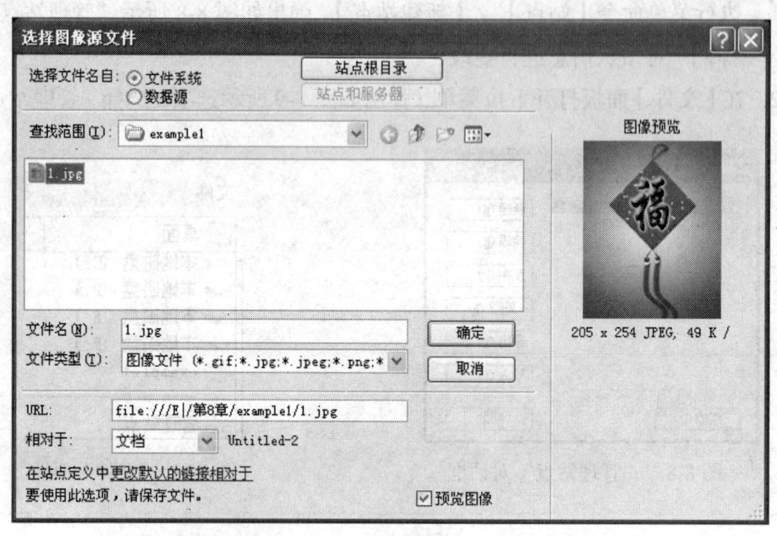

图 8-11　“插入图像”对话框

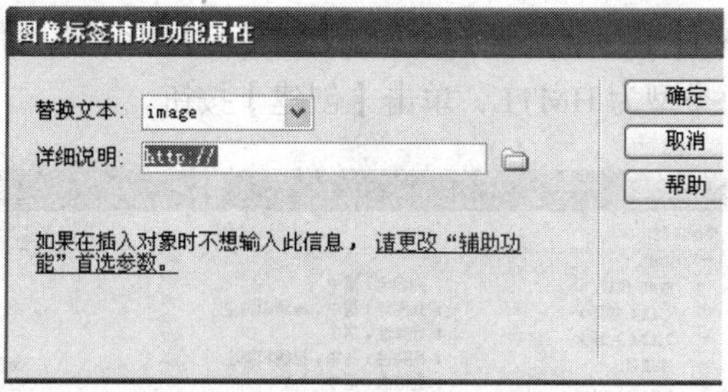

图 8-12　“图像标签辅助功能属性”对话框

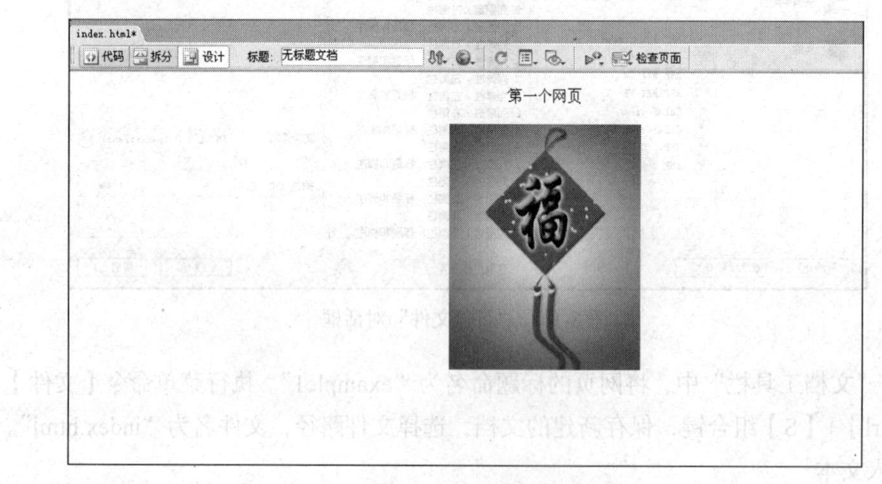

图 8-13　网页效果

5. 设置背景音乐

声音可以作为网页的背景音乐，在加载网页时开始播放，在网页中添加背景音乐使用

<bgsound>标记，方法如下所示。

（1）单击“文档工具栏”中的综合编辑模式按钮 拆分，同时显示代码窗口和文档窗口。

（2）在代码窗口中，找到<body>标签，在它后面点一下鼠标，然后按一下回车键插入一个空行，输入代码：

```
<bgsound src="sound.mp3" loop= "true">
```

src 指示声音文件的路径，loop 指示播放次数，loop= “true” 表示无限循环播放。

（3）按【Ctrl】+【S】组合键保存网页，按下【F12】键，在浏览器中查看效果，我们可以听见背景音乐声。

6. 插入 Flash 动画

（1）将光标置于网页中已插入的图片下方，输入文字“插入 Flash 动画”。

图 8-14　“插入媒体”按钮

（2）将光标置于文字“插入 Flash 动画”文字下一行，执行菜单命令【插入记录】-【媒体】-【Flash】，或单击“插入”面板中“常用”标签下的“插入媒体”按钮（参见图 8-14），在下拉菜单中选择 Flash，弹出如图 8-15 所示对话框，选择“flash.swf”文件（位置：光盘\第 8 章\example1\ flash.swf），单击【确定】按钮。

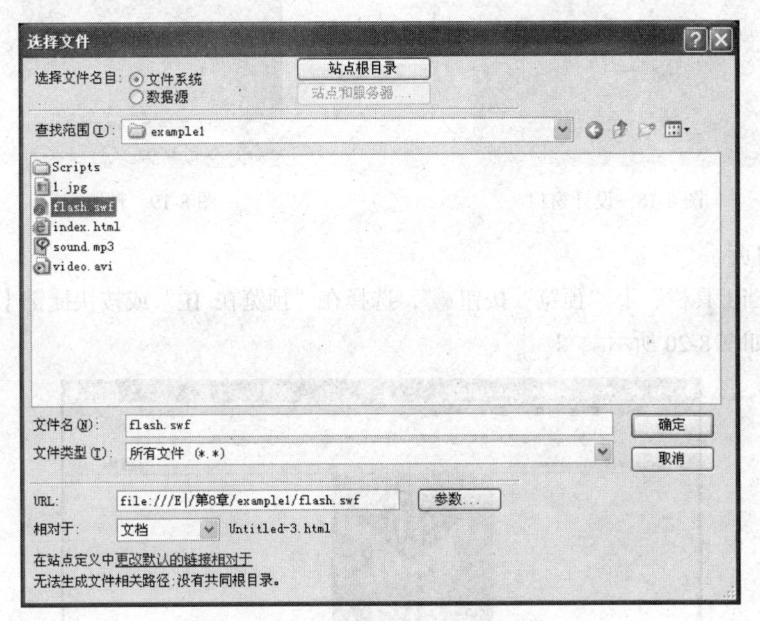

图 8-15　“选择 Flash 动画”对话框

此时，设计窗口如图 8-16 所示。

（3）按【Ctrl】+【S】组合键保存网页，按快捷键【F12】，在浏览器中查看效果（参见图 8-17）。

7. 插入视频

在网页中可以插入 AVI、MPG、RM、WMV 等类型的视频，这与视频播放器支持的文件格式有关，一般要求客户端安装 Real Player 视频播放器。

（1）光标置于网页中已插入的动画下方，输入文字“播放视频”。

（2）将光标置于文字“插入视频”文字下一行，单击“文档工具栏”中的综合编辑模式按钮 拆分，同时显示代码窗口和文档窗口。在代码窗口中，找到<body>标签，在它后面点一下鼠标，

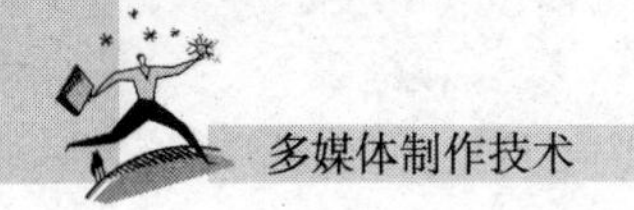

然后按一下【Enter】键插入一个空行，输入代码：

```
<embed src="video.avi" autostart= “true”>
```

src 指示视频文件的路径，autostart= “true”表示自动插放为真。

图 8-16　设计窗口

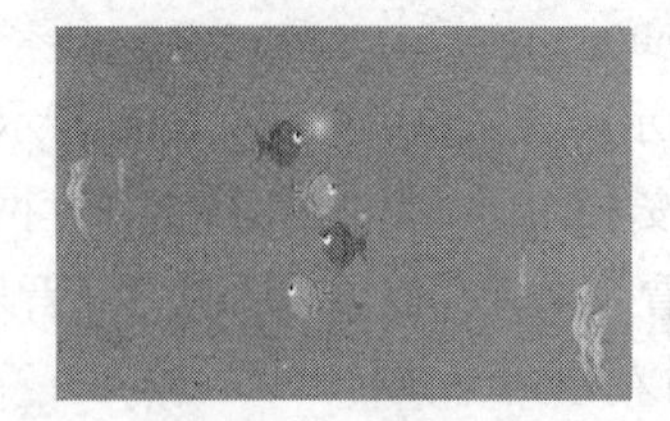

图 8-17　预览窗口

在文档窗口，选中视频文件，调整到合适大小，文档窗口如图 8-18 所示。

（3）按【Ctrl】+【S】组合键保存网页，按快捷键【F12】，在浏览器中查看效果（参见图 8-19）。

图 8-18　设计窗口

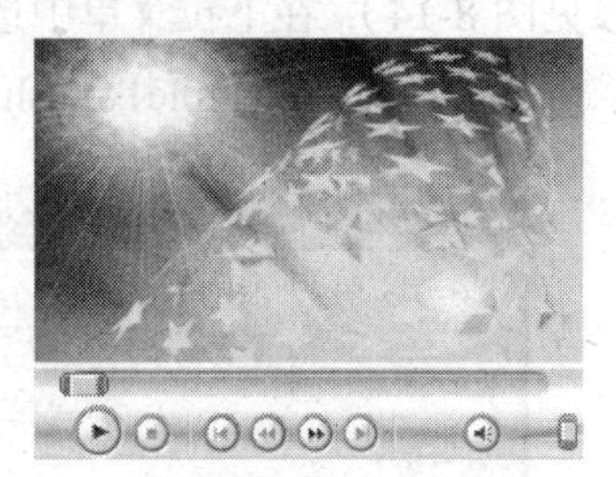

图 8-19　预览窗口

8. 浏览网页

单击“文档工具栏”上“预览”按钮，选择在“预览在 IE”或按快捷键【F12】，浏览网页最终效果，如图 8-20 所示。

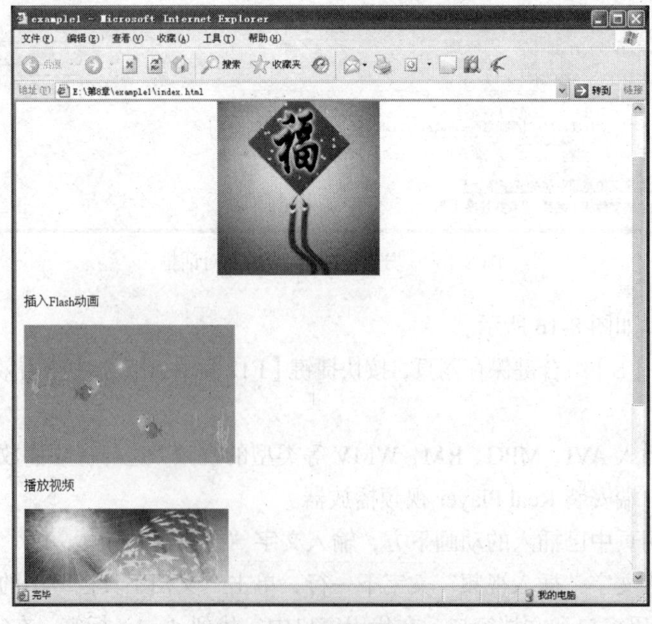

图 8-20　网页预览窗口

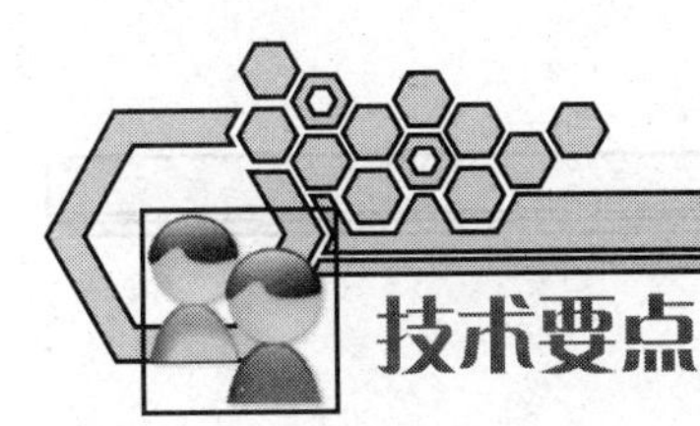

技术要点

1. 创建站点

在正式开始制作网页之前，最好先定义一个新站点，这是为了更好地利用站点窗口对站点文件进行管理。创建站点后，用户在站点中编辑网页时，Dreamweaver 会自动将链接到站点目录之外的文件复制到站点目录中，所有链接地址均自动采用相对路径，避免发生超链接错误，实现对网站的全局性把握，从而提高网页设计的效率。

2. 将多媒体素材存放于站点目录

在制作网页时，需将所用到的所有多媒体素材都存放于站点目录中，否则在浏览时会发生超链接错误。

3. 用代码实现对音频、视频的控制

在制作网页时，音频和视频的插入不能通过可视化的文档窗口实现，需通过代码视图内的一定代码来实现。

8.3 案例 2 个人主页制作

本节通过一个案例系统讲解一个完整的具有超链接、包括多种媒体信息的静态网站“人个主页”的制作过程，网站首页预览效果如图 8-21 所示（素材位置：\光盘\第 8 章\example2）。

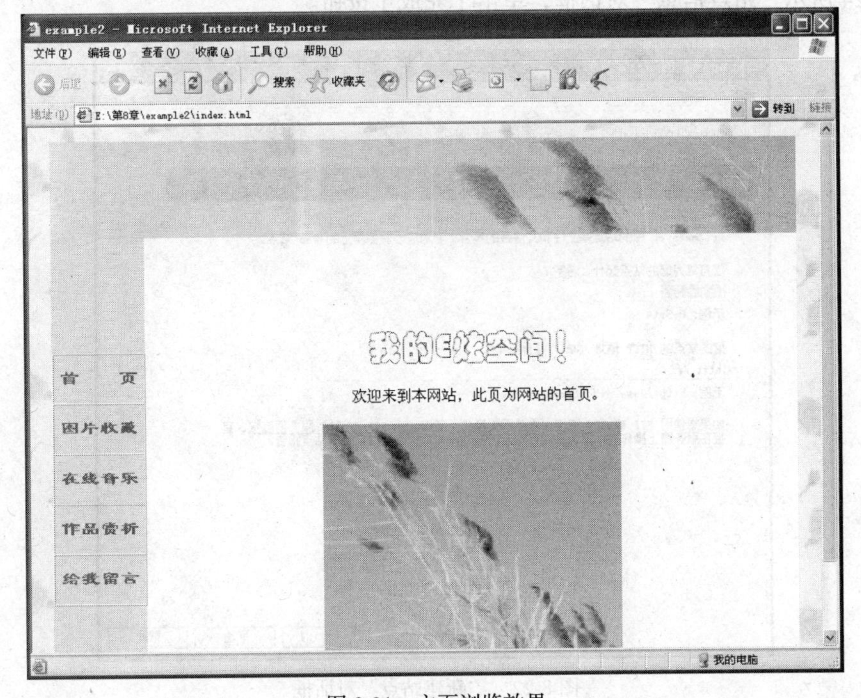

图 8-21　主页浏览效果

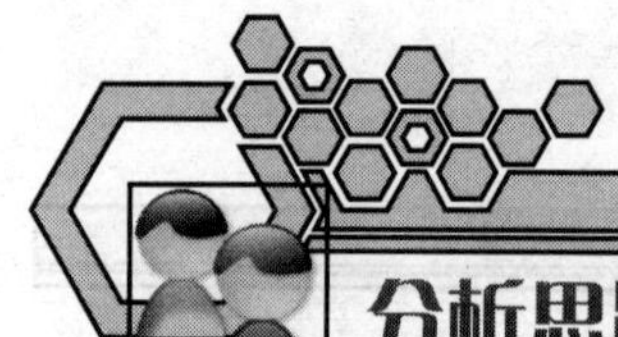

分析思路

（1）创建站点。

（2）创建、布局网页。

（3）设计美化网页。

（4）建立超链接。

（5）保存、浏览网页。

操作实现

1. 创建本地站点

（1）新建站点。执行菜单命令【站点】-【新建站点】，弹出如图 8-22 所示“新建站点”对话框，在“名字”文本框中输入新站点的名字“example2”，单击【下一步】按钮，选择“否，我不想使用服务器技术”；单击【下一步】按钮，弹出如图 8-23 所示对话框，选择文件的保存路径；单击【下一步】按钮，在“如何连接到远程服务器”选项中选择“无”；单击【下一步】按钮，弹出如图 8-24 所示“站点信息”对话框，单击【完成】按钮。

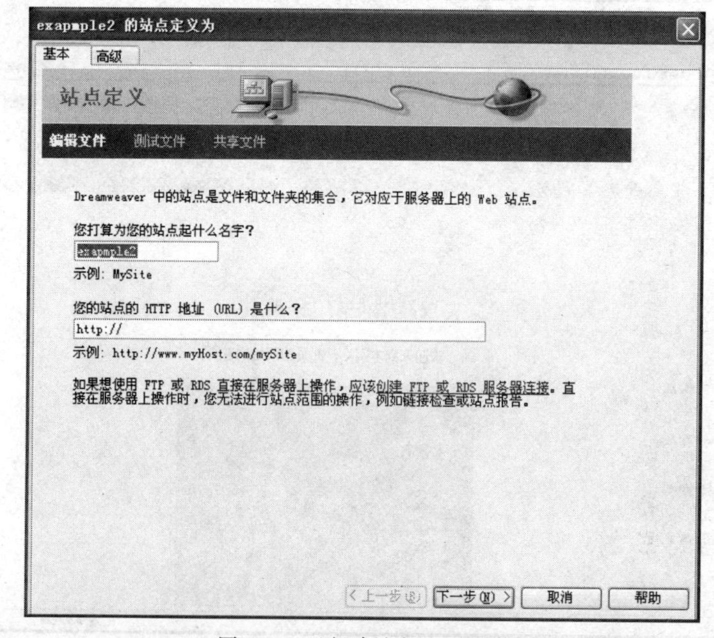

图 8-22 “新建站点”对话框

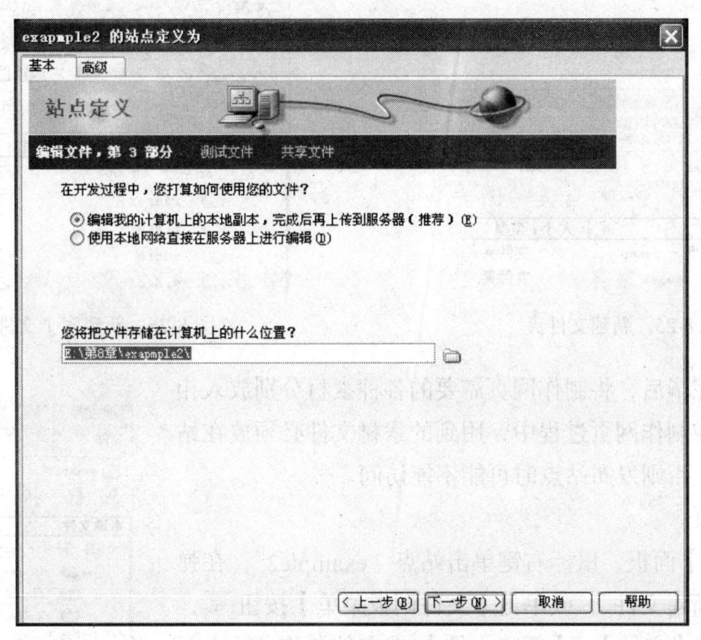

图 8-23　文件保存路径

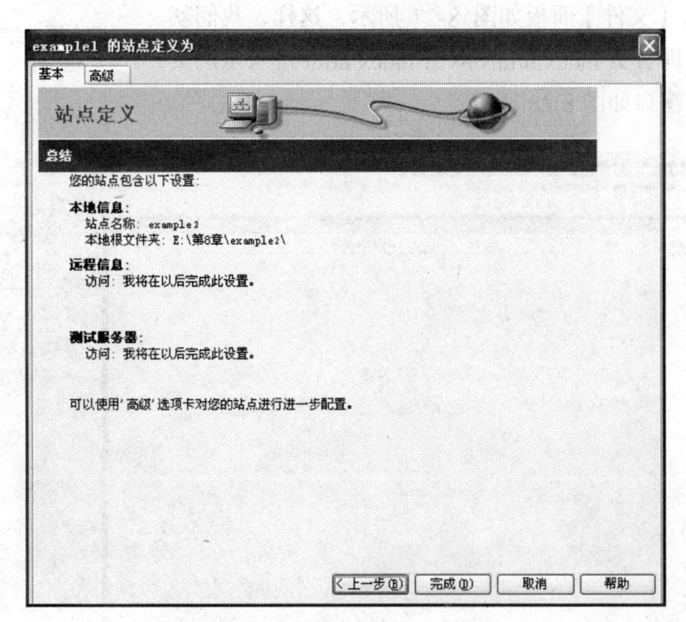

图 8-24　“站点信息”对话框

（2）创建分类文件夹。建立好站点后就可以在站点中新建文件夹，该文件夹主要用来存储这个网站中用到的网页元素，如图片、音乐等。

在【文件】面板，鼠标右键单击站点“example2”，在弹出菜单中选择“新建文件夹”，或单击【文件调板菜单】按钮 ，在弹出菜单中选择【文件】-【新建文件夹】,【文件】面板如图 8-25 所示，在文件夹名称中输入新的文件名“images”，用来存放图片；同理，另新建文件夹“flash”、“audio”、“video”，分别用来存放网页制作过程中应用到的动画、声音和视频素材，如图 8-26 所示。

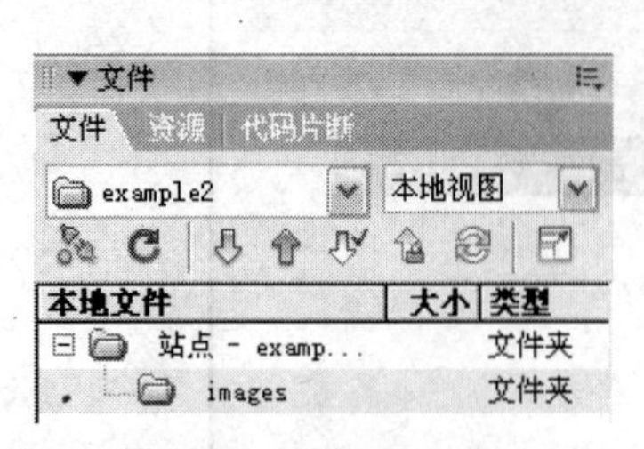

图 8-25 新建文件夹

图 8-26 新建多个文件夹

文件夹创建完毕后，将制作网页需要的各种素材分别放入相应的文件夹中。在制作网页过程中，用到的素材文件必须放在站点的根文件夹中，否则发布站点时可能不能访问。

（3）创建网页。

① 在【文件】面板，鼠标右键单击站点“example2”，在弹出菜单中选择“新建文件”，或单击【文件调板菜单】按钮 ，在弹出菜单中选择【文件】–【新建文件】，在文件名称中输入新的文件名“index”，【文件】面板如图 8-27 所示，这样，我们就创建了第一个网页即首页 index.html，双击 index.html 进入该网页的编辑状态，编辑窗口如图 8-28 所示。

图 8-27 新建文件

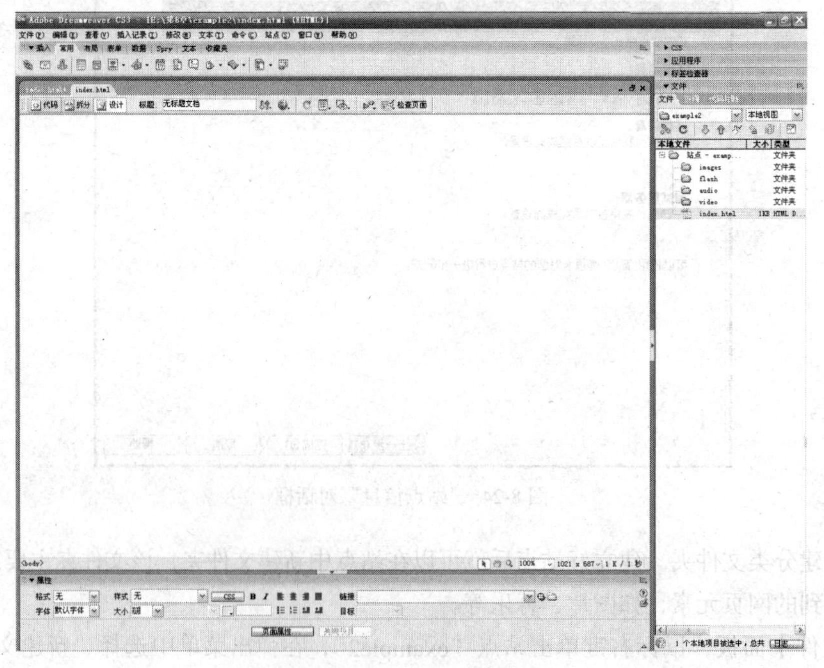

图 8-28 index.html 编辑窗口

② 在“文档工具栏”的“标题”标签处为 index.html 网页命名标题“example2”。

③ 执行菜单命令【修改】–【页面属性】，弹出“页面属性”对话框（参见图 8-29），可以对页面进行个性化设置。在外观（HTML）分类中，将上、下、左、右边距均设为“0”，单击【确

定】按钮。

图 8-29　“页面属性”对话框

④ 执行菜单命令【文件】-【保存】或按【Ctrl】+【S】组合键保存网页。

2. 布局网页

（1）执行菜单命令【插入记录】-【表格】，或选择插入工具栏中的“常用”模式（参见图 8-30），或选择插入工具栏中的“布局”模式（参见图 8-30），单击插入表格按钮 。

图 8-30　“插入”面板

图 8-31　“布局”标签

（2）在弹出的“绘制表格”对话框中，设置相关参数如图 8-32 所示，单击【确定】按钮。

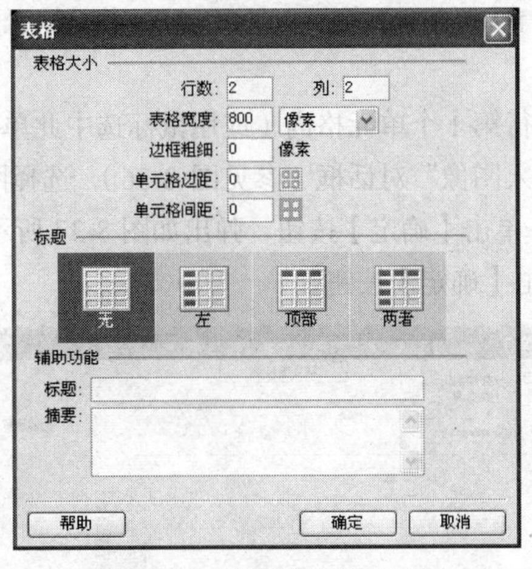

图 8-32　“布局表格”对话框

（3）单击表格边框，用鼠标选中整个表格，在“属性”面板，将表格的对齐属性更改为“居中对齐”，标签为“table1”，如图 8-33 所示。

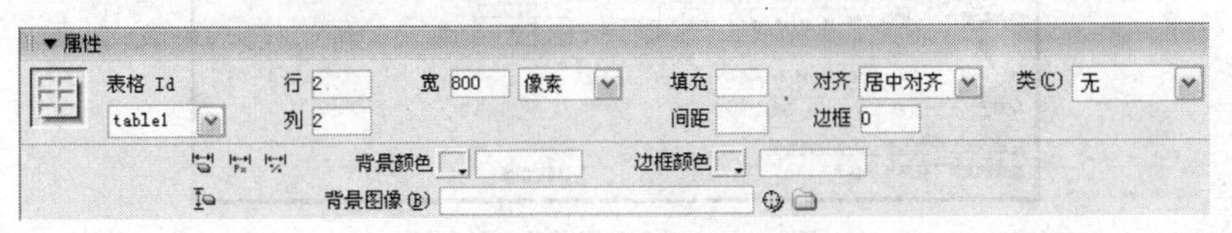

图 8-33　“表格属性”面板

（4）通过鼠标拖曳，选中表格第 1 行的 2 个单元格（参见图 8-34）。单击“属性”面板“合并单元格”按钮，结果如图 8-35 所示。

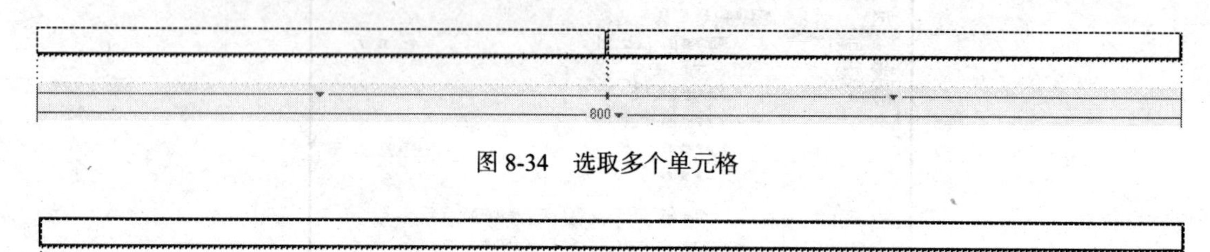

图 8-34　选取多个单元格

图 8-35　合并单元格

将鼠标置于合并后的单元格中，在“属性”面板将单元格的“高”设为 100 像素，“宽”设为 800 像素。

（5）按步骤（4），将第 2 行第 1 个单元格“宽”设为：100 像素；“高”设为：500 像素。

切换到“标准视图”查看效果。

3．设计网页

（1）设置网页背景。执行菜单命令【修改】-【页面属性】，弹出“页面属性”对话框（参见图 8-14），在外观（CSS）分类中，通过“浏览”按钮选择图像“1.jpg”（位置：光盘\第 8 章\example2\images\1.jpg）

（2）设置单元格背景。

① 将鼠标置于表格第 2 行第 1 个单元格内（或用鼠标选中此单元格），在“属性”面板，单击“背景颜色”按钮 背景颜色(G)，将单元格的背景颜色设置为 背景颜色(G) #DEE6E9。

② 将鼠标置于表格第 1 行第 1 个单元格内（或用鼠标选中此单元格），执行菜单命令【插入记录】-【图像】，弹出“插入图像”对话框（参见图 8-36），选择图像“2.jpg”（位置：光盘\第 8 章\example2\images\2.jpg），单击【确定】按钮，弹出如图 8-37 所示对话框，在“替换文本”输入框中输入“topimage”，单击【确定】按钮。

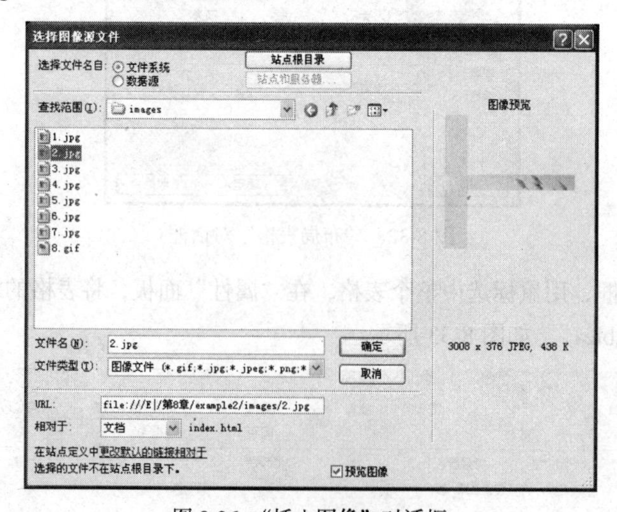

图 8-36　“插入图像”对话框

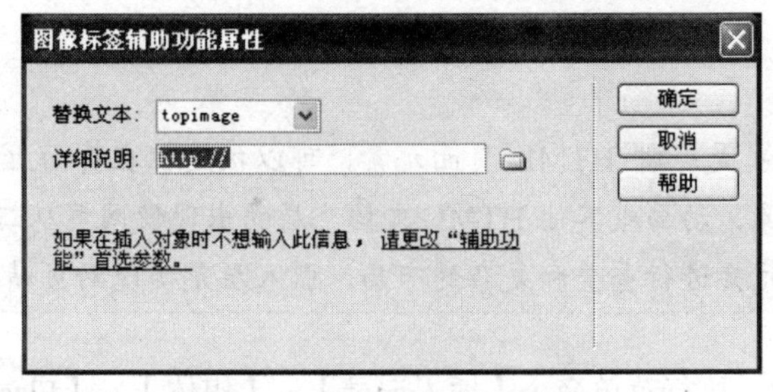

图 8-37　图像标签辅助功能属性

③ 选中图像，在"属性"面板，将图像的"宽"设为"800 像素"，"高"设为"100 像素"。

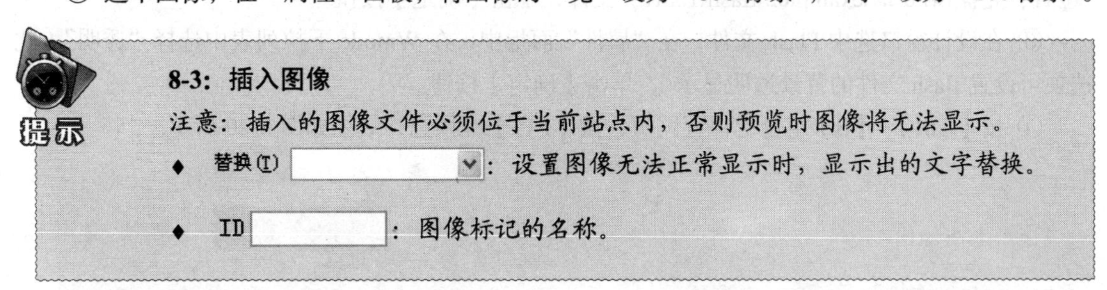

提示

8-3：插入图像

注意：插入的图像文件必须位于当前站点内，否则预览时图像将无法显示。

- 替换(T) [　　　　▼]：设置图像无法正常显示时，显示出的文字替换。
- ID [　　　　]：图像标记的名称。

④ 将鼠标置于表格第 2 行第 1 个单元格内，在"属性"面板，将单元格的背景颜色设置为白色。

背景设置完毕完，页面视图效果如图 8-38 所示。

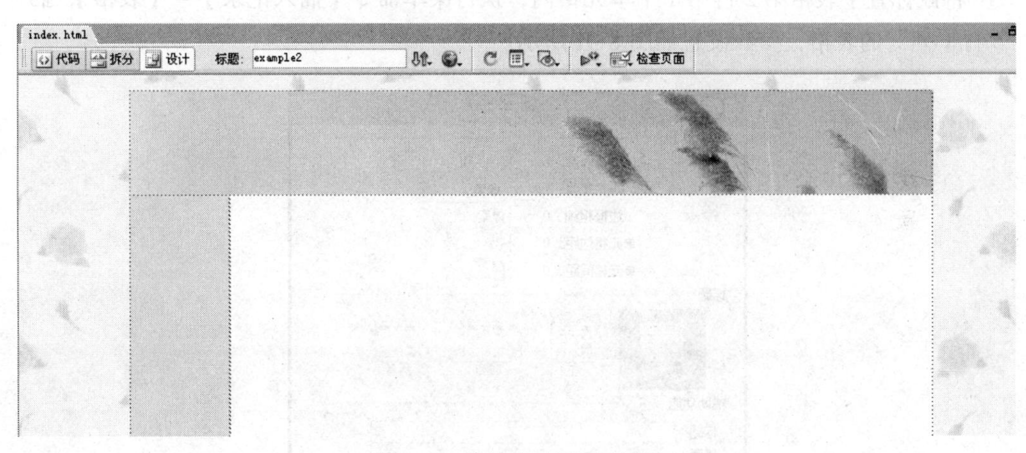

图 8-38　设置背景后页面效果

（3）插入 Flash 动画网页头。

① 单击"插入"面板中"布局"标签，单击"绘制层"按钮，在第 1 行第 1 个单元格上绘制一个与该单元格相同大小的层，如图 8-39 所示。

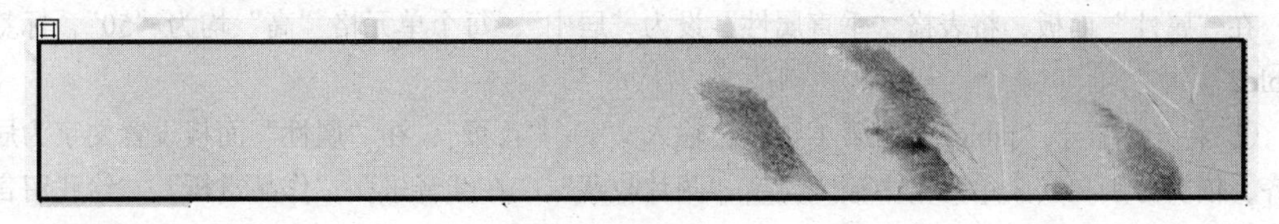

图 8-39　插入"层"

知识点

8-3：层

层（Layer）是一种 HTML 页面元素，可以被定位在页面上的任意位置。层可以包含文本、图像、动画或其他 HTML 文档。层的出现使网页从二维平面拓展到三维，可以使页面上元素进行重叠和复杂的布局，引入层是实现网页精美动画的关键。

② 将光标置于层内，执行菜单命令【插入记录】-【媒体】-【Flash】，或单击“插入”面板中“常用”标签下的“插入媒体”下拉列表中的“插入 Flash”，在弹出对话框中选择“1.swf”（位置：光盘\第 8 章\example2\flash\1.swf）文件，单击【确定】按钮。

③ 在设计窗口选中 Flash 文件，在“属性”面板中，在 Wmode 下拉列表中选择“透明”（此选项可设置 flash 文件的背景透明显示），单击【确定】按钮。

④ 按【Ctrl】+【S】组合键保存网页，按【F12】键预览，效果如图 8-40 所示。

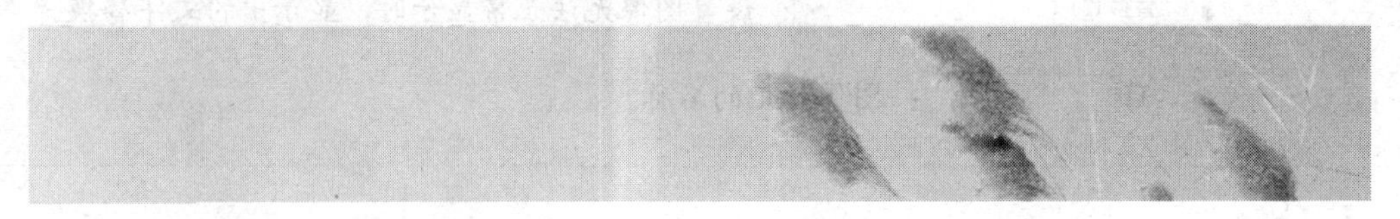

图 8-40　插入 Flash 后效果

（4）输入文本。

① 将鼠标置于表格第 2 行第 1 个单元格内，执行菜单命令【插入记录】-【表格】，插入一个“5 行 1 列”的表格，参数设置如图 8-41 所示。

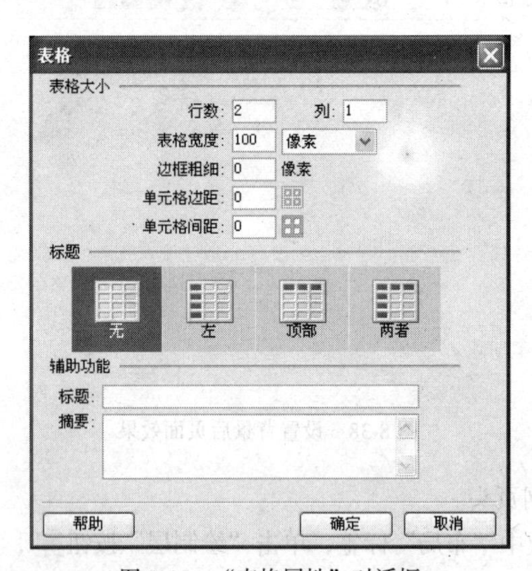

图 8-41　“表格属性”对话框

在“属性”面板，将表格“垂直属性”设为“居中”，每个单元格“高”均为“50”，标签为“table2”。

② 将光标置于“table2”的第 1 行中，输入文字：“首页”，在“属性”面板设置文字为居中对齐，依次分别在其余单元格中输入文字“图片收藏”、“在线音乐”、“作品赏析”、“给我留言”，如图 8-42 所示。

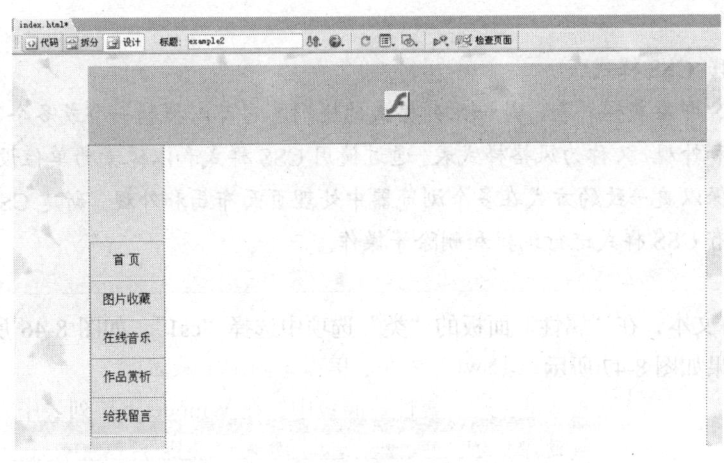

图 8-42　输入文字

（5）设置 CSS 样式。

① 单击“CSS 样式”面板（见图 8-43）中的“新建 CSS 规则”按钮，弹出如图 8-44 所示对话框，将 CSS 规则名称设定为“cs1”，单击【确定】按钮，弹出 CSS 设置对话框，设置相应参数如图 8-45 所示，单击【确定】按钮。

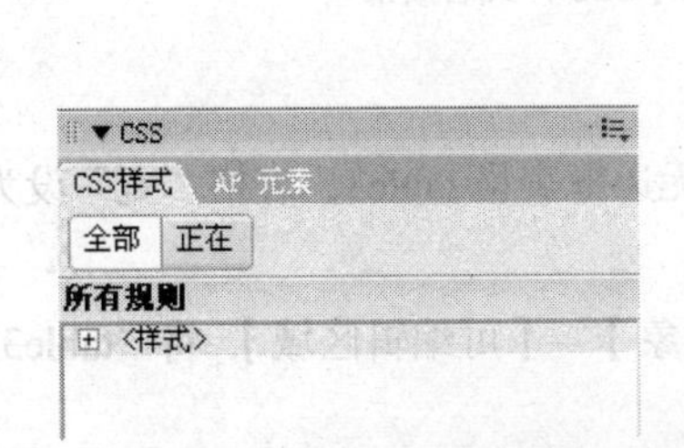

图 8-43　“CSS 样式”面板

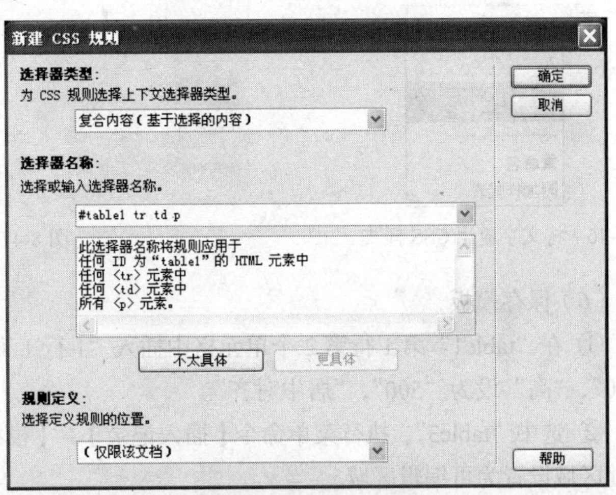

图 8-44　“新建 CSS 规则”对话框

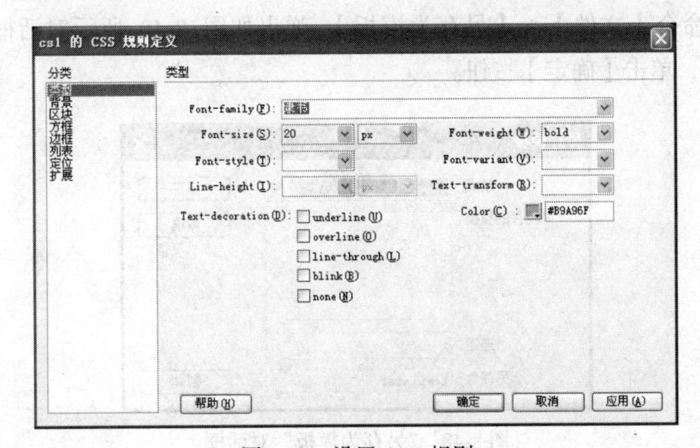

图 8-45　设置 CSS 规则

8-4：CSS 样式

CSS 即层叠样式表，是一系列格式的规则，它可以控制一个或多个页面文档的文本格式和外观，又称为风格样式表。通过使用 CSS 样式和以像素为单位设置字体大小，可以确保以更一致的方式在多个浏览器中处理页面布局和外观。新建 CSS 样式后，可以用已有 CSS 样式进行编辑和删除等操作。

② 选中所有文本，在“属性”面板的“类”选项中选择“cs1”，如图 8-46 所示，应用 CSS 样式后的文字效果如图 8-47 所示。

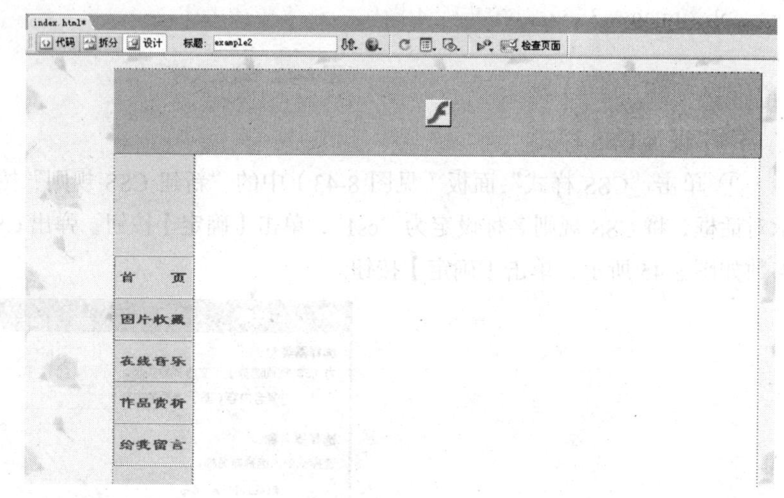

图 8-46 将文字应用 CSS 样式

图 8-47 应用 CSS 样式后效果

（6）保存模板

① 在“table1”第 1 行第 2 个单元格中插入“1 行 1 列”无边框表格 table3，表格“宽”设为“700”，“高”设为“500”，“居中对齐”。

② 选中“table3”，执行菜单命令【插入记录】-【模板对象】-【可编辑区域】，将“table3”所处区域设置为可编辑区域。

同理，将左侧导航条所处表格设置为可编辑区域。

③ 执行菜单命令【文件】-【另存为模板】，弹出如图 8-48 所示对话框，另存为名称为“template”的模板，单击【确定】按钮。

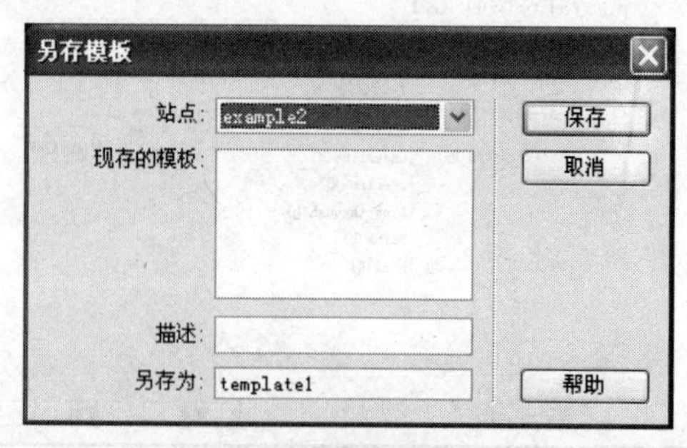

图 8-48 “另存为模板”对话框

此时，在站点根文件夹下会自动生成一个名称为“Templates”的文件夹，在其中包含有所有已保存的模板。

知识点

8-4：模板

模板扩展名为 dwt，是特定样式的样板网页，一般用于要求统一结构、统一外观样式的多个网页，它能一次更新多个页面，达到统一页面格式的目的。

（7）完善首页。

① 在“table1”第 2 行第 2 个单元格内输入一些文字信息并插入图片（位置：光盘\第 8 章\example2\images\3.jpg），按步骤 4 操作，新建 CSS 样式 cs2，将标题应用此 CSS 样式，按【F12】键在浏览器中预览，效果如图 8-49 所示。

图 8-49　首页预览效果

② 执行菜单命令【文件】-【保存】或【Ctrl】+【S】组合键保存网页“index.html”。

4. 设计网页“图片收藏”

（1）执行菜单命令【文件】-【新建】或【Ctrl】+【N】组合键，弹出新建文档对话框（图 8-50），选择“模板中的页”，根据已存模板“template1”创建新文档，单击【创建】按钮。

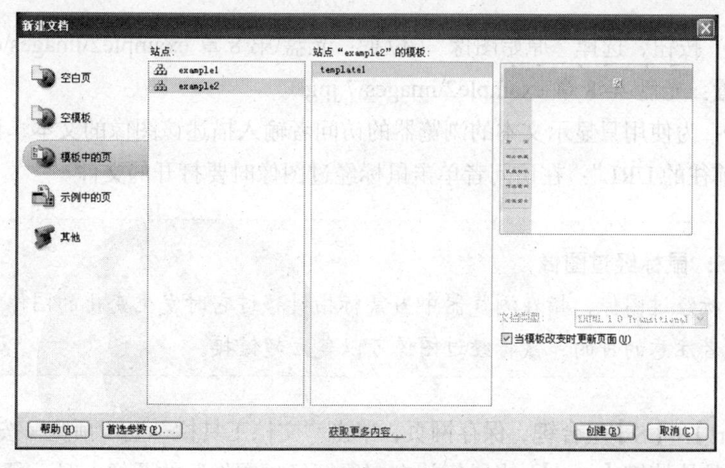

图 8-50　“新建文档”对话框

（2）执行菜单命令【文件】-【保存】或【Ctrl】+【S】组合键，弹出【另存为】对话框，将文件保存于站点文件夹中，文件名称为“image.html”。

（3）将光标置于可编辑区域“EditRegion3”区域，在其中插入一个“1行3列”无边框线的表格，表格名称为“table4”，居中对齐，通过拖曳表格边框，调整表格大小，在“属性”面板，设置各单元格水平“居中对齐”，垂直“居中”。

（4）执行菜单命令【插入记录】-【图像】，或单击“插入面板”的“常用”标签下的“图像”按钮，分别在两个单元格中插入图像“4.jpg”（位置：光盘\第8章\example2\images\4.jpg），“5.jpg”（位置：光盘\第8章\example2\images\5.jpg）。

选中图像，通过控制手柄调整图像大小，效果如图8-51所示。

图8-51　插入图像

（5）设置鼠标经过图像。

将光标置于“table4”第3个单元格，执行菜单命令【插入记录】-【图像对象】-【鼠标经过图像】，或单击“插入面板”的“常用”标签下的“图像”按钮，在下拉列表中选择“鼠标经过图像”按钮（图8-52），弹出如图8-53所示对话框。

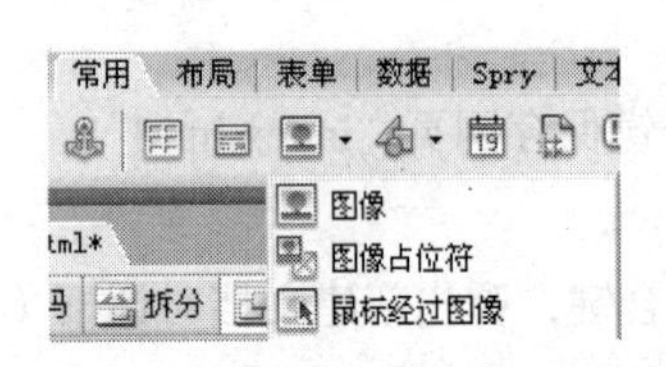

图8-52“鼠标经过图像”按钮

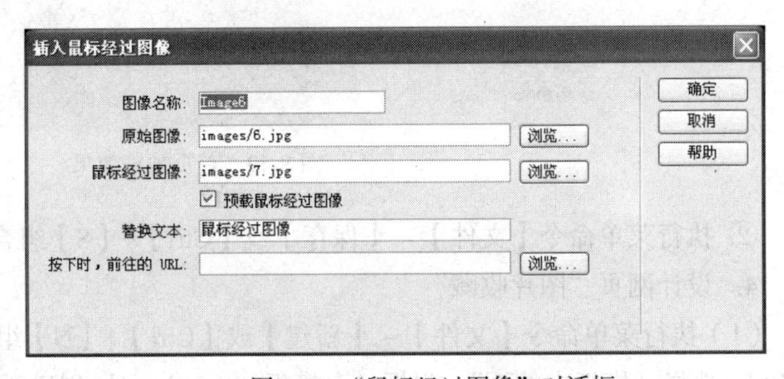

图8-53“鼠标经过图像”对话框

单击“浏览”按钮，选择“原始图像”（位置：光盘\第8章\example2\images\6.jpg）和“鼠标经过图像”（位置：光盘\第8章\example2\images\7.jpg）。

“替换文本”：为使用只显示文本的浏览器的访问者输入描述该图像的文本，该项为可选项。

“按下时，前往的URL”：在访问者单击鼠标经过图像时要打开的文件。

提示

8-5：鼠标经过图像

鼠标经过图像，指在浏览器中当鼠标指针移过它时发生变化的图像，主要起到吸引浏览者注意的目的。鼠标经过图像可以建立超链接。

（6）按【Ctrl】+【S】组合键，保存网页，单击“文档工具栏”上“预览”按钮，选择在“预览在IE”或按快捷键【F12】，当鼠标放在“鼠标经过图像”的图像上时，翻转图像效果如图

8-54 所示。

5. 设计网页“在线音乐”

（1）执行菜单命令【文件】–【新建】或【Ctrl】+【N】组合键，选择“模板中的页”，根据已存模板“template1”创建新文档，单击【创建】按钮。

（2）执行菜单命令【文件】–【保存】或【Ctrl】+【S】组合键，弹出【另存为】对话框，将文件保存于站点文件夹中，文件名称为“music.html”。

图 8-54　翻转图像效果

（3）将光标置于可编辑区域“EditRegion3”区域，在其中插入一个“5 行 2 列”无边框线的表格，表格名称为“table5”，“居中对齐”。通过拖曳表格边框，调整表格大小，在“属性”面板，设置各单元格水平“居中对齐”，垂直“居中”。

选中第 1 行 2 个单元格，单击“属性”面板“合并单元格”按钮，合并选中单元格，在合并后单元格输入文字“流行音乐 E 炫”，应用样式 cs2。

（4）在 table5 第 2 行的第 1 个单元格中插入图片 8.gif（位置：光盘\第 8 章\example2\images\8.gif），插入图像后单元格中输入音乐名称 “美好时光”。

依照此操作，分别在 table5 第 2、4 行的第 1、2 个单元格中插入图片 8.gif（位置：光盘\第 8 章\example2\images\8.gif），插入图像后分别在每个单元格输入音乐名称：“花开的声音”、“目眩神晕”、“隐形的翅膀”，效果如图 8-55 所示。

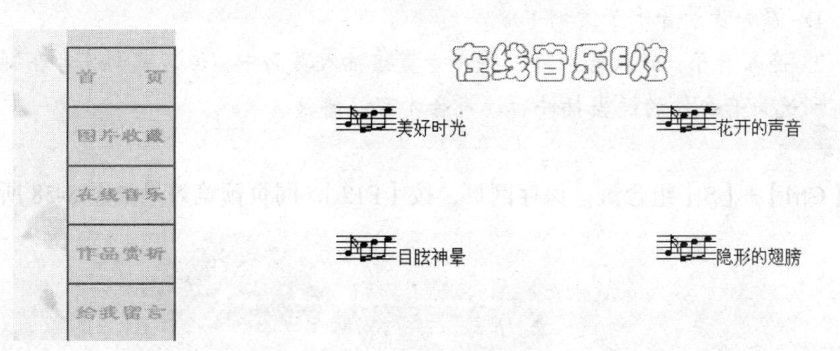

图 8-55　网页设计效果

（5）在将光标置于“table5”第 3 行第 1 个单元格，执行菜单命令【插入记录】–【媒体】–【插件】，或单击“插入面板”的“常用”标签下的“媒体”下拉列表中的“插件”按钮，弹出如图 8-56 所示对话框，选择“美好时光.mp3”（位置：光盘\第 8 章\example2\audio\美好时光.mp3），单击【确定】按钮。

在文档窗口选中插件，通过控制手柄调整插件大小，效果如图 8-57 所示。

（6）选中音乐插件，进入“代码视图”，在<embed>与</embed>之间输入代码：<embed src=" audio/美好时光.mp3" width="146" height="121" autostart="false"></embed>，即设置音乐不进行自动播放。

依照此操作，依次将其余单元格添加音乐。

选择文件
选择文件名自: ⊙文件系统 ○数据源
站点根目录
站点和服务器...
查找范围(I): audio
花开的声音 .mp3
美好时光.mp3
目眩神晕 .mp3
隐形的翅膀.wma
文件名(N): 花开的声音 .mp3
文件类型(T): 所有文件 (*.*)
URL: audio/花开的声音 .mp3 参数...
相对于: 文档 music.html
在站点定义中更改默认的链接相对于

图 8-56 “插入插件”对话框

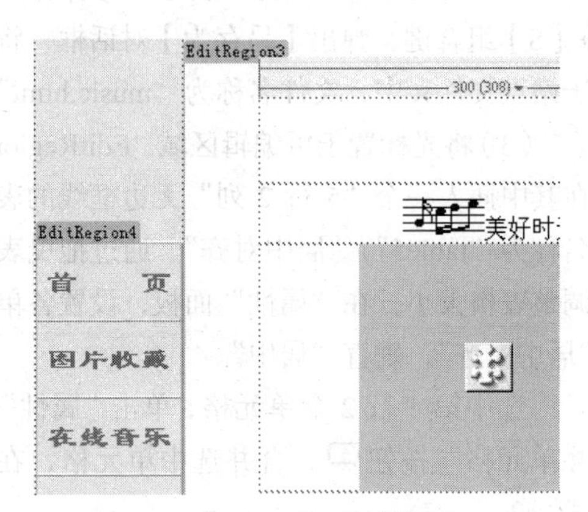

图 8-57 设置插件属性

8-6: 插入音乐

网页中常见的声音格式有 WAV、MP3、MIDI、AIF、RA、或 Real Audio 格式。网页中插入音乐有两个形式。

1. 添加背景音乐（案例 1）。

2. 嵌入音乐：嵌入音频可以将声音直接插入页面中，但只有浏览者在浏览网页时具有所选声音文件的适当插件后，声音才可以播放。

（7）按【Ctrl】+【S】组合键，保存网页，按【F12】，网页预览效果如图 8-58 所示。

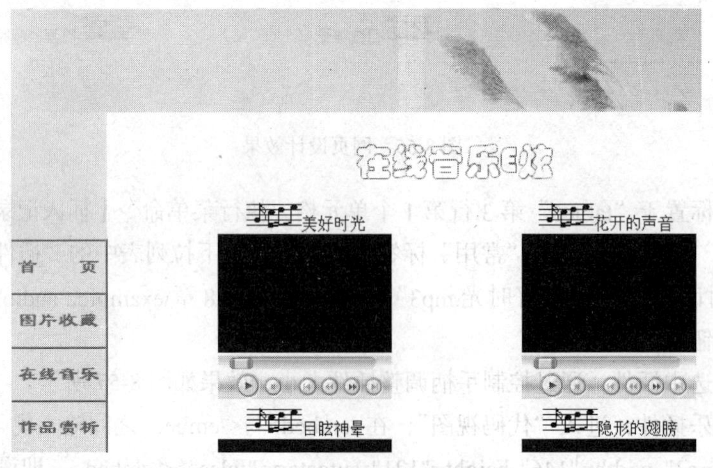

图 8-58 “music.html”预览效果

6. 设计网页“作品赏析”

（1）执行菜单命令【文件】–【新建】或【Ctrl】+【N】组合键，选择“模板中的页”，根据

已存模板“template1”创建新文档，单击【创建】按钮。

（2）执行菜单命令【文件】–【保存】或【Ctrl】+【S】组合键，弹出【另存为】对话框，将文件保存于站点文件夹中，文件名称为“works.html”。

（3）将光标置于可编辑区域“EditRegion3”，在其中插入一个“5 行 1 列”无边框线的表格，表格名称为“table6”，居中对齐，通过拖曳表格边框，调整表格大小，在“属性”面板，设置各单元格水平“居中对齐”，垂直“居中”。

在第一个单元格内输入文字“作品赏析”应用样式 cs2。

（4）在 table6 第 2 个单元格输入文字“亲爱的你怎么不在身边”，将光标置于第 3 个单元格，执行菜单命令【插入记录】–【媒体】–【Flash】，或单击“插入”面板中“常用”标签下的插入“Flash”按钮，插入文件 2.swf（位置：光盘\第 8 章\example2\flash\2.swf），单击【确定】按钮。通过控制手柄调整 Flash 媒体的大小。

依照此操作，在第 4 个单元格输入文字《当爱在靠近》，第 5 个单元格插入动画 3.swf（位置：光盘\第 8 章\example2\flash\3.swf）。

（5）按【Ctrl】+【S】组合键，保存网页，按【F12】键，网页预览效果如图 8-59 所示。

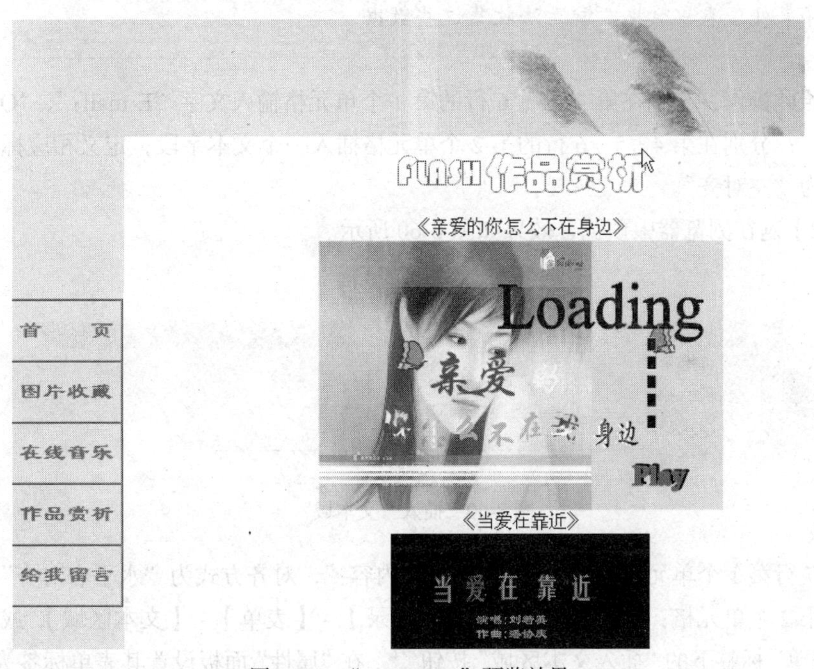

图 8-59　“works.html”预览效果

7. 设计网页“给我留言”

（1）执行菜单命令【文件】–【新建】或【Ctrl】+【N】组合键，选择“模板中的页”，根据已存模板“template1”创建新文档，单击【创建】按钮。

（2）执行菜单命令【文件】–【保存】或【Ctrl】+【S】组合键，弹出【另存为】对话框，将文件保存于站点文件夹中，文件名称为“message.html”。

（3）将光标置于可编辑区域“EditRegion3”区域，在其中插入一个“9 行 2 列”无边框线的表格，表格名称为“table6”，宽度为“700”像素，间距为 1，居中对齐，通过拖曳表格边框，调整表格大小，在“属性”面板，设置各单元格水平“居中对齐”，垂直“居中”并设置表格边线颜色为“黄色”。

（4）分别合并第 1、2、8、9 行的第 1、2 单元格。

第 1 行：输入文字“签写留言”，应用样式 cs2。

第 2 行：输入文字“带 * 项为必填项”，并为此单元格设置背景颜色“黄色”。

第 3 行第 1 个单元格：输入文字“留言者:”，对齐方式为“水平右对齐”。

第 3 行第 2 个单元格：执行菜单命令【插入记录】–【表单】–【文本域】，或单击“插入面板”的“表单”标签下的“插入文本域”按钮，在“属性”面板设置其表单标签为 forme1，设置水平对齐方式为“左对齐”。

8-5：表单

表单是浏览者与 Web 服务器之间进行信息交流的工具，通过表单可以收集来自用户的信息，这些信息经服务器处理后再反馈给用户，留言板、论坛、聊天室都可以通过表单来实现。

表单一般要和 ASP、CGI 等文件结合起来使用，如果不使用服务器端脚本或应用程序来处理表单数据，就无法收集这些数据。

（5）依照此操作，分别在第 4、5、6 行的第 1 个单元格输入文字“E-mail:”、“QQ 号码:”、“*留言主题:”；分别在第 4、5、6 行的第 2 个单元格插入一个文本字段，定义相应标签，设置水平对齐方式为“左对齐”。

按【F12】键在浏览器中预览，效果如图 8-60 所示。

图 8-60　插入“文本域”

（6）第 7 行第 1 个单元格：输入文字“*留言内容:”，对齐方式为“水平右对齐”；

第 7 行第 2 个单元格：执行菜单命令【插入记录】–【表单】–【文本区域】，或单击“插入面板”的“表单”标签下的“插入文本区域”按钮，在“属性”面板设置其表单标签为“forme5”，字符宽度“70”，效果如图 8-61 所示。

*留言内容:

图 8-61　插入“文本区域”

第 8 行：执行菜单命令【插入记录】–【表单】–【按钮】，选中按钮，在“属性”面板，值设为“提交”，动作设为“提交表单”；继续执行菜单命令【插入记录】–【表单】–【按钮】，插

入第 2 个按钮，在“属性”面板，值设为“重置”，动作设为“重设表单”，效果如图 8-62 所示。

提交　重置

图 8-62　插入“按钮”

第 9 行：输入文字“返回首页”。

（7）按【Ctrl】+【S】组合键，保存网页，按【F12】键，网页预览效果如图 8-63 所示。

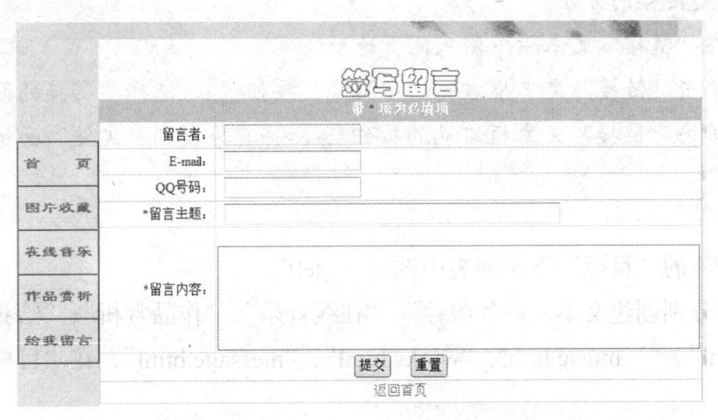

图 8-63　“message.html”预览效果

8-7：文本域与文本区域

表单元素包括文本域、文本区域、按钮、复选框、单选按钮、列表／菜单、文件域、图像域、隐藏域、单选按钮组和跳转菜单。

文本域：插入文本字段，可以输入任意文本；

文本区域：插入带滚动条的文本框，可以任意输入多行文本。

8. 创建超链接

（1）在“文件”面板双击“template1.dwt”，进入模板的编辑状态。执行菜单命令【修改】-【页面属性】，在弹出的“页面属性”对话框中选择“链接 CSS”，设置相关参数如图 8-64 所示，单击【确定】按钮。

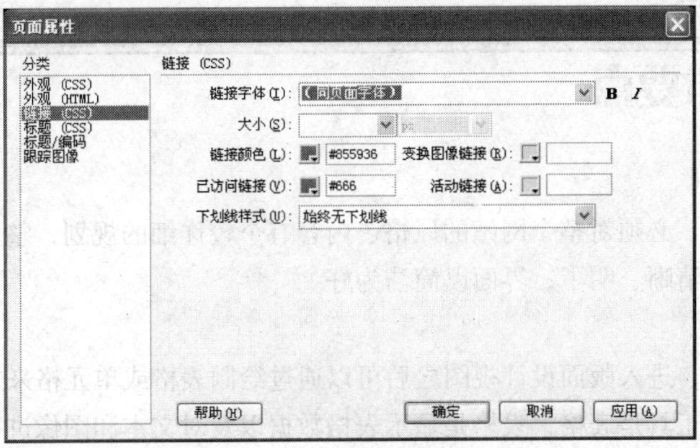

页面属性
分类：外观 (CSS)、外观 (HTML)、链接 (CSS)、标题 (CSS)、标题/编码、跟踪图像
链接 (CSS)
链接字体(I)：(同页面字体)
大小(S)：
链接颜色(L)：#855936　变换图像链接(R)：
已访问链接(V)：#666　活动链接(A)：
下划线样式(U)：始终无下划线
帮助(H)　确定　取消　应用(A)

图 8-64　“页面属性”对话框

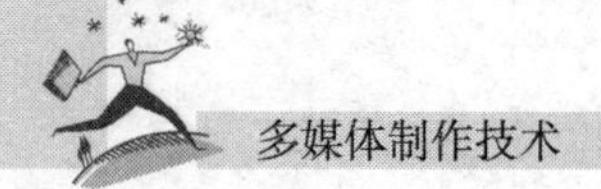

（2）按【Ctrl】+【S】组合键，保存更改，完成更新后单击【完成】。

在“文件”面板双击“index.html”，进入主页的编辑状态。选中文本“首页”，打开“属性面板”，单击“链接”文本框右端的按钮，将其拖曳到“文件”面板上 index.html 网页上。

8-8：创建超链接的方法

链接到本页，在“链接”文本框中输入“#”；

创建超链接的方法：

◆ 在“链接”文本框中输入网页地址；

◆ 单击“链接”文本框右端的“浏览”按钮，选择要链接的网页或地址；

◆ 单击“链接”文本框右端的按钮，将其拖曳到“文件”面板上需要链接的网页上。

在“属性面板”的“目标”下拉列表中选择“_self”。

依照此操作，分别创建文本“图片收藏”、“在线音乐”、“作品赏析”、“给我留言”的超链接于网页“image.html”、“” music.html、“works.html”、“message.html”，在“目标”下拉列表中选择“_self”。

8-9：超链接的目标窗口

◆ _blank：将被链接文档显示在一个新的未命名的框架或窗口内；

◆ _parent：将被链接文档显示在包含链接的框架的上一级框架或窗口内；

◆ _self：将被链接文档显示在和链接同一框架或窗口内，此目标选项为默认的；

◆ _top：将被链接文档显示在整个浏览器窗口，并取消所有框架。

（3）依照步骤（2），分别进入每个网页的编辑状态，依次建立同步骤②相同的超链接网址。

（4）在“文件”面板双击首页 index.html，进入 index.html 页的编辑状态，按【F12】键浏览整个网站，或在站点目录下直接双击 index.html 页，效果如图 8-21 所示。

技术要点

1. 网站设计规划

在开发网站之前，必须对整个网站的风格、内容有个较详细的规划，整个网站的色彩、风格要保持一致，导航要清晰、明了，界面以简洁为好。

2. 网站布局

网站规划好之后，进入版面设计视图之后可以通过绘制表格或单元格来规划页面布局。

网页布局的常用工具是表格，表格是显示表格数据以及对文本和图像进行布局的强有力的工具。在布局视图中还有布局表格、布局单元格、层的框架等布局工具。在布局视图中，网页制作

者可以方便地进行页面的基本设计，将所有页面布局自动转换为表格的形式，方便设计者灵活地控制版面布局。

8-6：框架

框架是指网页在一个浏览器窗口下分割成几个不同区域的形式，它可以显示与浏览器窗口的其余部分中所显示内容无关的 HTML 文档。

框架的作用就是把浏览器窗口划分为若干个区域，每个区域可以显示不同的网页，框架由两个主要部分——框架集和单个框架组成。

框架集是在一个文档内定义一组框架结构的 THML 网页。

在"布局"标签下拉列表中选择"框架"下拉列表 框架，其中显示了多个预定义的框架集结构。

3. 妙用模板

为使整个网站的每个网页之间有相对比较一致的风格，巧妙使用模板可以大大提高网页制作的效率。

1. HTML 语言的基本结构

HTML 的英文全称是 HyperText Marked Language，中文叫做"超文本标记语言"。和一般文本不同的是，一个 HTML 文件不仅包含文本内容，还包含一些 Tag，中文称"标记"。一个 HTML 文件的后缀名是 htm 或者是 html。

HTML 主要标记如表 8-1 所示。

表 8-1　HTML 的主要标记

标　记	含　义	作　用
文件标记		
<html>	文件声明	让浏览器知道这是 html 文件
<head>	开头	提供文件整体资讯
<title>	标题	定义文件标题，将显示于浏览顶端
<body>	本文	设计文件格式及内文所在
排版标记		
<!--注解-->	说明标记	为文件加上说明，但不被显示
<p>	段落标记	为字、画、表格等之间留一空白行
 	换行标记	令字、画、表格等显示于下一行
<hr>	水平线	插入一条水平线

续表

标　　记	含　　义	作　　用
<center>	居中	令字、画、表格等显示于中间
<pre>	预设格式	令文件按照原始码的排列方式显示
<div>	区隔标记	设定字、画、表格等的摆放位置
<nobr>	不折行	令文字不因太长而绕行
<wbr>	建议折行	预设折行部位
字体标记		
<strong>	加重语气	产生字体加粗 bold 的效果
<b>	粗体标记	产生字体加粗的效果
<em>	强调标记	字体出现斜体效果
<i>	斜体标记	字体出现斜体效果
<tt>	打字字体	courier 字体，字母宽度相同
<u>	加上底线	加上底线
<h1>	一级标题标记	变粗变大加宽，程度与级数反比
<h2>	二级标题标记	将字体变粗变大加宽
<h3>	三级标题标记	将字体变粗变大加宽
<h4>	四级标题标记	将字体变粗变大加宽
<h5>	五级标题标记	将字体变粗变大加宽
<h6>	六级标题标记	将字体变粗变大加宽
<font>	字形标记	设定字形、大小、颜色
<basefont>	基准字形标记	设定所有字形、大小、颜色
<big>	字体加大	令字体稍为加大
<small>	字体缩细	令字体稍为缩细
<strike>	画线删除	为字体加一删除线
<code>	程式码	字体稍为加宽如<tt>
<kbd>	键盘字	字体稍为加宽，单一空白
<samp>	范例	字体稍为加宽如<tt>
<var>	变数	斜体效果
<cite>	传记引述	斜体效果
<blockquote>	引述文字区块	缩排字体
<dfn>	述语定义	斜体效果
<address>	地址标记	斜体效果
<sub>	下标字	下标字
<sup>	上标字	指数（平方、立方等）
清单标记		
<ol>	顺序清单	清单项目将以数字、字母顺序排列
<ul>	无序清单	清单项目将以圆点排列

续表

标　记	含　义	作　用
<li>	清单项目	每一标记标示一项清单项目
<menu>	选单清单	清单项目将以圆点排列，如<ul>
<dir>	目录清单	清单项目将以圆点排列，如<ul>
<dl>	定义清单	清单分两层出现
<dt>	定义条目	标示该项定义的标题
<dd>	定义内容	标示定义内容
表格标记		
<table>	表格标记	设定该表格的各项参数
<tr>	表格列	设定该表格的列
<td>	表格栏	设定该表格的栏
<th>	表格标头	相等于<td>，但其内字体会变粗
表单标记		
<form>	表单标记	决定单一表单的运作模式
<textarea>	文字区块	提供文字方盒以输入较大量文字
<input>	输入标记	决定输入形式
<select>	选择标记	建立 pop-up 卷动清单
<option>	选项	每一标记标示一个选项
图形标记		
<img>	图形标记	用以插入图形及设定图形属性
连结标记		
<a>	连结标记	加入连结
<base>	基准标记	可将相对 url 转绝对及指定连结目标
框架标记		
<frameset>	框架设定	设定框架
<frame>	框窗设定	设定框窗
<iframe>	页内框架	于网页中间插入框架
<noframes>	不支援框架	设定当浏览器不支援框架时的提示
多媒体		
<bgsound>	背景声音	于背景播放声音或音乐
<embed>	多媒体	加入声音、音乐或影像

（参考资料：http://www.sdjtu.edu.cn/xdjyzx/HTML/html.htm#top）

2. 动态网页的基本知识

（1）静态网页与动态网页。静态网页使用语言 HTML（超文本标记语言）编写。在网站设计中，纯粹 HTML 格式的网页通常被称为“静态网页”，早期的网站一般都是由静态网页制作的。静态网页的网址是以 htm、html、shtml、xml 等为后缀的。在 HTML 格式的网页上，也可以出现各种动态的效果，如 GIF 格式的动画、FLASH、滚动字幕等，但这些“动态效果”只是视觉上的。

动态网页使用语言 HTML + ASP 或 HTML + PHP 或 HTML + JSP 等编写。动态网页 URL 以 asp、jsp、php、perl、cgi 等形式为后缀。动态网页以数据库技术为基础，可以实现如用户注册、用户登录、在线调查、用户管理、订单管理等功能。动态网页是需要在服务器端执行的程序，它们会随不同客户、不同时间，返回不同的网页，例如 ASP、PHP、JSP、ASP.net、CGI 等。而静态网页相对于动态网页而言，是没有后台数据库、不含程序和不可交互的网页。

（2）动态网页实现技术。早期的动态网页主要采用 CGI 技术，CGI 即 Common Gateway Interface（公用网关接口）。它是一种较老的技术，其主要的功能是在 WWW 环境下，藉由从客户端传递一些信息给 WWW Server，再由 WWW Server 去启动所指定的程式码来完成特定的工作。

ASP 即 Active Server Pages，它是微软开发的一种类似 HTML（超文本标识语言）、Script（脚本）与 CGI（公用网关接口）的结合体，它没有提供自己专门的编程语言，而是允许用户使用许多已有的脚本语言编写 ASP 的应用程序。

PHP 即 Hypertext Preprocessor（超文本预处理器），其语法借鉴了 C、Java、PERL 等语言，与 HTML 语言具有非常好的兼容性，使用者可以直接在脚本代码中加入 HTML 标签，或者在 HTML 标签中加入脚本代码从而更好地实现页面控制。

JSP 即 Java Server Pages，是基于 Java Servlet 以及整个 Java 体系的 Web 开发技术，JSP 技术的应用程序比基于 ASP 的应用程序易于维护和管理。

本章习题

一、理论架构

（一）选择题

1. HTML 文档开始处的标志是（　　）

   A. <HTML>　　B. <HEAD>　　C. <TITLE>　　D. <BODY>

2. 以下关于主页的说法不正确的是（　　）

   A. 一个 Web 站点必须有一个主页

   B. 一个 Web 站点可以有多个主页

   C. 使用浏览器链接某个站点时首先看到的页面是主页

   D. 主页可以不是以.html 或.htm 为后缀的文件

3. 预览页面文件的快捷键是（　　）

   A.【F8】　　B.【F12】　　C.【F5】　　D.【F2】

4. 层叠样式表（CSS）是一系列格式设置规则，它们控制（　　）

   A. Web 页面内容的外观　　B. Web 页面的数据

   C. Web 页面的流量　　D. Web 页面表格

5. 网站的首页通常被称为（　）

   A. 主页　　B. 网页　　C. 页面　　D. 网址

6. Dreamweaver CS3 默认的工作模式是（　　）
   A. 标准视图　　B. 布局模式　　C. 布局视图　　D. 标注模式
7. 下面软件工具不能用于网页的代码编辑的是（　　）
   A. word　　B. Dreamweaver　　C. Photoshop　　D. 文本文档

（二）填空题

1. 在 Dreamweaver 中，页面布局主要有________、________、________、________四种方式。
2. 插入文本域的方法可以选择菜单栏中________选项下的________，再选择文本域。
3. CSS 形成的文件的扩展名为________。
4. 静态网页是用________语言写成的。

二、实战练习

（一）基础篇

制作一个包含了文本、图像、声音、动画、视频等多媒体信息的网页。

要求：用布局表格进行网页布局。

（二）提高篇

构建多媒体网站：制作一个精美、完整的个人主页。

要求：页面美观、大方；布局清晰，能充分利用各种媒体素材（如图像、声音、动画、视频等）。

第9章

多媒体制作项目实训

【学习导航】

制作优秀的多媒体作品，不仅依赖于扎实的理论基础，而且依赖于不断地实践，在实践中不断地探索、创新。本章以项目实训为出发点，介绍了图像、动画、视频等多媒体技术应用的综合案例。本章主要学习内容及在多媒体制作技术中的位置如图 9-1 所示。

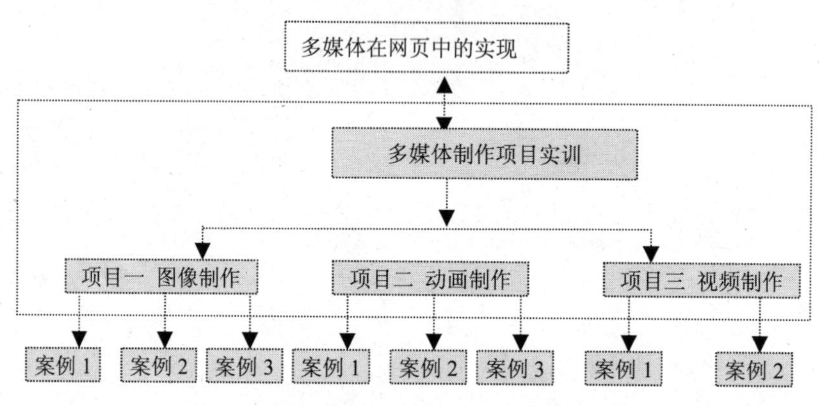

图 9-1 本章的主要学习内容及在多媒体制作技术中的位置

9.1 项目 1——图像制作

9.1.1 实训 1——广告设计

本实训的效果如图 9-2 所示。

图 9-2　效果图

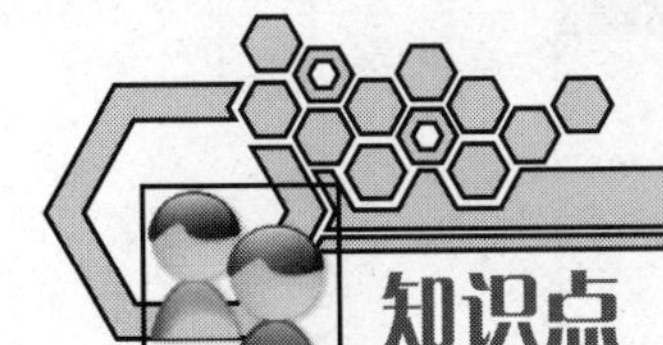

（1）图像色彩调整。

（2）滤镜的使用。

（3）利用通道抠图。

（4）图层的混合模式。

（5）利用钢笔工具绘制路径。

（6）文字处理。

（7）图层样式的使用。

1. 素材处理

（1）打开光盘中的素材文件（位置：光盘\第 9 章\实训 1\素材\素材 9-1），如图 9-3 所示。

（2）执行菜单命令【图像】-【调整】-【曲线】，在弹出的“曲线”对话框中拖曳鼠标综合调整图像的亮度、对比度，设置好后单击【确定】，调整后如图 9-4 所示。

图 9-3 素材文件

图 9-4 调整“曲线”后

（3）执行菜单命令【滤镜】-【杂色】-【减少杂色】，调出“减少杂色”对话框，设置参数如图 9-5 所示，单击【确定】，使皮肤变得光洁、细腻。

图 9-5 减少杂色

2. 利用通道抠图

（1）选择通道面板，查看文件的红、绿、蓝3个通道，如图9-6所示。选择背景色与头发颜色反差比较大的蓝色通道，将其拖曳到通道面板底部的【新建】按钮上，复制蓝色通道，如图9-7所示。

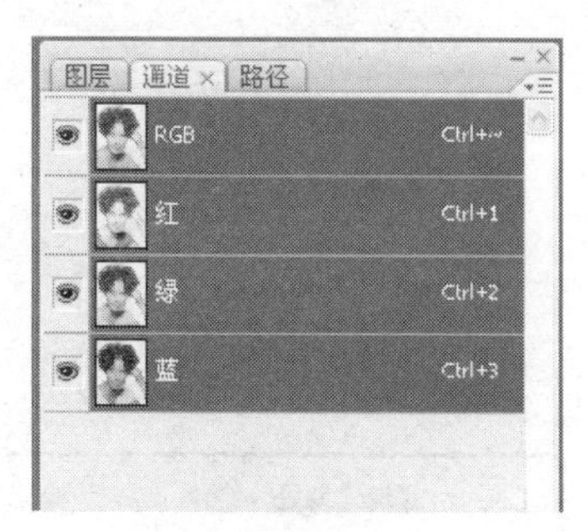

图9-6　通道面板

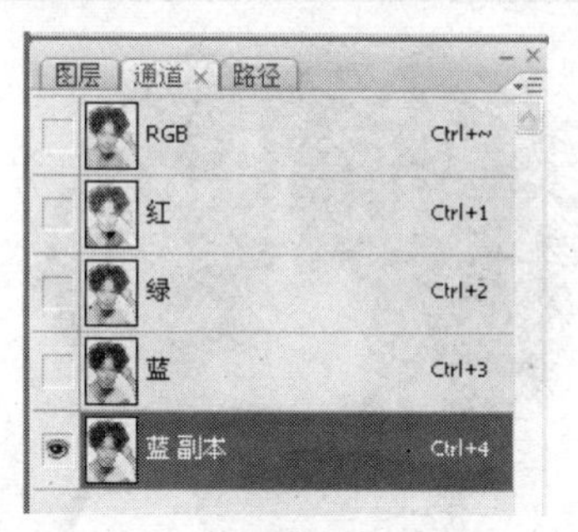

图9-7　复制“蓝色”通道

（2）执行菜单命令【图像】-【调整】-【反相】，或按【Ctrl】+【I】组合键，将蓝色通道反相显示（如图9-8所示）。

（3）执行菜单命令【图像】-【调整】-【色阶】，或按【Ctrl】+【L】组合键，弹出“调整色阶”对话框，调整参数如图9-9所示，单击【确定】。

图9-8　反相后的图像

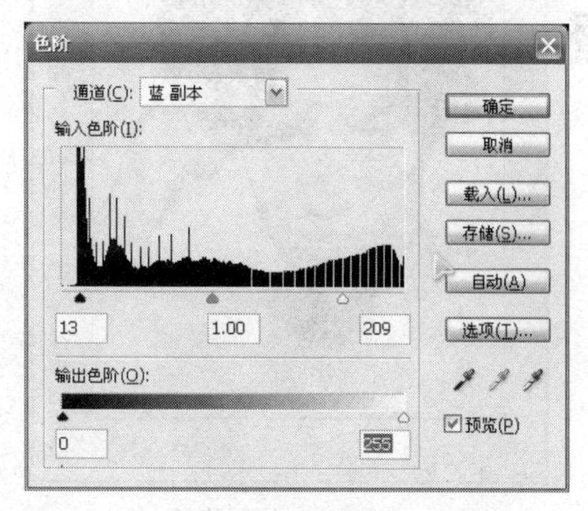

图9-9　“调整色阶”对话框

（4）单击通道面板底部的“将通道作为选区载入”按钮，或按住键盘上的【Ctrl】键不放，鼠标单击“蓝副本”通道的缩略图，载入选区。

（5）鼠标单击RGB通道，回到图层面板，图像的部分区域被选取出来，效果如图9-10所示，按【Ctrl】+【J】组合键复制图层，图层面板如图9-11所示。

（6）选中图层面板中的“背景”层，选择工具箱中的钢笔工具，沿着人物轮廓绘制路径，利用直接选择工具和转换点工具，对路径进行细致调整，效果如图9-12所示。

（7）切换至路径面板（如图 9-13 所示），单击路径面板底部的“将路径作为选区载入”按钮，或按【Ctrl】+【Enter】组合键，将路径转换为选区，按【Ctrl】+【J】组合键复制图层，按【Ctrl】+【D】组合键取消选择。

图 9-10　载入选区

图 9-11　图层面板

图 9-12　绘制路径

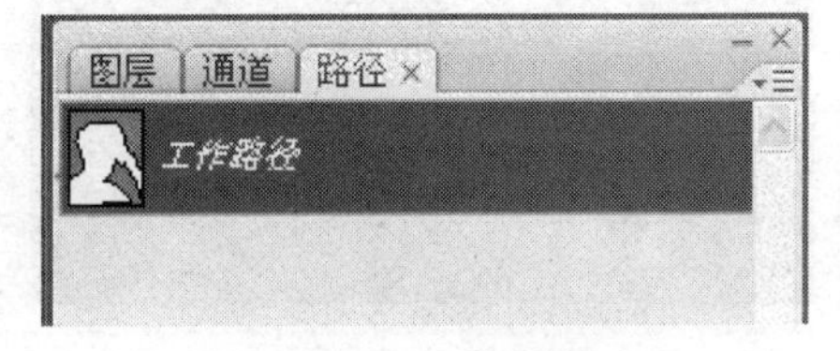

图 9-13　路径面板

（8）隐藏背景层，图层面板如图 9-14 所示，抠出后的图像如图 9-15 所示。

（9）单击图层面板的调整菜单按钮，在弹出菜单中选择“合并可见图层”，将新合成的图层重命名为“抠图”，选择工具箱中的加深工具，加深边缘发丝的颜色。

3. 上唇彩

（1）新建一个图层，重命名为“唇彩”，通过前景色拾色器定义前景色（R：141，G：30，B：8）。

图 9-14　图层面板

图 9-15　抠出的图像

（2）选择工具箱中的钢笔工具 ，沿着人物唇形绘制路径，单击路径面板底部的“将路径作为选区载入”按钮 ，或按【Ctrl】+【Enter】组合键，将路径转换为选区，按【Alt】+【Del】组合键用前景色填充选区，按【Ctrl】+【D】组合键取消选择，效果如图 9-16 所示。

（3）更改“唇彩”图层的图层混合模式为“叠加”，效果如图 9-17 所示，合并可见图层，将图层重命名为“人物”。

图 9-16　填充前景色

图 9-17　更改混合模式

4. 广告设计

（1）打开光盘中的素材文件（位置：光盘\第 9 章\实训 1\素材\素材 9-2），如图 9-18 所示。

（2）将“人物”图层拖曳到“素材 9-2”文件中，自动生成一个新图层（图层 1），调整人物位置，如图 9-19 所示。

图 9-18　素材文件

图 9-19　拖曳图层到文件

（3）新建图层 2，选择矩形选取工具 ，绘制一个矩形选区，填充白色，调整图层的不透明度为 70%，按【Ctrl】+【D】组合键取消选择，效果如图 9-20 所示。

（4）在图层 2 中，利用矩形选取工具绘制一矩形选区，按【Del】删除选区内容，按【Ctrl】+【D】组合键取消选择，制作如图 9-21 所示效果。

图 9-20　更改图层不透明度

图 9-21　设计图像

（5）打开光盘中的素材文件（位置：光盘\第 9 章\实训 1\素材\素材 9-2），如图 9-22 所示，将素材拖曳到文件中适当位置，效果如图 9-23 所示。

图 9-22　素材文件

图 9-23　添加图像

5. 文字设计

（1）选择工具箱中的横排文本工具 T，在画布中输入文字“MALYEJIE”，自动生成一个文本图层。选中文本，单击文本工具属性栏的字符调板按钮 ，设置文本的字体为“Broadway”，字号为“72”，颜色（R：185，G：36，B：37），单击工具属性栏中的提交按钮 ✓，结束文本编辑，效果如图 9-24 所示。

图 9-24　输入文字

（2）选中文本图层，单击图层面板底部的“添加图层样式”按钮 fx，弹出“图层样式”对话框，为文字添加投影，设置参数如图 9-25 所示，单击【确定】，效果如图 9-26 所示。

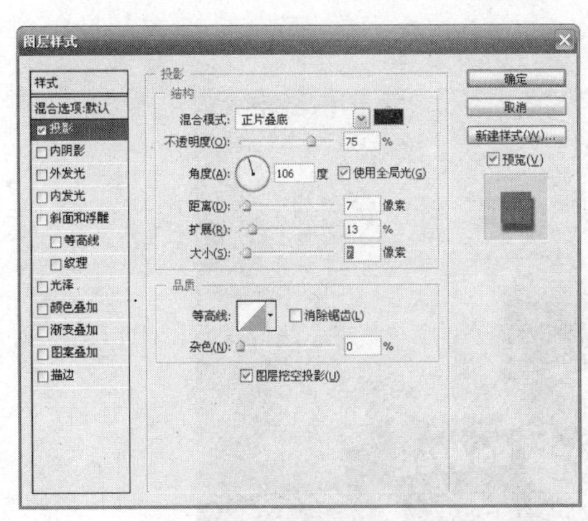

图 9-25　“图层样式”对话框

图 9-26　文字投影效果

（3）依照步骤②，输入文字“NEW YORK”，并设计文本的字体 Colonna MT、字号 36，颜色白色，添加投影，最终效果如图 9-27 所示。

（4）执行菜单命令【文件】-【存储为】，或按【Shift】+【Ctrl】+【S】组合键，设置文件的保存路径，类型及名称，单击【确定】。

图 9-27　最终效果图

9.1.2　实训 2——包装设计

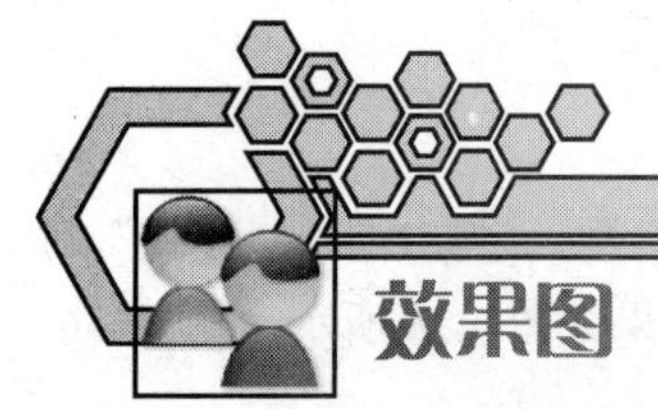

本实训的效果如图 9-28 所示。

图 9-28　效果图

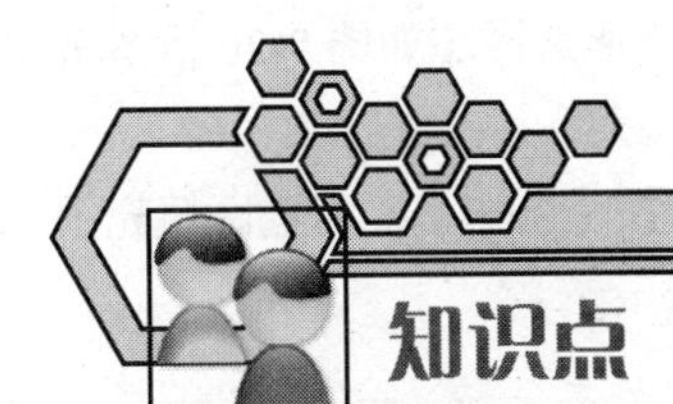

知识点

（1）图层蒙版的使用。

（2）液化滤镜的使用。

（3）艺术效果滤镜的使用。

（4）艺术效果文字的制作。

（5）图层样式的综合使用。

（6）加深、减淡工具。

（7）自由变换的综合运用。

操作步骤

1. 包装外观

（1）执行菜单命令【文件】-【新建】，弹出“新建”对话框，设置名称为“包装设计”、宽度为“10 厘米”、高度为“8 厘米”，分辨率为“300 像素/英寸”，颜色模式为“RGB”，背景为“白色”，设置完单击【确定】按钮。

（2）新建“图层 1”，选择工具箱中的矩形选取工具 ，绘制一矩形选区，通过前景色拾色器，设置前景色为“R：226，G：113，B：55”，按【Alt】+【Del】组合键用前景色填充选区，按【Ctrl】+【D】组合键取消选择，如图 9-29 所示。

图 9-29　填充选区

（3）新建“图层 2”，选择工具箱中的矩形选取工具 ，绘制一矩形选区（如图 9-30 所示），通过拾色器，设置前景色为“R：90，G：7，B：2”；背景色为“R：255，G：173，B：67”。

选择工具箱中的渐变工具 ，在工具属性栏选择“线性渐变”，按【Shift】键为选区填充垂直的线性渐变，按【Ctrl】+【D】组合键取消选择，效果如图 9-31 所示。

图 9-30　创建选区

图 9-31　填充渐变

（4）打开光盘中的素材文件（位置：光盘\第 9 章\实训 1\素材\素材 9-4），如图 9-32 所示，将素材拖曳到“包装设计”文件，自动生成一个新的图层“图层 3”，调整素材位置如图 9-33 所示。

图 9-32　素材文件

图 9-33　导入图像

（5）在图层面板选中“图层 3”，单击图层面板底部的“添加矢量蒙版”按钮 ，为“图层 3”添加一个图层蒙版，图层面板如图 9-34 所示。单击图层蒙版缩略图，选中图层蒙版。

通过拾色器，设置前景色为白色，背景色为黑色。选择工具箱中的渐变工具 ，在工具属

性栏选择“线性渐变”，按【Shift】键为选区填充垂直的线性渐变，图层面板如图 9-35 所示，效果如图 9-36 所示。

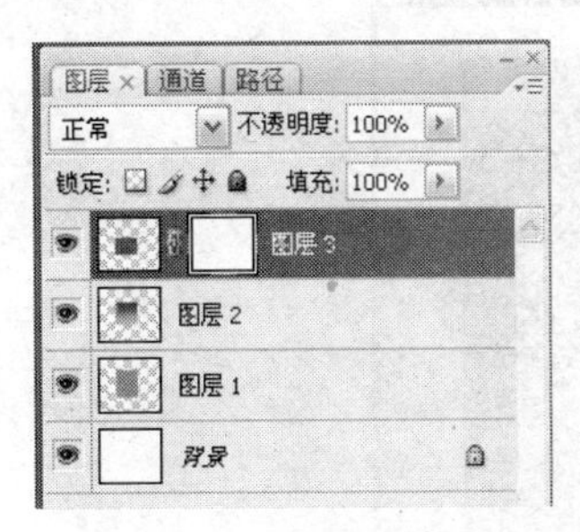

图 9-34　添加矢量蒙版

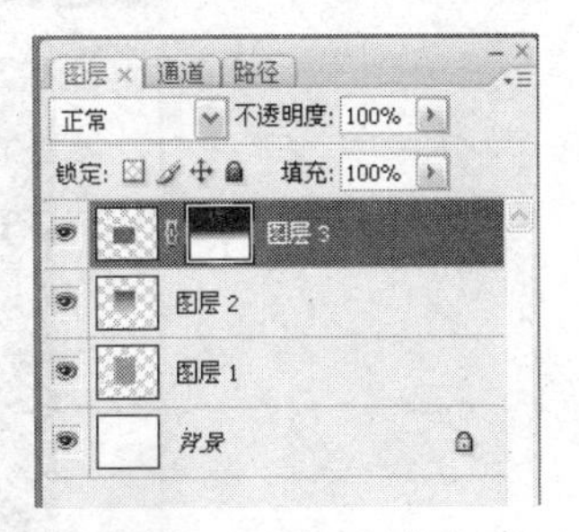

图 9-35　为蒙板填充渐变

图 9-36　填充渐变后效果

（6）打开光盘中的素材文件（位置：光盘\第 9 章\实训 1\素材\素材 9-5），如图 9-37 所示，将素材拖曳到“包装设计”文件，自动生成一个新的图层“图层 4”，调整素材位置如图 9-38 所示。

图 9-37　素材文件

图 9-38　导入图像

（7）打开光盘中的素材文件（位置：光盘\第 9 章\实训 1\素材\素材 9-6），将素材拖曳到“包

装设计”文件，自动生成一个新的图层“图层 5”，调整素材位置如图 9-39 所示。

图 9-39　导入图像

（8）编辑文字。

① 选择工具箱中的横排文本工具 T，在画布中输入文字“Coffee”，自动生成一个文本图层。选中文本，单击文本工具属性栏的字符调板按钮，设置文本的字体为“Gill Sans Utra Bold”，字号为“18”，颜色为“白色”，单击工具属性栏中的提交按钮 ✓，结束文本编辑。

② 选中文本图层，单击图层面板底部的“添加图层样式”按钮 fx，弹出“图层样式”对话框，为文字添加投影，设置参数如图 9-40 所示，单击【确定】按钮，效果如图 9-41 所示。

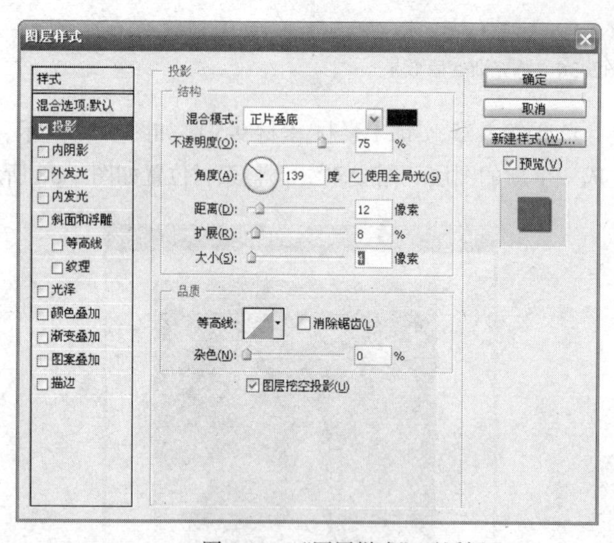

图 9-40　“图层样式”对话框

图 9-41　文字投影效果

③ 依照步骤②，输入文字“香浓咖啡”，并设计文本的字体为“方正粗倩简体”、字号为 12，颜色为白色，按【Ctrl】+【T】组合键对文字进行自由变换，通过控制手柄将文本逆时针旋转“45 度”，按快捷键【Enter】结束自由变换，调整文字位置，效果如图 9-42 所示。

④ 选择工具箱中的横排文本工具 T，单击工具属性栏中的“创建文字变形工具”，弹出“变形文字”对话框，在“样式”下拉列表中选择“旗帜”，设置参数如图 9-43 所示，单击【确

定】，效果如图 9-44 所示。

图 9-42　输入文字

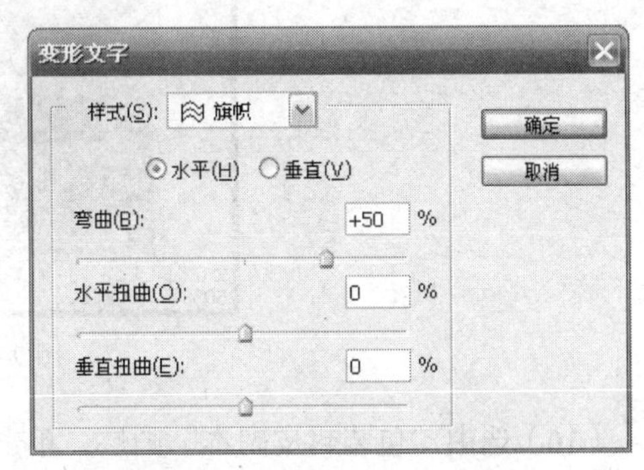

图 9-43　“变形文字”对话框

图 9-44　文字变形效果

⑤ 在图层面板，隐藏“背景层”，在图层调板菜单 中选择“合并可见图层”，将新合成的图层重命名为“包装封皮”，执行菜单命令【文件】–【存储为】，弹出“存储为”对话框，文件名“图案”，类型“TIF”，单击【确定】。

（9）复制“包装封皮”图层，生成“包装封皮副本”图层。选中“包装封皮副本”图层，选择工具箱中的矩形选取工具 ，绘制一矩形选区（如图 9-45 所示），按【Ctrl】+【Shift】+【I】组合键进行反选，按快捷键【Del】键删除多余部分，按【Ctrl】+【D】组合键取消选择。

图 9-45　创建选区

（10）选中“包装封皮副本”图层，单击图层面板底部的“添加图层样式”按钮 fx，在弹出菜单中选择“斜面和浮雕”，设置参数如图 9-46 所示，单击【确定】，合并可见图层，效果如图 9-47 所示。

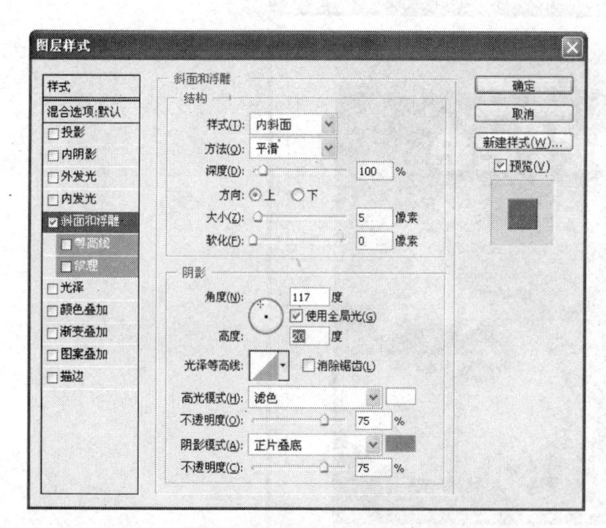

图 9-46　“图层样式”对话框

图 9-47　设置斜面和浮雕效果

（11）执行菜单命令【滤镜】-【液化】，弹出“液化”对话框，选择“向前变形工具”按钮，调整画笔大小，在图像上涂抹，形成塑料包装的褶皱效果，如图 9-48 所示。选择“膨胀工具”按钮，调整画笔大小，在图像中央部位拖曳，形成塑料包装中间的膨胀效果，调节好后单击【确定】按钮，效果如图 9-49 所示。

（12）选择工具箱中的“加深工具”，在图像中涂抹，以调整包装的暗部光，效果如图 9-50 所示。

（13）选择工具箱中的“减淡工具”，在图像中涂抹，以调整包装的高光，效果如图 9-51 所示。

图 9-48　“液化”对话框

图 9-49　液化效果

图 9-50　调整暗部

图 9-51　调整高光

（14）执行菜单命令【滤镜】-【艺术效果】-【塑料包装】，弹出“塑料包装”滤镜对话框，设置参数如图 9-52 所示，调节好后单击【确定】按钮，效果如图 9-53 所示。

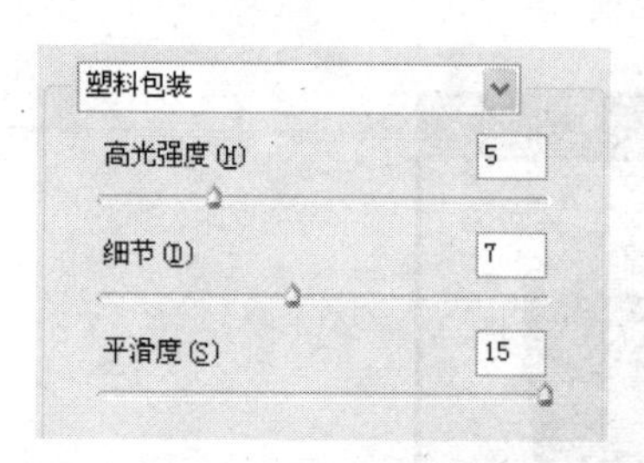

图 9-52 “塑料包装”滤镜对话框

图 9-53 使用滤镜后效果

（15）单击图层面板底部的“添加图层样式”按钮 fx，弹出“图层样式”对话框，为图层添加投影，单击【确定】按钮，效果如图 9-54 所示。

（16）按【Ctrl】+【J】组合键复制图层，复制出一个包装袋副本，按【Ctrl】+【T】组合键进行自由变换，右键单击，在弹出列表中分别选择“扭曲”和“变形”，改变包装袋副本的形状，调整好后按【Enter】键结束自由变换，调整包装袋副本的位置，合并可见图层，将图层重命名为“包装袋”，效果如图 9-55 所示。

图 9-54 添加投影

图 9-55 自由变换效果

2. 包装盒设计

（1）打开“图案设计.tif”文件，将其拖曳到当前文件中，自动形成新的图层，将图层命名为

"包装盒"，并调整该图层于"背景层"之上。按【Ctrl】+【T】组合键进行自由变换，右键单击，在弹出列表中分别选择"缩放"、"斜切"和"透视"，通过控制手柄进行调整，形成包装盒正面的透视效果，调整好后按【Enter】键结束自由变换，效果如图 9-56 所示。

（2）新建图层，将图层命名为"包装盒侧面"，选择工具箱中的矩形选取工具 ，绘制矩形选区，参照包装袋的制作方法，对侧面的图案进行设计，右键单击，在弹出列表中分别选择"缩放"、"斜切"和"透视"，通过控制手柄进行调整，形成包装盒正面的透视效果，效果如图 9-57 所示。

图 9-56　包装盒正面

图 9-57　包装盒侧面

（3）依照步骤（2）中的方法，绘制包装盒的其他侧面，最终效果如图 9-58 所示。

（4）为包装盒添加文字"丝丝香浓，品味纯正"，效果如图 9-59 所示。

图 9-58　立体包装盒

图 9-59　添加文字效果

（5）选择工具箱中的"加深工具" 和"减淡工具" ，为包装盒设置暗调和高光，合并制作包装盒的所有图层，重命名为"包装盒"，并添加投影图层样式，包装盒的最终效果如图 9-60 所示。

3. 设置背景

（1）隐藏所有图层，新建一个图层，图层名称为"背景效果"，选择工具箱中的矩形选取工具 ，绘制一矩形选区（如图 9-30 所示），为选取填充一个由白色到灰色的径向渐变，效果如图 9-61 所示。

（2）按【Ctrl】+【Shift】+【T】组合键进行反选，为选区填充黑色，按【Ctrl】+【D】组合键取消选择，效果如图 9-62 所示。

图 9-60　包装盒的最终效果

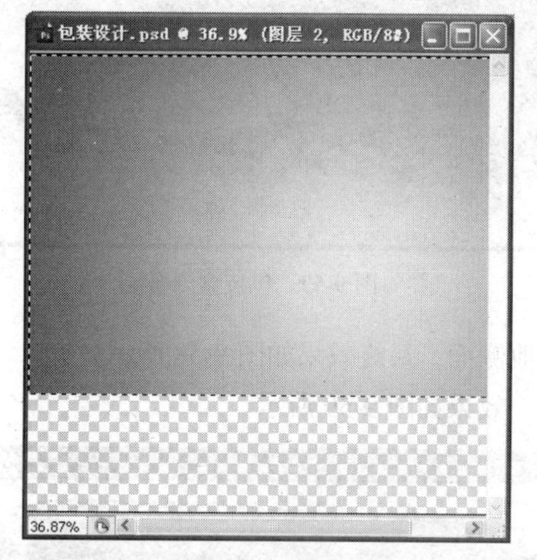

图 9-61　径向渐变

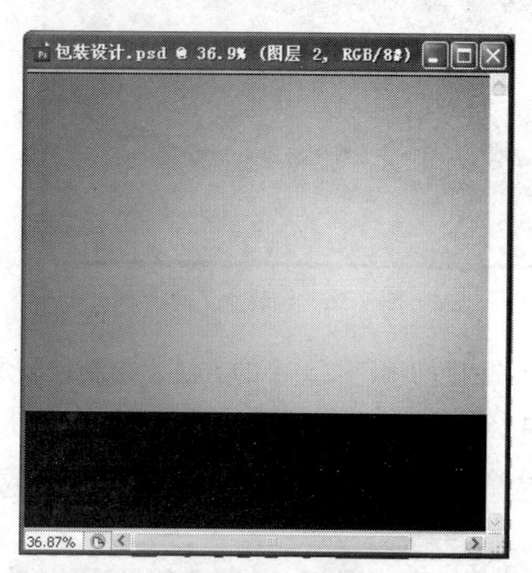

图 9-62　背景效果

（3）显示所有图层，将“背景效果”图层置于“背景”层之上，调整包装袋和包装盒的大小与位置关系，最终效果如图 9-63 所示。

图 9-63　最终效果

9.1.3　实训 3——宣传海报设计

效果图

本实训的效果如图 9-64 所示。

图 9-64　效果图

知识点

（1）利用钢笔工具绘制路径。

（2）描边。

（3）存储、载入选区。

（4）图层蒙版的使用。

（5）图层样式的应用。

操作步骤

（1）执行菜单命令【文件】-【新建】，弹出“新建”对话框，设置名称为“宣传海报”、宽度为“10 厘米”、高度为“15 厘米”，分辨率为“300 像素/英寸”，颜色模式为“RGB”，背景为“白色”，设置完单击【确定】按钮。

（2）打开光盘中的素材文件（位置：光盘\第 9 章\实训 1\素材\素材 9-7），如图 9-65 所示，将素材拖曳到文件的适当位置（如图 9-66 所示）。

图 9-65　素材文件

图 9-66　导入图像

（3）新建图层 1，选择工具箱中的钢笔工具 ，绘制如图 9-67 所示的闭合路径。按【Ctrl】+【Enter】组合键，将路径转换为选区，用白色填充选区，按【Ctrl】+【D】组合键取消选择。

（4）调整“图层 1”的不透明度为“70%”，单击图层面板底部的“添加图层样式”按钮 fx，弹出“图层样式”对话框，为图层 1 添加投影，效果如图 9-68 所示。

图 9-67　绘制路径

图 9-68　投影与图层不透明度调整

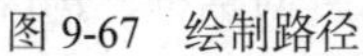

（5）素材处理。

① 打开光盘中的素材文件（位置：光盘\第 9 章\实训 1\素材\素材 9-8），如图 9-69 所示，双击“背景层”将其变为普通图层。

图 9-69　素材文件

② 选择工具箱中的“圆角矩形工具”按钮，在工具属性栏设置圆角矩形的半径为“15”，在画布中的适当位置绘制一个圆角矩形路径（如图 9-70 所示）。

图 9-70 绘制路径

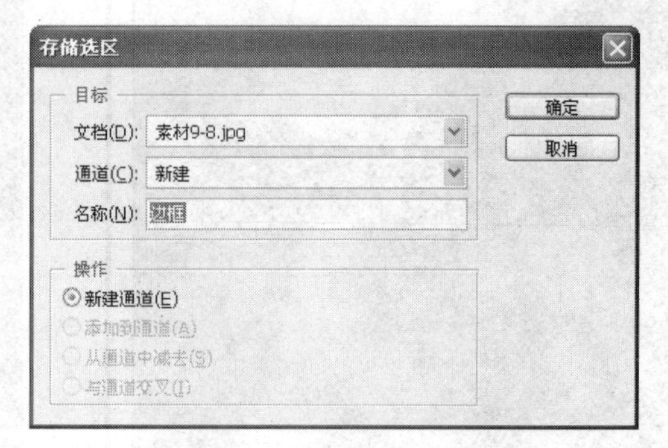

图 9-71 “存储选区”对话框

③ 单击路径面板底部的“将路径作为选区载入”按钮，或按【Ctrl】+【Enter】组合键，将路径转换为选区。

④ 执行菜单命令【选择】-【存储选区】，弹出“存储选区”对话框，选区名称为“边框”（如图 9-71 所示），单击【确定】按钮，将选区存储以备用。

⑤ 按【Ctrl】+【Shift】+【I】组合键进行反选，按快捷键【Del】删除多余内容，按【Ctrl】+【D】组合键取消选择。

⑥ 执行菜单命令【编辑】-【描边】，弹出“描边”对话框，设置参数如图 9-72 所示，单击【确定】按钮，效果如图 9-73 所示。

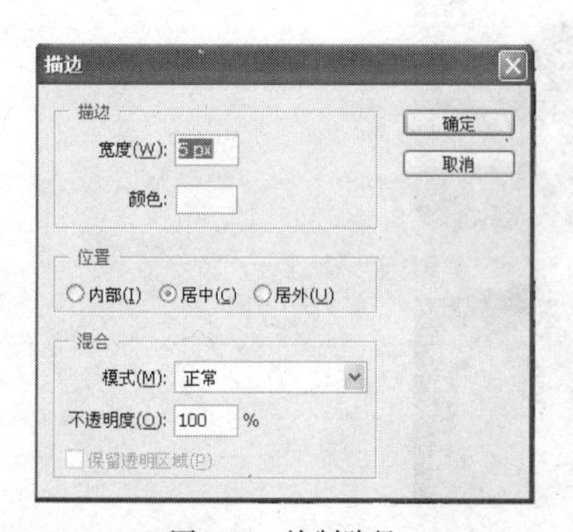

图 9-72 绘制路径

图 9-73 “存储选区”对话框

⑦ 打开光盘中的素材文件（位置：光盘\第 9 章\实训 1\素材\素材 9-9），如图 9-74 所示。执行菜单命令【选择】-【载入选区】，弹出“载入”对话框，选择“边框”选区（如图 9-75 所示），重复（5）、（6）操作。

图 9-74　素材文件

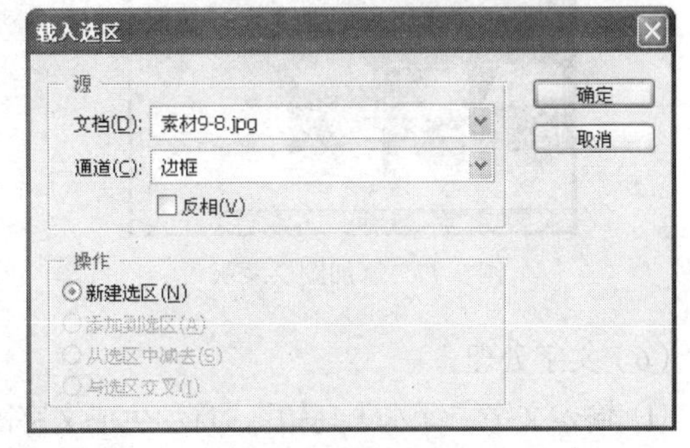

图 9-75　“载入选区”对话框

⑧ 依照（5）、（6）、（7）3 步操作依次处理素材 9-10、9-11。拖曳 4 个素材文件到“宣传海报”文件中，调整图像大小和位置，效果如图 9-76 所示。

图 9-76　导入素材

⑨ 合并素材 9-8、9-9、9-10 所在的 3 个图层，单击图层面板底部的“添加矢量蒙版”按钮，为新合成的图层添加一个图层蒙版，为选区填充垂直的线性渐变，效果如图 9-77 所示。依此步骤为素材 9-11 添加有线性渐变的蒙版，效果如图 9-78 所示。

图 9-77　添加图层蒙版

图 9-78　添加蒙版后效果

（6）文字处理。

① 输入文字“绿水 · 乌镇”，自动生成文字图层，设置字体为“方正中倩繁体”字号“30”，“加粗”；“绿水”颜色为“绿色”，“乌镇”颜色为“黑色”。

单击图层面板底部的“添加图层样式”按钮 *fx*，弹出“图层样式”对话框，为该文字图层添加投影，效果如图 9-79 所示。

② 输入文字“乌镇欢迎您……”，自动生成文字图层，设置字体为“方正粗倩简体”；字号“11”，“加粗”；颜色为“黑色”。效果如图 9-80 所示。

图 9-79　文字效果 1

图 9-80　文字效果 2

③ 输入文字“旅游圣地”，自动生成文字图层，设置字体为“方正黄草简体”；字号“36”；颜色为“灰色”。调整图层的不透明度为“77%”。

宣传海报的最终效果如图 9-81 所示。

图 9-81　文字效果 3

9.2　项目 2——动画制作

9.2.1　实训 1——草丛中飞出的蝴蝶

本实训的效果如图 9-82 所示。

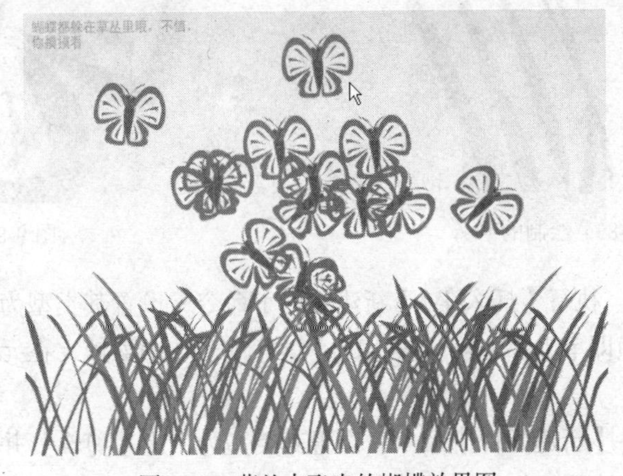

图 9-82　草丛中飞出的蝴蝶效果图

（1）隐形按钮的应用。

（2）Flash ActionScript 的应用。

（3）绘图工具的使用。

（4）草丛的制作。

1. 设置影片文档属性

执行【文件】-【新建】命令，在弹出的面板中选择【常规】-【Flash 文件（ActionScript 3.0）】选项后，单击【确定】按钮，新建一个影片文档，在【属性】面板上设置文件大小为“550 × 400 像素”，【背景色】为“白色”。

2. 绘制草丛。执行【插入】-【新建元件】命令，设置其类型为“图形”并将其命名为“草丛”。在元件编辑区中绘制如图 9-83 所示的草丛。

3. 绘制蝴蝶。执行【插入】-【新建元件】命令，设置其类型为“图形”并将其命名为“蝴蝶”。在元件编辑区中绘制如图 9-84 所示的蝴蝶。

图 9-83　绘制的草丛

图 9-84　绘制的蝴蝶

4. 制作隐形按钮。执行【插入】-【新建元件】命令，设置其类型为“按钮”并将其命名为“隐形按钮”。在第 4 帧即单击那一帧，按【F7】键，单击选中该帧，在元件编辑区中绘制一个小的矩形。

5. 执行【插入】-【新建元件】命令，设置其类型为“影片剪辑”并将其命名为“蝴蝶飞”。修改图层 1 的名称为“隐形按钮”，单击选中第 1 帧，将按钮“隐形按钮”拖至场景中，按【F7】

键，插入空白关键帧，单击选择按钮将其选中，并将元件“蝴蝶”拖至场景中。单击新建“运动引导层”按钮，新建一个运动引导层，单击铅笔工具，设置铅笔模式为平滑，绘制蝴蝶飞舞的路径，选择第 30 帧，按【F5】键使其延续到 30 帧，得到如图 9-85 所示的效果图。

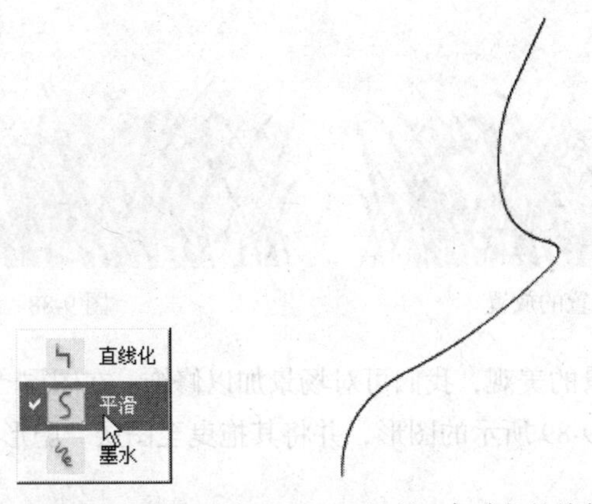

图 9-85　铅笔笔触的设置及蝴蝶飞舞路径的绘制

6. 对齐蝴蝶的中心。选择图层“隐形按钮”，单击选择按钮，选中第 2 帧，调整蝴蝶的位置，使蝴蝶的中心位于引导线的起点；单击选中第 30 帧，按【F6】键，并调整蝴蝶的位置，使其位于引导线的终点，如图 9-86 所示。

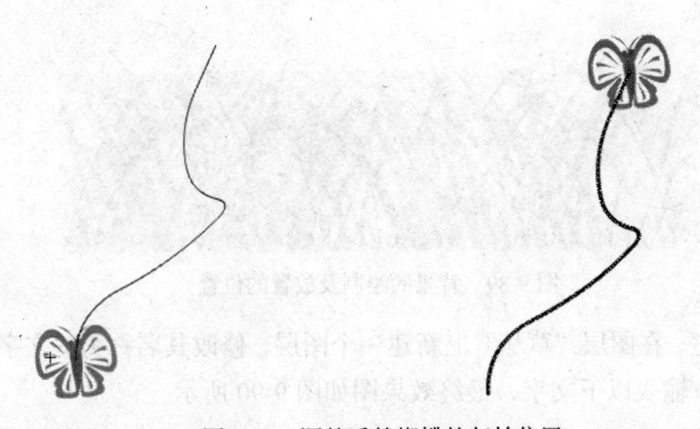

图 9-86　调整后的蝴蝶的起始位置

7. 单击图层“隐形按钮”的第 1 帧，并单击选择按钮，选中影片剪辑“蝴蝶飞“中的隐形按钮，按【F9】键，在程序编辑面板中输入：

```
on (rollOver) {
   gotoAndPlay(2);
}
```

8. 在引导层上新建图层，将其命名为“as”，单击选中第 1 帧，按【F9】键打开动作面板，并在程序编辑区中输入“stop();”

9. 按【Ctrl】+【E】组合键返回道场景，修改图层 1 的名称为“草丛”，将绘制的“草丛”元件拖至场景下方，重复以上步骤，利用任意变形按钮，调整其位置，得到如图 9-87 所示的效果图。

10. 在图层 1 上新建一个图层，将其命名为“隐形按钮”，并将影片剪辑“蝴蝶飞”拖至场景中，重复以上步骤，使其铺满整个草丛，并将图层“隐形按钮”，拖至图层“草丛”的下方，得到如图 9-88 所示的效果图。

图 9-87　草丛位置的放置

图 9-88　草丛和隐形按钮

11. 装饰场景。为了场景的美观，我们可对场景加以修饰。在图层“草丛”上新建一个图层，将其命名为背景，绘制如图 9-89 所示的图形，并将其拖曳至图层“隐形按钮”的下方。

图 9-89　背景的绘制及放置的位置

12. 添加文字描述。在图层“草丛”上新建一个图层，修改其名称为“文字描述”，利用文本工具，在场景的左上方输入以下文字，最终效果图如图 9-90 所示。

图 9-90　添加文字描述

13. 按【Ctrl】+【Enter】组合键测试影片。测试完毕后，按【Ctrl】+【S】组合键保存文件。

9.2.2　实训 2——转动的齿轮

本实训的效果如图 9-91 所示。

图 9-91　转动的齿轮效果图

（1）合并对象的应用。
（2）对齐面板的应用。
（3）动作补间的应用。
（4）滤镜的应用。
（5）水平翻转的应用。

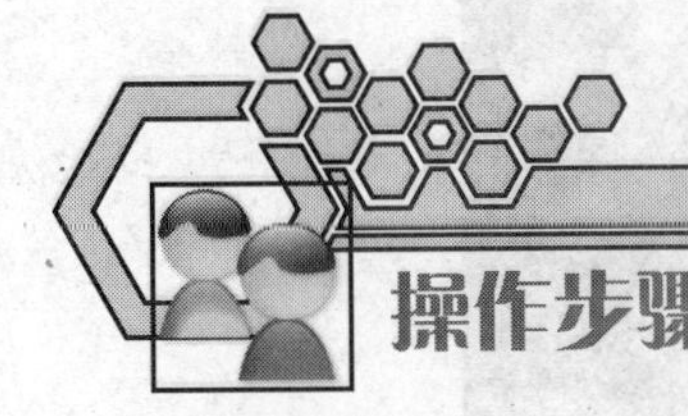

（1）设置影片文档属性。执行【文件】-【新建】命令，在弹出的面板中选择【常规】-【Flash

文件（ActionScript 3.0）】选项后，单击【确定】按钮，新建一个影片文档，在【属性】面板上设置文件大小为“400×400 像素”，【背景色】为黑色。

（2）选择多角星型工具，在属性面板单击【选项】按钮，在弹出的对话框中如图 9-92 所示进行设置。把填充颜色设置为灰色，设置完成在窗口中心拖出一个星型。注意，在绘图时要先选中工具栏下方的绘制对象按钮，不然无法完成下面的合并对象。

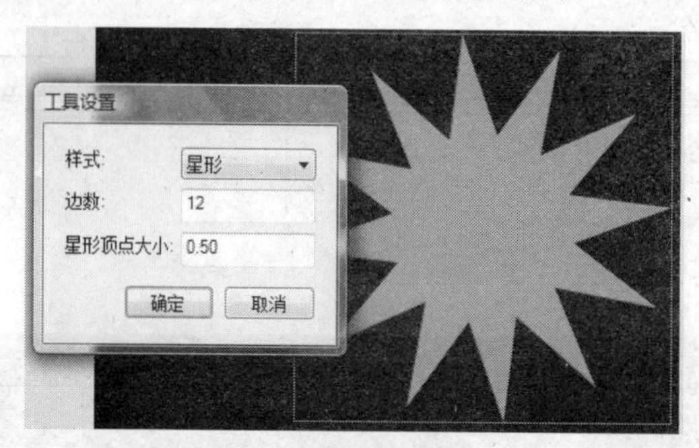

图 9-92　工具设置和星型绘制

（3）改变填充颜色，选择椭圆工具，画一个稍小的正圆，通过对齐面板调整位置，使他们“中心对齐”，如图 9-93 左图所示。然后把两个图形都选中，执行【修改】-【合并对象】-【剪切】命令，得到如图 9-93 右图所示的效果。

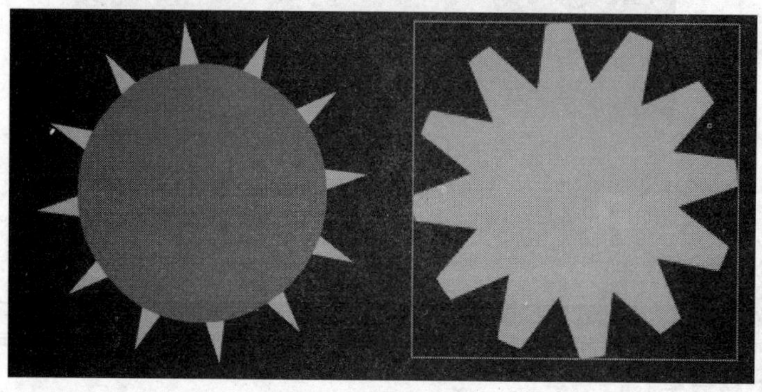

图 9-93　形成齿轮轮廓

再画一个小圆，同样对齐它们，如图 9-94 左图所示，然后把两个图形都选中，执行【修改】-【合并对象】-【打孔】命令，得到如图 9-94 右图所示的齿轮效果。然后将它转换为图形元件“齿轮”。

图 9-94　打孔

（4）新建一个影片剪辑元件“转动”，把刚做好的元件“齿轮”拖进来，调整位置，使之位于窗口的中心。然后在后面任选一帧，单击【F6】键插入关键帧。在第 1 帧处创建动作补间动画，在属性面板中设置顺时针旋转 1 次。

（5）返回到场景 1 中，把“转动”元件拖进来 3 个，把中间的选中，执行【修改】-【变形】-【水平翻转】命令，然后调整位置和大小，使它们 3 个吻合起来，如图 9-95 所示。

图 9-95　齿轮吻合

（6）同时选中这 3 个齿轮，在【属性】面板中选择【滤镜】选项卡，单击 按钮，在弹出的菜单中选择【投影】，如图 9-96 所示。在弹出的窗口中设置模糊为“0”，距离为“2”，颜色为“深灰色”。如图 9-97 所示。继续添加投影效果数次，使之产生立体效果。

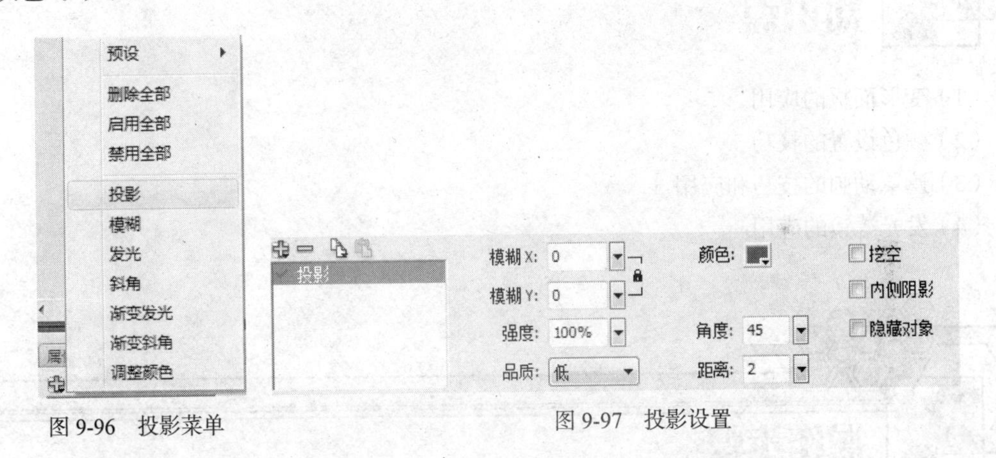

图 9-96　投影菜单　　　　图 9-97　投影设置

（7）测试动画，制作完成。

9.2.3　实训 3——滚光变换

本实训的效果图如图 9-98 所示。

图 9-98　滚光变换效果图

（1）变形面板的应用。

（2）颜色设置的技巧。

（3）遮罩动画的技巧和应用。

（4）发光滤镜的应用。

（1）设置影片文档属性。执行【文件】-【新建】命令，在弹出的面板中选择【常规】-【Flash 文件（ActionScript 3.0）】选项后，单击【确定】按钮，新建一个影片文档，在【属性】面板上设置文件大小为“400×400 像素”，“背景色”为“黑色”。

（2）执行【插入】-【新建元件】命令，新建一个名为“line”的元件。在舞台上任意绘制一条曲线，颜色为白色。如图 9-99 所示。选中线条，执行【修改】-【形状】-【将线条转换为填充】命令。把图层改名为 line，新建一个图层，改名字为“light”，将此层置于 line 层的下面。

（3）绘制光环。选中 light 层第 1 帧，打开“混色器面板”，设置填充颜色为“放射状”，并调整混色器。3 个色标均使用白色，中间的用纯白色，左右两边的为白色透明，然后在 light 层画一个圆环，如图 9-100 所示。

图 9-99　线条

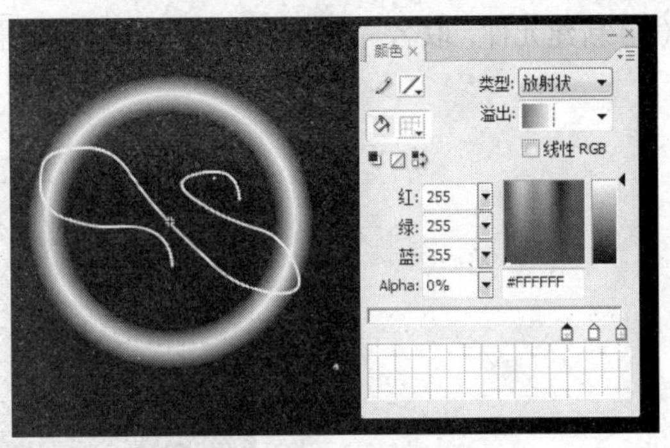

图 9-100　画圆环

（4）在 light 层的第 35 帧按下【F6】插入关键帧。选中第 1 帧，将光环调整为最小的状态。这里设置长和宽均为“10”，以使光环从小变大。如图 9-101 所示。

（5）选中 light 层的第 1 帧，打开【属性】面板，设置补间为形状。如图 9-102 所示。

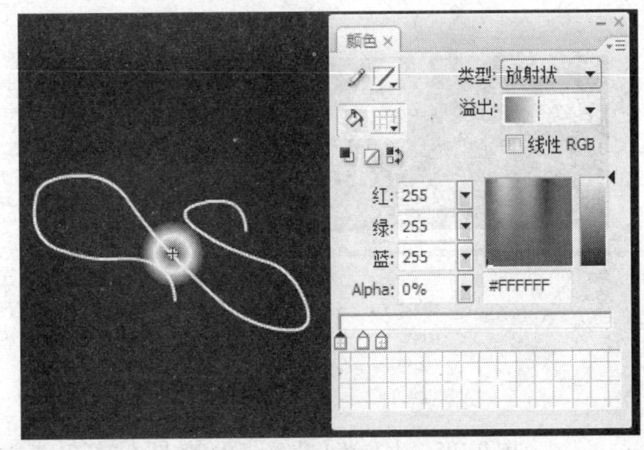

图 9-101　改变光环的大小

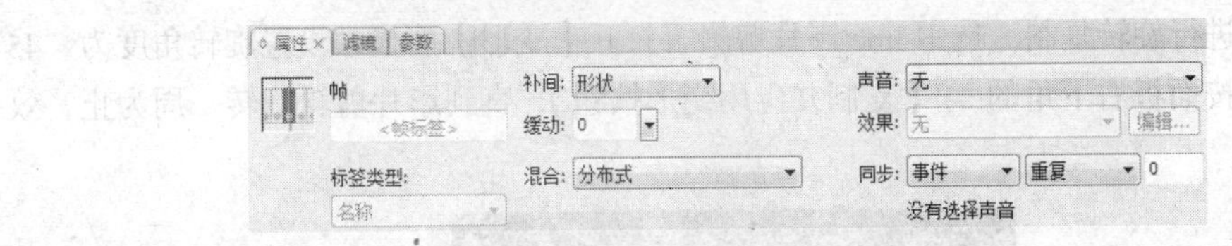

图 9-102　形状补间的设置

（6）选中 line 层，单击鼠标右键，在弹出的快捷菜单中选择【遮罩层】命令。此时可以看到如图 9-103 所示的效果，这说明遮罩已经应用成功了。

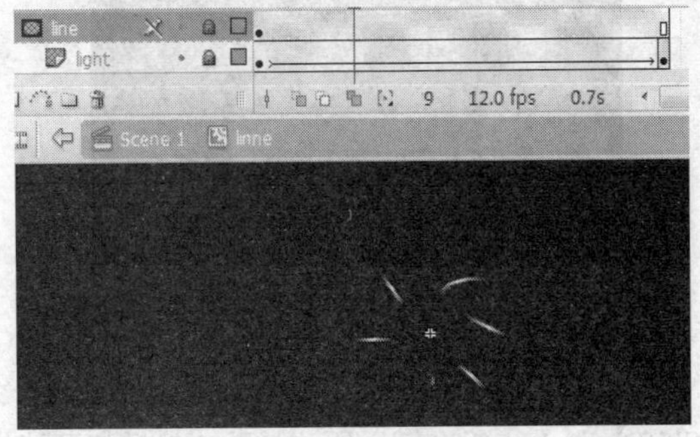

图 9-103　遮罩效果

（7）新建元件，取名“旋转”，将元件 line 拖进来，调整注册点到窗口的中心，效果如图 9-104 所示。

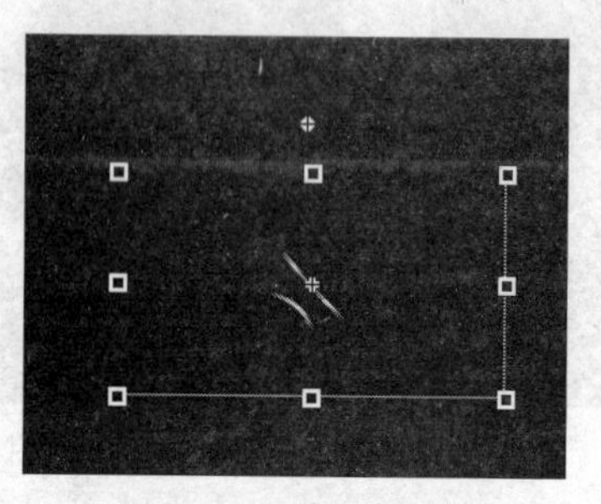

图 9-104　调整注册点

（8）完成注册点调节后，在【属性】面板中选择【滤镜】选项卡，单击 按钮，在弹出的菜单中选择【发光】，在弹出的窗口中设置模糊为“3”，强度为“400%”，颜色为“红色”。效果和设置如图 9-105 所示。

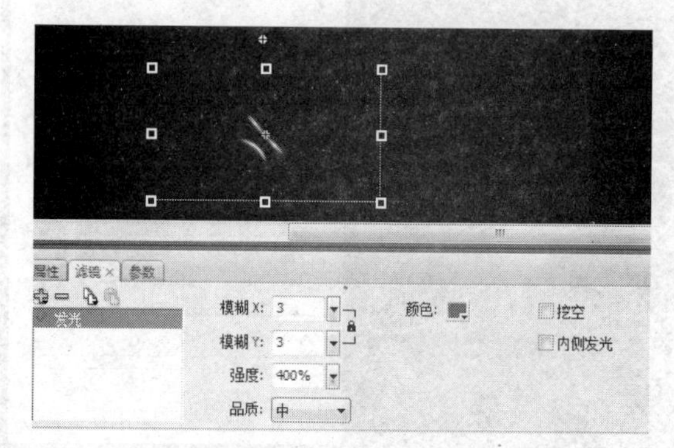

图 9-105　【发光】滤镜设置和效果

（9）接下来进行旋转复制。选中 line 影片剪辑，打开【变形】面板，设置旋转角度为“45”，然后连续不断地按面板右下角的 【复制并应用变形按钮】，直到影片剪辑旋转一周为止，效果如图 9-106 所示。

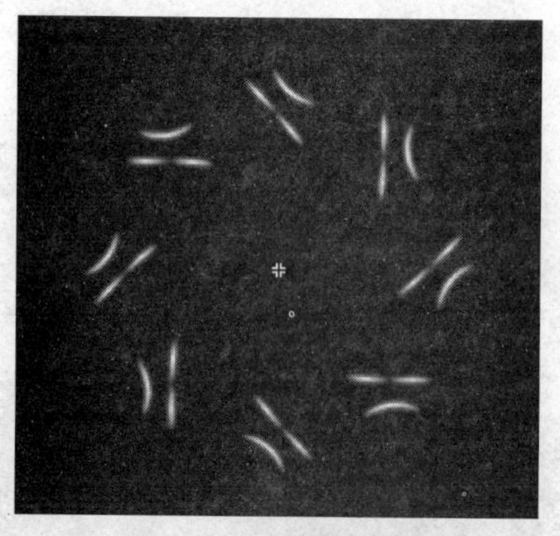

图 9-106　旋转复制效果

（10）返回到主场景，把“旋转”元件拖到窗口中心，把元件复制一个，新建一个图层，选中第 1 帧，按下【Ctrl】+【Shift】+【V】组合键，原位粘贴，然后打开滤镜面板，将新复制的元件

滤镜颜色调整为“蓝色”，并在变形面板中将之缩小到 50%即可。效果如图 9-107 所示。

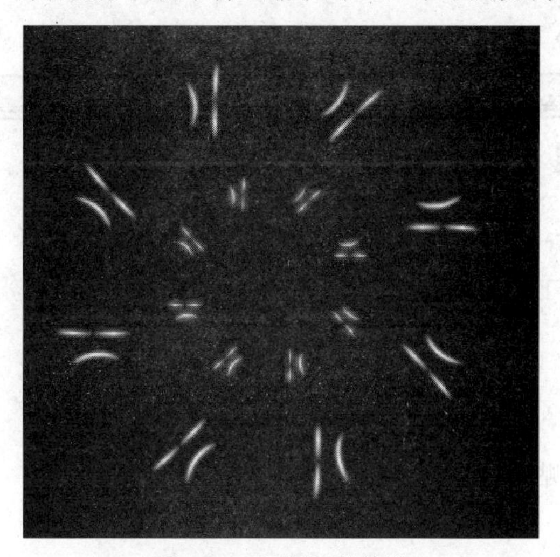

图 9-107　两层元件效果

（11）测试动画，效果如图 9-98 所示，制作完成。

9.3 项目 3——视频制作

9.3.1　实训 1——制作动态视频背景

效果图

本实训的效果如图 9-108 所示。

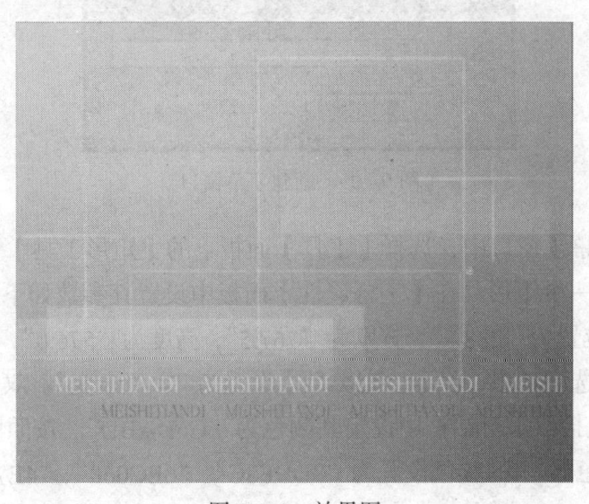

图 9-108　效果图

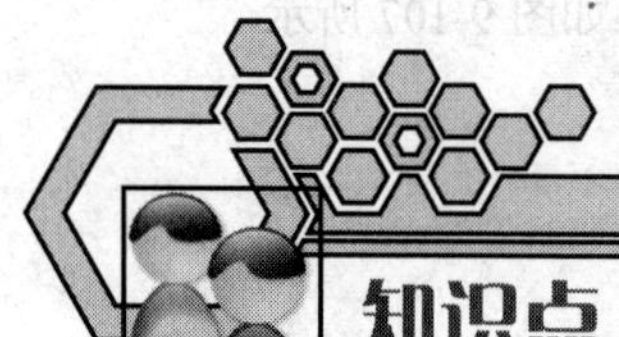

知识点

（1）字幕的创建方法。

（2）矩形工具、直线工具的使用。

（3）字幕属性的设置。

（4）素材运动的设置。

（5）轨道的添加。

（6）剪辑的复制与粘贴。

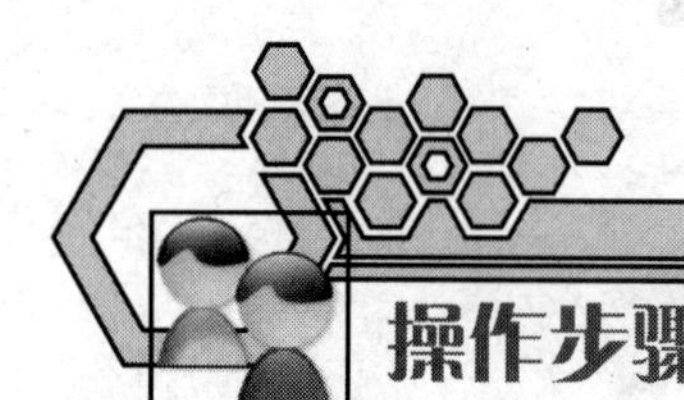

操作步骤

1．素材的制作

（1）在D盘新建一个名为“动态背景”的文件夹

（2）打开Premiere Pro CS3，选择【新建项目】。

（3）在【新建项目】对话框中的【加载预置】选项卡下展开【DV-PAL】，选择【标准32kHz】。

（4）单击【浏览】按钮，选择D盘下的“动态背景”文件夹，单击【确定】按钮。

（5）在【名称】后面输入项目名称“动态背景”，单击【确定】按钮。

（6）在【项目】面板中单击鼠标右键，选择【新建分类】-【字幕】，在弹出的【新建字幕】对话框中输入字幕的名称“背景”，单击【确定】按钮，如图9-109所示。

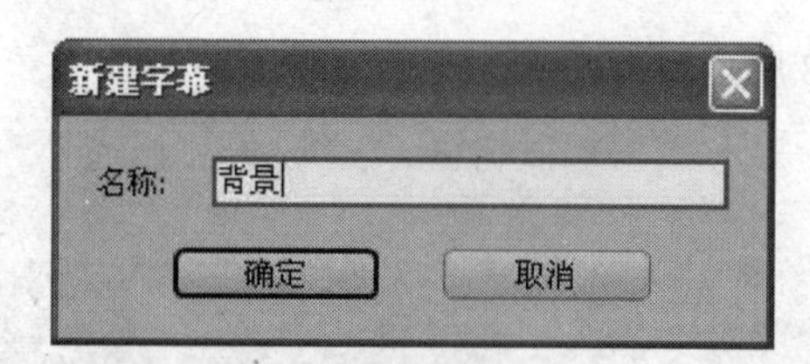

图9-109　新建字幕窗口

（7）在弹出的【字幕】窗口中，选择【工具】面板下的【矩形工具】，在【字幕：背景】面板下的操作区中绘制一个矩形。在【字幕属性】面板中设置其参数如下：透明度为“100%”，X位置为“383.5”，Y位置为“288.5”，宽度为“767.5”，高度为“576.0”，旋转为“0”。确保【填充】前面的复选框处于选中状态，将【填充类型】设置为“4色渐变”。双击【色彩】左上方的色标，在弹出的【颜色拾取】对话框中设定其颜色为“C6DABD”。按照同样的方法，分别将右上方、左下方、右下方色标的颜色设置为“8DBF8C”、“6EC060”、“4E7F4E”，效果如图9-110所示。

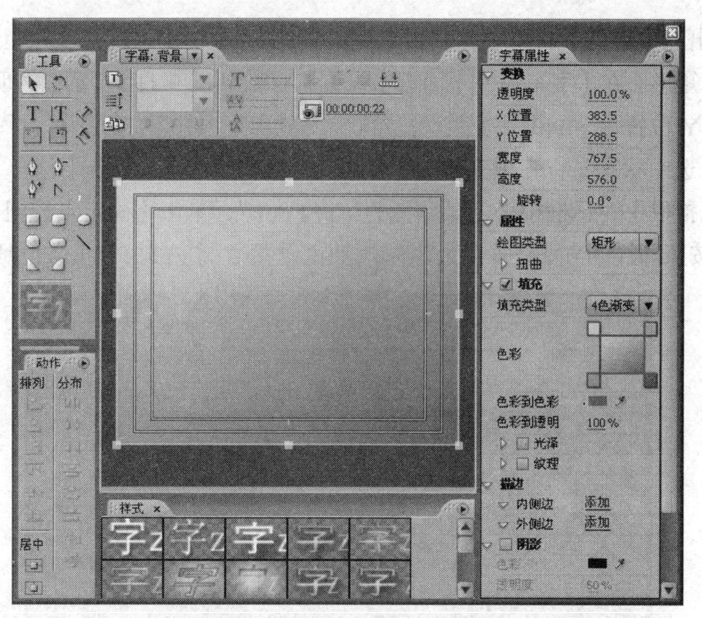

图9-110　字幕窗口

（8）在【项目】面板中单击鼠标右键，选择【新建分类】-【字幕】，在弹出的【新建字幕】对话框中输入字幕的名称“填充矩形1”，单击【确定】按钮。

（9）在弹出的【字幕】窗口中，利用【矩形工具】在【字幕：填充矩形1】面板下的操作区中绘制一个矩形。在【字幕属性】面板中设置其参数如图9-111所示。透明度为“100%”，X位置为“215.6”，Y位置为“246.9”，宽度为“440”，高度为“160”，旋转为“0”。确保【填充】前面的复选框处于选中状态，将【填充类型】设置为“线性渐变”。双击【色彩】左边的色标，在弹出的【颜色拾取】对话框中设定其颜色为“FFFFFF”，单击【确定】按钮；设定【颜色到透明】值为“30”。按照同样的方法，将右边色标颜色设置为“FFFFFF”，【颜色到透明】值为“0”。

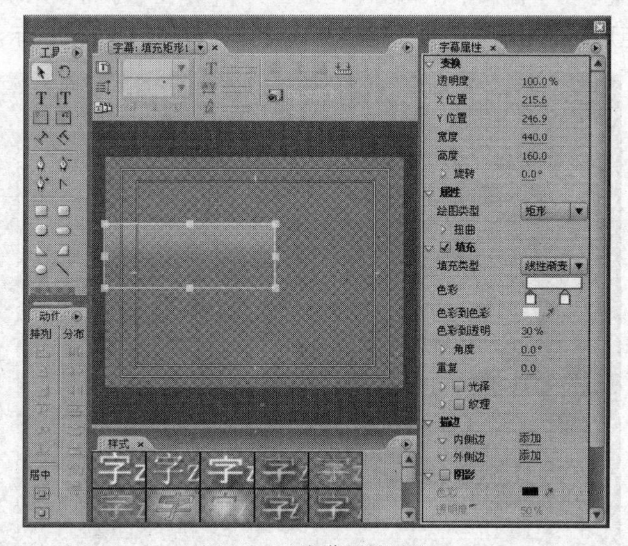

图9-111　字幕属性设置

（10）在【项目】面板中单击鼠标右键，选择【新建分类】-【字幕】，在弹出的【新建字幕】对话框中输入字幕的名称“填充矩形2”，单击【确定】按钮。

（11）在弹出的【字幕】窗口中，利用【矩形工具】在【字幕：填充矩形 2】面板下的操作区中绘制一个矩形。在【字幕属性】面板中设置其参数如图 9-112 所示。透明度为“100%”，X 位置为“566”，Y 位置为“440”，宽度为“400”，高度为“110”，旋转为“0”。确保【填充】前面的复选框处于选中状态，将【填充类型】设置为“线性渐变”。双击【色彩】左边的色标，在弹出的【颜色拾取】对话框中设定其颜色为“FFFFFF”，单击【确定】按钮；设定【颜色到透明】值为“0”。按照同样的方法，将右边色标颜色设置为“FFFFFF”，【颜色到透明】值为“15”。

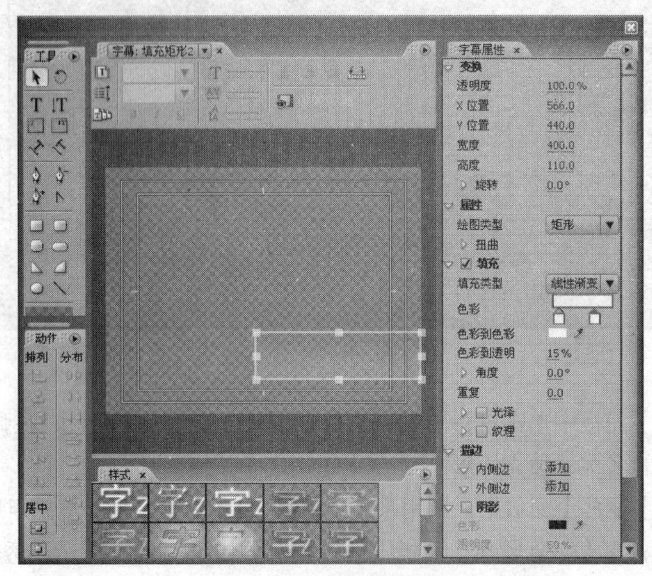

图 9-112　字幕属性设置

（12）在【项目】面板中单击鼠标右键，选择【新建分类】-【字幕】，在弹出的【新建字幕】对话框中输入字幕的名称“未填充矩形 1”，单击【确定】按钮。

（13）在弹出的【字幕】窗口中，利用【矩形工具】在【字幕：未填充矩形 1】面板下的操作区中绘制一个矩形。在【字幕属性】面板中设置其参数如图 9-113 所示。透明度为“100%”，

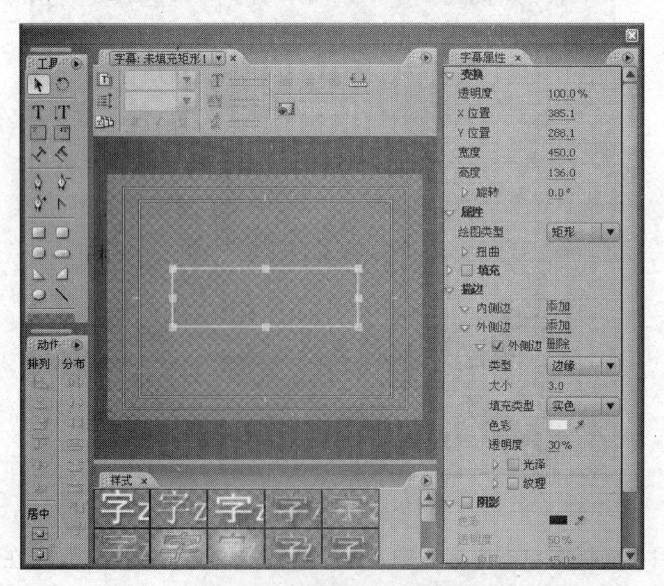

图 9-113　字幕属性设置

X 位置为“385.1”，Y 位置为“288.1”，宽度为“450”，高度为“136”，旋转为“0”。单击【描边】–【外侧边】右边的【添加】，为矩形添加描边效果。设置外侧边类型为“边缘”，大小为“3.0”，填充类型为“实色”，色彩为“FFFFFF”，透明度为“30”。

（14）在【项目】面板中单击鼠标右键，选择【新建分类】–【字幕】，在弹出的【新建字幕】对话框中输入字幕的名称“未填充矩形 2”，单击【确定】。

（15）在弹出的【字幕】窗口中，利用【矩形工具】在【字幕：未填充矩形 2】面板下的操作区中绘制一个矩形。在【字幕属性】面板中设置其参数如图 9-114 所示。透明度为“100%”，X 位置为“385.7”，Y 位置为“290”，宽度为“280”，高度为“360”，旋转为“0”。单击【描边】–【外侧边】右边的【添加】，为矩形添加描边效果。设置外侧边类型为“边缘”，大小为“3.0”，填充类型为“实色”，色彩为“FFFFFF”，透明度为“50”。

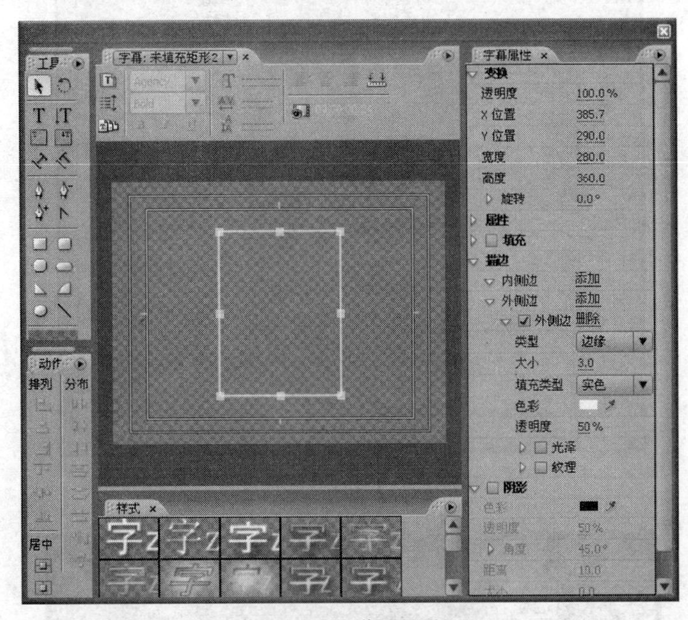

图 9-114　字幕属性设置

（16）在【项目】面板中单击鼠标右键，选择【新建分类】–【字幕】，在弹出的【新建字幕】对话框中输入字幕的名称“十字”，单击【确定】按钮。

（17）在弹出的【字幕】窗口中，利用【直线工具】在【字幕：十字】面板下的操作区中绘制两条直线。在【字幕属性】面板中设置第 1 条直线参数如下：透明度为“100%”，X 位置为“287.5”，Y 位置为“301.3”，宽度为“150.6”，高度为“148.9”，旋转为“135”。确保【填充】前面的复选框处于选中状态，将填充类型设置为“线性渐变”。双击【色彩】左边的色标，在弹出的【颜色拾取】对话框中设定其颜色为“FFFFFF”，单击【确定】按钮；设定颜色到透明值为“5”。按照同样的方法，将右边色标颜色设置为“FFFFFF”，颜色到透明值为“30”。在字幕属性面板中设置第 2 条直线参数如下：透明度为“100%”，X 位置为“287.5”，Y 位置为“301.3”，宽度为“148.9”，高度为“150”，旋转为“315”。确保【填充】前面的复选框处于选中状态，将填充类型设置为“线性渐变”。双击【色彩】左边的色标，在弹出的【颜色拾取】对话框中设定其颜色为“FFFFFF”，单击【确定】按钮；设定颜色到透明值为“5”。按照同样的方法，将右边色标颜色设置为“FFFFFF”，颜色到透明值为“30”，如图 9-115 所示。

（18）在【项目】面板中单击鼠标右键，选择【新建分类】–【字幕】，在弹出的【新建字幕】对话框中输入字幕的名称“美食天地 1”，单击【确定】按钮。

（19）在弹出的【字幕】窗口中，利用【文字工具】T在【字幕：美食天地 1】面板下的操作区中输入文字“MEISHITIANDI”，将该文字选中后复制 3 次。在【字幕属性】面板中设置文字参数如下：透明度为“100%”，X 位置为“376.6”，Y 位置为“487.4”，宽度为“697.1”，高度为“20”，旋转为“0”。字体为“MS Pmincho”。确保【填充】前面的复选框处于选中状态，将填充类型设置为“实色”。双击【色彩】右边的色标，在弹出的【颜色拾取】对话框中设定其颜色为“228A1B”，单击【确定】按钮；设定颜色到透明值为“100”，如图 9-116 所示。

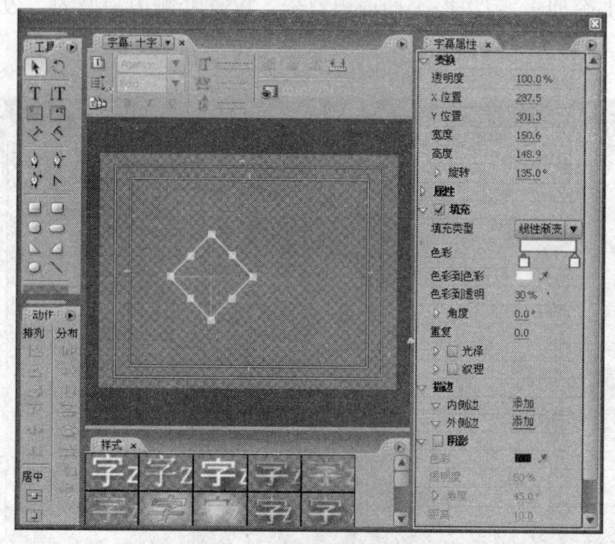

图 9-115 【十字】属性设置

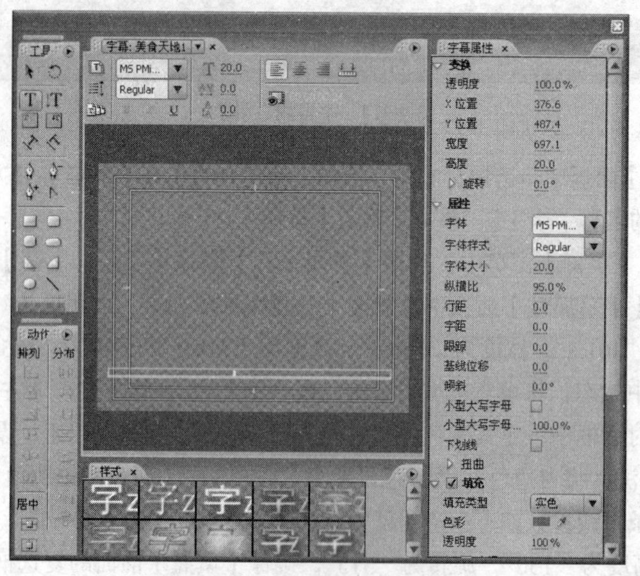

图 9-116 【美食天地 1】属性设置

（20）在【项目】面板中单击鼠标右键，选择【新建分类】–【字幕】，在弹出的【新建字幕】对话框中输入字幕的名称“美食天地 2”，单击【确定】按钮。

（21）在弹出的【字幕】窗口中，利用【文字工具】T 在【字幕：美食天地 2】面板下的操作区中输入文字“MEISHITIANDI”，将该文字选中后复制 3 次。在【字幕属性】面板中设置文字参数如下：透明度为“100%”，X 位置为“463.1”，Y 位置为“454.4”，宽度为“792.1”，高度为“24”，旋转为“0”。字体为“MS Pmincho”。确保【填充】前面的复选框处于选中状态，将填充类型设置为“实色”。双击【色彩】右边的色标，在弹出的【颜色拾取】对话框中设定其颜色为“CBF1B5”，单击【确定】按钮；设定颜色到透明值为“100”，如图 9-117 所示。

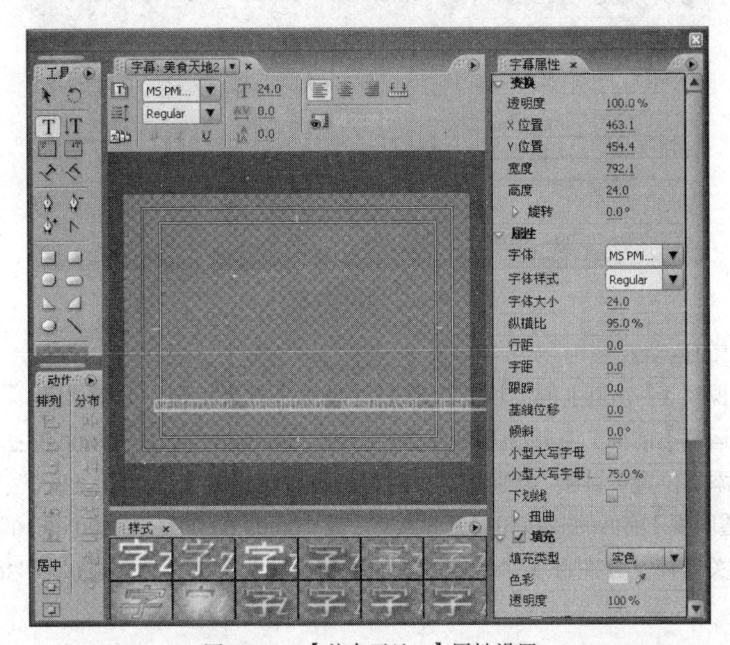

图 9-117　【美食天地 2】属性设置

2. 将制作的素材装配到时间线上

（1）在【项目】面板中双击【Sequence 01】对象，将“时间线：Sequence 01”面板激活。

（2）执行菜单命令【序列】-【添加轨道】，在弹出的【添加视音轨】对话框中，设置【视频轨】添加数量为“10”，【音频轨】添加数量为“0”，单击【确定】按钮，如图 9-118 所示。

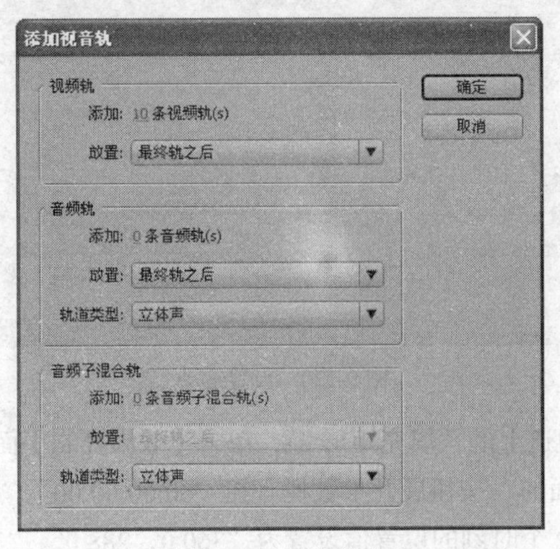

图 9-118　添加轨道

（3）将字幕“背景”、“填充矩形 1”、“填充矩形 2”、“未填充矩形 1”、“未填充矩形 2”、“十字”、“十字”、“美食天堂 1”、“美食天堂 2”分别拖曳至时间线 Sequence 01 的【视频 1】至【视频 9】轨道上（注意“十字”拖放两遍，占据两条轨道），如图 9-119 所示。

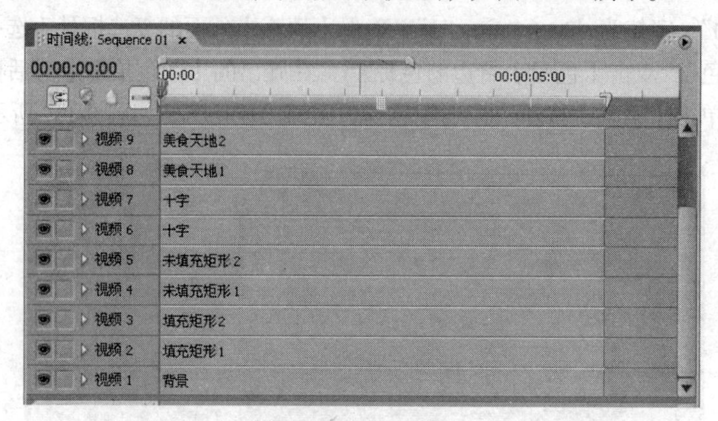

图 9-119　时间线窗口

3. 制作素材的运动效果

（1）选择【视频 2】轨道上的“填充矩形 1”，单击【效果控制】面板。

（2）单击【运动】前面的▷按钮展开参数栏。在“00:00:00:00”、“00:00:05:24”这 2 个时刻为“填充矩形 1”添加位置关键帧。分别将 2 个时刻的位置值设置为“360.0，288.0”、“360.0，638.0”。

（3）单击【透明度】前面的▷按钮展开参数栏。在“00:00:00:00”、“00:00:00:10”、“00:00:05:24”这 3 个时刻添加关键帧。分别将 3 个时刻的透明度值设置为“0.0”、“100.0”、“36.9”，效果如图 9-120 所示。

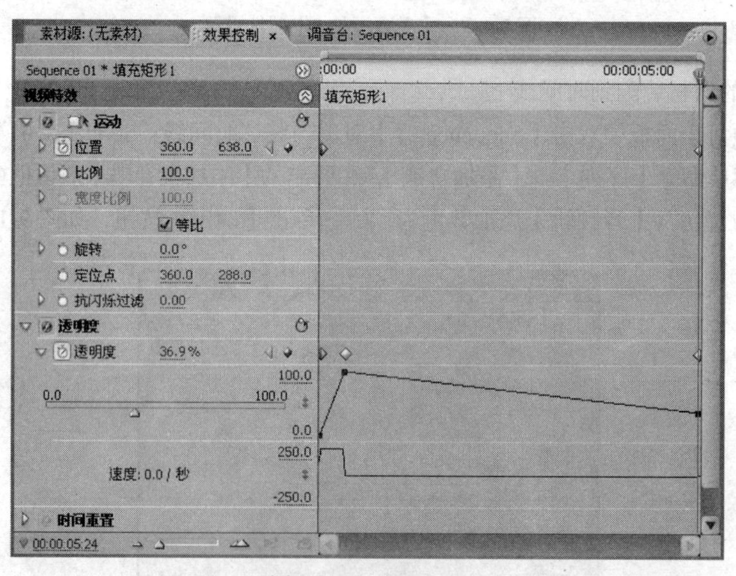

图 9-120　设置运动

（4）选择【视频 3】轨道上的“填充矩形 2”，单击【效果控制】面板。

（5）单击【运动】前面的▷按钮展开参数栏。在“00:00:00:00”、“00:00:05:24”这 2 个时刻添加位置关键帧。分别将 2 个时刻的位置值设置为“360.0，288.0”、“360.0，−101.8”。

（6）单击【透明度】前面的▷按钮展开参数栏。在“00:00:00:00”、“00:00:00:10”、“00:00:05:24”

这 3 个时刻添加关键帧。分别将 3 个时刻的透明度值设置为“0.0”、“100.0”、“36.9”，如图 9-121 所示。

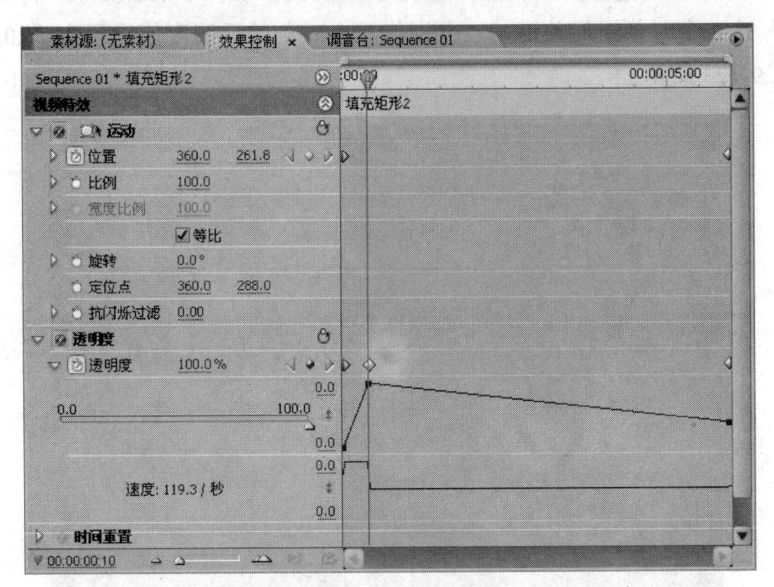

图 9-121　设置运动

（7）选择【视频 4】轨道上的“未填充矩形 1”，单击【效果控制】面板。

（8）单击【运动】前面的▷按钮展开参数栏。在“00:00:00:00”、“00:00:05:24”这 2 个时刻添加位置关键帧。分别将 2 个时刻的位置值设置为“360.0，200.0”、“360.0，500.0”。

（9）单击【透明度】前面的▷按钮展开参数栏。在“00:00:00:00”、“00:00:00:10”、“00:00:05:24”这 3 个时刻添加关键帧。分别将 3 个时刻的透明度值设置为“10.0”、“100.0”、“20.0”，如图 9-122 所示。

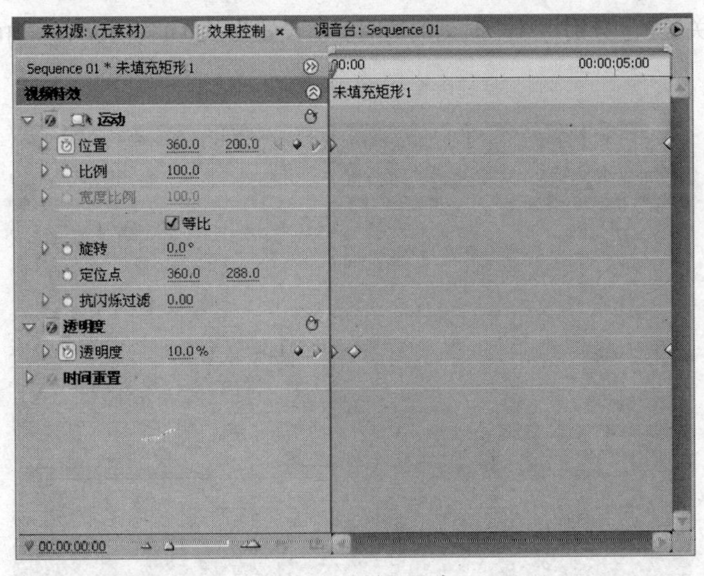

图 9-122　设置运动

（10）选择【视频 5】轨道上的“未填充矩形 2”，单击【效果控制】面板。

（11）单击【运动】前面的▷按钮展开参数栏。在“00:00:00:00”、“00:00:05:24”两个时刻添加位置关键帧。分别将两个时刻的位置值设置为“571.0，382.0”、“360.0，120.0”。

（12）单击【透明度】前面的按钮展开参数栏。在“00:00:00:00”、“00:00:00:10”、“00:00:05:24”这3个时刻添加关键帧。分别将3个时刻的透明度值设置为“20.0”、“100.0”、“20.0”，如图9-123所示。

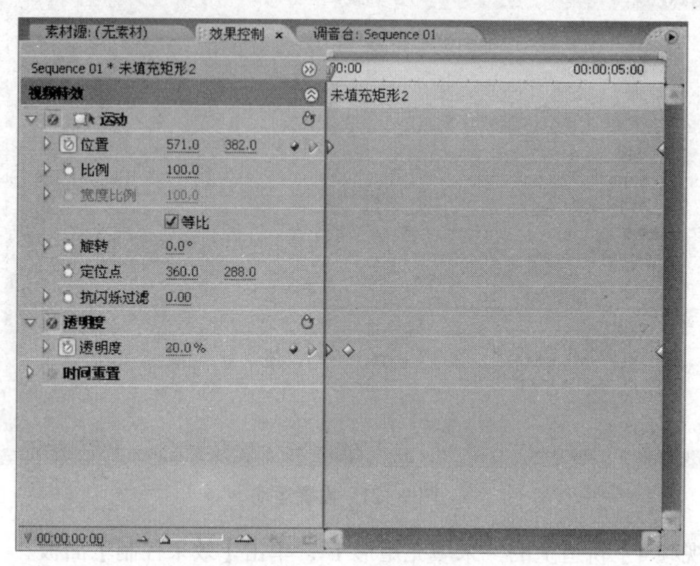

图9-123 设置运动

（13）选择【视频6】轨道上的“十字”，单击【效果控制】面板。

（14）单击【运动】前面的按钮展开参数栏。在“00:00:00:00”、“00:00:05:24”两个时刻添加位置关键帧。分别将两个时刻的位置值设置为“180.0，451.2”、“180.0，120.0”。

（15）单击【透明度】前面的按钮展开参数栏。在“00:00:00:00”、“00:00:00:10”、“00:00:05:24”这3个时刻添加关键帧。分别将3个时刻的透明度值设置为“20.0”、“100.0”、“100.0”，如图9-124所示。

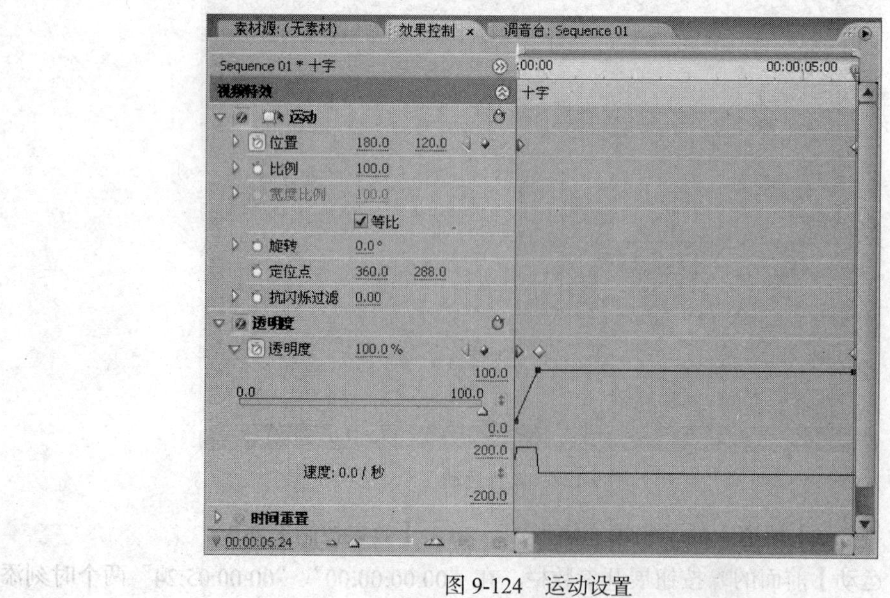

图9-124 运动设置

（16）选择【视频 7】轨道上的“十字”，单击【效果控制】面板。

（17）单击【运动】前面的按钮展开参数栏。在“00:00:00:00”、“00:00:05:24”这 2 个时刻添加位置关键帧。分别将 2 个时刻的位置值设置为“706.4，7.2”、“706.4，300.0”，如图 9-125 所示。

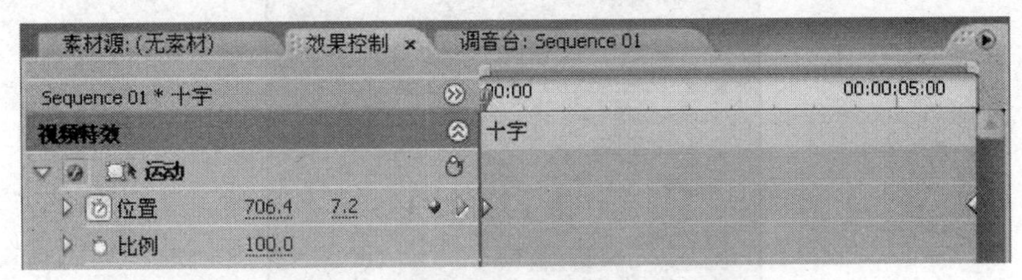

图 9-125　运动设置

（18）选择【视频 8】轨道上的“美食天地 1”，单击【效果控制】面板。

（19）单击【运动】前面的按钮展开参数栏。在“00:00:00:00”、“00:00:05:24”这 2 个时刻添加位置关键帧。分别将 2 个时刻的位置值设置为“360.0，288.0”、“500.0，288.0”，如图 9-126 所示。

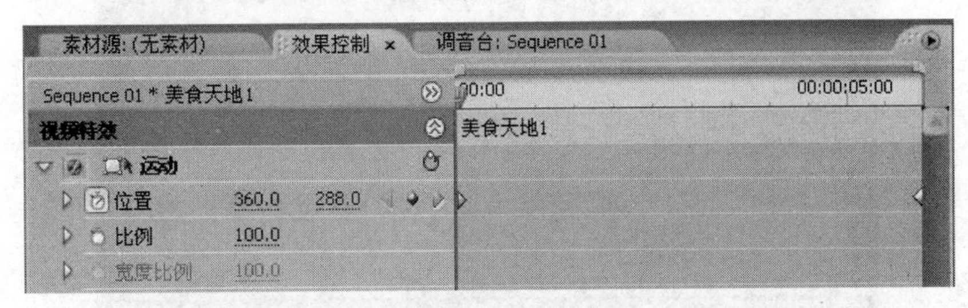

图 9-126　运动设置

（20）选择【视频 9】轨道上的“美食天地 2”，单击【效果控制】面板。

（21）单击【运动】前面的按钮展开参数栏。在“00:00:00:00”、“00:00:05:24”这 2 个时刻添加位置关键帧。分别将 2 个时刻的位置值设置为“442.8，288.0”、“280.0，288.0”，如图 9-127 所示。

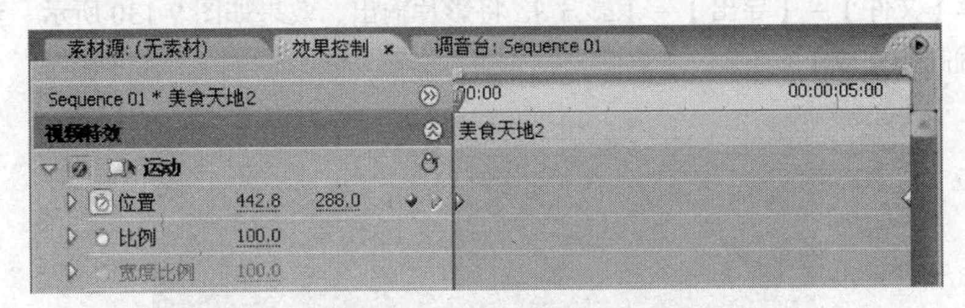

图 9-127　运动设置

（22）选中【视频 2】轨道，执行菜单【序列】-【添加轨道】，在弹出的【添加视音轨】对话框中【视频轨】部分参数设置为添加“1”条视频轨，放置在“目标轨之后”，【音频轨】和【音频子混合轨】部分参数设置为添加“0”条轨道。单击【确定】按钮，如图 9-128 所示。

（23）将“编辑基准线”移动到“00:00:00:09”时间位置，选择【视频 2】轨道上的“填充矩形 1”剪辑，执行菜单【编辑】-【复制】，再选择前面添加的【视频 3】轨道，执行菜单【编辑】-【粘贴】。

（24）按照相同的方法，在【视频 4】轨上方添加一条视频轨，并将【视频 4】轨中的“填充矩形 2”剪辑复制到新轨道中，如图 9-129 所示。

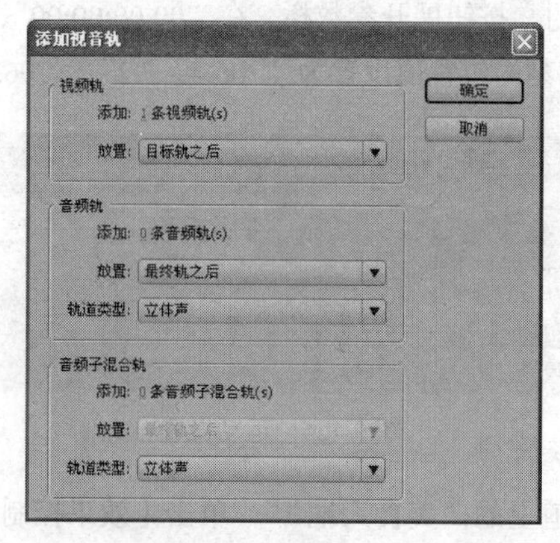

图 9-128　添加轨道

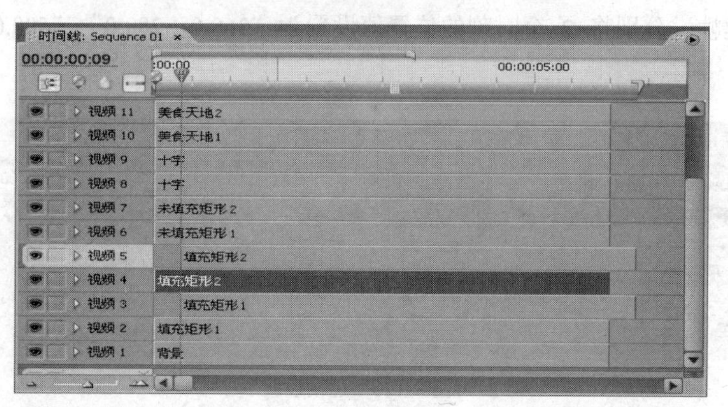

图 9-129　轨道设置

4．预览输出影片

（1）激活【时间线】面板，按【Enter】键可以预览制作的效果。

（2）选择【文件】-【导出】-【影片】，将影片输出，效果如图 9-130 所示。至此，一个动态视频背景就制作完成了。

图 9-130　输出效果

9.3.2　实训 2——制作大闸蟹简介影片

本实训的效果如图 9-131 所示。

图 9-131　效果图

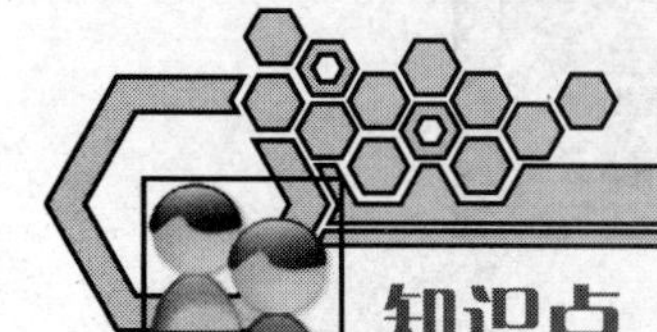

（1）运动的设置方法。
（2）改变素材播放速度。
（3）字幕的创建。
（4）裁剪视频特效的使用。
（5）时间线嵌套应用。

操作步骤

1. 准备素材

（1）将素材文件夹复制到 D 盘下。

（2）打开素材文件夹下的项目文件。

（3）在【项目】面板中单击鼠标右键，选择【新建分类】–【字幕】，在弹出的【新建字幕】对话框中输入字幕的名称“横线”，单击【确定】按钮。

（4）在弹出的【字幕】窗口中，选择【工具】面板下的【直线工具】，在【字幕：横线】面板下的操作区中绘制一条直线。在【字幕属性】面板中设置其参数如下：透明度为“100%”，X 位置为“385.1”，Y 位置为“288.5”，宽度为“750.1”，高度为“750.1”，旋转为“45”。确保【填充】前面的复选框处于选中状态，将【填充类型】设置为“实色”。双击【色彩】右方的色标，在弹出的【颜色拾取】对话框中设定其颜色为“FFFFFF”，效果如图 9-132 所示。

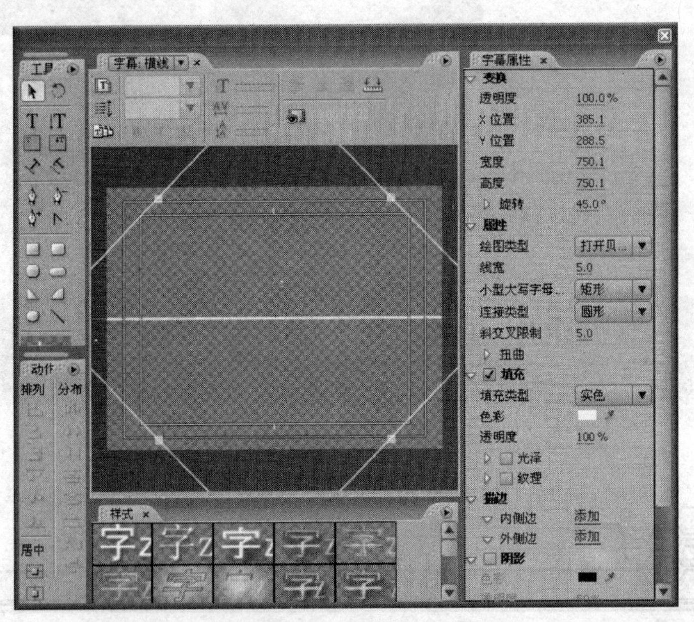

图 9-132　字幕设置

（5）在【项目】面板中单击鼠标右键，选择【新建分类】–【字幕】，在弹出的【新建字幕】对话框中输入字幕的名称“竖线”，单击【确定】按钮。

（6）在弹出的【字幕】窗口中，选择【工具】面板下的【直线工具】，在【字幕：竖线】面板下的操作区中绘制一条直线。在【字幕属性】面板中设置其参数如下：透明度为“100%”，X 位置为“385.1”，Y 位置为“288.5”，宽度为“750.4”，高度为“748.7”，旋转为“45”。确保【填充】前面的复选框处于选中状态，将填充类型设置为“实色”。双击【色彩】右方的色标，在弹出的【颜色拾取】对话框中设定其颜色为“FFFFFF”。效果如图 9-133 所示。

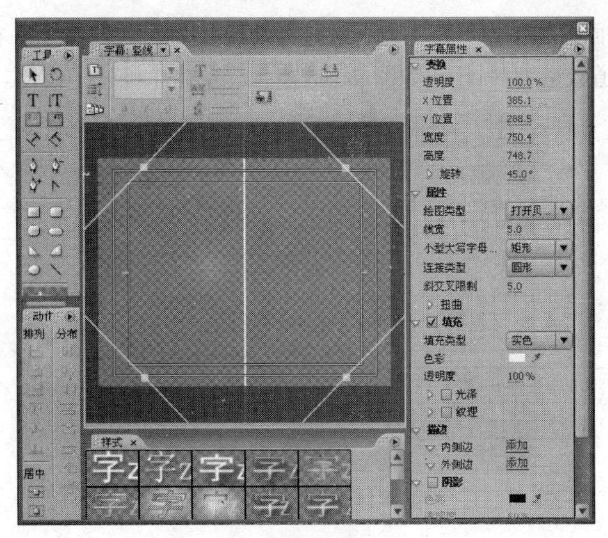

图 9-133　【竖线】属性设置

（7）在【项目】面板中单击鼠标右键，选择【新建分类】-【字幕】，在弹出的【新建字幕】对话框中输入字幕的名称“大闸蟹”，单击【确定】。

（8）在弹出的【字幕】窗口中，选择【工具】面板下的【文字工具】T，在【字幕：大闸蟹】面板下的操作区中输入文字“阳澄湖大闸蟹”。在【字幕属性】面板中设置其参数如下：透明度为“100%”，X 位置为“312.2”，Y 位置为“498.4”，宽度为“323”，高度为“48”，旋转为“0”，字体为“FZYaoTi”。确保【填充】前面的复选框处于选中状态，将【填充类型】设置为“实色”。双击【色彩】右方的色标，在弹出的【颜色拾取】对话框中设定其颜色为“FFFFFF”单击【确定】。确保“阴影”前面的复选框处于选中状态。双击【色彩】右方的色标，在弹出的【颜色拾取】对话框中设定其颜色为“000000”，单击【确定】。设置透明度值为“100”，角度为“0.0”，距离为“5.0”，大小为“4.0”，扩散为“0.0”，效果如图 9-134 所示。

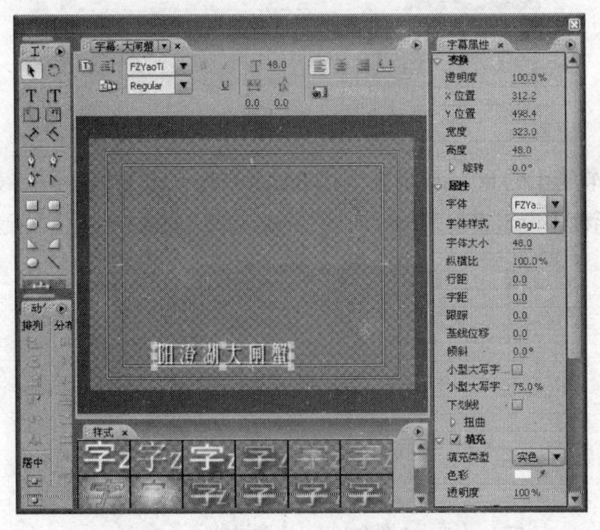

图 9-134　【字幕：大闸蟹】属性设置

（9）执行菜单命令【文件】-【导入】，在弹出的【导入】对话框中选中“001.avi-005.avi”，单击【打开】导入 5 个素材片段。

（10）在【项目】面板中单击鼠标右键，选择【新建分类】-【序列】，在弹出的【新建序列】对话框中设定视频轨道数量为“11”，如图 9-135 所示，单击【确定】按钮。

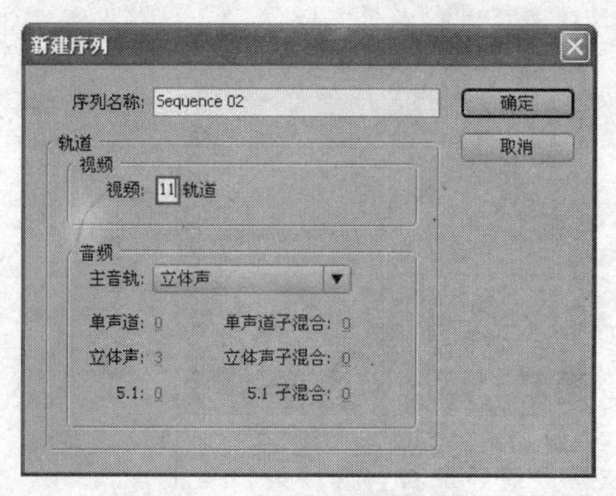

图 9-135　新建序列设置

2. 将素材装配到时间线上

（1）将字幕“Sequence 01”、“竖线”、“竖线”、“横线”、“竖线”、“001.avi”、“002.avi”、“003.avi”、“004.avi”、“005.avi”、“大闸蟹”分别拖曳至时间线 Sequence 02 的【视频 1】至【视频 11】轨道上，如图 9-136 所示。

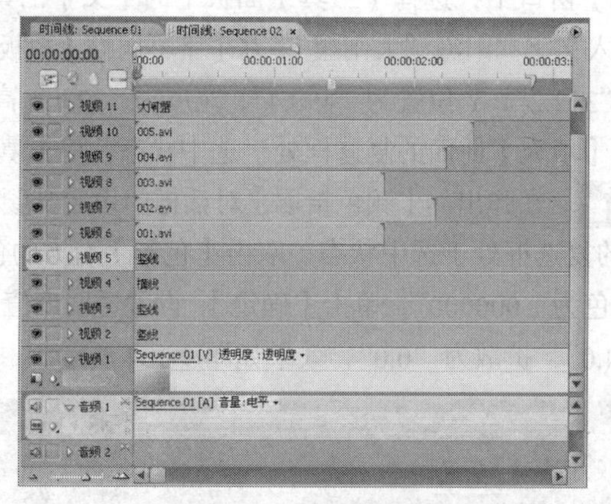

图 9-136　时间线设置

（2）在【视频 6】轨道上的 001.avi 剪辑上单击鼠标右键，选择【速度/持续时间】，在弹出的【素材速度/持续时间】对话框中设定素材的持续时间为 00:00:02:11，如图 9-137 所示，单击【确定】按钮。

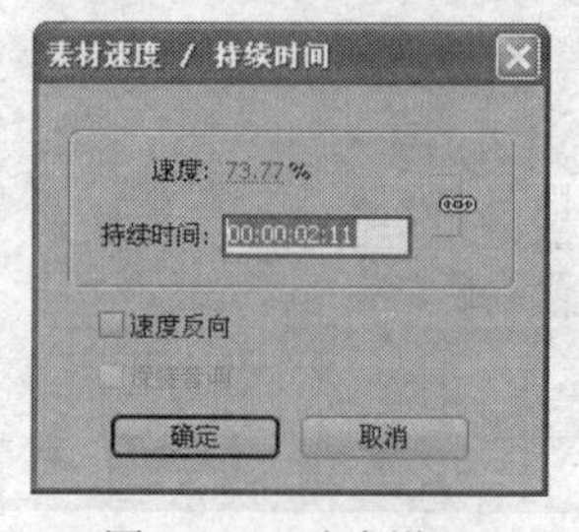

图 9-137　速度设置

（3）按照同样的方法，将 002.avi、003.avi、004.avi 的持续时间设定为 00:00:02:11。使用选择工具将其他轨道上的素材的长度也调整为 00:00:02:11。效果如图 9-138 所示。

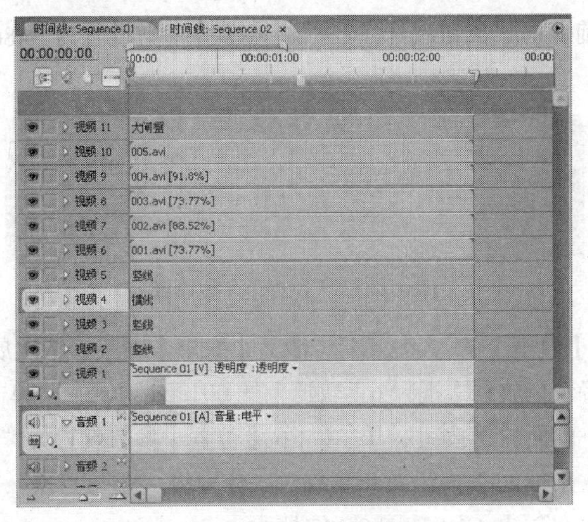

图 9-138　调整后效果

3. 为时间线上素材制作运动效果

（1）选择【视频 2】轨道上的“竖线”，单击【效果控制】面板。

（2）单击【运动】前面的▷按钮展开参数栏。【位置】参数设置为“415.0，532.0”，如图 9-139 所示。

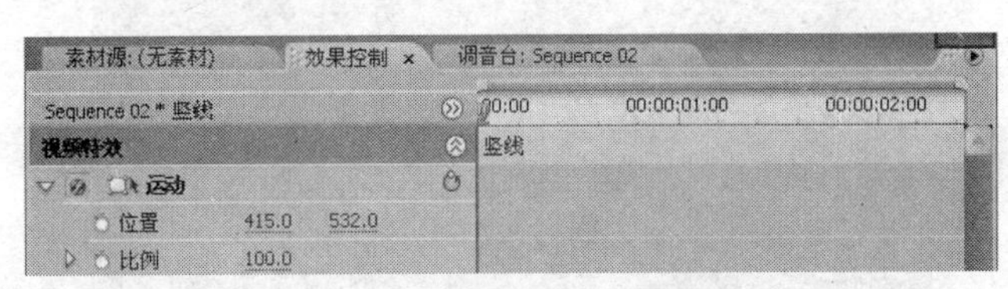

图 9-139　【位置】参数设置

（3）选择【视频 3】轨道上的“竖线”，单击【效果控制】面板。

（4）单击【运动】前面的▷按钮展开参数栏。【位置】参数设置为“223.2，-38.4”，如图 9-140 所示。

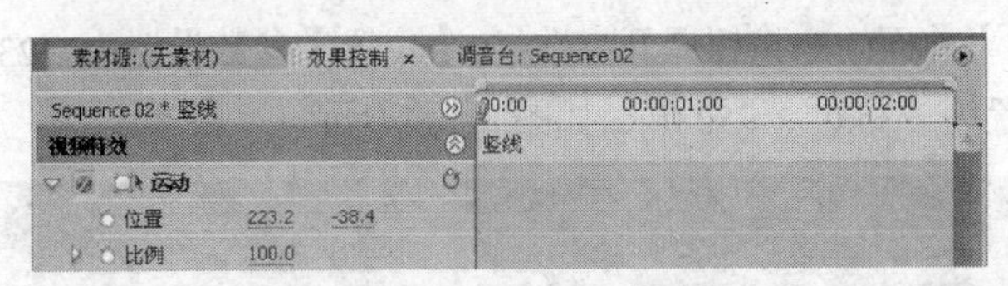

图 9-140　【位置】参数设置

（5）选择【视频 4】轨道上的“横线”，单击【效果控制】面板。

（6）单击【运动】前面的▷按钮展开参数栏。【位置】参数设置为“358.2，245.8”，如图 9-141 所示。

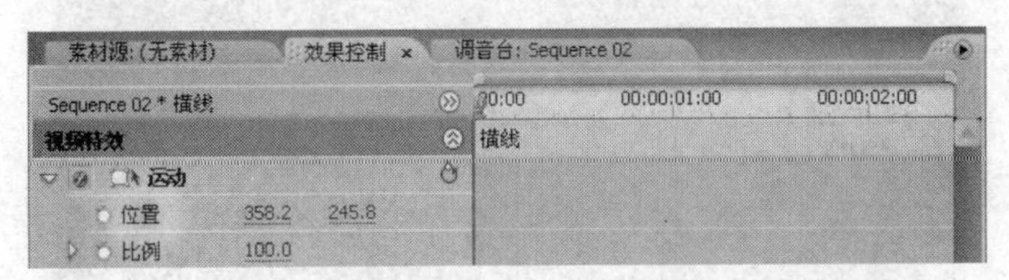

图 9-141　【位置】参数设置

（7）选择【视频 5】轨道上的“横线”，单击【效果控制】面板。

（8）单击【运动】前面的▷按钮展开参数栏。【位置】参数设置为“486.0，-40.3”，如图9-142所示。

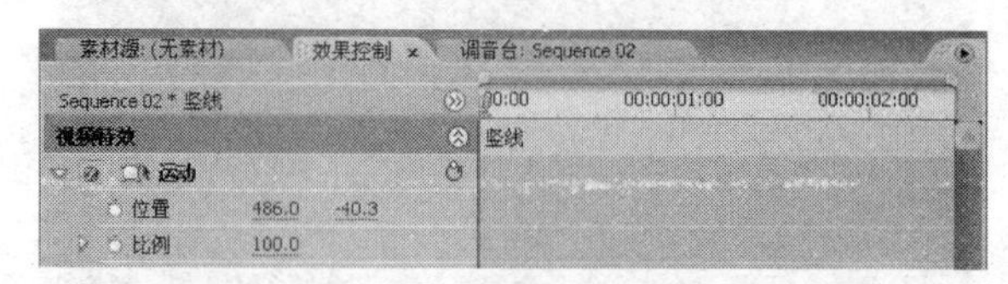

图9-142　【位置】参数设置

（9）选择【视频 6】轨道上的“001.avi”，激活【效果】面板，依次展开【视频特效】-【变换】，将【裁剪】视频特效拖放到【视频 6】轨道上的001.avi剪辑上。单击【效果控制】面板。

（10）单击【运动】前面的▷按钮展开参数栏。【位置】参数设置为“565.0，350.0”。

（11）单击【裁剪】前面的▷按钮展开参数栏。分别将“左”、“顶”、“右”、“底”参数值设置为“5.0”、“0.0”、“15.0”、“0.0”，如图9-143所示。

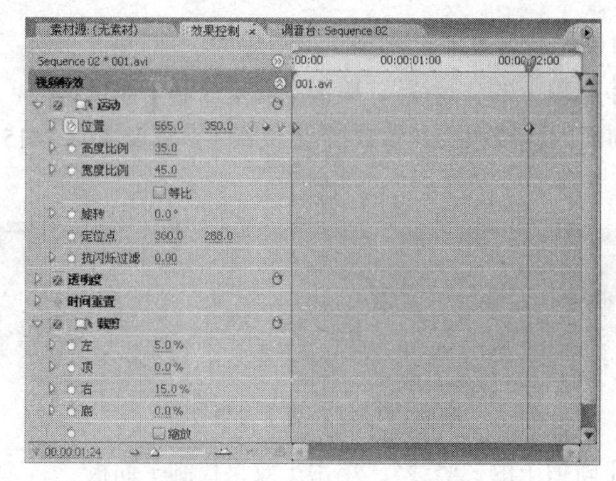

图9-143　【裁剪】参数设置

（12）选择【视频 7】轨道上的“002.avi”，单击【效果控制】面板。

（13）单击【运动】前面的▷按钮展开参数栏。【位置】参数设置为“235.0，350.0”，高度比例和宽度比例分别设置为“35.0”，“50.0”，如图9-144所示。

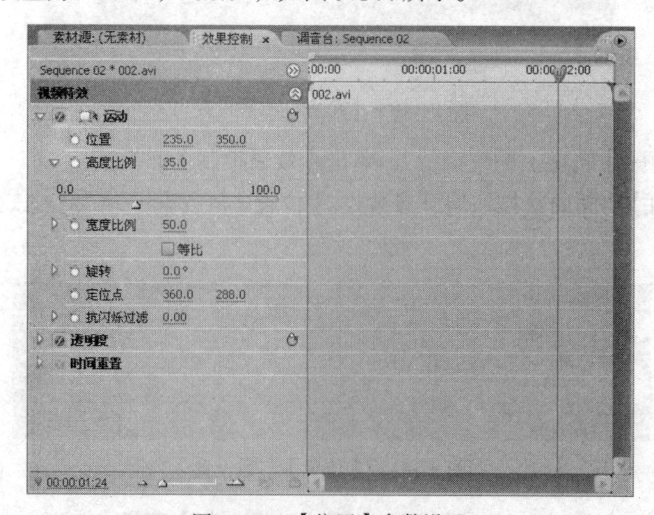

图9-144　【位置】参数设置

（14）选择【视频 8】轨道上的“003.avi”，单击【效果控制】面板。

（15）单击【运动】前面的▷按钮展开参数栏。在“00:00:00:00”、“00:00:01:24”两个时刻添加位置关键帧。分别将两个时刻的位置值设置为“130.0，100.0”、“130.0，168.0”。比例设置为“25.0”，如图 9-145 所示。

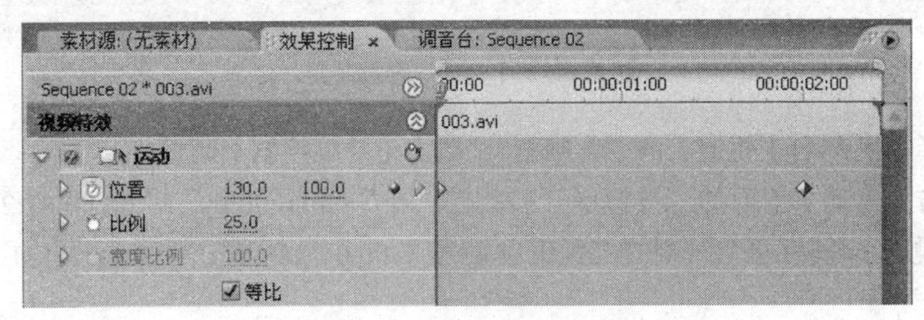

图 9-145　【位置】参数设置

（16）选择【视频 9】轨道上的“004.avi”，激活【效果】面板，依次展开【视频特效】–【变换】，将【裁剪】视频特效拖放到【视频 6】轨道上的 001.avi 剪辑上。单击【效果控制】面板。

（17）单击【运动】前面的▷按钮展开参数栏。在“00:00:00:00”、“00:00:01:24”两个时刻添加位置关键帧。分别将两个时刻的位置值设置为“570.0，142.0”、“539.6，142.0”。比例设置为“35.0”。

（18）单击【裁剪】前面的▷按钮展开参数栏。分别将“左”、“顶”、“右”、“底”参数值设置为“30.0”、“0.0”、“0.0”、“0.0”，如图 9-146 所示。

（19）选择【视频 10】轨道上的“005.avi”，单击【效果控制】面板。

（20）单击【运动】前面的▷按钮展开参数栏。【位置】参数设置为“353.2，142.0”，比例设置为“35.0”，如图 9-147 所示。

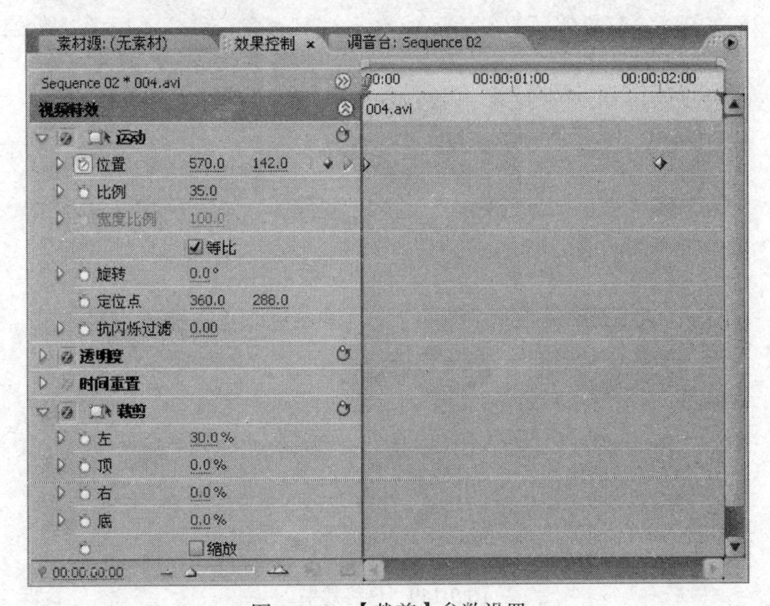

图 9-146　【裁剪】参数设置

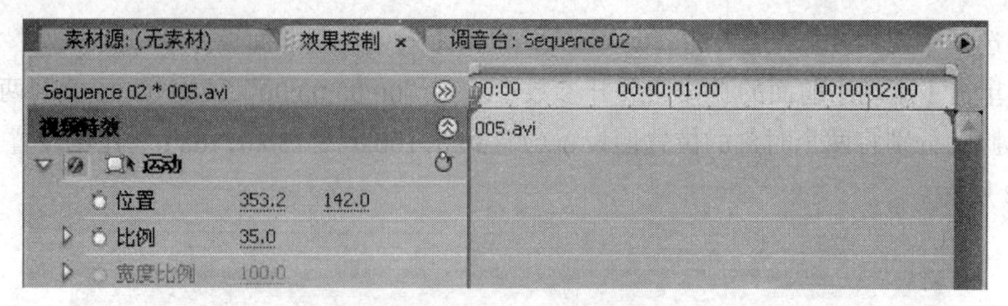

图 9-147 【运动】参数设置

（21）选择【视频 11】轨道上的“大闸蟹”，单击【效果控制】面板。

（22）单击【运动】前面的▷按钮展开参数栏。在“00:00:00:00”、“00:00:01:24”两个时刻添加位置关键帧。分别将两个时刻的位置值设置为“300.0，288.0”、“380.0，288.0”，如图 9-148 所示。

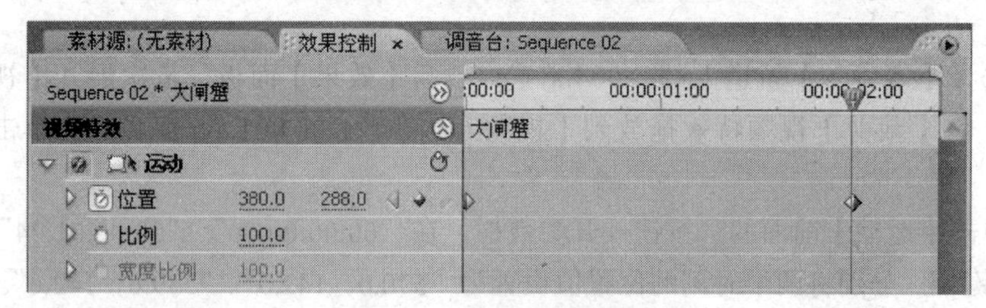

图 9-148 【运动】参数设置

4. 预览输出影片

（1）激活【时间线】面板，按【Enter】键可以预览制作的效果，如图 9-149 所示。

（2）选择【文件】-【导出】-【影片】，将影片输出。至此，一个介绍“大闸蟹”的镜头就制作完成了。

图 9-149 最终效果